# 國家VS農民：廣西大饑荒

王力堅◎著

中大出版中心 National Central University Press | 遠流

耶和華說：因為困苦人的冤屈和貧窮人的歎息，我現在要起來，把他安置在他所切慕的穩妥之地。

——《聖經舊約·詩篇12: 5》

惟願公平如大水滾滾，使公義如江河滔滔。

——《聖經舊約·阿摩司書5: 24》

你要為真道打那美好的仗，持定永生。你為此被召，也在許多見證人面前，已經作了那美好的見證。

——《聖經新約·提摩太前書6: 12》

目次

# 凡 例

一，本書固然以廣西大饑荒爲中心議題，但作爲區域荒政史研究，也應該且有必要設置一個更大範圍、更高層級的參照系，因此，特設第二章，展現一個全國「大躍進—大饑荒」形勢及最高中央決策的背景。

二，第二至第九章，原本作爲單篇論文在海內外學術期刊發表，現統整爲專書，各篇章都進行了不同程度的調整、刪改、修訂及充實。

三，第三至第九章，各以不同專題研究的方式展開，形成既有廣西大饑荒中心議題，也各具不同專題的論述，第十章則對前八章（第二至第九章）進行逐一總結，盡量按照專書的要求做到體例一貫、前後呼應、結構完整。[1]

四，參考書目部分只列出主要的中英文專著與英文論文，本書所參考的中文論文與文章以及志書、報刊、文件集、傳記、年譜等史料性文獻甚多，不宜一一列出，故從略。

五，廣西原設省，1958年3月14日成立僮族自治區，1965年改稱壯族自治區。故本書討論的不同時間段有「省」與「自治區」，「僮」與「壯」的不同稱謂。引文（包括標題、書名）中的稱謂一概保持原狀。至於「僮族」的識別乃至「僮族自治區」的設立有較爲複雜的歷史與政治原因，本書不予深入探究。[2]

---

1 此做法參照匿名審查委員的意見進行，謹致深摯謝意！
2 參考吳啓訥，〈人群分類與國族整合——中共民族識別政策的歷史線索和政治

六，本書中多有「專區」的稱謂，所謂「專區」，為省／自治區（第一級行政區）和縣（第二級行政區）之間的一種準區劃形式。中共建政後普遍實行，1970年改稱「地區」。本書行文中，亦或以「地區」稱之。

七，第三至第十章，凡不加省（區）名稱的縣市（鄭州、北戴河、延安、廬山、成都等特例除外），均屬廣西。

八，中共執政體制包括黨務部門（黨）與行政部門（政）兩套體系，形式上有分工，實質是前者統領後者，各級政府中兩套體系的人員與功能高度重合。因此，本書中除了特別表示外，所謂「政府」（或「當局」）含括黨政兩套體系。

九，本書所徵引報刊與志書有關度量衡單位，有的用舊式度量衡，有的用新式度量衡（1959年6月25日改制）；有的用「斤」，有的用「公斤」，有的用「噸」，本書一概保持原狀。

十，凡直接引文中的數據與數量及年、月、日的各種表示（以及注文的時間標注），無論是阿拉伯數字還是國字，均一概照用。

十一，凡徵引資料（包括出版項），屬於習慣用法不同者，一概不予更改。簡繁體不同的標點符號，則一概改為繁體的用法；明確的舛誤，亦隨文訂正或在注釋中說明。

十二，為了便於分辨，本書所有超過百位的數字（包括引文的數字），一概採用千位分隔符號。

十三，引文中的方形括弧〔〕為引者所加，弧形括弧（）為

面向〉，余敏玲主編，《兩岸分治：學術建制、圖像宣傳與族群政治（1945～2000）》（臺北：中央研究院近代史研究所，2012），頁377-381。

原文所有。

十四，本書所引述之原糧（亦稱自然糧），指未經加工的糧食；與商品糧（亦稱貿易糧）的轉換比例為75～86%。用於城市分配的是商品糧（如大米），用於農村分配的則是原糧（如稻穀）。混合糧亦稱實際糧，為原糧和商品糧的統稱。

十五，本書所採用之「全國平均正常死亡率」，參考李閩榕、萬克峰，〈「三年自然災害」真的餓死3,000多萬人嗎？——對茅于軾先生《饑荒餓死人估算方法》的驗證〉（《當代經濟研究》，2013年第12期，頁83-89）。該文經聚類分析，判定1955和1956為正常年，基於這兩年的全國人口死亡率的平均值，設定「全國平均正常死亡率」為11.84‰。

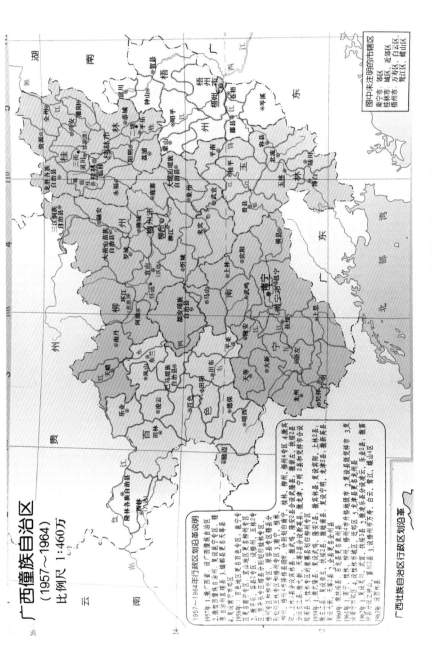

廣西壯族自治區行政區劃沿革

廣西行政區劃圖（1957-1964）　圖源：《中華人民共和國行政區劃沿革地圖集》（北京：中國地圖出版社，2003），頁111。

廣西地形圖 圖源：《當代中國知識地圖冊》（西安：西安地圖出版社，2009），頁188。

# 第一章 緒論

　　本書爲筆者多年來所進行的廣西大饑荒研究成果結集。

　　在學術界，雖然「大饑荒」研究早已是熱點，但「廣西大饑荒」及其前因後果的相關研究仍多是空白，這給筆者留下了可供發揮亦具挑戰性的空間與機會。

　　筆者的專業研究領域爲中國古代文學，一直以來的研究成果都基本上表現在這方面。然而，由於筆者在中國大陸的成長背景，[1] 尤其是在文革中的經歷與體會，使筆者在二十多年前任教於新加坡國立大學的時候起，便對有關中國大陸文革的問題有所關注，在新加坡國立大學中文系就指導過十多名學生撰寫有關文革（包括知青上山下鄉）議題的論文。2005年初來臺任教於國立中央大學中文系後，也先後指導過十多名碩博研究生撰寫有關文革、知青研究的碩博學位論文，並開設這方面的課程。

　　爲此，筆者出版了三本有相關內容的專書及撰寫了若干篇相關內容的學術論文與評論文章。[2] 雖然這些著述重點討論的是文

---

1　筆者出生成長於廣西博白縣，文革期間曾作爲知青（上山下鄉知識青年）到農村務農多年；1979年考入廣州暨南大學，相繼於1983年與1986年獲學士學位與碩士學位；1990年赴新加坡國立大學攻讀博士學位，1994年畢業後留校任教並入籍新加坡，2005年初受聘爲臺灣國立中央大學中文系專任教授，2017年初爲中央大學歷史研究所合聘教授，2019年聘爲特聘教授。

2　專書爲：《轉眼一甲子：由大陸知青到臺灣教授》（臺北：秀威資訊，2015）；《回眸青春：中國知青文學（增訂版）》（新北：華藝學術出版社，2013）；《天地間的影子：記憶與省思》（臺北縣：華藝數位，2008）。論文

革議題，但對中共建政以來的歷次運動與事件亦多有關注，尤其是「反右―大躍進―人民公社―大饑荒」，一連串接踵而至給當代中國造成巨大災難的運動與事件，令筆者印象深刻。

## 第一節 文革記憶與研究動機

2017年合聘到中央大學歷史研究所之前，筆者便常有機會參與該所研究生的學位論文審查及口試，不斷涉獵到有關中國大陸包括中共建政以來多種議題研究的論文；還兩次獲邀在該所進行有關文革問題的演講。在一次準備演講資料時，筆者無意間從網路上購得一份印製於1967年的文革傳單，該傳單刊載了署名「區黨委農村政治部、區人委農林辦公室、區貧協籌委會聯合兵團、區糧食廳『東風』聯合戰鬥團」的長文〈誰是廣西反瞞產的罪魁禍首？――廣西反瞞產事件調查〉。

此文勾起了筆者的文革記憶：文革初期，筆者家鄉（廣西博白縣）大街上的大字報，在相當一段時間內，主要內容就是「炮轟」大饑荒時期反瞞產運動的罪行，諸如「XXX是廣西反瞞產、慘殺五十萬農民的劊子手」之類的大字報標題及大標語，深深烙印在筆者心中。於是，多年來筆者不時有意無意地查閱有關這一段歷史紀錄及研究的文獻資料，思考這一段歷史悲劇的表現

與文章為：〈眾眼看知青：上山下鄉運動的多向度觀照〉、〈知青文學話語質疑：為知青文學一辯〉、〈文革與知青〉、〈文革研究仍須「四化」〉、〈毛澤東是人，不是魔，也不是神――解讀《中國的毛澤東困境》〉等。前三篇整合進《回眸青春：中國知青文學》，後二篇收入《轉眼一甲子：由大陸知青到臺灣教授》。

及其前因後果。

然而，筆者一直遲遲沒有著手進行研究，除了專業不對口外，還有一個自己也深知的歷史緣由——長期高度意識形態化的生活所養成的規避心態，用喬治·歐威爾（George Orwell）的話來說便是「犯罪停止」的天性：

> 「犯罪停止」意義是指培養一種天性，在進入有危險思想的門檻前，有臨崖勒馬的才能。這才能包括對事物不作比較，對邏輯上的錯誤佯作不知，最簡單的爭論，只要與英國社會主義有違，便佯作不了解，對可能導致異端方面的任何思想，感到厭倦或規避。簡言之，「犯罪停止」意味著有保護性的愚蠢。[3]

隨著閱讀了更多的原始資料，尤其是讀到顧准（1915～1974）這段話：「歷史要重寫的。謊話連篇，哀鴻遍野，這一段歷史如何能不重寫？」[4]筆者才下定探討這段歷史的決心。

於是，2017年初，當筆者因緣際會合聘到中央大學歷史研究所，首先考慮的研究選題方向就是大饑荒及其前因後果的諸種現象——包括統購統銷、集體化運動、瞞產私分、反瞞產私分、大躍進、人民公社、包產到戶、分田到戶。這些現象看似繁複紛紜，卻是緊密糾結、相互關涉於從1950年代初至1980年代初的

---

3  喬治·歐威爾著，邱素慧譯，《一九八四》（臺北：萬象文庫，1994），頁228。
4  顧准，《顧准日記》（北京：中國青年出版社，2002），頁199，「1959年12月27日」。

集體化時代。

於是，以廣西鄉村爲地域範圍，以集體化時代爲時間範圍，以大饑荒爲聚焦，含涉統購統銷、集體化運動、瞞產私分、反瞞產私分、大躍進、人民公社、包產到戶、分田到戶等諸多現象的廣西大饑荒研究，便成爲筆者進入史學界的第一個研究課題。

在確實展開研究時，筆者幾乎是不假思索地擇取瞞產私分與反瞞產私分這一對歷史現象（尤其是前者）作爲該研究課題的切入點。筆者之所以這樣做，除了如前所述，文革初期「炮轟」大饑荒時期反瞞產運動的大字報留下深刻印象外，還跟筆者自己的人生經歷有關：文革期間，筆者曾作爲知青到廣西博白縣的鄉村插隊務農。當時的鄉村，仍然半公開進行瞞產私分。所謂半公開即瞞上不瞞下、瞞外不瞞內，正如當年的鄉村知青朋友陳X於2018年6月30日來微信表述：

> 插隊時，生產隊有很多事情都瞞著外來知青，因知青高X雄是大隊黨支部副書記。在你們走後〔知青上調到工廠〕，隊裡保管員才講出：每年都分一百幾十斤的二口穀，美名飼料糧，實質分爲兩種：有出米率爲60%，接近好穀的，也有一種出米率僅15～30%，只能煮粥及蒸雞窩粑。[5]

雖然知青屬於被「瞞」的對象，但畢竟在同一生產隊勞動、

---

5 王力堅，〈知青時代的「瞞產私分」往事〉，2021年1月28日載於《中國時報》新聞網，史話專欄：https://www.chinatimes.com/opinion/20210128000002-262107?chdtv。2021年1月30日檢閱。

生活，不少瞞產私分的內情還是可以獲悉的。筆者的下鄉日記在1975年7月25日、7月28日、12月31日，以及1976年1月2日，均記載了有關生產隊瞞產私分的事情。如在1975年7月25日的日記中稱：鄰縣（合浦縣）的山口、河浪坡等地農民源源不斷挑花生來筆者所在生產隊換稻穀，「三百斤穀換一百斤花生。……一天共換了四千多斤花生，換去一萬多斤稻穀」。[6] 筆者下鄉的地方為產糧區，稻穀是統購統銷的主要農產品，而花生屬於經濟作物，生產隊用稻穀換花生分給農民以逃避統購，再由農民在私底下各顯神通販賣到自由市場。這顯然是一種頗具民間互利性質的瞞產私分。

筆者當時似乎很有「政治正確」的立場，在同上則日記即寫下「這是違法的，可誰敢干涉」之憤懣不平語，卻也無可奈何。這表明，即使外人（如知青）有異心，也不敢冒然告發。其實，這種瞞產私分的現象在當時似乎已然常態化了，沒有政治運動的直接壓力，政府有關部門也只是睜一隻眼閉一隻眼。私分的農副產品雖然常常被三申五令禁止進入自由市場，但管制時嚴時鬆。嚴時，一旦抓到，貨物沒收，人則被批鬥關押；鬆時，一般只沒收財物，對人的處理則較為寬容。如筆者1976年1月2日的日記載稱：「生產隊的農民用手扶拖拉機私運甘蔗往廣東販賣，途中被攔截，甘蔗悉數沒收，人則無事放回。」[7] 這些現象被當作瑣碎卻也是新鮮的事記在日記中，倒也給今天的研究留下了頗有價值的歷史紀錄。

---

6　王力堅，〈知青時代的「瞞產私分」往事〉。
7　王力堅，〈知青時代的「瞞產私分」往事〉。

由上可見，有關反瞞產私分運動筆者只是從文革初的街頭大字報得以了解，但有關瞞產私分卻是筆者的親身體驗。這也說明，瞞產私分現象在中國當代鄉村史研究中顯示了如下不可或缺的重要性。

瞞產私分現象幾乎相伴著中國大陸農村集體化運動的產生、發展，乃至終結，從1950年代初至1980年代初，並且與集體化運動過程中的重要現象如統購統銷、大躍進、高浮誇、反瞞產私分、大饑荒、包產到戶、分田到戶等關係密切，與「大躍進─大饑荒」的大規模大面積死亡更有頗為直接的關係。瞞產私分現象的產生及其發展演變，還與集體化運動的策劃者及領導者毛澤東（1893～1976）及中共高層決策圈、執行者（公社至省／部各級官員）以及參與者（農民與生產隊／大隊基層幹部）關係密切，甚至在某種程度上起到了引發、促進中國大陸農村體制改革與變化的作用。

於是，筆者通過對瞞產私分與反瞞產私分互動的探討，串聯起統購統銷、大躍進、高浮誇、包產到戶、分田到戶等眾多歷史現象，以期考察廣西大饑荒的前因後果及其表現。

## 第二節 歷史脈絡與歷史縱深

中國大饑荒，雖然是伴隨大躍進而生，宛若橫空出世，平地風雲，但就災荒史的意義而言，斷不能無視其歷史之脈絡，忽視其歷史之縱深。

中國自古歷代災荒頻仍，史不絕書，近現代以來尤甚。艾志端（Kathryn Edgerton-Tarpley）的《鐵淚圖：19世紀中國對於饑

饉的文化反應》（*Tears from Iron, Cultural Responese to Famine in Nineteenth-Century China*）和何炳棣（Ho Ping-ti）的《明初以降人口及其相關問題，1368～1953》（*Studies on the Population of China 1368~1953*）不約而同地討論：清光緒二年（1876）至光緒五年（1879）肆虐中國北方山西、河南、山東、直隸、陝西五省的「丁戊奇荒」，導致受影響地區1億零800萬人口中，就有900萬到1,300萬人因飢餓、疾病或暴力而喪生。原本繁榮的山西省，在饑荒前的1,500萬到1,700萬人口中，超過三分之一不是死於飢餓與疾病，就是逃亡；直到1950年代才恢復到清光緒三年（1877）前的人口。[8] 由此可見區域災荒的歷史縱深意義。

　　歸屬區域荒政史範疇的廣西大饑荒研究，亦應對廣西區域災荒歷史加以適當的縱深探究。

　　近代以來，廣西也有不少災害發生，而且往往是多種自然災害交叉降臨。如「有明一代，由於氣候的振動，加之其它因素的影響，華南地區的自然災害尤為嚴重」，廣西不少地區也頻頻遭受旱災、澇災、風災、冷凍、地震、饑荒、瘟疫和生物災害，導致大規模的財物損失與人員傷亡。明景泰七年（1456），桂林的瘟疫就造成2萬多人死亡；萬曆十四年（1586），廣西梧州大水，郁林（玉林）、博白等縣許多地方「廬舍、田禾盡被淹

---

8　艾志端著，曹曦譯，《鐵淚圖：19世紀中國對於饑饉的文化反應》（南京：江蘇人民出版社，2011），「導論」，頁1-2；何炳棣著，葛劍雄譯，《明初以降人口及其相關問題，1368～1953》（北京：三聯書店，2000），頁271-274。這場災荒以1877年（丁丑年）和1878年（戊寅年）為最烈，故史稱「丁戊奇荒」。

沒」。[9]

又如清道光三十年（1850），龍州大水，損失甚重；全州、靈山均逢秋旱，「蝗害稼，秋，饑饉，民鮮食」，「秋旱，禾苗盡枯」；平南則爲「饑，道路餓殍相藉」；三江慘遭「大瘟疫，死人甚多」。災害之後，產生大量飢民、流民，造成民不聊生。在一定程度上說，水旱災荒也正是咸豐元年（1851）太平天國起義在廣西爆發的一個直接原因。[10]

經歷了兩次鴉片戰爭（1840～1842、1856～1860），由於長年戰亂、災荒、人口膨脹等原因，大量流民湧入廣西，聚居於桂東南的貴縣、桂平、平南三縣。隨後，桂東南三縣成爲17至20世紀初災荒發生的高頻區，以致呈現「饑荒嚴重，出現人相食慘象」，「糧貴餓死人，道殍相望」，「飢者割臨死者腿肉而食，慘聲不忍聞」，「蕨根、白撫採食殆盡，餓死、病死數千人，迫於飢餓不能存活而賣妻及子女者不可勝數」之類的悲慘景象。[11]

抗戰期間的1942年，廣西先是水災，受災16個縣，災民達百萬人；接著是旱災，12月21日，省府向中央呈報災情稱：全省旱荒49縣，「災情慘重，百年僅有」；博白縣亦是「先水災，後旱災，晚造作物損失過半；次年春，全縣飢民達 25 萬多

9　王雙懷，〈明代華南的自然災害及其時空特徵〉，《地理研究》，第18卷第2期（1999.6），頁152-160。

10　《太平天國革命時期廣西農民起義資料》編輯組，《太平天國革命時期廣西農民起義資料》（北京：中華書局，1978），上冊，頁14-18；吳彬，〈近代廣西的水災研究〉，《廣西民族大學學報（哲學社會科學版）》，2006年第S2期，頁59-61。

11　參考曾杰麗，〈近代貴縣、桂平、平南三縣的災荒及其救治述論〉，《廣西師範大學學報》，1999年第2期，頁178-184。

人」。抗戰浩劫後，社會經濟凋敝，人民生活困苦，急需休養生息的廣西卻又連年發生水、旱、風、蟲、疫災，「出現空前未有的特大饑荒」，「無室不破，有室皆空，荒涼遍地，雞犬絕跡，不見粒米，食物毫無」；「災情之重，災區之廣，震驚全國」。據廣西省政府社會處及中國善後救濟總署廣西分署的報告：1946年廣西受災面積遍及全省三分之二的縣分，災民共340萬人，佔全省1,400萬人的24.3%。其中興安、全縣、靈川的災情極為嚴重，全縣光復後有29萬餘人，災民達8.46萬餘人，因飢餓死亡的有8,600餘人，佔災民總人數的10.17%；靈川縣人口11.63萬餘人，災民8.50萬人，因飢餓死亡2,300餘人，佔災民總人數的2.70%；興安縣沿公路一帶的鄉村平均每村死亡人數佔三分之一，以飢餓死亡者佔多數。省會桂林市也是饑荒嚴重，「餓殍載道，街頭及近郊有死骸無主收埋」。[12]

近來舊書再版的吳景超（1901～1968）著《吳景超日記：劫後災黎》，紀錄作者1946年巡查抗戰浩劫後貴州、廣西、湖南、廣東、江西五省的災情。所記廣西災情為：「敵人搜刮糧食，屠宰耕牛，破壞塘堰，無一不作」；隨之而來的，「乃是一連串的水災、蟲災和旱災」；[13] 而且疫癘（霍亂與天花）流行，糧荒蔓延，百姓只能以野生植物充飢。[14] 1945年6月河池縣九墟

---

12 廣西壯族自治區地方志編纂委員會，《廣西通志‧民政志》（南寧：廣西人民出版社，1996），頁93-94；博白縣志編纂委員會編，《博白縣志》（南寧：廣西人民出版社，1994），頁18；魯克亮、許中繼，〈淺析抗戰後廣西的災荒〉，《哈爾濱學院學報》，第24卷第7期（2003.7），頁48-52。

13 吳景超原著，蔡登山主編，《吳景超日記：劫後災黎》（臺北：新銳文創，2022），頁79。

14 吳景超原著，蔡登山主編，《吳景超日記：劫後災黎》，頁74-77。

鄉公所呈文所記可見一斑：

> 穀米已被敵寇搬食糟蹋殆盡，牛隻被擄，田地丟荒，無物變
> 賣，以購耕牛。加以無米爲炊，筋骨無力，難以勞作。告貸
> 無門，採野菜以充飢，大人猶可，小兒難支，號寒啼飢，爲
> 父母者，仰天長歎，坐以待斃而已。[15]

吳景超所記災情，距本書所記史事，不過十來年。儘管吳景超所謂「劫後」，與 1958 年起遭遇的浩劫，起因不同，但實在很難想像前者對於後者沒有影響：前者留下來的，不是一般農村的常態，而是浩劫餘生的飢民，是「數天涯、依然骨肉，幾家能彀」[16] 的流離人口，是缺耕牛、少肥料、水利灌溉設施破壞殆盡、村鎮片瓦無存的廢墟。

事實上，劫後災害延續多年，直至1949年中共建政後，廣西仍然是水、旱、風、蟲等災迭次紛至，可謂無年不災。僅1950年春嚴重的水旱災害，及天花、牛瘟、霜凍等災，就致使廣西全省103個縣市中的90個縣市，5,206個鄉村的340餘萬畝田地遭受嚴重不同的損害，其中收成僅三成以下就達160餘萬畝，共損失主要糧食1億4,300餘萬斤，房屋3萬餘間，耕牛2萬餘頭，以及不可計數的財產。約230餘萬人成爲災民，重災民約達110萬人。中共新政權在徵糧等工作中的偏差作爲，激化了與

---

15　引自吳景超原著，蔡登山主編，《吳景超日記：劫後災黎》，頁62。

16　清·顧貞觀，〈金縷曲〉，氏著，《彈指詞》，卷下，頁71。收入王雲五主編，《國學基本叢書四百種》（臺北：臺灣商務印書館，1968），第224卷。

民眾的關係，加上敵對勢力的策動，以「反徵糧」、「反北方佬」、「搶糧」為號召的武裝暴動在廣西各地此起彼落。自二月底桂東北的恭城暴動始，至七、八月間達到最高峰，其中較嚴重者如桂東南的玉林專區，僅玉林、陸川、博白三縣，便有中共幹部及農民積極分子 500 餘人被殺害，搶去公糧 300 餘萬斤。天災人禍，交混為虐。[17]

就在這麼一片「劫後」廢墟上，短短幾年後，中共當局卻要掀起改天換地的大躍進，發射畝產成千上萬斤（甚至十幾萬斤）的高產衛星，建立「共產主義天堂」，不啻癡人說夢，只能使廣西人民再次淪為「災黎」。

只不過，前述廣西荒政史上的災荒浩劫多為兵荒馬亂年代的「寇災與天災的混合產物」[18]，天災因素更顯著，大多為「災之與荒，本相聯而不可分，有災則必有荒，荒由災致……此兩者遂構成循環不已之因果關係」。[19]

本書所著眼的大饑荒則基本上是發生在承平時期的人禍，尤其是呈現出大躍進與大饑荒接踵而至，且幾乎重疊發生的詭異現象；集中體現為「饑」由「荒」致的單向因果關係——極度的糧荒釀成致命的饑饉，社會生產與人民性命受到空前的摧殘。

儘管如此，在廣西大饑荒的歷史現象探究中，仍可以從饑饉死亡的慘景、災民搶糧的風氣、凋零衰敗的鄉村、以及國際救援的對比等，一窺廣西荒政史上歷史脈絡的承續，乃至於歷史縱深

---

17 魯克亮、劉瓊芳，〈1950 年廣西的災荒救助研究〉，《黑龍江史志》，2013 年第 6 期，頁 63-65。

18 吳景超原著，蔡登山主編，《吳景超日記：劫後災黎》，頁 79。

19 鄧雲特，《中國救荒史》（臺北：臺灣商務印書館，1987），頁 49。

的意涵。[20]

## 第三節 學術立場與原始資料

作為歷史評述，尤其是站在學術研究的立場，本書的敘述語言會盡量平和中允，但是，作為歷史見證人，甚至是某種程度的親歷者，筆者的情緒與傾向卻是難以抑制且顯而易見的，筆者曾為此頗受困擾。直至閱讀到余英時（1930～2021）這段話，才得以釋懷：

> 西方學術專業化了，有許多學術清規戒律，否則不能被視為學術作品。純學院學者就與現實越來越脫離，心越來越冷。冷的好處是理性，壞處是情感不夠，難以激起震撼人心的火花，不發生推動力量。冷熱之間得失之間很難說，需要良好調和。[21]

因此，本書的敘述，不會刻意抑制情感，但會盡量做到「良好調和」。至於「學術專業化」，倒也是筆者所受到的一個困擾。本書顯然是脫離筆者的學術專業領域（中國古代文學）的撰述，究竟是轉移到哪一個領域？歷史學？又不盡然，或多或少也沾了點社會學、政治學、經濟學、管理學的邊，陷於不倫不類的

---

20 本書關於「歷史脈絡」與「歷史縱深」的思考與論述，來自匿名審查委員的批評與啟發，謹致深摯謝意！

21 余英時，《大陸的改革前景和思想出路：余英時教授與兩位大陸青年思想家對談紀錄》（臺北：聯合報社，1988），頁38。

境地：看似頗爲尷尬，卻也似乎頗爲靈活——無須拘泥於某個具體學科的規範、理論、方法，只須專注於所探討的對象（歷史現象與問題），盡量充分了解、掌握有關資料及學術界動態，對相關歷史現象與問題進行嚴謹、深入而細緻的梳理、分析、探討、研究，而無須刻意追求「研究突破」、「學術亮點」、「理論新意」——買櫝還珠，非筆者所願。當然，學人心中那把尺——正直、誠實、認眞、嚴謹的治學態度與精神是不可或缺的。

在研究過程中，兩個問題令筆者深感困擾：一爲「立場」；二爲「資料」。

關於「立場」的困擾。筆者不諱言對「大躍進─大饑荒」的歷史評價是持否定、批判的態度。然而，這種否定、批判態度，應是體現在經過盡量充分的實證研究後，而不是簡單化的預設立場。尤其是對大躍進的動機及引發大饑荒的原因，更須愼重探析，避免採取情緒性的論斷。

所謂情緒性的論斷較多呈現在實錄性的著述，這類著述頗具史料性的價值，但在問題性質的判析上往往體現情緒性的傾向。如顧准被公認是毛澤東時代碩果僅存的具有獨立精神的思想家，他的《顧准日記》堪稱私人實錄大饑荒的珍貴史料，但關於「大躍進─大饑荒」產生的原因及表現，卻有諸多不無情緒性的表述：

「強迫勞動，慢性飢餓與死亡，是大躍進必不可少的產物，也是新的人口問題的解決之方。」[22]「勞動隊內到處聽到家內死

---

22 顧准，《顧准日記》，頁146-147，「1959年11月19日」。

人的消息。二、三年後來統計人口，就會知道大躍進實行 Malthus〔馬爾薩斯〕主義，所得效果，究竟如何。」[23]「農村中死掉一些孩子與老人，達到了 Malthusianism〔馬爾薩斯主義〕的目的。若死強勞力過多，則是大大的紕漏了。」[24]「用階級鬥爭來解決飢餓問題，解決一部分人，摧毀另一部分人，這也好，可以加速農村的純化，卻無助於人口的減少。」[25]「咬緊牙關，死一億人也不要緊，幹上去，這是 1959 年 8 月英明偉大的毛主席所下的雷霆萬鈞的決心。」[26]「若四年五年之內，農村人口減至三億，再加上紮紮實實提高一些產量，全國平均商品率達到 40%，毛先生就大功告成了。」[27]

　　從字面上看來，顧准認為「大躍進─大饑荒」產生的原因是毛澤東為首的中共當局藉助馬爾薩斯主義的人口論，卻是出於「惡」的動機──刻意以犧牲萬千農民的生命為代價，「用活人的生命消耗來對地球宣戰……減少農村人口以改變餬口經濟的現狀」。[28] 有論者作此解讀：

　　顧准認為執政者看到了農村土地和人口之間的矛盾，為了緩

---

23　顧准，《顧准日記》，頁 179，「1959 年 12 月 17 日」。「馬爾薩斯主義」產生於 18 世紀，認為人口是以等比級數比率增長，而糧食和其他生產卻是以等差級數比率增長的，因而人口增長的速度永遠超過糧食同其他生產增長的速度，人類必須控制人口的增長。19 世紀初產生的「新馬爾薩斯主義」（新人口論），主張用節制生育來限制人口增長。

24　顧准，《顧准日記》，頁 179，「1959 年 12 月 17 日」。

25　顧准，《顧准日記》，頁 214，「1960 年 1 月 1 日」。

26　顧准，《顧准日記》，頁 216，「1960 年 1 月 1 日」。

27　顧准，《顧准日記》，頁 244，「1960 年 1 月 16 日」。

28　顧准，《顧准日記》，頁 184，「1959 年 12 月 22 日」。

解矛盾，不得不使用馬爾薩斯的極端策略，用惡政使人口數量在一定時間內急劇減少，以此來促進國家的發展，「反右」「大躍進」「人民公社」等也就是這個政策的具體體現。[29]

其實，自1958年初起，馬寅初（1882～1982）「新人口論」已經被視為「道道地地的馬爾薩斯觀點」而備受批判。[30] 顧准在當時（1959年11月至1960年1月）如此頗為情緒性地「栽贓」中共，與其說是認為當政者「不得不使用馬爾薩斯的極端策略」，不如說是刻意「以子之矛攻子之盾」的策略運用。如下表述應該能更清楚透見顧准的真實心態：

若說目前對農民的鬥爭，是因為農民人數太多，自給太強，商品率太低，要消滅一部分人，要強迫他們建設商品率高的農業，要強力消除餬口經濟是歷史的不得已，那也罷了，偏偏這又用了多少馬列主義的詞句來加以掩飾。……大革命局面下的必然產物，Terrorism〔恐怖主義〕必然不能持久

29 朱朋，〈從《顧准日記》看學人日記的史料價值〉，《華中人文論叢》，第4卷第2期（2013.6），頁150。「反右」：1957年4月，中共在全黨發起以正確處理人民內部矛盾為主題，以反對官僚主義、宗派主義和主觀主義為內容的整風運動。6月，轉變為「反擊右派分子進攻」（即「反右」）的鬥爭，數十萬黨內外人士被打成右派，開始了中共實質性一黨專政的時代。

30 桂世勳，〈毛澤東同志的人口思想初探〉，《人口研究》，1981年第4期，頁12-17轉55；穆光宗，〈馬寅初誓死堅持「新人口論」，毛澤東為何由贊成轉而強力反對？〉，《人物》，2010年第12期，頁7-13。

的。[31]

> 1953年以前他〔毛澤東〕不懂，後來他逐漸懂得了，並且
> 摸索一些解決辦法，他試過好幾個藥方，結果選擇了現在的
> 藥方——馬列主義的人口論，恐怖主義的反右鬥爭，驅飢餓
> 的億萬農民從事於過度的勞動，以同時達到高產、高商品率
> 的農業與消滅過剩人口——是最堂皇、又是最殘酷、最迅
> 速、最能見效的辦法。[32]

「馬列主義」、「大革命」、「Terrorism〔恐怖主義〕」、
「最堂皇、又是最殘酷」等詞語，尖銳地揭示了該現象「國家
vs.農民」[33] 的對壘分明本質，表達了顧准站在農民立場對中共的
嚴厲批判。

可見，前引諸多表述，應為顧准面對「大躍進—大饑荒」災
難惡果的激憤之辭，用顧准自己的話說，便是「一腔怒火，化為
看破紅塵的微笑」。[34] 顧准的表述固然對筆者的研究極具啟發，
但此類「激憤之辭」顯然不宜呈現在筆者的論述之中。

關於「資料」的困擾。由於眾所周知的原因，要取得當年
「大躍進—大饑荒」的原始檔案或當事者的口述等一手史料，委
實難度很大。廣西有關部門的管控似乎比其他地區更為嚴密，
1990年代，廣西當地文史學者向自治區檔案館申請查閱 1950 年

---

31  顧准，《顧准日記》，頁227-228，「1960年1月9日」。
32  顧准，《顧准日記》，頁232，「1960年1月11日」。
33  顧准，《顧准日記》，頁169，「1959年12月15日」。原文為vs.，除了引用原
     文，本書其他地方表示為VS。
34  顧准，《顧准日記》，頁72，「1956年4月11日」。

代前期饑饉死亡事件的原始資料，已被斷然拒絕。[35] 或因如此，雖然楊繼繩1990年代可以到各地查閱有關資料，但其《墓碑：中國六十年代大饑荒紀實》亦未見收廣西的原始文件。[36]

近年來，大陸相關部門的管控更是謹慎且嚴格，2018年8月，筆者曾到廣西自治區檔案館，申請查閱相關的原始檔案資料，便因「身分特殊」（新加坡國籍、臺灣教授），被要求到自治區外事辦、新加坡領事館等機構辦理「證明手續」，最終只能不了了之。2020年2月，美國社會學家傅高義（Ezra Vogel）教授受訪時也認為，跟「約十年前」相比，中國社會「開放度下降」、「管制緊縮」，採取「封閉的方式對待外國人」，「外國專家很難獲得中國的檔案資料……外國人用中國圖書館找資料不方便」。[37]

因此，本書主要利用廣西相關地方志書、收錄於《中國大躍進─大饑荒數據庫（1958～1962）》[38] 的歷史文獻、文革前的報刊和文革中的傳單與小報，以及臺灣已出版和未出版的各種資料與當時的報刊文章。其中兩種資料尤被倚重：文革前發行的報刊與文革後出版的志書。對於前者，本書研究特別注意通過表面的歌頌或批判，探尋其背後的真相與緣由；對於後者，一方面著意跟前者參照比對，一方面也注意其刻意隱瞞、甚至歪曲的處理

---

35 龍廷駒，〈令人困惑的問題〉，《廣西地方志》，1998年第3期，頁34-36。

36 楊繼繩，《墓碑：中國六十年代大饑荒紀實》（香港：天地圖書，2009），下篇，頁1169-1194。

37 周雁冰，〈傅高義：一山可容多虎〉，《聯合早報》，2020年2月9日，第8版。

38 宋永毅主編，《中國大躍進─大饑荒數據庫（1958～1962）》（香港：美國哈佛大學費正清中國研究中心／香港中文大學中國研究中心，2014），電子版。

手法。多種資料交叉參考、比較、互補，避免空泛的道德批判，力求立足於嚴謹的歷史觀察、紀錄和敘述以及實證性分析探討。

於是，廣西大饑荒研究從諸多歷史資料切入，形成多元專題展開，圍繞著產生廣西大饑荒的諸種歷史現象互動的論述主軸，經多次調整研究策略與方案，撰寫成系列論文（共8篇）並且全都發表在海內外學術期刊。現統整爲書，當能呈現更爲豐富的歷史意義與學術價值。

本書之所以將書名定爲「國家VS農民：廣西大饑荒」，即意圖通過廣西大饑荒歷史現象的研究，揭示「國家VS農民」的實質。

「國家VS農民」是顧准針對河南商城地區在廬山會議後，「大力開展反對富裕農民路線，鬥爭私藏糧食」的反瞞產運動而提出的命題。[39] 反瞞產運動是大饑荒至關重要的催化劑，「國家VS農民」的命題，正揭示了大饑荒的產生源自國家與農民根本性對立的實質。

本書部分內容作爲單篇論文投稿時，「國家VS農民」的提法受到有關審查委員的質疑，或認爲與農民對峙的不僅是政府（國家）還有眾多（支持政府的）基層幹部與農民，或認爲以廣西爲例「不能解釋『國家VS農民』這樣大的論題」。筆者以

---

39 顧准，《顧准日記》，頁169，「1959年12月15日」。「廬山會議」：1959年7月2日到8月16日，中共中央政治局在江西廬山召開擴大會議及中共八屆八中全會，以反對總路線、大躍進、人民公社等罪名，將以彭德懷爲首，包括黃克誠、張聞天、周小舟等中共高級領導人打成「右傾機會主義反黨集團」。廬山會議後，毛澤東發動「反右傾運動」，大量中共黨員遭到批判，部分被定性爲「右傾機會主義分子」而受到組織處分。由此進一步鞏固了毛澤東的絕對領導權威，強化了中共大躍進的激進路線。

爲，所謂「國家VS農民」，即國家利益與農民利益的矛盾衝突。

大饑荒無疑是大躍進、反瞞產等運動的後果，這些運動無疑是代表國家利益的中共爲主導者、操縱者，廣泛動員大量農民（包括基層幹部）參與。運動的受益者無疑是國家／中共政府，而利益乃至生命受損害者不僅是「被運動方」（作爲運動的對立面）的農民及基層幹部，還包括「運動方」（運動參與者）的農民及基層幹部。尤其是到了大饑荒來臨，更是由運動中的「全民互害」淪爲大饑荒中的「全民受害」了。這也正是顧准所指出：「階級分析是空話，所要反的實際是全體農民。」[40]「那不過是掩蓋在階級分析方法下面的，國家與農民的衝突而已。」[41]

因此，以廣西大饑荒爲例剖析「國家VS農民」的實質，無論從「透過現象看本質」，還是「通過個案考察整體」的學術研究方法與慣例來看，都應該是無可置疑的。慶幸的是，前述投稿論文「國家VS農民」的提法，最終還是得到有關審查委員及編輯部的認可。亦因此，本書的書名主標題定爲「國家VS農民」。

---

40 顧准，《顧准日記》，頁172，「1959年12月16日」。
41 顧准，《顧准日記》，頁227，「1960年1月9日」。

# 第二章

# 參照系：毛澤東與中國大饑荒

　　學術界關於1959年至1961年中國大饑荒成因的探討相當多元化，包括中央決策層、地方政府實施層和農民反饋層互動博弈；[1] 政府體制的運作失效；[2] 政府徵購率過高及「城市偏向」的糧食分配政策；[3] 政府救濟能力不足；[4] 人民公社農民退社權的喪失；[5] 人民公社食堂的失敗；[6] 糧食政策以及糧食戰爭的影響；[7] 統購統銷與集體化的交織作用及效應；[8] 意識形態的錯誤

---

1 洪名勇、錢龍，〈1959～1961中國大饑荒：成因、分布與解釋〉，《貴州大學學報》，2015年第1期，頁89-95。

2 李若建，〈大饑荒形成過程中的體制失敗〉，《二十一世紀》，第106期（2008.4），頁32-43。

3 Thomas P. Bernstein, "Stalinism, Famine, and Chinese Peasants: Grain Procurements during the Great Leap Forward," *Theory and Society*, 13: 3 (1984): 339-377; Justin Yifu Lin and Dennis Tao Yang, "Food Availability, Entitlements and Chinese Famine of 1959-61," *The Economic Journal*, 110: 460 (2000): 136-158.

4 范子英、孟令傑，〈有關中國1959～1961年饑荒的研究綜述〉，《中國農村觀察》，2005年第1期，頁66-71轉80。

5 Justin Yifu Lin, "Collectivzation and China's Agricultural Crisis in 1959-1961," *Journal of Political Economy*, 98: 6 (1990): 1228-1252.

6 楊大利，〈從大躍進饑荒到農村改革〉，《二十一世紀》，第48期（1998.8），頁4-13；喻崇武、張磊，〈「大躍進」饑荒中糧食的供給、分配與消費〉，《北京社會科學》，2015年第9期，頁29-38。

7 宋永毅，〈糧食戰爭：統購統銷、合作化運動與大饑荒〉，《二十一世紀》，第136期（2013.4），頁68-84。

8 王力堅，〈廣西大饑荒（1959～1961）成因探討：統購統銷與集體化的交織作用及效應〉，《中正歷史學刊》，第23期（2020.12），頁127-170。改寫為本書第三章。

引導與暴力專制的不容糾錯；[9] 食物供應量的下降及食物獲取權的喪失、公社體制下糧食的交易與配置系統以及一系列相關政策系統扭曲與失靈；[10] 集體化觸口經濟與商品率追求的矛盾；[11] 等等。這些探討主要關涉到制度面、政策面、執行面，頗有見地，然而，本章企望在更大的範圍、更高的層級進一步探索上述「成因」的根本所在。換個角度看，歸屬區域荒政史範疇的廣西大饑荒研究，也應該並且有必要設置一個更大範圍、更高層級的參照系，以便在全國範圍及最高中央決策的背景下展開深入探討。

中國官方傳統上多以「『大躍進』和『反右傾』的錯誤，加上當時的自然災害和蘇聯政府背信棄義地撕毀合同」[12] 的混合說法來解釋大饑荒成因。

1950年代至1960年代氣象資料的公布，全面「自然災害」說已難以成立。「蘇聯逼債」的內情，亦早已明朗：1960年中蘇分裂，當時蘇聯要求中國十年內還清所欠債務，毛澤東為了賭一口氣，決定用五年時間還清。1961年蘇聯還應周恩來（1898～1976）請求，借出了20萬噸糧食，解救東北缺糧之急。[13]

---

9 裴毅然，〈四千萬餓殍──從大躍進到大饑荒〉，《二十一世紀》，第106期（2008.4），頁44-56。

10 趙德餘，〈糧食危機、獲取權與1959～1961年大饑荒的再解釋〉，《華南農業大學學報》，2014年第4期，頁1-14。

11 顧准，《顧准日記》（北京：中國青年出版社，2002），頁130-254，「商城日記」；張曙光，〈顧准的探索和貢獻〉，《炎黃春秋》，2015第7期，頁40-63。

12 中共中央文獻研究室編，《關於建國以來黨的若干歷史問題的決議註釋本》（北京：人民出版社，1983），頁24。

13 金輝，〈「三年自然災害」備忘錄〉，《社會》，1993年第4-5合期，頁97-110；楊繼繩，《墓碑：中國六十年代大饑荒紀實》（香港：香港天地圖書有限

1961年3月下旬，蘇共中央擬以貸款形式爲中國撥出100萬噸糧食和50萬噸糖，並且將100萬噸糧食留作後備。此舉得到毛澤東同意。[14]

其實，早在1961年12月，劉少奇（1898～1969）和鄧小平（1904～1997）籌備中共中央擴大的中央工作會議（即「七千人大會」）時就曾提出：「要科學分析當前嚴重經濟困難的原因，主要不是天災，也不是赫魯曉夫〔臺灣譯爲「赫魯雪夫」〕撕毀全部協議和合同，而是我們工作中的錯誤。」[15]

這個說法明確聚焦於中共自己的人爲錯誤——無疑也包括毛澤東的錯誤。在1962年1月中共中央擴大的中央工作會議上，毛澤東即坦承：「凡是中央犯的錯誤，直接的歸我負責，間接的我也有份，因爲我是中央主席。」[16]

學術界對此不乏論述，如馮客（Frank Dikötter）《毛澤東的大饑荒：1958～1962年的中國浩劫史》[17]便著重於通過對中共

公司，2008），下篇，頁641-664，第十五章「罪不在天災，也不在蘇聯」；鄭建明，〈「蘇聯逼債」是怎麼回事？〉，《文史精華》，2012年第12期，頁20-27。

14 逄先知、馮蕙主編，《毛澤東年譜（1949～1976）》（北京：中央文獻出版社，2013），第四卷，頁568-569；熊輝、譚詩傑，〈20世紀60年代初期的我國糧食進口工作〉，《湘潭大學學報（哲學社會科學版）》，第37卷第3期（2013.5），頁138-144。

15 吳冷西，〈同家英共事的日子（中）〉，《黨的文獻》，1996年第5期，頁82。

16 毛澤東，〈在擴大的中央工作會議上的講話〉（1962年1月30日），中共中央文獻研究室編，《建國以來毛澤東文稿》（北京：中央文獻出版社，1996），第十冊，頁24。

17 馮客著，郭文襄、盧蜀萍、陳山譯，《毛澤東的大饑荒：1958～1962年的中國浩劫史》（新北：INK印刻，2012）。

政治體制運作與政治鬥爭議題的論析，探討了毛澤東與中國大饑荒成因的關係，可謂學術界將大饑荒直接歸因於毛澤東的代表性論著。本章則嘗試在馮客著作未及充分關注的觀念史角度切入，進一步論證毛澤東的唯意志論如何在中國現實政治、經濟與社會運作中發揮作用，以致造成激進狂熱的大躍進與慘絕人寰的大饑荒。

　　事實上，在極權政治體制與計畫經濟[18]體制下，全國性大饑荒的成因難免不追究到中共執政當局尤其是毛澤東的身上。作為中共的最高領導人，毛澤東的錯誤或有諸多因素合成，其中重要的一點，無疑是來自其個人的威望與意志，由此促成亦左右了中共各級政府做出種種經濟上或政治上的「誤判」，並在中共領導人出自對崇高理想的「堅持」下，導引大躍進走向了大饑荒。

　　雖然「誤判」與「堅持」的現象已為學術界所周知，但鮮有專題研究者。故本章從「『唯意志論』催發大躍進」、「『大好形勢』下的大饑荒」、「雪上加霜的非理性操作」、「『無意』抑或『有意』」諸方面，聯繫具體詳實的史料，對「誤判」與「堅持」現象的淵源流變及其跟上述大饑荒成因諸多方面的關

---

18　計畫經濟：又稱統制經濟或指令型經濟，指國家在生產、資源分配以及消費等各方面，都是由政府事先進行計畫，是國家同時擁有所有權和控制權的產權制度。秦暉認為計畫經濟體制「在農民中國是否存在是值得懷疑的」。吳玉山則認為：「在鄧小平推動改革開放之前，大陸的經濟體制確實是位於統制經濟的框架之內。」分別參見秦暉，《農民中國：歷史反思與現實選擇》（鄭州：河南人民出版社，2003），頁253；吳玉山，《遠離社會主義：中國大陸、蘇聯和波蘭的經濟轉型》（臺北：正中書局，1996），頁33。依照約定俗成的表述習慣，本書採用「計畫經濟」的名詞概念。

係，進行更具系統而深入的剖析、論證與探討。[19]

## 第一節 「唯意志論」催發大躍進

1957年9月下旬到10月上旬，中共中央八屆三中全會在北京召開。全會通過〈1956年到1967年全國農業發展綱要（修正草案）〉（即「農業四十條」），一方面促進集體化運動的發展，一方面也揭開了農業大躍進的序幕。[20]

1957年10月27日《人民日報》發表社論，要求鞏固農業合作化制度，促使有關農業和農村各方面工作在十二年內「實現一個巨大的躍進」。[21] 這是報刊上第一次以號召的形式出現「躍進」一詞。

1957年11月，在莫斯科共產黨和工人黨代表會議上，蘇共領導人赫魯雪夫（Nikita Khrushchev）提出蘇聯要在十五年內趕上和超過美國。毛澤東受此激勵，「事先沒有經過充分的醞釀，也未與其他中央領導同志商量」，[22] 便在會議上發表長達「一個多小時的長篇講話」，「是即席講話，沒有講話稿」，[23] 提出十

---

19 本章原以〈誤判與堅持——論毛澤東與中國大饑荒（1959～1961）的成因〉為題，刊載於《中正歷史學刊》，第24期（2022.12），頁151-196。改寫為本章經過較大充實。

20 載中央檔案館、中共中央文獻研究室編，《中共中央文件選集》（北京：人民出版社，2013），第二十六冊，頁315-335。

21 〈建設社會主義農村的偉大綱領〉（社論），《人民日報》，1957年10月27日，第1版。

22 齊衛平、王軍，〈關於毛澤東「超英趕美」思想演變階段的歷史考察〉，《史學月刊》，2002年第2期，頁67。

23 閻明復，《閻明復回憶錄（一）》（北京：人民出版社，2015），頁427。

五年後鋼產量「蘇聯超過美國，中國超過英國」。[24]

於是，全由毛澤東一錘定音，只有豪氣與激情而沒有現實基礎與可行性評估的「超英趕美」決策，成為大躍進的目標與口號，彰顯了國家工業化的願景。

1957年12月2日，劉少奇在中國工會第八次全國代表大會的祝詞中，首次在國內公開宣布十五年趕上或者超過英國的目標：「在十五年後，蘇聯的工農業在最重要的產品的產量方面可能趕上或者超過美國，我們應當爭取在同一期間，在鋼鐵和其他重要工業產品的產量方面趕上或者超過英國。」[25]

以農業立國的歷史與現實，使中共還是將大躍進的重點放在農業。1957年11月13日《人民日報》社論再次號召「在農業合作化後，我們就有條件也有必要在生產戰線上來一個大的躍進」；並且認為「合作化以後農民群眾的偉大的創造性」，致使「1956年我國遭受了嚴重的自然災害，而糧食產量卻超過了大豐收的1955年一百多億斤」。[26]

由此亦顯見中共當局在農業領域的一個戰略思考：農業集體化與大躍進是相得益彰的密切關係，農業集體化是大躍進的必備條件，大躍進促進並鞏固集體化的發展。

1958年2月18日，毛澤東在為《人民日報》所撰社論中指

---

24 毛澤東，〈在莫斯科共產黨和工人黨代表會議上的講話〉（1957年11月18日），中共中央文獻研究室編，《建國以來毛澤東文稿》（北京：中央文獻出版社，1992），第六冊，頁630-644。

25 〈在中國工會第八次全國代表大會上劉少奇同志代表中共中央致祝詞〉，《人民日報》，1957年12月3日，第1版。

26 〈發動全民，討論四十條綱要，掀起農業生產的新高潮〉（社論），《人民日報》，1957年11月13日，第1版。

出：「在十五年趕上英國和苦戰三年、改變面貌的偉大號召的鼓舞下，群眾不能不要求生產和工作的大躍進，不能不反浪費反保守。燦爛的思想政治之花，必然結成豐滿的經濟之果。」[27] 後二句直接昭示實現大躍進的關鍵，是意志高於理性、精神產生物質的觀念，這顯然是精神萬能的唯意志論體現。

似乎為了呼應1958年2月18日《人民日報》社論，同年4月15日，毛澤東在撰文介紹河南封丘縣應舉合作社時提出，要實現「超英趕美」的目標，依靠的是「共產主義精神在全國蓬勃發展；廣大群眾的政治覺悟迅速提高」，「除了黨的領導之外，六億人口是一個決定的因素；人多議論多，熱氣高，幹勁大；從來也沒有看見人民群眾像現在這樣精神振奮，鬥志昂揚，意氣風發」。所謂「共產主義精神」、「政治覺悟」、「議論多，熱氣高，幹勁大」、「精神振奮，鬥志昂揚，意氣風發」之類的要求與強調，其立論依據無不來自精神萬能的唯意志論。因此，毛澤東進一步認定「十年可以趕上英國，再有十年可以趕上美國」，並認同應舉合作社「完全有把握，而且爭取超過」實現將小麥畝產從150斤提高到800斤的計畫。[28] 這表明精神萬能的唯意志論不僅落實到運動的氣氛與士氣，還落實到對糧食增產數額的極大化追求上。

---

27 〈反浪費反保守是當前整風運動的中心任務〉（社論），《人民日報》，1958年2月18日，第1版。此社論為毛澤東所撰，參考顧龍生編著，《毛澤東經濟年譜》（北京：中共中央黨校出版社，1993），頁411。

28 以上參考毛澤東，〈介紹一個合作社〉（1958年4月15日），含注釋，中共中央文獻研究室編，《建國以來毛澤東文稿》（北京：中央文獻出版社，1992），第七冊，頁177-182。

1958年5月5日至23日，中共八大二次會議在北京召開，正式制定了「鼓足幹勁，力爭上游，多快好省地建設社會主義」的總路線，批評不相信農業可以快速發展的思想，強調「現在信心高了，是由於農業生產大躍進，農業躍進壓迫工業，使工業趕上去，一齊躍進，推動了整個工作」，凸顯了農業在大躍進中的先鋒作用。[29] 會議更將「超英趕美」的時間表提前：「七年超過英國，再有八年超過美國。」[30] 一個月後，毛澤東進一步提出「兩年超過英國」。[31] 到了同年8月2日，毛澤東在與赫魯雪夫會談時，不無豪邁地宣稱：「我們的鋼鐵方面如果今年不能，明年就一定能夠超過英國。」[32] 再一個月後的9月初，全國人民公社化高潮之際，「超英」已不足掛齒，於是毛澤東徑直呼籲：「為五年接近美國，七年超過美國這個目標而奮鬥吧！」[33]

　　「超英趕美」的時間表如此變化莫測地神速縮短，顯見其決策的主觀性、隨意性，更顯見大躍進的迫切性，總路線的「多快好省」也就聚焦於在一個「快」字了。於是，1958年6月21日《人民日報》社論題目就直接標示「力爭高速度」，內文更一再提出：「用最高的速度來發展我國的社會生產力」，「速度是總

---

29　毛澤東，〈在八大二次會議上的講話（二）〉（1958年5月17日下午），《毛澤東思想萬歲（1958～1960）》（武漢：武漢群眾組織翻印，1968），頁75。

30　毛澤東，〈在八大二次會議上的講話（三）〉（1958年5月20日下午），《毛澤東思想萬歲（1958～1960）》，頁84。

31　逄先知、馮蕙主編，《毛澤東年譜（1949～1976）》，第三卷，頁373。

32　〈赫魯曉夫與毛澤東會談紀錄：漫談國際形勢〉（1958年8月2日），沈志華主編，《俄羅斯解密檔案選編：中蘇關係》（上海：東方出版中心，2014），第8冊，頁162。

33　逄先知、馮蕙主編，《毛澤東年譜（1949～1976）》，第三卷，頁431。

路線的靈魂」，「快，這是多快好省的中心環節」：並且強調「人民的主觀能動性有非常偉大的作用」，「當大家都想快、要快、力爭快的時候，事情的進展果然就快了」。[34] 大躍進期間「一天等於二十年」[35] 的口號便是這種思維的表達。經歷過大饑荒，毛澤東1963年1月9日所作〈滿江紅‧和郭沫若同志〉詞中的「一萬年太久，只爭朝夕」，仍然是這種思維的堅持。[36]

　　不僅速度無極限，能量亦是無極限發揮。1958年7月23日《人民日報》社論宣稱：「總路線使我國五億農民的無比巨大的力量像火山一樣地爆發出來，震天動地，翻江倒海。」「農民們發揮了高度的主觀能動性，創造了奇蹟。」「我國糧食要增產多少，是能夠由我國人民按照自己的需要來決定了。」「只要我們需要，要生產多少就可以生產多少糧食出來。」[37] 於是，也就有了大躍進的經典口號──「人有多大膽，地有多大產」。[38]

　　從毛澤東指示、中央決策，到媒體宣傳、大躍進實踐，由上而下，充分反映了精神萬能的唯意志論的深刻影響。

　　毛澤東在青少年時代就有強烈的自負感與自信心：「獨坐池塘如虎踞，綠楊樹下養精神。春來我不先開口，哪個蟲兒敢作

---

34　〈力爭高速度〉（社論），《人民日報》，1958年6月21日，第1版。

35　〈「一天等於二十年」這句話的來歷〉，《人民日報》，1958年7月15日，第7版。

36　逄先知、馮蕙主編，《毛澤東年譜（1949～1976）》，第五卷，頁184。

37　〈今年夏季大豐收說明了什麼？〉（社論），《人民日報》，1958年7月23日，第6版。

38　劉西瑞，〈「人有多大膽，地有多大產」〉，《人民日報》，1958年8月27日，第3版。

聲？」[39]「自信人生二百年，會當水擊三千里。」[40] 以及「以天下為己任」且「捨我其誰」的使命感：「天下者我們的天下，國家者我們的國家，社會者我們的社會。我們不說，誰說？我們不幹，誰幹？」[41]

青年毛澤東先後接受過康有為（1858～1927）大同思想、自由主義、民主改良主義、空想社會主義、無政府主義等；尤其是在宋明心學哲學家、泡爾生（Friedrich Paulsen）和楊昌濟（1871～1920）等中西思想家的影響下，體悟、總結出其獨特的意志觀。[42] 其時毛澤東雖然承認「人為自然律所支配」，同時更認定「自然有規定吾人之力，吾人亦有規定自然之力，吾人之力雖微，而不能謂其無影響」；並且斷言：「意志力。心力。」[43]「意志也者，固人生事業之先驅也。」[44]「人之心力與體力合行一事，事未有難成者。」[45] 尤其是從個人心志，發掘出

39 毛澤東，〈詠蛙〉（1910年秋），季世昌編，《毛澤東詩詞鑒賞大全》（南京：南京出版社，2001），頁486。

40 毛澤東，〈游泳〉（1917年），季世昌編，《毛澤東詩詞鑒賞大全》，頁510。

41 毛澤東，〈民眾的大聯合（三）〉（1919年8月4日），中共中央文獻研究室、中共湖南省委《毛澤東早期文稿》編輯組編，《毛澤東早期文稿（1912年6月～1920年11月）》（長沙：湖南人民出版社，2008），頁356。

42 Frederic Wakeman, Jr., *History and Will: Philosophical Perspectives of Mao Tse-tung's Thought* (Berkeley, Los Angeles, London: University of California Press, 1973): 97-273；成龍、楊萍，〈精神萬能意志論還是實事求是唯物論——國外毛澤東思想哲學基礎研究評析〉，《攀登》，2008年第2期，頁74-77。

43 毛澤東，〈《倫理學原理》批注〉，中共中央文獻研究室、中共湖南省委《毛澤東早期文稿》編輯組編，《毛澤東早期文稿（1912年6月～1920年11月）》，頁246、247、251。

44 毛澤東，〈體育之研究〉（1917年4月1日），中共中央文獻研究室、中共湖南省委《毛澤東早期文稿》編輯組編，《毛澤東早期文稿（1912年6月～1920年11月）》，頁61。

45 〈張昆弟記毛澤東的兩次談話〉（1917年9月），中共中央文獻研究室、中共

與宇宙本源相通的眞理，乃至作用於家國天下的社會實踐：「動其心者，當具有大本大源。……夫本源者，宇宙之眞理……今吾以大本大源爲號召，天下之心其有不動者乎？天下之心皆動，天下之事有不能爲者乎？天下之事可爲，國家有不富強幸福者乎？」[46]

這種契合了毛澤東個性人格的唯意志論，對其日後人生無疑有深刻的影響。以致在紅軍時代，毛澤東就給人以「權力欲極強而又獨裁……凡事都自行決定，而且非常固執」的印象。[47] 在中共建政後所經歷的歷次政治運動中，更顯示出「他超凡的個性震懾了所有的同志」。[48]

赫伯特・馬庫色（Herbert Marcuse）認爲，馬克思主義中也存在著「唯意志論」。在階級鬥爭尖銳、革命形勢高漲的時候，馬克思主義的「唯意志論」往往排斥其他客觀因素而當道。列寧主義強化了「唯意志論」的傾向，並在史達林主義中達到巔峰。[49] 這正是毛澤東「唯意志論」的另一思想淵源。

莫理斯・邁斯納（Maurice Meisner）即指出：列寧（Vladimir Lenin）關於黨的思想基礎之一是唯意志論，毛澤東往往以極端

湖南省委《毛澤東早期文稿》編輯組編，《毛澤東早期文稿（1912年6月～1920年11月）》，副編，頁575。

46 毛澤東，〈致黎錦熙信〉（1917年8月23日），中共中央文獻研究室、中共湖南省委《毛澤東早期文稿》編輯組編，《毛澤東早期文稿（1912年6月～1920年11月）》，頁73。

47 龔楚，《龔楚將軍回憶錄》（香港：明報月刊社，1978），上卷，頁206。

48 馬若德（Roderick MacFarquhar），〈毛澤東依然重要嗎？〉，陸德芙（Jennifer Rudolph）、宋怡明（Michael Szonyi）編，余江、鄭言譯，《中國36問：對一個崛起大國的洞察》（香港：香港城市大學出版社，2019），頁26。

49 Herbert Marcuse, *Soviet Marxism – A Critical Analysis* (Boston: Beacon Press, 1991): 130.

形式反映列寧唯意志論對歷史中的主觀因素作用的強調，而且還完全是依賴於人的願望、能力和覺悟；因此，毛澤東主義的世界觀，是「以極端唯意志論爲特徵的」。[50]

魏斐德（Frederic Wakeman, Jr.）的著作從歷史與意志的哲學角度透視毛澤東的理論與實踐，認爲毛澤東主義是一種「混合體」（the hybrid quality），尤爲強調意志、精神在歷史發展中的決定性作用。該書結語爲：「沒有意志就沒有歷史。而沒有歷史也就完全沒有意志。」（Without will there would be no history. And without history, no will at all.）[51] 並作注釋闡明個人崇拜及獨裁在中共歷史中的重要性。[52]

作爲歷史見證人，共產國際派駐延安聯絡官兼蘇聯塔斯社軍事特派員彼得·佛拉第米洛夫（Peter Vladimirov），在其《延安日記》指證，毛澤東認爲「歷史必須屈服於他的意志」（History must submit to his temperament）。[53]

這些論述，將毛澤東個人意志在中共歷史中的地位、作用與意義，放大到無以復加的地步。

事實上，以毛澤東個人意志爲主導的唯意志論，也已然是中共革命與建設的決策思想基礎；落實到大躍進運動中，便是貫徹

---

50 莫理斯·邁斯納著，張寧、陳銘康等譯，《馬克思主義、毛澤東主義與烏托邦主義》（北京：中國人民大學出版社，2005），頁76-77、84、89、177。

51 Frederic Wakeman, Jr., *History and Will: Philosophical Perspectives of Mao Tse-tung's Thought*, 277-327.

52 Frederic Wakeman, Jr., *History and Will: Philosophical Perspectives of Mao Tse-tung's Thought*, 370.

53 Peter Vladimirov, *The Vladimirov diaries: Yenan, China, 1942-1945* (Garden City, N.Y.: Doubleday & Company, Inc., 1975): 396.

執行精神萬能的唯意志論。臺灣學者便有此分析：毛澤東的唯意志論作爲其道德理想主義落實爲大躍進中「空前絕後的大同實踐」的民粹主義反應（populist reaction）。[54] 於是，不切實際、漫無邊際的浮誇風氣席捲全國，糧食高產衛星層出不窮。

《人民日報》和各地報刊的主要版面不斷刊登農業高產「衛星」的新聞，僅《人民日報》1958年6月至9月便有如下報導：湖北省穀城縣樂民社小麥畝產2,357斤。[55] 河北省魏縣六座樓社小麥畝產2,394斤。[56] 河南省遂平縣衛星農業社小麥畝產3,530斤。[57] 湖北省穀城縣先鋒農業社小麥畝產4,689斤。[58] 河南省西平縣和平農業社小麥畝產7,320斤。[59] 福建省閩侯縣連阪農業社早稻畝產5,806斤。[60] 湖北省應城縣春光農業社早稻畝產1萬597斤。[61] 安徽省樅陽縣高豐社早稻畝產1萬6,227斤。[62] 湖北省麻城

54 王振輝，〈唯意志論與道德理想主義：評毛澤東在大躍進中的民粹思想〉，《靜宜人文學報》，第19卷（2003.12），頁133-153。

55 〈小麥豐產的新紀錄樂民社畝產2,357斤〉，《人民日報》，1958年6月9日，第1版。

56 〈六座樓社的新紀錄一畝產麥2,394斤〉，《人民日報》，1958年6月11日，第1版。

57 〈衛星農業社發出第二顆「衛星」二畝九分小麥畝產3,530斤〉，《人民日報》，1958年6月12日，第1版。

58 〈湖北又一高產紀錄後來居上先鋒社出現畝產4,689斤〉，《人民日報》，1958年6月23日，第1版。

59 〈7,320斤——小麥層層加碼〉，《人民日報》，1958年7月12日，第1版。

60 〈連阪社再創高產新紀錄早稻畝產五千八百多斤〉，《人民日報》，1958年7月18日，第5版。

61 〈早稻畝產超過萬斤春光社創10,597斤高紀錄〉，《人民日報》，1958年7月31日，第1版。

62 〈安徽高豐社試驗田開放大紅花早稻畝產一萬六千多斤〉，《人民日報》，1958年8月10日，第1版。

縣建國一社早稻畝產3萬6,956斤。[63] 廣東省連縣中稻畝產6萬437斤。[64] 1958年9月9日，更出現廣西環江毛南族自治縣「併菟六十畝左右」創造出中稻畝產逾13萬斤的全國最高紀錄。[65]

這種反科學的操作得到科學家們的支持。1958年4月29日，中國科學院力學研究所所長錢學森（1911～2009）便已刊文宣稱：「只要我們能夠附上工人階級的皮，我們就可以跟六億人民在一道，我們的力量真是無窮無盡，絕對不會有什麼克服不了的困難。」於是，「從能量方面來考慮」，得出「可以在一畝面積上年產約八千市斤的澱粉」的推想。[66]

同年6月，錢學森看到關於河南省遂平縣衛星農業社小麥畝產3,530斤的報導後，即在《中國青年報》刊文，歌頌「豪邁的勞動」產生「更多的糧食」，聲稱「科學的計算告訴人們」，稻麥每年畝產量可達到2,000斤的20多倍。並且強調：「這並不是空談。舉一個例：今年河南有些特別豐產試驗田要在一畝地裡收一百六十萬斤蔬菜。」[67]

為了論證糧食生產高指標的可行性，1958年7月5日至9日，全國科學聯合會與北京市科學聯合會組織中國科學院生物學

---

63 〈一顆早稻大「衛星」〉，《人民日報》，1958年8月15日，第1版。
64 〈廣東窮山出奇蹟一畝中稻六萬斤〉，《人民日報》，1958年9月5日，第1版。
65 〈廣西四川雲南中稻創畝產6萬～13萬斤紀錄〉，《人民日報》，1958年9月18日，第7版。另參考環江毛南族自治縣志編纂委員會編，《環江毛南自治縣志》（南寧：廣西人民出版社，2002），頁337-340。
66 錢學森，〈發揮集體智慧是唯一好辦法〉，《人民日報》，1958年4月29日，第7版。
67 錢學森，〈糧食畝產量會有多少？〉，《中國青年報》，1958年6月16日，第4版。

部、中國農業科學院、北京農業大學等部門的科學家，同來自湖北、河南、河北、浙江、江蘇及北京郊區等省市的三十多位農業社種田能手舉行座談會，探討糧食產量問題。座談會實際上變成了擂臺賽，受大躍進氣氛的感染，科學家們同種田能手展開了高指標大戰，出現了像拍賣一樣競相抬高指標的局面。中國科學院生物學部提出爭取畝產指標達到小麥 6 萬斤、水稻 6.5 萬斤，河南、陝西農業社提出小麥畝產爭取 10 萬斤，江蘇農業社則提出水稻畝產爭取 7 萬斤。[68]

1958 年 8 月 13 日《人民日報》報導，毛澤東在山東歷城縣北園農業社視察豐產田時，了解到該社「五十畝高額豐產田，原來計畫畝產兩萬斤，現在我們要爭取產四萬斤，過去一畝只產二、三百斤」，表揚該社社主任李書成：「好，你這個人，不幹就不幹，一幹就幹大的。」[69] 由此可見，毛澤東對「高產衛星」的喜愛、支持、鼓勵。

同日《人民日報》刊發社論宣稱，1957 年中國單季稻畝產最高紀錄 2,400 多斤，比往年增長 14 倍以上，花生畝產最高紀錄 1,500 多斤，比往年增長了 6 倍。該社論特別強調：「毛澤東同志在 1955 年冬就說過：『將來會出現從來沒有被人們設想過的種種事業，幾倍、十幾倍、以至幾十倍於現在的農作物的高產量。』今年的農業豐產，完全證實了毛澤東同志的科學的預見。」所謂「十幾倍、以至幾十倍於現在的農作物的高產量」無

---

68　宋連生，《總路線大躍進人民公社運動始末》（昆明：雲南人民出版社，2002），頁 110 -111。

69　〈毛主席視察山東農村〉，《人民日報》，1958 年 8 月 13 日，第 1 版。

疑是反科學的囈語，卻被推崇為「科學的預見」，由此該社論提出了「人有多大的膽，地有多大的產」的口號。[70] 此口號的思想基礎顯然就是精神萬能的唯意志論。

當時中共高層領導人的態度是高度一致的，《人民日報》1958年9月30日，報導劉少奇視察江蘇常熟縣和平公社，公社黨委書記宣稱「畝產可打一萬斤」，劉少奇追問：「一萬斤，還能多些嗎？你們這裡條件好，再搞一搞深翻，還能多打些。」[71] 就在前四天——9月26日，《人民日報》刊載了副總理陳毅（1901～1972）的文章〈廣東番禺縣訪問記〉，聲稱親眼所見「水稻畝產幾萬斤、甘蔗畝產幾十萬斤、番薯畝產一百萬斤」的事實，證明「這是馬列主義理論掌握了人民群眾，人民群眾掌握了馬列主義所產生的無比威力」。[72]

在大躍進熱潮中，全國上下——從中共高層到科學家到農民的思維與行為，莫不體現了唯意志論的深刻影響，充分實踐了毛澤東四十一年前的願景：「今吾以大本大源為號召，天下之心其有不動者乎？天下之心皆動，天下之事有不能為者乎？」[73]

在這樣一個熱火朝天的形勢之下，決定了大躍進的指導思想便是人定勝天、精神萬能的唯意志論；同時，也就決定了大躍進的生產模式更多是採取通過各種方式鼓勵和促使地方政府，在主

---

70 〈祝早稻花生雙星高照〉（社論），《人民日報》，1958年8月13日，第1版。

71 〈少奇同志視察江蘇城鄉〉，《人民日報》，1958年9月30日，第2版。

72 陳毅，〈廣東番禺縣訪問記〉，《人民日報》，1958年9月26日，第3版。

73 毛澤東，〈致黎錦熙信〉（1917年8月23日），中共中央文獻研究室、中共湖南省委《毛澤東早期文稿》編輯組編，《毛澤東早期文稿（1912年6月～1920年11月）》，頁73。

要的經濟指標上展開以速度及數量為標準的群眾性競賽運動。[74]

中共中央農村工作部在1959年1月13日至26日召開的全國農村工作部長會議上，即號召「展開熱火朝天的群眾競賽運動」。[75] 同年2月2日《人民日報》專欄文章開篇就呼籲：「英雄兒女永做促進派，奮勇向前年年大躍進，掀起革命大競賽，為農業大豐收而戰。」[76]

各地大躍進生產競賽轟轟烈烈開展。江蘇吳縣望亭人民公社，「在總路線的光輝照耀下，社會主義覺悟大大高漲，生產大躍進的群眾運動愈來愈如火如荼，到處是『學先進、趕先進、超先進』的你追我趕的熱烈場面」，舉行各種各樣的擂臺競賽，標榜「敢擺擂臺是好漢，敢打擂臺是英雄」，爭當「社會主義生產擂臺英雄」。[77]

受到1958年1月「急於求成的『左』傾思想迅速發展」[78] 的南寧會議激勵，廣西的大躍進生產競賽似乎啟動更早，表現得更為充分：於1958年1月底開始，廣西當局即召開系列會議，傳達南寧會議精神，大張旗鼓推行大躍進。[79]

1958年2月28日至3月7日，睦邊縣委召開了四級（縣、

---

74 參周飛舟，〈錦標賽體制〉，《社會學研究》，2009年第3期，頁54-77。

75 〈組織好更大更全面的農業生產高潮〉，《人民日報》，1959年2月3日，第1版。

76 〈掀起革命大競賽為農業大豐收而戰〉，《人民日報》，1959年2月2日，第1版。

77 周宜昌，〈望亭人民公社產生前後——一個人民公社史的調查報告〉，《復旦學報》，1960年第3期，頁26-31。

78 廣西壯族自治區地方志編纂委員會編，《廣西通志·大事記》（南寧：廣西人民出版社，1998），頁324。

79 廣西壯族自治區地方志編纂委員會編，《廣西通志·大事記》，頁325-328。

區、鄉、生產隊）幹部會議，大打擂臺，互相比成績、比經驗、比幹勁、比決心、比計畫、比先進、比行動，以此作爲睦邊縣大躍進的前奏。[80] 1958年8月28日，中共廣西自治區黨委發出〈關於開展高額豐產競賽運動的決定〉，要求進行大動員、大宣傳、大辯論，實行五級幹部田間大會師，開展大檢查、大評比，掀起以「高額豐產」爲目標的競賽高潮。[81]

競賽運動聚焦於「高額豐產」，這一要求在1958年8月10日至13日自治區黨委召開的地、縣委書記會議上便已提出——號召1958年實現稻穀畝產「千斤區」，爭取實現「1,500斤區」。會後，各地對增產指標層層加碼，有的地方政府還採取「打擂臺」報增產計畫的做法。如柳州地委提出柳州專區糧食畝產1,500公斤，爭取2,500公斤，糧食「總產82.5億公斤，爭取137.5億公斤」，「力爭全區第一，全國第一」的大躍進指示；環江縣委進一步提出「保證畝產五萬三」、「誓爭全區第一、全國第一、天下第一」的大躍進指標；於是，9月9日放出中稻畝產逾13萬斤超級衛星。[82]

環江縣中稻畝產逾13萬斤的全國最高紀錄雖然未能被打破，但打擂臺爭高產的生產競賽方式在廣西遍地開花。桂林地委要求，配合整頓人民公社的工作「開展勞動競賽，掀起生產運動

---

80 那坡縣志編纂委員會編，《那坡縣志》（南寧：廣西人民出版社，2002），頁402。那坡縣：原名鎮邊縣，1953至1965年改名睦邊縣，1965年再改名那坡縣。爲行文一致，除引述外，本書均稱那坡縣。

81 廣西壯族自治區地方志編纂委員會編，《廣西通志·大事記》，頁328-329。

82 廣西壯族自治區地方志編纂委員會編，《廣西通志·大事記》，頁328；環江毛南族自治縣志編纂委員會編，《環江毛南族自治縣志》，頁337-340。

更大高潮」。[83] 田林縣東風人民公社以當年（1958年）糧食畝產8,000斤、現金收入每人200元到250元的躍進指標，向睦邊縣那坡、靖西縣城郊、田陽縣百育、百色縣兩琶、德保縣東關、隆林縣新州等公社以及全專區各人民公社提出友誼豐產競賽。[84] 橫縣以糧食現場會和生產誓師大會的形式，發動全縣各人民公社開展豐產競賽，掀起春耕生產高潮。[85]

這也正是蘇聯社會主義建設模式的一個具體表現：「在勞動者及其工作小組之間組織並展開競賽；建立勞動激勵機制以激發勞動者的自豪感及幹勁。」[86] 只不過中國的生產競賽以「高額豐產」為具體目標，更加激發了浮誇風氣乃至造假風氣的盛行。毛澤東十分贊成生產競賽的做法，1959年8月30日在批轉浙江省委一個報告上作批注，指出「競賽的方針提得很正確，全國都應當這樣做」。[87]

然而，大躍進由上而下操作的生產競賽運動，無疑產生兩方面的誤導：

其一，在生產過程中，無視生產規律與經濟規律，採取政治

---

83　〈以點帶面，全面鋪開，地委召開電話會議布置當前整社工作〉，《桂林日報》，1959年1月11日，第1版。

84　〈東風公社乘東風，英雄群中更英雄，硬要糧食畝產八千斤，向那坡、城郊、百育、兩琶、東關、新州及全專區各公社提出挑戰〉，《右江日報》，1959年3月1日，第1版。

85　〈糧食工作大勝利，生產幹勁衝破天，橫縣在良圻召開糧食現場會和生產誓師大會，報出糧食一億一千多萬斤，全縣各公社開展豐產競賽，掀起春耕生產高潮〉，《紅旗日報》，1959年3月2日，第2版。

86　羅曼・羅蘭著，袁俊生譯，《莫斯科日記》（桂林：廣西師範大學出版社，2003），頁166。

87　顧龍生編著，《毛澤東經濟年譜》，頁488。

動員、群眾運動的方式，尤其人民公社化後，組織軍事化、行動戰鬥化、生產紀律化、生活集體化的模式，造成生產資源及生活資源的大量消耗、浪費與破壞。

其二，在成果追求上，基於「燦爛的思想政治之花，必然結成豐滿的經濟之果」的唯意志論，理想引導現實，精神取代物質，一味求大（目標）求高（指標），以至不惜弄虛作假，所謂「高產衛星」便是如此操作的產物；而「高產衛星」又進一步致使政府產生誤判——按照「高額豐產」收成比例施行高額徵購。於是，不僅「高產衛星」的虛幻豐收榮景化為烏有，還剝奪了農民應得的糧食，致使農民普遍陷入缺糧饑饉的困境。

1959年8月廬山會議期間，毛澤東曾借用孫中山（1866～1925）的話，認為大躍進、人民公社「為先知先覺者決志行之，則斷無不成者也」。[88] 在同年9月中央軍委擴大會議上，毛澤東一方面用自己學會游泳來論證「一有意志，萬事皆成」；一方面宣示：「我們戰勝地球，建立強國，一定要如此，一定要如此。」[89] 表明事無鉅細皆可憑藉事在人為、人定勝天的意志而成之。

這種精神萬能的唯意志論決定並促使廬山會議後，通過反右傾推動大躍進再次激進發展，1960年1月2日《人民日報》社論

---

88 毛澤東，〈對湖南平江縣稻竹大隊幾十個食堂散伙又恢復的材料的批語〉（1959年8月5日），中共中央文獻研究室編，《建國以來毛澤東文稿》（北京：中央文獻出版社，1993），第八冊，頁410。毛澤東此批語作為廬山會議文件印發。參考逄先知、馮蕙主編，《毛澤東年譜（1949～1976）》，第四卷，頁134。

89 毛澤東，〈在中央軍委擴大會議上的講話〉（1959年9月11日），中共中央文獻研究室編，《建國以來毛澤東文稿》，第八冊，頁523-524。

便豪邁宣稱：「我們已經完滿地實現了『1959年紅到底』，現在正滿懷信心地為『1960年開門紅』而奮鬥。我們的努力目標不但是開門紅，而且還是滿堂紅、紅到底。」[90] 1960年3月31日，因應全國人民代表大會二屆二次會議開幕，《人民日報》發表社論，表達中共「在戰勝自然災害、保證農業增產中」，「克服一切障礙和困難」，「一定要繼續躍進，一定能繼續躍進」的決心與意志。[91] 說到底，也就是要不惜一切代價，實現毛澤東「極端的意識形態和發展目標」（extreme ideological and developmental goals），甚至刻意無視之前「以犧牲民生為代價生產」（production at the expense of livelihood）的教訓。[92] 其實，1959年11月，置身社會底層的顧准已作此敏銳判斷：「繼續躍進，反對右傾，是抵制災年景象所必要的，確也煞費苦心。」[93]

顯而易見，大躍進的浮誇風與生產競賽都是唯意志論的產物。生產競賽運動不僅在實質上對農業生產方式及收成造成巨大破壞與損失，而且其虛假浮誇的躍進氣象與繁榮景象，既是中共當局對形勢誤判的結果，更致使中共當局在此誤判下持續導引大躍進走向大饑荒。

---

90　〈開門紅，滿堂紅，紅到底〉（社論），《人民日報》，1960年1月2日，第1版。

91　〈一定要繼續躍進，一定能繼續躍進〉（社論），《人民日報》，1960年3月31日，第1版。

92　Thomas P. Bernstein, "Mao Zedong and the Famine of 1958-1960: A Study in Wilfulness," *The China Quarterly*, 186 (2006): 421-445.

93　顧准，《顧准日記》，頁145，「1959年11月19日」。

## 第二節 「大好形勢」下的大饑荒

印度學者讓・德雷茲（Jean Drèze）與阿瑪蒂亞・森（Amartya Sen）曾指責：「中國農業與農村經濟一切進展良好的假象，在很大程度上愚弄了國家領導人。」[94] 其實，這或許是毛澤東的「有意」誤判──即毛澤東偏愛群眾的熱情與幹勁，並以此推動大躍進。[95]

所以，儘管大躍進有諸多勞民傷財的弊端，但毛澤東對大躍進的關注，卻更多在於「熱氣高，幹勁大」、「精神振奮，鬥志昂揚，意氣風發」的躍進氣象，於是也就更多關注與強調「大好形勢」的繁榮景象（所謂「進展良好的假象」），由此導引了中國大躍進形勢的發展方向。

大饑荒，正是在「大好形勢」下降臨。

廬山會議剛結束不久，毛澤東便於1959年8月30日，以中共中央名義向全國轉發〈貴州省委關於糧食和市場情況簡報〉，並有針對性地做了批示：

> 右傾機會主義分子及反黨分子完全看不見我國社會主義事業的主流是什麼，他們抓起幾片雞毛蒜皮作為旗幟，就向偉大的黨和偉大的人民事業猖狂進攻，真是「蚍蜉撼大樹，可笑不自量」了。近日我們收到很多省、市、區的報告，都是邪

---

94 讓・德雷茲與阿瑪蒂亞・森著，蘇雷譯，《飢餓與公共行為》（北京：社會科學文獻出版社，2006），頁220。

95 關於所謂「有意」誤判，詳述參考本章第四節。

氣下降，正氣上升，捷報飛傳，聲勢大振，如同貴州一樣。[96]

1958年貴州全省實現人民公社化，大躍進如虎添翼，弄虛作假、虛報浮誇風氣盛行，農業生產出現高指標、高估產，隨之誤導進行了糧食高徵購。農民的糧食受到極大剝奪，缺糧饑饉的災情迅速蔓延。其實，1958年貴州全省夏秋糧食長勢很好，原估產180億斤，由於大量農民被抽調支援工業，一些地方成熟的莊稼無人收，造成豐產不能豐收，當年糧食產量反而降到104.98億斤，比1957年減產2%，而徵購33.53億斤，比1957年增加23.8%，人均留糧比1957年減少35斤。1959年，生產急劇下降，爲了保障國家掌握足夠糧食，實行「多購少銷」原則，並打破歷史慣例，在9月底前突擊完成糧食徵購任務，向「國慶獻禮」，在產量減少到84.64億斤的情況下，徵購原糧仍達40.17億斤，佔產量的47.5%。[97]

於是，大量糧食收歸國庫，鄉村農民普遍缺糧，饑饉災情在各地農村迅速蔓延，以致1959年貴州省成爲大饑荒重災區之一。該省發生的「湄潭事件」更駭人聽聞：毛澤東上述批示後半個多月，1959年9月17日，湄潭縣委爲了在綏陽公社召開的全專區各縣反瞞產運動現場會順利進行，將48名遊民（災民）扣押在公社供銷社一間倉庫裡，半個多月後才想起，48名遊民除

---

96 毛澤東，〈中央轉發貴州省委關於糧食和市場情況簡報的批語〉（1959年8月30日），中共中央文獻研究室編，《建國以來毛澤東文稿》，第八冊，頁479。
97 楊繼繩，《墓碑：中國六十年代大饑荒紀實》，上篇，頁559。

了1人利用身型瘦小從倉庫門的鉸鏈縫逃脫外，其餘47人已活活餓死在裡面。1958年湄潭縣全縣有62萬多人，1959年至1960年5月，除去正常死亡1萬多人外，屬於非正常死亡的有12.5萬人，佔全縣總人口的20.16%，全縣死絕戶3,001戶，孤兒近5,000人，外出逃荒5,000多人。全縣出現了人吃人、殺人而食、易子而食的慘劇，吃死人就更多了。就全省的災情而言，據貴州省公安廳的統計數據，1959年至1961年，貴州共餓死250多萬人，佔全省災前總人口的14.7%。[98]

「湄潭事件」的悲劇乃至貴州大饑荒，顯然跟中共當局對形勢的誤判而導致的施政失誤關係密切。

正是為了印證「大好形勢」，盧山會議後中共當局進行的反右傾運動，在農村便是施行極盡所能徵購農民糧食的反瞞產運動。「反右傾」與「反瞞產」，兩個運動合二為一，直接促使大饑荒惡化蔓延。

由此可知，前引貴州省委的簡報不無粉飾太平之嫌，毛澤東卻如獲至寶並借題發揮，大力渲染「邪氣下降，正氣上升，捷報飛傳，聲勢大振」的大好形勢，並將饑荒災情嘲諷為「幾片雞毛蒜皮」。這樣一個批示顯示了毛澤東某種非理性的情緒化表現。這正是毛澤東在大躍進乃至大饑荒時期常有的精神狀態。

宋永毅探討毛澤東在文革中的表現指出：毛澤東的非理性對歷史進程起到巨大作用，「毛澤東從不諱言、更自傲於他自己的非理性行為。……他的種種非理性行為導致了中華民族甚至是整

---

98 以上關於貴州的災情，參考晏樂斌，〈貴州的大饑荒年代〉，《炎黃春秋》，2012年第5期，頁57-60。

個當代世界史上的最大的人道災難。」[99]

事實上，毛澤東這種非理性表現，在「大躍進—大饑荒」時期已經甚爲充分。毛澤東在獲得〈嵖岈山衛星人民公社試行簡章（第二次草稿）〉後，於1959年7月23日在盧山會議講話中即表示：「我得到那個東西，如獲至寶。你說我小資產階級狂熱性，也有一點，不然我爲什麼如獲至寶呢？」[100] 毫不掩飾其非理性的情緒化表現，正應驗了毛澤東早年所認知之「意志若衝動，有不含情智之分子者」。[101]

於是，盧山會議前後，毛澤東尤多脫離現實的非理性判斷：「國內形勢是好是壞？大形勢還好，有點壞，但還不至於壞到『報老爺，大事不好』的程度。」[102]「全國形勢大好，好人好事肯定佔十分之九以上。」[103]「積極方面是形勢大好，這是主要的。」[104]

毛澤東這個時期的詩詞，亦多有此類樂觀、浪漫、激情卻也

---

99 宋永毅，《毛澤東和文化大革命：政治心理與文化基因的新闡釋》（新北：聯經出版公司，2021），頁36。

100 薄一波，《若干重大決策與事件的回顧》（北京：中共黨校出版社，2016），下，頁518-519。

101 毛澤東，〈《倫理學原理》批注〉，中共中央文獻研究室、中共湖南省委《毛澤東早期文稿》編輯組編，《毛澤東早期文稿（1912年6月～1920年11月）》，頁143-144。

102 毛澤東，〈盧山會議討論的十八個問題〉（1959年6月29日、7月2日），中共中央文獻研究室編，《毛澤東文集》（北京：人民出版社，1999），第八卷，頁76。

103 毛澤東，〈堅決制止重颳「共產風」等違法亂紀行爲〉（1960年3月23日），中共中央文獻研究室編，《毛澤東文集》，第八卷，頁164。

104 毛澤東，〈反對官僚主義，克服「五多五少」〉（1960年3月30日），中共中央文獻研究室編，《毛澤東文集》，第八卷，頁166-167。

不無是非理性的情懷：「喜看稻菽千重浪，遍地英雄下夕煙。」「冷眼向洋看世界，熱風吹雨灑江天。」「我欲因之夢寥廓，芙蓉國裡盡朝暉。」「天生一個仙人洞，無限風光在險峰。」「待到山花爛漫時，她在叢中笑。」[105] 這裡的樂觀、浪漫、激情，跟當時現實日趨嚴重的饑荒慘況落差甚大。

現實形勢，且以河南信陽為例──1958年大躍進與人民公社運動開展後，河南信陽地區浮誇風盛行，糧食產量虛報現象嚴重。廬山會議後在反右傾風潮下，各級官員強行按虛報產量的徵購標準向農民徵糧，大饑荒急速惡化，致使1959年10月至1960年4月造成100多萬人非正常死亡。[106]

毛澤東在1960年10月底對「信陽事件」作指示時，仍堅持其一年多前對全國整體形勢「捷報飛傳，聲勢大振」般的樂觀判斷：「〔信陽〕三分之二的地區是大好形勢，三分之一是大不好形勢。」[107] 如此判斷很難說不是罔顧現實的非理性情緒表現。十幾天後，毛澤東更將這種判斷放大到全國形勢：「全國大好形勢，佔三分之二地區；又有大不好形勢，佔三分之一的地區。」[108]

---

105 分別引自毛澤東，〈七律·到韶山〉（1959年6月），〈七律·登廬山〉（1959年7月），〈七律·答友人〉（1961年），〈七絕·為李進同志題所攝廬山仙人洞照〉（1961年9月），〈卜算子·詠梅〉（1961年12月），載於季世昌編，《毛澤東詩詞鑑賞大全》，頁241、250、270、278、297。

106 賈豔敏、許濤，〈「大躍進」時期河南大饑荒的暴露過程〉，《江蘇大學學報》，第14卷第3期（2012.5），頁61-67。

107 張德生傳達毛澤東語。轉自楊繼繩，《墓碑：中國六十年代大饑荒紀實》，上篇，頁77。

108 毛澤東，〈在中央機關抽調萬名幹部下放基層情況報告上的批語〉（1960年11月15日），中共中央文獻研究室編，《建國以來毛澤東文稿》，第九冊，頁

1961年9月盧山中央工作會議上，周恩來發言時，毛澤東插話說：錯誤就那麼一點，沒有什麼了不得。[109] 當時各地早已普遍發生大規模餓死人現象，毛澤東仍持如此舉重若輕的態度，亦顯見「非理性的情緒」。毛澤東這種舉重若輕態度的心理因素，當來自其異於常人的唯意志論。

1958年5月，毛澤東在中共八大二次會議上，以「準備最後災難」為題發表談話：「要準備大災大難。赤地千里無非是大旱大澇。還要準備打大仗。戰爭瘋子甩原子彈怎麼辦？……原子仗現在沒經驗不知要死多少。最好剩一半，次好剩三分之一……換來一個資本主義全部滅亡，取得永久和平，這不是壞事。」[110]在此，毛澤東全然是延續了1957年在莫斯科會議上的表現——「以國際共產主義運動領袖自居的高傲的態度，以及對世界大戰和核戰爭前景的『聳人聽聞』的表達方式」，[111] 做出驚世駭俗卻也不無淡定的表述：「極而言之，死掉一半人，還有一半人，帝國主義打平了，全世界社會主義化了，再過多少年，又會有27億，一定還要多。」[112] 這種舉重若輕、視生命如草芥的淡定表述，其實是應和了毛澤東早年所謂「吾人甚盼望其毀，蓋毀舊

349-350。

109 薄一波，《若干重大決策與事件的回顧》，下，頁754。

110 毛澤東，〈在八大二次會議上的講話（二）〉（1958年5月17日下午），《毛澤東思想萬歲（1958～1960）》，頁79。

111 沈志華，〈序言：中蘇關係史研究與俄羅斯檔案利用〉，沈志華主編，《俄羅斯解密檔案選編：中蘇關係》，第1冊，序，頁10。

112 〈蘇斯洛夫致蘇共中央主席團函：呈送蘇聯黨政代表團訪華報告〉（1959年12月18日）引毛澤東語，沈志華主編，《俄羅斯解密檔案選編：中蘇關係》，第9冊，頁69。

宇宙而得新宇宙」[113] 的祈願。這當是「爲達目的不擇手段」的表現——爲了「資本主義全部滅亡」、「全世界社會主義化」、「得新宇宙」的崇高理想，似乎不惜採取「最好剩一半」、「死掉一半人」、「毀舊宇宙」的極端手段。

歷史學家張灝在討論人類歷史的「極惡」現象（如納粹、南京大屠殺）時，認爲「並不一定有邪惡險恨的動機參雜其間」，「要特別強調人世陰暗的兩個外在源頭：制度與文化習俗或思想氛圍」。[114]

在毛澤東的人生中，其「人世陰暗的兩個外在源頭」無疑是中共的極權制度與文化或思想氛圍。此所謂「思想氛圍」的底蘊顯然便是毛澤東的唯意志論——得益於極權制度與文化的浸淫而定於一尊，卻也反作用並主導了極權制度與文化的惡性發展。

於是，即使毛澤東發動大躍進並引發大饑荒，「並不一定有邪惡險恨的動機」，但是爲了實現其所謂「得新宇宙」的崇高理想，亦無疑是斷然採取了如「毀舊宇宙」般的極端手段——毛澤東在中共八大二次會議上，一方面提出總路線以策動大躍進，一方面以「準備最後災難」爲題發表談話，可見其並非沒有風險意識，反而是有較充分的思想準備，爲實現理想而不惜採取極端手段。

---

113 毛澤東，〈《倫理學原理》批注〉，中共中央文獻研究室、中共湖南省委《毛澤東早期文稿》編輯組編，《毛澤東早期文稿（1912 年 6 月～1920 年 11 月）》，頁 177。

114 張灝，〈見證歷史巨輪的自由主義者張灝〉，國立臺灣大學共同教育委員會統籌、臺大出版中心編，《我的學思歷程》（臺北：臺大出版中心，2010），頁 216-240。

如此表現，正如蘇聯共產黨人所揭露：毛澤東在必要時，「會毫不猶豫摧毀數萬甚至數十萬人的生命」（would not hesitate to destroy tens and even hundreds of thousands of lives）。[115] 亦正如臺灣學者陳永發所批評的：毛澤東「為了實踐馬列主義所楬櫫的理想」，「不在乎是否犧牲部分人命；對暴力、恐怖、強迫、分化、權謀，亦從不避之若浼」，「相信為了目的可以不擇手段，把實現自己的主觀願望提到最重要的地位，結果也為中國人民帶來前所未有的災難」。[116]

顧准曾以激憤之辭反諷道：「咬緊牙關，死一億人也不要緊，幹上去，這是1959年8月英明偉大的毛主席所下的雷霆萬鈞的決心。」[117]「驅飢餓的億萬農民從事於過度的勞動，以同時達到高產、高商品率的農業與消滅過剩人口——是最堂皇、又是最殘酷、最迅速、最能見效的辦法。」[118]「若四年五年之內，農村人口減至三億，再加上紮紮實實提高一些產量，全國平均商品率達到40%，毛先生就大功告成了。」[119]

毛澤東正是以如此這般看似舉重若輕的態度，造成了「極惡」的後果——中共八大二次會議後，大躍進、人民公社化運動席捲全國，「大災大難」、「赤地千里」的大饑荒接踵而至，「導致了中華民族甚至是整個當代世界史上的最大的人道災

---

115 Peter Vladimirov, *The Vladimirov diaries: Yenan, China, 1942-1945*, 396.

116 陳永發，Jung Chang and Jon Halliday, *Mao: The Unknown Story*（書評），《中央研究院近代史研究所集刊》，第52期（2006.6），頁218-219。

117 顧准，《顧准日記》，頁216，「1960年1月1日」。

118 顧准，《顧准日記》，頁232，「1960年1月11日」。

119 顧准，《顧准日記》，頁244，「1960年1月16日」。

難」。

同時，這種舉重若輕態度的心理，也應該是毛澤東出於經濟或政治理由對形勢的誤判。1959年3月5日，毛澤東在鄭州舉行的中央政治局擴大會議上作第五次長篇講話，提到要把人民的生活做好安排時，不無風趣地說：「無竹令人俗，無肉令人瘦，若要不俗又不瘦，除非多筍炒肥肉。」[120] 當時中國各地已經出現嚴重的饑荒，毛澤東仍持這種風趣口吻，或許就是基於經濟理由的誤判，即以為經濟狀況的惡化不至於那麼嚴重。

1959年1月下旬，毛澤東通過陳伯達（1904～1989）對福建、廣東農業的考察，了解到糧食問題須要慎重，生產指標不要提得過高，但仍認為「可以考慮提翻一番」、「力爭超過」。同年2月下旬，毛澤東轉批趙紫陽（1919～2005）關於廣東農民瞞產的報告，也是認為「目前農村有大量糧食，糧食緊張完全是假象」，「去年糧食大豐收、大躍進是完全肯定的，糧食是有的」。

毛澤東對陳伯達的調查與趙紫陽的報告是認同並相信的，因此認為瞞產私分「在全國是一個普遍存在的問題，必須立即解決」。[121] 於是，發動了全國性的反瞞產私分運動。

如果說，大躍進超英趕美目標的高起點，總路線實施只突出「快」字的策略，人民公社生產競賽運動操作及漫無邊際浮誇風虛構的大豐收榮景，在經濟上誤導了中共高層對糧食形勢的判

---

120 顧龍生編著，《毛澤東經濟年譜》，頁455。
121 逄先知、馮蕙主編，《毛澤東年譜（1949～1976）》，第三卷，頁576-577、592-593。

斷；那麼，至少到了1959年4月17日，毛澤東指示周恩來以「十五省二千五百一十七萬人無飯吃大問題」為題擬文件，送與15個省的省委第一書記，就應該是已了解大饑荒實情。[122]

然而，1959年8月盧山會議後，乃至1960年「信陽事件」曝光，毛澤東仍然堅持「大好形勢」的判斷，並且將「信陽事件」的發生歸咎於「地、富、反、壞篡奪了領導權」，無疑已是基於政治理由的誤判。[123] 其實，這正是體現毛澤東長期以來所堅持的階級鬥爭意識，毛澤東的個人威望與意志也由此得到極大化的發揮作用。

中共建政以來的歷次運動所產生的社會整體性心理震懾，使中共統治權威得到登峰造極的發揮。這些運動無不佔據政治正確、道德至上的制高點，標榜著國家威權與愛國主義，以革命名義施行精神的恐嚇、誅心的批判，蹂躪人的尊嚴，令人喪失是非價值觀與恥辱感；乃至於進行物質及生存權利的剝奪，甚至肉體的摧殘及消滅，從而對所有運動參與者以及全社會產生無時無處不在的恐懼與壓力。這種恐懼與壓力不僅體現為對個體的直接打擊，還體現為打擊目標及方向的模糊性、任意性與不確定性。

朱莉亞・史特勞斯（Julia Strauss）便認為，1950年代初期至中期，中共所發動土地改革和鎮壓反革命等運動的脅迫及暴力程度非常高，打擊面越來越廣泛，打擊對象越來越模糊，這些變化，與後來大躍進等災難的爆發不無關係。[124]

---

122 顧龍生編著，《毛澤東經濟年譜》，頁466。

123 楊繼繩，《墓碑：中國六十年代大饑荒紀實》，上篇，頁37。

124 Julia Strauss, "Morality, Coercion and State Building by Campaign in the Early PRC: Regime Consolidation and After 1949-1956," *The China Quarterly*, 188 (2006): 891-

傅利曼（Edward Friedman）等亦指出，大饑荒及其死亡是一系列令人恐懼的制度化的進程、價值觀念和利益長期作用的結果。這些制度化的東西包括土改、反右運動的恐怖以及「階級鬥爭」思想的灌輸等。[125]

臺灣學者則有分析：中共當局一方面通過社會政治運動造成社會互信崩解，一方面通過個人崇拜推行愚民政策，以此作爲穩定中共統治的社會心理基礎。[126] 即如大陸學者所云：「階級鬥爭擴大化所製造的人們內心深處的恐懼，也爲黨權力的有效運作提供了條件。」[127]

無時無處不在的恐懼與壓力致使公衆集體噤聲。不少反右鬥爭中遭難的右派分子，就是因爲替農民發聲，質疑、批評「統購統銷」、「高浮誇」等現象。[128] 其效應如千家駒所說：「『反右』以後，中國的知識分子鴉雀無聲，不要說指鹿爲馬，即說一個螞蟻比象還大也沒有人敢說一個『不』字了。」[129]

1920年代初，列寧的新經濟政策使意識形態領域一度出現

912.

125 Edward Friedman, Paul Pickowicz, and Mark Selden, *Chinese Village, Socialist State* (New Haven: Yale University Press, 1991): 231-232, 240; Edward Friedman, Paul Pickowicz, and Mark Selden, *Revolution, Resistance, and Reform in Village China* (New Haven: Yale University Press, 2005): 10.

126 曾建元，〈中國共產黨的社會控制〉，《臺灣國際研究季刊》，第10卷第3期（2014年秋季號），頁189-203。

127 張和清、王藝，〈文化權力實踐與土改之後的徵糧建社——一個西南少數民族行政村的民族志研究〉，《開放時代》，2010年第3期，頁79。

128 羅平漢，〈1957年的統購統銷「大辯論」〉，《晉陽學刊》，2009年第6期，頁98-103；王海光，〈1957年的民衆「右派」言論〉，《炎黃春秋》，2011年第3期，頁17-23。

129 千家駒，〈千家駒筆下的反右內幕〉，《開放》，2007年6月號，頁41。

鬆動，但很快地，「在黨內鬥爭中一次次地把『敢講眞話的人』剔了出去，只留下那些識時務者和知趣者」，最終形成「人不被當作自由的、有精神的生物」，而「被當作必須馴服與加工的生物」的「眞空罩」社會。[130] 1950 年代的中國重演了 1920 年代的蘇聯歷史。

有西方學者認爲：「毛澤東的統治更多地依賴灌輸和說服的心理壓力，依靠幹部進行嚴格的個人監督，而不是軍警的恐怖手段。」[131] 事實上，「灌輸」、「說服」、「心理壓力」、「個人監督」等，和「恐怖手段」一樣，都是相輔相成、配合運用的多元化專制方式，共同構建了一個高度一致、無所不及的全方位極權體制（即「眞空罩」）模式。這樣一個極權體制的控制權，掌握在中共中央，甚至可說是掌握在毛澤東一人之手，以致毛澤東個人威望與意志能夠極大化發揮作用。

恩格斯（Friedrich Engels）是反對黨內專制獨裁的：「組織本身是完全民主的，它的各委員會由選舉產生並隨時可以罷免，僅這一點就已堵塞了任何要求獨裁的密謀狂的道路。」[132]

列寧卻主張專制獨裁的統治模式，多有申明：「階級通常是由政黨來領導的；政黨通常是由比較穩固的集團來主持的，而這個集團是由最有威信、最有影響、最有經驗、被選出擔任最重要

---

130 金雁，〈「眞空罩」下：1920～30 年代的蘇聯〉，《炎黃春秋》，2007 年第 9 期，頁 64-66。

131 詹姆斯・R・湯森（James R.Townsend）、布萊特利・沃馬克（Brantly Womack）著，顧速、董方譯，《中國政治》（南京：江蘇人民出版社，2004），頁 14。

132 恩格斯，〈關於共產主義者同盟的歷史〉（1885 年 10 月 8 日），中共中央馬恩列斯著作編譯局編譯，《馬恩全集》（北京：人民出版社，1965），第二十一卷，頁 251。

職務而稱為領袖的人們組成的。」[133]「在革命運動史上，個人獨裁成為革命階級專政的表現者、代表者和執行者，是屢見不鮮的事。」「在工作時間絕對服從蘇維埃領導人——獨裁者——的意志。」[134]

臺灣中共黨史專家齊茂吉認為：「對毛澤東影響最深者，與其說是馬克思主義，不如說是列寧主義。」並且強調：「〔中共〕黨的建設及統一戰線源自列寧主義。」[135] 事實上，中共亦顯然是繼承了列寧主義的統治模式，在建黨之初就選擇實行「鐵的紀律」、「極集權的組織」。[136]「延安整風」期間，毛澤東更是通過將理論灌輸和暴力威懾熔於一爐的整風、審幹、搶救等系列運動交互運作，徹底瓦解了以王明（1904～1974）為首的留蘇派，成功地將中共黨、政、軍大權牢牢控制在手中，從組織上與理論上為其個人崇拜奠定了基礎。

自1942年秋起，毛澤東著手對中共中央政治局的權力核心進行改組，以期在「黨一元化領導」的名義下，實現將「毛澤東思想定於一尊」，達到超逾歷史傳統的「治統和道統合一」的境地。[137] 1943年3月20日，「延安整風」審幹運動激烈進行之

133 列寧，〈共產主義運動中的「左派」幼稚病〉，中共中央馬恩列斯著作編譯局編譯，《列寧全集》（北京：人民出版社，1958），第三十一卷，頁23。

134 列寧，〈蘇維埃政權的當前任務〉，中共中央馬恩列斯著作編譯局編譯，《列寧全集》，第二十七卷，頁245、248。

135 齊茂吉，《毛澤東和彭德懷、林彪的合作與衝突》（臺北縣：新新聞文化，1997），頁4、5。

136 參考楊奎松，〈淺談中共建黨前後的列寧主義接受史——以1920年前後毛澤東的思想轉變及列寧主義化的經過為例〉，《史學月刊》，2021年第7期，頁5-17。

137 陳永發，《中國共產革命七十年（修訂版）》（臺北：聯經出版公司，

際，中共中央政治局會議通過〈中共中央關於中央機構調整及精簡的決定〉，確認毛澤東為政治局主席、書記處主席，規定「中央政治局擔負領導整個黨的工作的責任，有權決定一切重大問題」，而且強調「主席有最後決定之權」。[138] 這種「雙料主席」的格局，無異於賦予了毛澤東個人獨裁專斷的權力，奠定了毛澤東在中共權力結構中「唯我獨尊」的最高地位。[139] 中共早期就產生的毛澤東「個人專政，書記獨裁」、「集大權於一身」的做法，[140] 至此以中央文件的方式得到制度化的認定。

白修德（Theodore Harold White）與賈安娜（Annzlee Jacoby）在描述「延安的政治」時，便一再強調：「毛澤東的人格支配著整個延安」，「他在黨內有著毋庸置言的支配力」，「在共產黨裡，毛澤東的地位居於首位」，「黨的方向其實就是由政治局決定，這個政治局則受毛澤東的人格支配」。[141]

彼得・佛拉第米洛夫的《延安日記》亦有如此記載：「整風竭盡所能讚美毛澤東，感謝毛澤東。」「毛澤東意欲將所有的權力都控制在自己手中。」「毛澤東崇拜著名的征服者、帝王、以

---

2001），上冊，頁392-400。

138 逢先知主編，《毛澤東年譜（1893～1949）》（北京：中央文獻出版社，2013），中卷，頁430；高華，《紅太陽是怎樣升起的：延安整風運動的來龍去脈》（香港：香港中文大學出版社，2000），頁486；楊奎松，〈毛澤東發動延安整風的臺前幕後〉，《近代史研究》，1998年第4期，頁1-54。

139 陳永發，《延安的陰影》（臺北：中央研究院近代史研究所，1990），頁9-18、69-82。

140 分別參考高華，《紅太陽是怎樣升起的：延安整風運動的來龍去脈》，頁7；龔楚，《龔楚將軍回憶錄》，上卷，頁171。

141 白修德、賈安娜著，林奕慈編譯，《中國驚雷：國民政府二戰時期的災難紀實》（臺北：大旗出版社，2018），頁293-295。

及能高踞『人類金字塔』頂端（the top of the "human pyramid"）的人物。」[142]

經過延安整風，毛澤東的目的達到了。1945年4月，中共第七次全國代表大會召開，毛澤東思想被推舉爲中國革命實踐的統一思想及一切工作的指導方針，組成了以毛澤東爲核心的中共領導層，正式確立了毛澤東在中共黨內不可動搖的最高領袖地位，中共七大儼然成爲「定於一尊」的大會。任弼時（1904～1950）、朱德（1886～1976）、周恩來、林伯渠（1886～1960）等中共領導人紛紛在會上發表對毛澤東的歌頌之詞。[143]

1956年9月，中共召開第八次全國代表大會，時值蘇共反史達林（Joseph Stalin）的個人崇拜，「在蘇聯的壓力和影響下，中共八大不再提毛澤東思想」。[144] 劉少奇與鄧小平在會上的報告都肯定了蘇共對史達林個人崇拜現象的批判。[145] 會議通過的中共八大黨章總綱規定，「任何黨員和黨的組織都必須受到黨的自上而下的和自下而上的監督」，強調不容許「把個人放在黨的集體之上的行爲」。[146] 這些操作，似乎是爲了抑制毛澤東的個人獨

---

142 Peter Vladimirov, *The Vladimirov diaries: Yenan, China, 1942-1945*, 58-59 .

143 王健民，《中國共產黨史（第三編·延安時期）》（臺北縣：京漢文化事業有限公司，1988），頁160-166，第二十四章「毛澤東之個人迷信運動」，第六節「定於一尊之七次大會」。

144 沈志華，〈序言：中蘇關係史研究與俄羅斯檔案利用〉，沈志華主編，《俄羅斯解密檔案選編：中蘇關係》，第1冊，序，頁9。

145 參考劉少奇，〈在中國共產黨第八次全國代表大會上的報告〉（1956年9月15日），中共中央文獻編輯委員會編，《劉少奇選集》（北京：人民出版社，1985），下卷，頁256-257；鄧小平，〈關於修改黨章的報告〉，羅正楷主編，《中國共產黨大典》（北京：紅旗出版社，1996），頁703。

146 《中國共產黨章程》（一九五六年九月二十六日中國共產黨第八次全國代表大

裁。然而如前所述，在經過毛澤東一錘定音「超英趕美」，強勢主導大躍進，以及相繼進行的反右、反右傾等運動後，「抑制」的努力化爲烏有。

到了大饑荒期間，1960年3月下旬，毛澤東主持召開中共中央政治局常委擴大會議，鄧小平在會議上高調宣稱：「我們黨是集體領導，毛澤東同志是這個集體領導的代表人，是我們黨的領袖，他的地位和作用同一般的集體領導成員是不同的。」[147] 名爲「集體領導」，實權卻落在「代表人／領袖」身上，再次申明了毛澤東凌駕集體領導之上的「地位和作用」。所謂「定於一尊、一錘定音」已然是中共體制化的統治方式與決策模式。可見，毛澤東在長期黨內外鬥爭中所形成的領袖人格奠定亦強化了這種統治方式與決策模式。

毛澤東對此頗爲自覺且自得，甚至不諱言自己是「獨裁者」，在1958年5月中共八大二次會議上便宣稱：「罵我們是秦始皇獨裁者，我們一貫承認，可惜的是，你們說的不夠，往往要我們加以補充。（大笑）」[148] 青年毛澤東「宇宙間可尊者惟我也，可畏者惟我也，可服從者惟我也」[149] 的氣勢與意志至此得到極盡激發。這裡的「我們」、「我」，或許有集合概念的含義，但毛澤東個人意志的張揚顯而易見。

---

會通過），《中共中央文件選集》，第二十四冊，頁227-228。

147 逢先知、馮蕙主編，《毛澤東年譜（1949～1976）》，第四卷，頁362。

148 毛澤東，〈在八大二次會議上的講話（摘要）（一）〉（1958年5月8日下午），《毛澤東思想萬歲（1958～1960）》，頁72。

149 毛澤東，〈《倫理學原理》批注〉，中共中央文獻研究室、中共湖南省委《毛澤東早期文稿》編輯組編，《毛澤東早期文稿（1912年6月～1920年11月）》，頁204。

於是，由大躍進而至大饑荒的發展進程，莫不體現了毛澤東如此強烈的個人意志影響。及至1959年7月至8月的廬山會議，彭德懷（1898～1974）「上書」毛澤東之後，毛澤東原本要反左傾的立場急速轉變為反右傾，[150] 階級鬥爭意識更急速膨脹，對現實的觀察、對問題的理解、對形勢的判斷，便都從政治鬥爭、階級意識出發。

跟彭德懷等人意見相左，毛澤東便認為是「無產階級同資產階級的思想政治鬥爭」，進而在全國範圍開展反右傾運動；[151] 對當時形勢便有了「邪氣下降，正氣上升，捷報飛傳，聲勢大振」──敵我對陣、我方大勝的判斷。

於是，也就出現了顧准所嚴厲抨擊的「國慶建築與哀鴻遍地同時並舉」，「證明Stalinism〔史達林主義〕在中國還有生命力」，「趁大好形勢，趁熱打鐵」的現象。[152] 甚至到了1962年1月初「七千人大會」，毛澤東仍相信「全國形勢一片大好，一片光明」。[153] 張素華的著述雖然沒有這個細節，但在相同時間段的記述，是毛澤東向他人推薦其新作〈卜算子·詠梅〉與稱讚他人詩作〈藁城農村〉等。前者的「待到山花爛漫時，她在叢中

150 如此急速轉變的態度，固然跟現實政治鬥爭需要有關，但也跟毛澤東「心胸之狹窄性情之偏邪」的個人因素有關。參考王力堅，〈由《沁園春·雪》想開去〉，氏著，《轉眼一甲子：由大陸知青到臺灣教授》（臺北：秀威資訊，2015），頁161。

151 毛澤東，〈對八屆八中全會《為保衛黨的總路線、反對右傾機會主義而鬥爭》決議稿的批語和修改〉（1959年8月2日～17日），中共中央文獻研究室編，《建國以來毛澤東文稿》，第八冊，頁406。

152 顧准，《顧准日記》，頁226，「1960年1月9日」。

153 吳法憲，《吳法憲回憶錄》（香港：北星出版社，2006），下卷，頁545。

笑」，反映毛澤東「愉快的心情及堅定的信念」；後者的「農村活躍歌聲裡，綠女紅男夕照前」，則是毛澤東所欣賞的「對農村形勢的美好描述」。[154] 毛澤東此類「愉快的心情及堅定的信念」，無不影響、左右了中共各級政府在「大躍進—大饑荒」期間做出種種經濟上和政治上的誤判，並進而導致大躍進步步走向大饑荒。

這些誤判的思想根源，無疑是中共對「社會主義—共產主義」理想的堅持。中共建立人民公社的主旨，就是為了「指導農民加速社會主義建設，提前建成社會主義並逐步過渡到共產主義」。[155]

在中共的意識裡，人民公社即如以色列思想家塔爾蒙（J. F. Talman）的「政治救世主義」（political messianism）所主張，是一種「預先設定的、和諧的、並具有十全十美的計畫的模式」；[156] 是絕對的信念，是不能反思、不能懷疑的「第一前提」。[157]

這是毛澤東及其他中共高層領導人的基本共識。1958年大躍進高潮時期，劉少奇曾以似乎戲謔卻亦相當肯定的口吻，描述

---

154 張素華，《變局：七千人大會始末（1962年1月11日～2月7日）》（北京：中國青年出版社，2012），頁63-65。

155 〈中共中央關於在農村建立人民公社問題的決議〉（1958年8月29日），中共中央文獻研究室編，《建國以來重要文獻選編》（北京：中央文獻出版社，1995），第十一冊，頁447。

156 塔爾蒙著，孫傳釗譯，《極權主義民主的起源》（長春：吉林人民出版社，2004），頁2。

157 陶東風，〈1962年對大躍進的反思為什麼不能徹底〉，《炎黃春秋》，2015年第5期，頁44-45。

他與周恩來等人「吹公社，吹烏托邦，吹過渡到共產主義」。時任中共宣傳部長陸定一（1906～1996）也在中共八大二次會議文件中寫進「前人的『烏托邦』想法，將被實現，並將超過」。[158] 可見當時中共高層已然將實現「十全十美」的烏托邦視爲其歷史使命。

於是，1959年《人民日報》元旦社論歡呼：「過去的一年是我國發生偉大變化的一年」，「糧食將達到七千五百億斤左右，比1957年增加一倍以上」，「99%以上的農戶都參加了人民公社，這是我國社會有偉大歷史意義的新發展」；儘管不少地區已顯饑荒跡象，仍然堅信：「1958年我國的社會主義建設的大躍進和人民公社運動，是一個偉大的實踐。」[159]

在大饑荒肆虐已遍及全國之際，1960年《人民日報》元旦社論卻依舊作如此宣稱：「無論在中國和世界，過去的十年卻經歷了偉大的、深刻的變化，而新的十年在我們的面前展現著無限的光明和希望。」「全國人民公社的組織日益健全，優越性日益顯著，在農民中的威信日益提高……全國城鄉都洋溢著欣欣向榮的氣象。」[160]

經歷了大饑荒最爲嚴重的1960年，1961年《人民日報》元旦社論雖然承認「我國農業遭受了特大的自然災害」，但也更爲強調：「過去的一年，是我國人民在社會主義建設總路線、大躍進、人民公社三面紅旗光輝照耀下，持續躍進的第三年。」「我

---

158 薄一波，《若干重大決策與事件的回顧》，下，頁514-515。

159 〈迎接新的更偉大的勝利〉（社論），《人民日報》，1959年1月1日，第1版。

160 〈展望六十年代〉（社論），《人民日報》，1960年1月1日，第1版。

們一定能夠在社會主義建設的道路上取得新的偉大的勝利，我們的前途是無限光明的。」[161]

經過大饑荒蹂躪，1962年《人民日報》元旦社論依然表示：「戰勝了連續第三年的嚴重自然災害，在糧食方面得到了較1960年為好的收成」；「目前全國農村，絕大多數地區的情況是好的，社員生活有了改善……三面紅旗的正確性已經為過去的許多事實所證明。」「東風壓倒西風的總形勢是不可改變的。」[162]

高唱「大好形勢」，儼然是時代的主旋律。然而，民間的聲音卻是大唱反調──山東農民說：「合作化好，缺糧又缺草，牲口死不少，人也吃不飽。」[163] 貴州農民說：「人民公社好，一天三頓吃不飽。老人小孩都不安，由入下水淹死了。」[164] 四川農民說：「新麥才收完，徵購多欠交。形勢無限好，五里雙餓殍。」[165] 廣西農民說：「千好萬好，不如分田到戶、搞單幹好。」[166] 這些聲音被視為「錯誤與反動言論」，是敵對勢力的

---

161 〈團結一致，依靠群眾，爭取世界和平和國內社會主義建設的新勝利〉（社論），《人民日報》，1961年1月1日，第1版。

162 〈新年獻詞〉（社論），《人民日報》，1962年1月1日，第1版。

163 〈山東農村鳴放出來的錯誤與反動言論〉（1957.9.20），收入宋永毅主編（下略編者），《中國大躍進－大饑荒數據庫（1958～1962）》（香港：美國哈佛大學費正清中國研究中心／香港中文大學中國研究中心，2014），電子版。

164 〈貴州省開陽縣五級幹部大會偏激錯誤言論彙集〉（1960～1961），收入《中國大躍進－大饑荒數據庫（1958～1962）》。「由入」，不知何意，疑是「猶如」之同音筆誤。

165 〈五里雙餓殍〉（1961年，四川民謠），引自李盛照蒐集，《飢餓集》，收入《中國大躍進－大饑荒數據庫（1958～1962）》。

166 〈中共中央監察委員會關於廣西農村有不少黨員幹部鬧單幹的情況簡報〉（1962.2.28），收入《中國大躍進－大饑荒數據庫（1958～1962）》。

惡毒攻擊。[167]

於是，無論基層民怨如何沸騰，經濟形勢如何不堪，只要能堅持三面紅旗的政治正確，「社會主義事業的主流」便是「捷報飛傳，聲勢大振」、「形勢大好」。

就在這樣一種「大好形勢」之中，盧山會議後大饑荒迅速在全國各地惡化蔓延開來：

> 全國範圍的死人始於一九五九年十一、十二月間，七、八月裡召開的盧山會議是阻過災難發生的最後機會。「反右傾鬥爭」使毛澤東鞏固了他的統治，也葬送了那最後的機會，人類歷史上死人最多的大饑饉就無聲無息地席捲了全中國。[168]

關於大饑荒的死亡人數，有不同的統計數據。[169] 本章無意糾結於死亡數字，而是著眼於通過徵引各地關於饑饉死亡的具體紀錄，以呈現大饑荒的歷史畫面：

---

167 〈山東農村鳴放出來的錯誤與反動言論〉（1957.9.20），收入《中國大躍進—大饑荒數據庫（1958～1962）》。

168 丁抒，《人禍》（香港：九十年代雜誌社／臻善有限公司，1991），頁228。

169 參考李成瑞，〈「大躍進」引起的人口變動〉，《中共黨史研究》，1997年第2期，頁1-14；林毅夫，〈集體化與中國1959～1961的農業危機〉，氏著，《制度、技術與中國農業發展》（上海：三聯書店，1995），頁16-43；曹樹基，〈1959～1961年中國的人口死亡及其原因〉，《中國人口科學》，2005年第1期，頁14-28；楊繼繩，《墓碑：中國六十年代大饑荒紀實》，上篇，頁13；文浩（Felix Wemheuer）著，項佳谷（Jiagu Richter）譯，《饑荒政治：毛時代中國與蘇聯的比較研究》（香港：香港中文大學出版社，2017），頁124；馮客著，郭文襄等譯，《毛澤東的大饑荒：1958～1962年的中國浩劫史》，頁24；高王凌，《中國農民反行為研究（1950～1980）》（香港：香港中文大學出版社，2013），頁151。

〔江蘇省溧水縣〕有80個大隊（實際不止此數）在12月起停發口糧，大批社隊停伙斷炊。有些群眾逼得無法，只好吃樹皮、青麥苗、芋蕨根等。生產停頓，病情蔓延。這個時候，縣委還認為不發口糧是「群眾自願」的，病情「比去年輕」，不以為意。當東屏公社主任把棄嬰送到縣委時，還指責說這是抗拒行為。到3月初，發病人數已超過23,000，死人超過3,500個。[170]

上面江蘇的例子是從較大的「面」上反映了死亡的恐怖，下面廣東的例子則是從具體個案的「點」上揭露了死亡的殘忍：

〔廣東省羅定縣〕建城公社永高大隊社員曾北數臨死前兩天，躺在床上哭喊：「共產黨，給我一點糧食吧！」叫了兩天得不到一點糧食而死去，群眾談起來仍痛哭流涕，非常悲憤。棄兒一度極為嚴重。縣委、縣人委和各機關門口都發現被棄的小孩。半年以來，全縣先後發現劏小孩，吃死屍，吃人肉的事件七起。[171]

即使河南省委書記處書記李立（1908～2006）於1960年11月28日給省委第一書記吳芝圃（1906～1967）報告中的統計數字，也讀之令人不寒而慄：

---

170 李良玉，〈江蘇省大饑荒研究（下）——從「非正常死亡」說起〉，《江蘇大學學報》，2015年第2期，頁10。

171 楊繼繩，《墓碑：中國六十年代大饑荒紀實》，上篇，頁408。

〔河南省光山縣槐店公社〕全公社原有 36,691 人，8,027 戶。從 1959 年 9 月到 1960 年 6 月，死亡 12,134 人（其中，男 7,013 人，女 5,121 人），佔原有人口的 33%。全家死絕的有 780 戶，佔原有總戶數的 9.7%。姜灣一個村原有 45 人，死亡 44 人，只剩下一個 60 多歲的老太太也瘋了。[172]

在大饑荒時期的鄉村，草根樹皮等野生植物已經是農民充飢的「主食」，甚至已吃到致人死命的觀音土。觀音土，亦稱白鱔泥、膨土岩、陶土、白泥等，是一種含鋁的矽酸鹽礦物，呈白色軟泥狀，顆粒細膩，狀似麵粉，爲製造瓷器和陶器的主要原料；人能下嚥並有飽足感，但不能被人體消化吸收，難以排泄，多食會使人憋脹而亡。四川土話稱觀音土爲「仙米」，大饑荒時流傳的四川民謠多有反映：「妹肚餓，懶上學。挖得觀音土，摻食麥殼殼。泥粑不用錢，全家盡飽餐。只求肚不餓，管它後來禍。」（〈吃仙米〉）「放下擔，汗珠連。腹內咕咕叫，跪啃仙米鮮。過路人相勸，多吃難大便。大嬸氣憤說，不餓誰肯幹？只等雙眼閉，餓死免災難。」（〈挖仙米〉）「全家人七口，二斤糧不足。爭食一口羹，兄妹罵雙親。多食仙米粑，兒女皮包骨。眼看要短命，爹媽割心愁。」（〈賣兒〉）[173] 鄧小平的堂弟，時任中共四川瀘州地委書記的鄧自力（1920～2010）亦有如此回憶：「甚麼胡豆葉、芭蕉頭、小球藻、野草根等都用來充飢。後

---

172　楊繼繩，《墓碑：中國六十年代大饑荒紀實》，上篇，頁 43。
173　均引自李盛照蒐集，《飢餓集》，收入《中國大躍進－大饑荒數據庫（1958～1962）》。

來這些東西找不到了，有人開始吃觀音土。觀音土吃下去肚子發脹，不能排泄，幾天後就被脹死。」[174]

1959年10月至1960年1月下放河南省商城監督勞動的顧准在其日記中感慨：「歷史要重寫的。謊話連篇，哀鴻遍野，這一段歷史如何能不重寫？」[175] 顧准所謂「哀鴻遍野」的形容，顯然沒有誇張成分，完全是當時河南（乃至全中國）鄉村大饑荒慘況的真實寫照；而「謊話連篇」的現象，顯然就是為了迎合毛澤東情有獨鍾的「大好形勢」。

## 第三節 雪上加霜的非理性操作

大饑荒期間，中共當局採取一些有針對性的救急應對措施，如整頓人民公社、推廣「糧食食用增量法」與代食品、救治饑荒病患等，在一定程度上緩解了大饑荒的危害。[176] 但同時，中共當局卻也因「誤判」與「堅持」，採取了一些顯然是非理性的操作，致使大饑荒雪上加霜地蔓延惡化起來。

1960年是河北省饑荒最嚴重的一年，中共河北省委於1960年12月17日向中共華北局和中共中央報送的〈中共河北省委關於浮腫病情況的簡報〉承認：「自從今年1月到11月底，全省累計發生浮腫病人58萬多人，死亡4,759人。現有患者18.3萬人，其中城市8.5萬人，農村8.5萬人，較重的佔17%。因農村漏報較

---

174 鄧自力，《坎坷人生》（成都：四川文藝出版社，2000），頁130。
175 顧准，《顧准日記》，頁199，「1959年12月27日」。
176 參考本書第七章第二節。

多，實數將在20萬以上。」[177]

浮腫病的惡果便是造成人體功能的衰竭死亡，因此，1960年河北各地饑饉死亡的數目驚人。據《河北日報》記者反應，蔚縣1960年共死亡1萬8,240人，佔全縣總人口的3.37%，其中12月一個月就餓死4,082人。當年張家口市死亡5萬8,877人，死亡率為1.89%，僅12月，張家口市便死亡9,584人。[178]

在這種情形下，中共河北省委大力催促各地加緊徵購糧食。1960年11月8日，中共河北省委在〈關於切實安排好群眾生活問題的緊急通知〉中強調：「11月分必須十分抓緊糧食過秤入庫工作。今年糧食徵購，各地必須在保證47.6億斤的前提下，力爭完成49億斤。」[179]

然而，從災情嚴重的農村強制性超額徵購的糧食，主要只是供給城市及重工業地區。蘇聯1927至1928年的糧食危機，即跟當時蘇聯政府片面強調重工業，過分加速工業化與城市化的進程密切相關。[180] 秉持「以蘇為首」方針[181]的中共當局在國家發展工業化戰略的考量之下，也不得不採取「壓農村保城市」的策略，以極端的方式（如反瞞產運動）蒐集糧食保證城市及重工業地區的需要。[182]

---

177 引自楊繼繩，《墓碑：中國六十年代大饑荒紀實》，上篇，頁539。

178 楊繼繩，《墓碑：中國六十年代大饑荒紀實》，上篇，頁539。

179 引自楊繼繩，《墓碑：中國六十年代大饑荒紀實》，上篇，頁540。

180 金雁，〈論蘇聯1927～1928年度的糧食危機〉，《陝西師大學報（哲學社會科學版）》，1984年第4期，頁84-92。

181 參考楊揚，〈論1949～1976年中蘇政黨外交的演變〉，《求索》，2013年第8期，頁67-70。

182 楊繼繩，《墓碑：中國六十年代大饑荒紀實》，下篇，頁949-953；文浩著，項

於是，中共中央於1960年6月至1961年10月，便一再發出緊急調運糧食支援京、津、滬及遼寧等重工業區的指令。[183] 顯而易見，這個措施對農民生活乃至生命的損害必然是雪上加霜。

「壓農村保城市」的做法或許尚可理解，下面的做法卻是令人不可思議了。

1957年11月，毛澤東在莫斯科共產黨和工人黨代表會議上對國際形勢作出「東風壓倒西風」的論斷。[184] 此後，中共對形勢的判斷往往更為自覺地立足於樂觀的國際主義視野。1958年9月5日，在第15次最高國務會議上，毛澤東對國內外形勢作分析，認為「總的趨勢是東風壓倒西風」。[185] 同年12月，中共八屆六中全會認為：國際形勢的總特點是「敵人一天天爛下去，我們一天天好起來」。[186]

對此現象，中共資深外交官吳建民（1939～2016）指出：「這就是對當時國際形勢最大的誤判。……對世界形勢誤判了，國內的政策也跟著錯，搞『大躍進』、超英趕美、人民公社、大

---

佳谷譯，《饑荒政治：毛時代中國與蘇聯的比較研究》，頁97-124；Thomas P. Bernstein, "Stalinism, Famine, and Chinese Peasants: Grain Procurements during the Great Leap Forward," 339-377；Justin Yifu Lin and Dennis Tao Yang, "Food Availability, Entitlements and Chinese Famine of 1959-61," 136-158.

183 中央檔案館、中共中央文獻研究室編，《中共中央文件選集》，第三十四冊，頁307、351-355；第三十五冊，頁12、436-437、526-527；第三十八冊，頁273-274。

184 毛澤東，〈在莫斯科共產黨和工人黨代表會議上的講話〉（1957年11月18日），中共中央文獻研究室編，《建國以來毛澤東文稿》，第六冊，頁630。

185 顧龍生編著，《毛澤東經濟年譜》，頁428。

186 〈中國共產黨第八屆中央委員會第六次全體會議公報〉（1958年12月17日新華社公布），中共中央文獻研究室編，《建國以來重要文獻選編》，第十一冊，頁654。

煉鋼鐵，導致了三年大饑荒。」[187]

顯然，執著堅持「東風壓倒西風」的形勢誤判，促使中共當局在大饑荒期間依然堅信「大好形勢」而繼續發揚國際主義精神，「忠於國際主義立場」，堅持要「在同別的友好國家和各國人民的互助合作中進行自己的建設」。[188]

因此，陷於大饑荒困境的中共當局仍然繼續從出口與援外兩個方面進行逆勢操作。

（一）超額徵購來的糧食有相當一部分用以增加出口。

1958年底至1959年初，周恩來與鄧小平先後對糧食出口作指示。周恩來從堅守誠信上強調：「寧可自己不吃或少吃，不用或少用，但是要履行對外已簽的合約。」鄧小平則從日常生活角度提議：「如果人人節約幾個雞蛋、一磅肉、一磅油和十二斤糧食，整個出口的問題就會完全解決。」[189] 周、鄧的考量當是出自「忠於國際主義立場」的道義擔當，與蘇聯爭奪國際社會主義集團的領導地位，可謂為了「大局」而犧牲「局部」的政治價值判斷。

由是，中共中央於1959年2月3日至1960年11月14日，相繼發布或轉批一系列加緊糧油出口的報告與指示。[190] 然而，當

187 吳建民，〈中國外交的基本戰略判斷〉，《領導文萃》，2016年第20期，頁30-31。

188 〈展望六十年代〉。

189 均引自馮客著，郭文襄等譯，《毛澤東的大饑荒：1958～1962年的中國浩劫史》，頁97。

190 中央檔案館、中共中央文獻研究室編，《中共中央文件選集》，第三十冊，頁108-111、194-202；第三十二冊，頁155-159、265-267；第三十四冊，頁351-355、518-521；第三十五冊，頁399-402。

時饑荒現象已在各地農村蔓延，對外慷慨援助的考量雖基於制度與國策，卻也不免是脫離現實的誤判。這種誤判，甚或會產生皮埃爾·布迪厄（Pierre Bourdieu）所批評的：雖然出自良好動機卻缺乏有效資源，表現為盲目亦顢頇的「制度性惡意」（institutional bad faith）。[191]

現實中的表現就有：抓緊糧油出口與抓緊調糧救急城市，有時卻同時進行，而且前者壓倒後者。如1960年6月19日中共中央〈轉批財貿辦公室關於要求全黨抓緊糧食調運、抓緊出口收購、抓緊副食品生產和供應的報告〉，便是在「北京只能銷七天，天津只能銷十天，上海已經幾乎沒有大米庫存，遼寧十個城市只能銷八九天」的糧食嚴重危機下，規劃了「今年糧食出口收購計畫一百億斤」。[192]

於是，中國糧食出口運作可謂「逆勢而行」：1957年全國的糧食出口量為209.26萬噸，1958年便上升為288.34萬噸，1959年更激增到415.75萬噸，大饑荒最為嚴重的1960年仍出口糧食272.04萬噸（經濟恢復良好的1965年也只出口糧食241.65萬噸）；而1958年至1960年，三年的糧食進口量則分別是22.35萬噸、0.2萬噸、6.63萬噸。[193]

出口糧食中甚至包括有作為「飼料」的穀物，卻是深陷於大

---

191 Pierre Bourdieu, *The Weight of the World: Social Suffering in Contemporary Society* (Cambridge : Polity Press, 1999): 189-202。

192 〈轉批財貿辦公室關於要求全黨抓緊糧食調運、抓緊出口收購、抓緊副食品生產和供應的報告〉，中央檔案館、中共中央文獻研究室編，《中共中央文件選集》，第三十四冊，頁352。

193 楊繼繩，《墓碑：中國六十年代大饑荒紀實》，下篇，頁837-838。

饑荒的中國百姓的救命糧。1959年6月，中國某貿易代表提議，不應該向德意志民主共和國出口那麼多「豬飼料」，這些「豬飼料」需要用來養活中國人。[194]

1960年，全國性大饑荒已經爆發。東歐一些國家，從官方報紙上了解到中國糧食大豐收，紛紛要求中國增加糧食出口。中共當局為了體現社會主義的優越性，不斷增大糧食出口量，1960年向東歐地區出口的糧食就大幅度增到84.7萬噸，比1959年提高了50%。[195]

1960年6月，劉少奇在各大區負責人、各省市自治區第一書記和國務院各部委負責人參加的座談會上第一次承認：中國發生了「大饑荒」。[196]然而，中共中央政治局委員彭真（1902～1997）在1962年中央工作擴大會議上則承認：1960年是高指標、高估產、高徵購、大出口的一年。[197]

地處經濟落後邊疆的廣西，不僅在大躍進高潮中緊跟激進路線，通過集體造假創造出中稻畝產逾13萬斤的全國最高紀錄，糧食出口亦不落人後。且看如下表格：

---

194 馮客著，郭文襄等譯，《毛澤東的大饑荒——1958～1962年的中國浩劫史》，頁96。

195 蔡天新，〈對三年困難時期「代食品運動」的再認識〉，《延安大學學報》，第35卷第5期（2013.10），頁39。

196 何蓬，《毛澤東時代的中國1949～1976（二）》（北京：中共黨史出版社，2003），頁166-167。

197 張素華，《變局：七千人大會始末（1962年1月11日～2月7日）》，頁121。這種不正常的現象在1961年有了改變——進口580多萬噸糧食，大饑荒開始有所緩解。參考熊輝、譚詩傑，〈20世紀60年代初期的我國糧食進口工作〉，頁138-144；蔣冠莊、高敬增，〈李先念嘔心賑糧荒——六十年代初的糧食危機〉，《百年潮》，2008年第1期，頁18-23。

**1953年～1961年廣西糧食部門供應出口大米實績表**（單位：萬公斤）

| 年度 | 1953 | 1954 | 1955 | 1956 | 1957 | 1958 | 1959 | 1960 | 1961 |
|------|------|------|------|------|------|------|------|------|------|
| 出口數量 | 5,783 | 2,989 | 2,431 | 3,951 | 8,209 | 10,129 | 16,810 | 7,211 | 5,319 |

　　從表格顯示可見，自統購統銷開始實施的1953年起至1961年，廣西糧食出口超過1億斤的只有1958年與1959年；1960年與1961年雖然不及1957年，但是也遠超過1954年、1955年及1956年；1953年雖然比1961年稍多，但是仍少於1960年。[198] 然而，據《廣西通志‧人口志》載錄，1958年至1961年，正是大饑荒肆虐廣西之際。其中1959年至1961年，三年廣西共死亡145.10萬人，平均每年死亡48.36萬人，年平均死亡率為22.15‰，遠超於11.84‰的全國平均正常死亡率，是中共建政後廣西人口死亡率最高的時期。[199] 如此惡果，顯然跟糧食出口從1956年的3,951萬公斤倍增至1957年的8,209萬公斤，又一再激增至1958年的1萬129萬公斤與1959年的1萬6,810萬公斤有密切關係。

　　（二）在自己千萬國民死於饑饉的艱困時期，中共當局還慷慨大方地以低息、免息無償提供援助給亞非拉國家。[200]

---

198 以上表格及有關論述參考廣西地方志編纂委員會編，《廣西通志‧糧食志》（南寧：廣西人民出版社，1994），頁129。

199 廣西地方志編纂委員會編，《廣西通志‧人口志》（南寧：廣西人民出版社，1993），頁61。

200 指亞洲、非洲、拉丁美洲（中南美洲）等民族獨立國家和爭取民族獨立的國家。

這種援助，在「大躍進—大饑荒」前便已進行。如從1950年6月25日至1953年12月31日期間，中國對朝鮮提供了7萬2,900億元（14.5億盧布，比價為5,000元對1盧布）的無償援助；並且承諾在1954年至1956年的三年期限內，中國負擔費用，收養2萬2,735名居住在中國東北的朝鮮難民兒童以及贍養對這些兒童從事教育工作的7,186名朝鮮公民及其家庭成員，總共是3萬1,338人。[201]

1955年，在「河北鬧水災，3,000萬畝農田遭到了水禍」的形勢下，中國就給予只有80多萬人口的蒙古國「很多的援助，派了1萬3,000工人和技術員」，並且在1956年「還給無償的一億六千萬盧布」。對此，毛澤東表示：「這是我們的義務。那些數目是太少了，你們一提，我就覺得慚愧。」[202]

1957年1月，毛澤東提出國際形勢有三種力量：「第一種是最大的帝國主義美國，第二種是二等帝國主義英、法，第三種就是被壓迫民族。」[203] 要求中共當局對亞非拉國家採取主動、積極爭取與支持的態度，以期建立並領導世界性的反帝統一戰線。

中蘇決裂後，毛澤東更明確爭奪世界性陣營領導權的決心。1961年12月26日，在北京舉行的一次中央工作會議上毛澤東就表示：「我們要定於一，修正主義也要定於一，還不說帝國主

---

201 〈費德林的調查報告：蘇聯和中國對朝鮮援助情況〉(1953年12月31日)，沈志華主編，《俄羅斯解密檔案選編：中蘇關係》，第4冊，頁436。

202 〈毛澤東接見蒙古人民革命黨代表團談話紀錄〉（1956年9月24日），宋永毅編，《機密檔案中新發現的毛澤東講話》（紐約：國史出版社，2018），電子版。

203 逄先知、馮蕙主編，《毛澤東年譜（1949～1976）》，第三卷，頁69。此論述為1970年代初毛澤東第三世界理論奠定了基礎。

義。是爭領導權的問題，我們只管我們這一塊天下定於一，別人的我們不管。」[204] 此一爭奪世界領導權的方針，貫徹、執行於大饑荒時期。

1960 年是中國大饑荒災情最爲嚴峻的一年，「爲了體現國際共產主義精神，中共領導人仍然咬緊牙關堅持對外援助」──援助幾內亞大米 1 萬噸，援助阿爾巴尼亞小麥 1 萬 5,000 噸，援助剛果小麥和大米 5,000 噸至 1 萬噸。老撾（寮國）、埃及、坦尚尼亞與尚比亞等國家，也都得到中國的慷慨援助。[205] 朝鮮因具有「鮮血凝成的友誼」，[206] 儘管 1960 年「是中國開始進入『大饑荒』的一年」，「中國政府還是克服困難，向朝鮮提供了 23 萬噸糧食」。[207]

1960 年 11 月 14 日，中共中央發出〈關於立即開展大規模採集和製造代食品運動的緊急指示〉，要求「大規模地動員群眾，採集和製造代食品，以克服困難，渡過災荒」。四天後（18日），周恩來接見切·格瓦拉（Che Guevara）爲首的古巴革命政府經濟代表團，一方面承認 1959 年遭遇很大災荒，糧食比預定計畫減產百分之三十；一方面表示：「儘管如此，只要友好國家比我們困難大，我們一定盡力援助。」11 月 30 日，在與古巴

---

204 逄先知、馮蕙主編，《毛澤東年譜（1949～1976）》，第五卷，頁 63。

205 參蔡天新，〈對三年困難時期「代食品運動」的再認識〉，頁 40；舒雲，〈糾正與國力不符的對外援助──中國外援往事〉，《同舟共進》，2009 年第 1 期，頁 40-41。

206 李周淵（리주연，朝鮮政府代表團團長），〈鮮血凝成的友誼和團結萬歲〉，《人民日報》，1958 年 10 月 1 日，第 8 版。

207 沈志華、董潔，〈朝鮮戰後重建與中國的經濟援助（1954～1960）〉，《中共黨史研究》，2011 年第 3 期，頁 57。

革命政府經濟代表團討論貸款償還問題時，周恩來稱：「如果有困難，可以推遲償還。」「如果還有困難，還可以經過談判不還。」[208]

　　1962年初，中國尚未完全擺脫大饑荒的肆虐，中共當局便承諾對外援助69億多元人民幣，受惠者包括越南（指北越，下同）、朝鮮、蒙古、阿爾巴尼亞等社會主義國家，以及柬埔寨、巴基斯坦、敘利亞、索馬利亞等民族獨立國家。

　　1962年以後，援外數額超過了償債，中共對外聯絡部部長王稼祥（1906～1974）認爲這種援助「超出了中國的實際承受力」，建議適當調整。毛澤東斷然拒絕接受王稼祥的建議。[209]

　　1963年至1964年，中國剛從大饑荒中解脫出來，毛澤東的國際主義豪氣高漲，「提供給自由世界不發達國家的貸款達到3.4億美元，雖然實際提款率只有2,300萬美元」。[210] 接見外賓時，毛澤東當面允諾免除本該償還的債務（如巴基斯坦），甚至替其他國家（如馬里）償還拖欠別國的債務。[211] 1963年6月4日，毛澤東在會見越南勞動黨代表團時稱：「借中國的〔債〕不要緊，你們願意什麼時候還就什麼時候還，不還也可以。」[212] 1964年5月，在制定第三個五年計畫時，毛澤東指示：我們要把

---

208 俱參考中共中央文獻研究室編，《周恩來年譜（1949～1976）》（北京：中央文獻出版社，1997），中卷，頁369、370-371、373。

209 舒雲，〈糾正與國力不符的對外援助──中國外援往事〉，頁41-42。

210 美國中情局，〈關於中國經濟發展的評估與前景預測〉（1966年1月13日），沈志華、楊奎松主編，《美國對華情報解密檔案（1948～1976）（貳）》（上海：東方出版中心，2009），頁320。

211 顧龍生編著，《毛澤東經濟年譜》，頁603、604。

212 顧龍生編著，《毛澤東經濟年譜》，頁582。

越南、朝鮮需要的石油打進計畫去。其他的需要也要打進去。[213]

　　如此「慷慨無私」的國際主義，養成了「國際友人」習以爲常的思維定勢。自1954年起，中共當局向阿爾巴尼亞提供經濟和軍事援助折合人民幣100多億元，1969年，時任副總理李先念（1909～1992）問到訪的阿爾巴尼亞部長會議主席謝胡（Mehmet Ismail Shehu），打算什麼時候還？謝胡說根本沒有考慮還。[214]

　　作爲「唇齒相依的鄰邦」和「社會主義大家庭中的親密兄弟」，越南歷來受到中共當局特別重視。[215] 毗鄰越南的廣西，即使在大饑荒災情嚴重之際，仍承擔繁重的對外援助任務。1959年以來，廣西的形勢已經持續惡化。據官方公布的數據，1959年，廣西主要農副產品大幅度減產，全自治區農業總產值16億846萬元，比1958年下降14.6%；糧食產量54.46億公斤，比1958年減產4.15億公斤。由於浮誇，各地虛報糧食產量，又帶來了高徵購，這一年徵購高達16.2億公斤貿易糧，比1957年多86.5%，調出自治區外3.06億公斤貿易糧，農村人口人均原糧僅210公斤，造成嚴重的饑荒後果。[216] 1960年，遭受嚴重旱災。廣西全自治區91%的縣發生水稻春旱，36個縣、市受災。受災面積347.15萬畝，損失糧食8,602.16萬公斤。就在這個形勢背景下，1960年11月，以越南農業司長何泰南（Hà Thái Nam）爲首

---

213 顧龍生編著，《毛澤東經濟年譜》，頁595。
214 舒雲，〈糾正與國力不符的對外援助——中國外援往事〉，頁43。
215 毛澤東，〈毛澤東等祝賀越南民主共和國成立十五周年的電報〉（1960年9月1日），中共中央文獻研究室編，《建國以來毛澤東文稿》，第九冊，頁284。
216 廣西壯族自治區地方志編纂委員會編，《廣西通志·大事記》，頁340。

的越南諒山省邊境幹部參觀團，到憑祥、寧明、龍津等縣市參觀訪問，轉達諒山省委向南寧地委提出的多項援助要求。廣西方面表示，基本可以滿足。[217]

1961年8月21日，廣西自治區黨委發出〈關於三級幹部會議向中央、中南局的報告〉，稱全自治區患浮腫、乾瘦等疾病的人數已達100萬，1960年全區總人口比1959年減少33萬人，下降1.49%，自然增長率為負10.06‰；1961年比1960年又下降0.6%，連續出現人口負增長的反常現象。[218]

可見，1961年仍是廣西大饑荒災情嚴重的年分。廣西的工業生產也深受影響，頭四個月主要產品產量比1960年同期大幅度下降，停工和半停工的工礦企業約有一半左右，很多企業嚴重虧本，工人生產情緒低落。[219] 1961年，全廣西工農業總產值24億9,662萬元，其中，工業總產值10億5,286萬元，農業總產值14億4,376萬元，分別比1960年下降26.88%、45.99%、1.46%，其中顯示工業總產值的跌幅最大。[220] 工業是國民經濟的主導產業，工業的大幅衰落，導致各行各業的發展全面衰退，人民生活更趨艱困。1961年依然是廣西大饑荒災情甚為嚴重的年分，仍承擔了頗為繁重的援外基礎工程建設任務：派出多個工作組赴越南援建高平省伏和糖廠，並無償援助越南進行小型水電站的勘測、設計、施工、安裝工作，完成了諒山省的「回朝」和高平省的「三龍」兩座小型水電站的規劃、設計。此外，廣西還先後派

---

217 廣西壯族自治區地方志編纂委員會編，《廣西通志·大事記》，頁346。
218 廣西壯族自治區地方志編纂委員會編，《廣西通志·大事記》，頁349。
219 廣西壯族自治區地方志編纂委員會編，《廣西通志·大事記》，頁349。
220 廣西壯族自治區地方志編纂委員會編，《廣西通志·大事記》，頁351-352。

出工作組遠赴非洲索馬利亞承建國家劇院等 11 項工程。[221]

堪值比較的是，1946 年，廣西等劫後災區「完全靠了國際友人送來的物資，使紛亂不致發生，社會得以安定……在廣西及湖南的飢餓區域中，約有五百萬人靠這些麵粉維持生命」；[222] 然而，在 1959 年至 1961 年的大饑荒期間，中共當局只有慷慨援外，卻斷然拒絕幾乎任何國際援助。

1961 年 1 月 31 日，周恩來對到訪的越南副總理阮維楨（Nguyễn Duy Trinh）坦承：「我國建國十一年來，每年都出口，從未進口過糧食，今年被迫進口糧食了。」[223] 即使是面臨如此窘迫處境，在幾天前——1961 年 1 月 26 日，中國各駐外使館仍然收到來自外交部的指示：「如有人將貿易和長期付款聯繫『救濟』、『救助』，可予拒絕。」同年 6 月 29 日，美國代表比姆（Jacob D. Beam）在波蘭華沙舉行的第 105 次中美大使級會談中，向時任中國駐波蘭大使王炳南（1908～1988）表明美方糧食捐贈的意見：「我國政府根據人道主義擬批准個別的美國人寄出糧食包裹。這裡並不涉及美國政府的糧食。」而王炳南回答：「我們拒絕接受任何救濟，因為中國人民是不能靠外來的救濟來解決自己的困難的，中國人民自己有能力克服這種困難。」對於來自其他西方國家的糧食援助，中共當局基本以同樣的立場和態度予以拒絕。[224]

221 廣西壯族自治區地方志編纂委員會編，《廣西通志·大事記》，頁 351。

222 吳景超，〈看災來歸〉，吳景超原著，蔡登山主編，《吳景超日記：劫後災黎》（臺北：新銳文創，2022），頁 37-38。

223 中共中央文獻研究室編，《周恩來年譜（1949～1976）》，中卷，頁 388。

224 熊輝、譚詩傑，〈20 世紀 60 年代初期的我國糧食進口工作〉，頁 142。大饑荒

如此操作的考量，顯然是出自政治意識形態或民族主義，這是中共當局在處置災害時，始終不渝堅守的對外關係基本準則。

　　由上可見，在大饑荒期間，中共當局要求自己國民「開展大規模採集和製造代食品運動」的同時，實行對內超額徵購並對外慷慨援助卻又拒絕外援的做法，無疑是基於對國內外形勢的嚴重誤判，不從實際出發、背離實事求是原則的非理性操作，導致大饑荒雪上加霜地持續蔓延、惡化。因此，社會各行各業受到極大破壞，更多民眾（尤其是農民）被推向災難性的大規模死亡深淵。

## 第四節　「無意」抑或「有意」

　　中共當局及其領導人在經濟上或政治上的種種誤判，應當出自不同的原因，其主觀上亦應當有「無意」與「有意」之別。

　　經濟上所謂「無意」的誤判，即毛澤東為首的中共高層或許是確實相信虛假浮誇的躍進氣象與繁榮景象，從而被誤導做出錯誤的決策。誠如薄一波（1908～2007）所說：「農業浮誇提供了錯誤的資訊，導致了一系列戰略決策的失誤，這是『大躍進』最大的教訓。」[225] 白思鼎（Thomas P. Bernstein）亦曾分析，高徵購導致了蘇聯 1932 年至 1933 年和中國 1959 年至 1961 年的饑荒。然而，蘇聯的高徵購是有意而為之，中國的高徵購則是由於

---

期間，中國唯一正式接受的外國無償援助是 1961 年蒙古國的小麥 1 萬噸，麵粉6 千噸、牛羊肉 1 千噸。參考同前。
225 薄一波，《若干重大決策與事件的回顧》，下，頁 539。

對當時情形誤判造成的。[226]

　　1960年4月30日，毛澤東在停靠天津的火車專列上，跟譚震林（1902～1983）、廖魯言（1913～1972）、劉子厚（1909～2001）、萬曉塘（1916～1966）等政府高官的談話可見玄機：其時正值大饑荒最為嚴峻之際，譚震林卻宣稱，糧食形勢是好的，死人是個別的，農民有相當多糧食吃，每天吃1斤，人的臉都紅光滿面。毛澤東也表示不相信因農民缺糧而需要「統銷面很大」的說法，質疑農民有瞞產現象。譚震林補充強調，農民手裡有糧食。毛澤東說，那好呀，那我又舒服一點。並表示相信廖魯言、譚震林關於1960年糧食收成會超過6,000億斤的保證。[227]

　　於是，1960年6月18日在上海舉行的中共中央政治局擴大會議上，毛澤東儘管承認「去年災荒實在估計不足，真正的估計不足；今年又是北旱南澇」，仍然強調「國內、國際，總的形勢很好，切不要以為形勢不好」；「總路線是正確的，過去十年是有成績的」；在「留有餘地」的條件下，要求工農業總產值五年平均遞增達20%至22%。[228]

　　毛澤東知道有災荒但「估計不足」，恐怕亦跟他的日常生活與百姓差距甚遠有關。印度學者阿瑪蒂亞・森認為：「權威主義統治者，他們自己是絕不會受到饑荒（或其他類似的經濟災難）的影響的，因而他們通常缺少採取及時的防範措施的動力。」[229]

---

226　Thomas P. Bernstein, "Stalinism, Famine, and Chinese Peasants: Grain Procurements during the Great Leap Forward," 339-377.

227　逄先知、馮蕙主編，《毛澤東年譜（1949～1976）》，第四卷，頁382-383。

228　逄先知、馮蕙主編，《毛澤東年譜（1949～1976）》，第四卷，頁422-423。

229　阿瑪蒂亞・森著，任賾、于真譯，《以自由看待發展》（北京：中國人民大學

毛澤東的現實生活似乎印證了這一判斷。《毛澤東年譜》記載：1960年10月，毛澤東開始吃素，不吃肉了。護士長吳旭君（1932～）回憶，毛澤東宣稱：「國家有困難了，我應該以身作則，帶頭節約，跟老百姓共同渡過難關。」[230] 汪東興（1916～2015）的回憶則是，1960年12月毛澤東宣布：從1961年1月1日起，不吃豬肉和雞了，因為豬肉和雞要出口換機器。[231]

然而，據權威文獻透露：1961年4月，負責毛澤東生活的工作人員會同廚師為毛澤東精心訂製了一份西餐菜譜，包括魚蝦類、雞類、鴨類、豬肉類、羊肉類、牛肉類、湯類。毛澤東尤喜魚蝦類，於是便有：蒸魚卜丁、鐵扒桂魚、煎（炸）桂魚、軟炸桂魚、烤魚青、莫斯科紅烤魚、起士百烤魚、烤青菜魚、波蘭煮魚、鐵扒大蝦、烤蝦圭、蝦麵盒、炸大蝦、咖喱大蝦、罐燜大蝦、生菜大蝦等等。毛澤東「常常在吃上一段中餐方法製作的魚蝦後吃上一次西菜魚，以此換換口味」。[232] 可見毛澤東的日常生活應該沒有受到大饑荒的影響，其「形勢大好」的認知與相信，與其日常生活的豐富享受是吻合的，因此而產生誤判，亦當是情理中事。

儘管如此，毛澤東的所謂「相信」，或許更多還是出於策略性的考量。1958年8月上旬，毛澤東視察河北省的徐水縣、安國

出版社，2002），頁11。

230 逢先知、馮蕙主編，《毛澤東年譜（1949～1976）》，第四卷，頁472。

231 汪東興，〈毛主席關懷身邊工作人員的成長〉，《湖南黨史月刊》，1993年第9期，頁7。

232 韶山毛澤東紀念館，《毛澤東生活檔案》（北京：中共黨史出版社，1999），下卷，頁701。

縣和定縣。徐水縣委書記張國忠（1924～1967）匯報說，今年全縣夏秋兩季一共計畫要拿到12億斤糧食，平均每畝產2,000斤。「毛主席聽過以後，不覺睜大了眼睛，笑嘻嘻地看了看屋裡的人，說道：『要收那麼多糧食呀！』」並且煞有介事地討論：「你們全縣三十一萬多人口，怎麼能吃得完那麼多糧食啊？你們糧食多了怎麼辦啊？」事後毛澤東則對陪同視察的省委書記處書記解學恭（1916～1993）、副省長張明河（1912～1998）說：「這裡的幹勁不小哩！……世界上的事情是不辦就不辦，一辦就辦得很多！過去幾千年都是畝產一二百斤，你看，如今一下子就是幾千上萬！」[233]

從上述表現看，毛澤東似乎相信了徐水縣的大躍進成就。其實，事情的關鍵在於毛澤東視察所產生的極大的精神效應──「大大鼓舞了廣大幹部和群眾的幹勁」：徐水縣「全縣十一萬多名農民經過兩天一夜的苦戰，就積肥三十一萬四千六百多車，大秋作物追肥六萬六千六百多畝，除草八萬多畝」。定縣「在兩天時間內除大搞積肥追肥外，並新建起化肥廠兩千三百二十座」。安國縣則「決定今年全縣糧食產量力爭達到畝產四千五百斤，為保證實現明年畝產小麥二千斤的計畫，決定每畝施底肥十五萬斤，全縣鄉鄉社社都召開了躍進大會，形成了一個新的生產高潮」。[234]

可見，與其說毛澤東相信徐水等縣的「大躍進成就」，不如說是相信他的視察會激發群眾的大躍進熱情與幹勁，相信「群眾

---

233 康濯，〈毛主席到了徐水〉，《人民日報》，1958年8月11日，第2版。
234 〈毛主席視察徐水安國定縣〉，《人民日報》，1958年8月11日，第1版。

只要發揮其無限的潛能，便可以製造奇蹟，使生產力飛躍，連帶使一窮二白的中國脫胎換骨，超英趕美」。[235] 這正是推動大躍進不可或缺的精神力量。或許正因如此，威廉‧韓丁（William Howard Hinton）儘管決然反對「把毛和毛主義者斥為偏激、極左、烏托邦、唯意志論」，但也不得不承認「毛曾經高估過群眾的社會主義建設熱情，為『跑步進入共產主義』的極端風潮興起打開方便之門」。[236]

這就是毛澤東的「有意」誤判——即毛澤東偏愛群眾的熱情與幹勁，並以此推動大躍進。從1958年1月南寧會議上毛澤東對「洩氣」現象的強烈反應已可見一斑：「一反就洩了氣，六億人一洩了氣不得了。」「鼓足幹勁，乘風破浪，還是潑冷水，洩氣？」「反『冒進』，六億人民洩了氣。」「我們就怕六億人民沒有勁，不是講群眾路線嗎？六億洩氣，還有什麼群眾路線？」[237]

毛澤東如此反洩氣，顯然就是為了鼓足大躍進幹勁，甚至為了鼓足幹勁而不惜容忍浮誇風，否則出身於農村而且中共建政前長期在農村活動的毛澤東，不會看不穿農業大躍進中畝產從一二百斤衝到幾千上萬斤乃至十幾萬斤的高產衛星騙局。[238]

---

235 陳永發，《中國共產革命七十年（修訂版）》（臺北：聯經出版公司，2001），下冊，頁706。

236 威廉‧韓丁，《大逆轉：中國的私有化（1978～1989）》，頁65。轉自「中文馬克思主義文庫」https://www.marxists.org/chinese/pdf/new01.htm，2020年5月27日檢閱。

237 毛澤東，〈在南寧會議上的講話〉（1958年1月），《毛澤東思想萬歲（1958～1960）》，頁6-9。

238 參考本書第四章第一節。

上有所好，下必甚焉。毛澤東這樣的思維在各級政府官員的大躍進浮誇操作中得到響應。徐水縣委第一書記張國忠就認為，喊高產口號「就能喊出大家的幹勁來，我們不能洩氣，不喊幾萬斤連600斤也搞不到」。[239] 張國忠的理論依據即是：「沒有千斤的思想，就沒有千斤的行動；沒有千斤的行動，就沒有千斤的結果。」[240] 類似的表述在當時頗為流行，諸如：「沒有千斤思想，就不可能有千斤的產量。」[241]「沒有千斤思想，就不能奪取千斤糧。」[242] 這些表述跟毛澤東所謂「燦爛的思想政治之花，必然結成豐滿的經濟之果」如出一轍。

　　或許正因如此「上下一心」，毛澤東對浮誇造假「心有靈犀」。在視察河北徐水等縣三個月後，於1958年11月4日，毛澤東在湖北孝感火車站專列上接見當地政府官員時，對省委副秘書長梅白（1922～1992）所匯報孝感縣長風人民公社畝產萬斤稻穀的事，就明確表示「我不相信」。[243]

　　1959年2月2日，毛澤東在一封給各省市自治區黨委第一書記的信中，更道破高產衛星是「把幾十畝田併成一畝拼出來的」。[244] 1959年4月5日，在中共八屆七中全會上，毛澤東坦

239　引自李若建，〈指標管理的失敗：「大躍進」與困難時期的官員造假行為〉，《開放時代》，2009年第3期，頁90。

240　引自張偉良，〈徐水「共產主義」試驗的失敗及其教訓〉，《清華大學學報（哲學社會科學版）》，第14卷第3期（1999），頁44。

241　俱參考〈力爭上游再上游〉（社論），《前線》，1959年第5期，頁2；謝懷德，〈謝懷德副省長在省西八縣、市小麥田間管理現場會議的總結發言〉（1959年3月6日），《陝西政報》，1959年第5期，頁114。

242　馬耕田，〈高寒山區的高峻風格〉，《中國民族》，1960年第1期，頁15。

243　顧龍生編著，《毛澤東經濟年譜》，頁434。

244　毛澤東，〈關於談哲學等問題給各省市自治區黨委第一書記的信〉（1959年2

承，1958年放的「衛星」很多是假的，但沒更正，因為「如果統一更正，那就垮了」。[245] 毛澤東這種「明知故犯」的表現，在盧山會議期間仍可見。1959年7月20日，毛澤東還提出要「洩氣」：「有些氣就是要洩，浮誇風、瞎指揮、貪多貪大這些氣就是要洩。」但7月26日，認定「右傾情緒、右傾思想、右傾活動已經增長，大有猖狂進攻之勢」，便堅決反對「洩氣」：「錯誤必須批判，洩氣必須防止。氣可鼓而不可洩。人而無氣，不知其可也。」[246]

正如論者所批評：「雖然他〔指毛澤東〕對浮誇風和浮誇新聞心知肚明，並作過一些努力減輕浮誇，但由於他堅持過渡時期總路線和『三面紅旗』的左傾錯誤，事實上放任了浮誇風和浮誇新聞的蔓延。」[247]

各級政府官員在經濟上、政治上「無意」的誤判，或是真心誠意迷信並服從領袖與中央的決策。顧准於1956年初即指出：「長期以來，在個人崇拜氣氛下宣傳的結果，造成了一種偶像觀念。」[248] 1958年1月，毛澤東在南寧會議上強烈反對洩氣說的同時，不諱言「個人崇拜」，自甘為「『冒進』的罪魁禍首」。[249]

---

月2日），中共中央文獻研究室編，《建國以來毛澤東文稿》，第八冊，頁32，注釋1，轉毛澤東1959年2月1日下午在各省市自治區黨委書記會議上的講話。

245 顧龍生編著，《毛澤東經濟年譜》，頁464。

246 逄先知、馮蕙主編，《毛澤東年譜（1949～1976）》，第四卷，頁108、118。

247 靖鳴、劉銳，〈1958年「大躍進」期間浮誇新聞的成因及其啟示〉，《視聽》，2008年第11期，頁14。

248 顧准，《顧准日記》，頁45，「1956年2月23日」。

249 毛澤東，〈在南寧會議上的講話（一）（二）〉（1958年1月11日、12日），《毛澤東思想萬歲（1958～1960）》，頁6-9。

1958年3月成都會議上，毛澤東再次強烈反對洩氣、主張冒進（躍進），並且提倡「正確的」個人崇拜。[250] 於是，中南局書記兼中共廣東省委第一書記陶鑄（1908～1969）表示：「對主席就是要迷信。」政治局委員兼中共上海市委第一書記柯慶施（1902～1965）更悍然宣稱：「相信毛主席要相信到迷信的程度，服從毛主席要服從到盲從的程度。」[251]

對此現象，陳永發精闢地闡釋道：「毛澤東透過對科學真理和愛國主義詮釋權的取得，進而壟斷道德的合法性」，「在中國共產黨內外享受到的擁護和盲目崇拜」；以致「征服許多中國知識分子，視其為科學真理（馬列主義）和愛國主義（民族主義）的代言人」。[252]

在當時的中國官場，無論是推動大躍進還是遭遇大饑荒，像陶鑄、柯慶施這種真心誠意迷信並服從毛澤東領導的各級官員應不在少數。西方學者即指出，中國大躍進期間發生的大饑荒，是由於毛澤東的旨意得到無數「普通的」地方官員（a myriad of "ordinary" local cadres）自願參與（the willing participation）。[253]

至於各級政府官員在經濟上、政治上「有意」的誤判，則應是明知故犯——即劉少奇所批評的「故意弄虛作假，瞞上欺

---

250 毛澤東，〈在成都會議上的講話（一）（二）〉（1958年3月9日、10日），《毛澤東思想萬歲（1958～1960）》，頁30-34。

251 羅平漢，〈助推「大躍進」運動的成都會議〉，《黨史文苑》，2015年第9期，頁22-28；李銳，《「大躍進」親歷記》（海口：南方出版社，1999），上卷，頁259。

252 陳永發，Jung Chang and Jon Halliday, *Mao: The Unknown Story*（書評），頁217。

253 Chris Bramall, "Agency and Famine in China's Sichuan Province, 1958-1962," *The China Quarterly*, 208 (2011): 990-1008.

下」，「爲了爭名譽、出風頭，不惜向黨作假報告，有意誇張成績，隱瞞缺點，掩蓋錯誤」。[254]

劉少奇沒說透的是，這些現象來自中共政治體制所產生的由上而下的巨大壓力。楊大利將之歸結爲基於政治誘因而產生的「代價式政治表忠」現象。[255] 所謂「表忠」，即出自由上而下的壓力反應。此現象的產生，緣自中共歷史中長期頻繁且殘酷的政治鬥爭造成的恐懼心理，及由此形成的習慣性馴服心態。早在延安時代的整風運動中，中共領導人便已設法向人們灌輸「基於恐懼的盲目奴性（blind servility based on fear）」。[256] 中共建政後政治運動連年不斷，尤其是經歷了1957年的反右運動與1959年的反右傾運動，全黨上下乃至全國上下再無人敢於忤逆毛澤東的意志。

在極權政治體系中，所有利益均來自最高上位者。崇拜上位者，順服上位者，盡忠上位者，理所當然成爲政壇常態。這種常態正是導致大饑荒發生及惡化的體制內關鍵因素。誠如李若建所指出，大饑荒的產生是由於體制的運作失效，而失效的重要原因包含最高領袖「權力過大」、「天威難測」以致各級官員「瞞上欺下」、「人人自保」。[257] 在這樣的極權體制中，嚴格要求「將個人所代表的小我徹底消融在黨國所代表的大我之中」，黨的利益爲第一優先，黨員不能有自由意志，「個人只能服從黨的領

---

254 劉少奇，〈在擴大的中央工作會議上的報告〉，中共中央文獻編輯委員會，《劉少奇選集》（北京：人民出版社，1985），下卷，頁398。

255 楊大利，〈從大躍進饑荒到農村改革〉，頁4-13。

256 Peter Vladimirov, *The Vladimirov diaries: Yenan, China, 1942-1945*, 137.

257 李若建，〈大饑荒形成過程中的體制失敗〉，頁32-43。

94　國家 VS 農民：廣西大饑荒

導，否則就有可能被貼上不忠或背叛的標籤」。[258]

於是，在「大躍進－大饑荒」期間，中共政壇便出現如楊繼繩所抨擊的現象——各級官員基於「種種堂而皇之的理由：為了維護大局，為了黨的團結；但是，有一點是不能迴避的：個人利害關係」；因而，「機變求自保」，「緊跟毛澤東」，「有的變成了馴服的綿羊，有的變成了凶惡的鷹犬，更多人則是見風使舵，八面討好」。[259]

作為「黨的喉舌」，報刊便無不「為了印證『大躍進』政策的正確，不斷渲染鼓勁……為了證明黨的路線方針政策的正確，為了迎合黨的主要領導人的喜好，只能隨著當時的風氣起舞」。[260]

印度學者讓・德雷茲與阿瑪蒂亞・森曾抨擊：「當饑荒構成威脅時，中國所缺少的是一種存在對抗性新聞界與反對勢力的政治體制。」[261] 事實也正是如此，作為極權政治體系，中國所擁有的只能是低信息量甚至是虛假資訊的系統，於是就出現阿瑪蒂亞・森所指出的現象：「20世紀50年代後期發動的所謂『大躍進』是一個重大的失敗，沒有一個自由的新聞傳播體系，政府聽到的是它自己的宣傳和爭著向北京邀功的黨的地方官員粉飾太平的報告。」[262] 在如此虛假資訊系統誤導下，中共當局的誤判是

---

258 羅久蓉，《她的審判：近代中國國族與性別意義下的忠奸之辨》（臺北：中央研究院近代史研究所，2013），頁321-322。

259 楊繼繩，《墓碑：中國六十年代大饑荒紀實》，下篇，頁866-905。

260 靖鳴、劉銳，〈1958年「大躍進」期間浮誇新聞的成因及其啓示〉，頁11-12。

261 讓・德雷茲與阿瑪蒂亞・森著，蘇雷譯，《飢餓與公共行為》，頁220。

262 阿瑪蒂亞・森著，任賾、于真譯，《以自由看待發展》，頁177-178。

自然的亦是必然的了。

中共當局政治上誤判的根本所在，應當是基於思想觀念上的執著——對「社會主義－共產主義」理想的堅持。西方左翼知識分子代表人物伯納德‧克里克（Bernard Crick）認為，社會主義既是一種經驗理論亦是一種道德學說，社會興亡與社會內聚力基於生產資料的佔有和控制的關係。[263] 其理論學說的內涵是：要求建立更具有群體意識和合作精神的人類結合關係，只有體現更實質的平等才有助於促進絕大多數人的自由，以及落實博愛的情操。此理想的實現須以生產關係的重組為前提。[264]

這樣一種理論學說，似乎暗合了毛澤東關於人民公社的設想：人民公社為變革生產關係提供可行之路，這種變革既包含了建立人與人之間平等的社會關係，更包括生產關係向更高的層次過渡。[265]

同時，毛澤東更強調，社會經濟制度變革須立足於政治鬥爭：「政治工作是一切經濟工作的生命線。在社會經濟制度發生變革的時期，尤其是這樣。農業合作化運動，從一開始，就是一種嚴重的思想的和政治的鬥爭。」[266] 從而形成毛澤東「帶有空想色彩的以平均主義為特徵的社會主義構想」。[267] 此構想既是

263 伯納德‧克里克著，蔡鵬鴻、郝德倫譯，顧曉鳴校閱，《社會主義》（臺北：桂冠出版社，1992），頁102。
264 許國賢，〈社會主義的當代意涵〉，《東吳政治學報》，第27卷第1期（2009），頁124。
265 高遠戎，〈「大躍進」期間的資產階級法權討論及影響——試析毛澤東對社會主義社會的一些構想〉，《中共黨史研究》，2006年第3期，頁78。
266 毛澤東，〈《嚴重的教訓》按語〉，《毛澤東文集》，第六卷，頁449-450。
267 胡繩主編，《中國共產黨的七十年》（北京：中共黨史出版社，1991），頁

毛澤東所預設中國社會應達到的目標，也是他在試圖糾正大躍進和人民公社集體化運動「左傾」錯誤時不能觸動的底線。[268] 這樣一種底線堅持，已然是昧於事實亦昧於理性，以致經由溝通的僵化（Communicative Rigidity）和認知的僵化（Cognitive Rigidity）淪為認知的失靈（Cognitive Failure）。[269]

歸根究底，這就是中共不可動搖的社會主義理想的堅持。如果說大饑荒的產生，緣起於大躍進浮誇風導致的誤判；那麼，大饑荒的惡化發展，則是基於以毛澤東為首的中共當局在「大好形勢」鼓舞下對社會主義理想的堅持。

在現實中，這樣一種理想的堅持落實到對總路線、大躍進、人民公社三面紅旗的態度上。1959 年盧山會議毛澤東對彭德懷等人的鬥爭，便是以為後者要否定三面紅旗。[270] 毛澤東認為，三面紅旗互為依存、缺一不可。

顧准便指出：「1958 年春出現的情況，曾使毛害怕，因此企圖 Return to 1957。但如此做法，必然否定大躍進、總路線與人民公社，三者兼顧，此路不通。加以外來的刺激，於是決定走 Stalinism〔史達林主義〕的道路到底。」[271] 說到底，三面紅旗源自毛澤東的理想主義，毛澤東若無法堅持三面紅旗的正確性，也

---

418。

268 高遠戎，〈「大躍進」期間的資產階級法權討論及影響——試析毛澤東對社會主義社會的一些構想〉，頁83。

269 羅珉，〈組織治理：基於知識治理的整合架構與治理機制〉，《比較管理》，2011年第2期，頁26-39。

270 林源，〈三面紅旗——毛澤東晚年問題的癥結〉，《南京大學學報》，1999年第4期，頁77-84。

271 顧准，《顧准日記》，頁149，「1959年11月21日」。

就無法樹立其意識形態權威的地位，也就必然影響到其統治權威。[272]

於是，廬山會議後，毛澤東於1959年9月15日在各黨派負責人座談會上稱：「大躍進不應該搞，人民公社不應該搞，那麼總路線還有什麼？總路線就要崩潰，總路線就靠這兩條，所以我們要起來保衛總路線，希望各位共同團結起來保衛總路線，支持大躍進、人民公社。」[273] 1959年10月1日，周恩來在慶祝建國十周年宴會上的講話，便充分闡明三面紅旗在中國的理論權威性及現實合理性：「我們根據馬克思列寧主義關於社會主義建設的共同原則已經開始找到一條適合於中國情況的建設社會主義的總路線。我們已經展開了一個大躍進的局面，並且在全國農村中建立了人民公社這樣一種有利於生產力發展的新型組織。」[274]

1960年至1962年，大饑荒肆虐全國之際，連續三年的10月1日國慶節當天，《人民日報》頭版均以套紅通欄標題的方式展示了三面紅旗政治圖騰式的意義與重要性：「慶祝總路線、大躍進和人民公社的偉大勝利」；「總路線萬歲，大躍進萬歲，人民公社萬歲」；「高舉總路線、大躍進、人民公社三面紅旗奮勇前進」。[275]

這種表現，或許也為了反擊三面紅旗在當時受到國際共產主

---

272 齊茂吉，《毛澤東和彭德懷、林彪的合作與衝突》，頁110。

273 顧龍生編著，《毛澤東經濟年譜》，頁491-492。

274 〈在慶祝建國十周年宴會上周恩來總理的講話〉，《人民日報》，1959年10月1日，第4版。

275 分別見於《人民日報》，1960年10月1日，第1版；1961年10月1日，第1版；1962年10月1日，第1版。其餘年分的國慶節，《人民日報》頭版再沒有出現與三面紅旗相關的套紅通欄標題。

義陣營的質疑及攻擊。1950年代後期至1960年代初，中蘇兩黨交惡論戰，三面紅旗便是受到蘇共攻擊的主要目標。在1959年1月蘇共二十一大上，赫魯雪夫的報告影射到中國的人民公社問題。周恩來在大會致辭，便針鋒相對強調「公社是兩種社會過渡的最好形式」。[276] 其他「兄弟黨」也有選邊站隊響應的表現，如越南勞動黨在1960年對三面紅旗便諱莫如深。[277]

於是，三面紅旗崩潰，即表示社會主義理想的崩潰，亦即中共政權在國內外法理地位乃至執政合法性的崩潰，這也當是前引毛澤東所擔心「如果統一更正〔高產衛星〕，那就垮了」的涵義。

三面紅旗在農村的貫徹過程中，小農私有經濟制度和生產經營方式受到極大衝擊與變革，中央極權體制得以不斷強化與鞏固，然而，政府與農民之間的關係不斷惡化，鄉村農民「一盤散沙」的狀況亦未得到改善反而益發渙散，城鄉之間不平等不平衡的二元結構進一步固化並加深。

結果是：儘管生產關係重組了、變革了，繁榮富強的社會主義理想並未能實現，反而衍生出始料未及的災難。正所謂：「不會犯錯的權威（infallible authority）這一類的驕傲的假設，往往會帶來不可彌補的禍害；而向不會犯錯的權威俯首稱臣的社會，則會使個人自由與權利陷入極其危夷的處境。」[278] 毛澤東的意

---

276 王健民，《中國共產黨史（第四編‧北平時期）》（臺北縣：京漢文化事業有限公司，1990），頁322。

277 游覽，〈北越學習中國大躍進運動的歷史考察（1958～1960）〉，《二十一世紀》，第185期（2021.6），頁111-125。

278 許國賢，〈社會主義的當代意涵〉，頁125。

志，儼然就是中共「不會犯錯的權威」。

1962年初的「七千人大會」上，毛澤東提出要充分發揚民主，讓人提意見，總結經驗教訓，但在會議進行中卻將能緩解災情的安徽「責任田」試驗（即包產到戶）視爲背離人民公社集體化道路而進行批判、整肅。[279]

1962年8月的中共中央工作會議中，毛澤東一再強調階級鬥爭，狠批能有效舒緩大饑荒的「包產到戶」、「單幹風」。[280]同年9月中共八屆十中全會上，毛澤東在強調千萬不要忘記階級鬥爭同時，全力壓制各地農村包產到戶和分田到戶的風潮。[281]

在這種形勢下，本來面對大饑荒災情持較爲務實態度，不同程度支持包產到戶的中共高層領導人，諸如劉少奇、鄧小平、陳雲（1905～1995）、鄧子恢（1896～1972），以及各省市自治區負責人尤其地縣級官員，不得不全面轉向。[282]前述毛澤東堅持階級鬥爭意識，促使其個人威望與意志得到極大化的發揮作用，由此可見一斑。

在三面紅旗的問題上，毛澤東比劉少奇等中共高層領導人更爲堅持，而毛澤東的意志顯然起到絕對主導的作用。有論者認爲：「『大躍進』運動初期毛澤東所表現出來的太急、太熱、太

279 陳大斌，〈中國農村改革的一次預演──安徽「責任田」興起始末（結束篇）〉，《黨史縱橫》，2004年第12期，頁23-27。
280 逢先知、金冲及主編，《毛澤東傳（1949～1976）》，下，頁1237-1250。
281 逢先知、金冲及主編，《毛澤東傳（1949～1976）》，下，頁1250-1260；中共中央文獻研究室編，《建國以來重要文獻選編》（北京：中央文獻出版社，1997），第十五冊，頁602-647、648-657。
282 蕭冬連等，《求索中國──文革前十年史（1956～1966）》（北京：中共黨史出版社，2011），下，頁608-624。

冒、太『左』等方面的情緒和理念，客觀地說，是當時中國的社情、國情、黨情、民情在毛澤東等領袖人物身上扭曲而又集中的反映。」[283] 其實，似乎更應該反過來理解——中共長期歷史發展過程中由於各種因素形成了全黨公認的毛澤東領袖人格。

毛澤東這種領袖人格跟其早年就形成的「偉人」意識一脈相承：「巨夫偉人為一朝代之代表，將其前後當身之跡，一一求之至徹，於是而觀一代，皆此代表人之附屬品矣。」[284] 由此可說，大躍進時期「中國的社情、國情、黨情、民情」亦即「此代表人之附屬品」，莫不深受毛澤東這樣一種「巨夫偉人」的意志左右與影響。當然，中國社會生態（「社情、國情、黨情、民情」）馴服性的積極反饋（迎合、響應、需求），也無疑使毛澤東的唯意志論得到極大化（亦不無惡化）的發揮。

於是，從體制內到體制外，任何理性主義的糾偏機制完全失效，非理性的「巨夫偉人」意志與馴服性的「社情、國情、黨情、民情」淋漓盡致地相互作用，共同促成了激進狂熱的大躍進乃至慘絕人寰的大饑荒。

法國著名作家羅曼・羅蘭（Romain Rolland）在《莫斯科日記》中雖然熱情讚揚蘇共領袖：「那些領導人不僅有頑強、靈活的才智，而且還有鋼鐵一般的意志，他們對自己的事業抱著堅定

---

283 胡瀟，〈毛澤東研究中「輝格」解釋的反思——從對「大躍進」的考問說起〉，《馬克思主義研究》，2014年第9期，頁128。

284 毛澤東，〈致蕭子升信〉（1915年9月6日），中共中央文獻研究室、中共湖南省委《毛澤東早期文稿》編輯組編，《毛澤東早期文稿（1912年6月～1920年11月）》，頁21。

不移的信念。」[285] 同時，也不無謹慎地指出：

> 他們打定主意要去實現這一理想，而且要不惜一切手段去實
> 現這一理想。但如果他們沒有那理想的激情，儘管這激情隱
> 藏在鎧甲之下，他們將無法實現這個理想；那理想的激情有
> 時是情緒化的，並帶有烏托邦的色彩。[286]

與之相比較可以說，毛澤東為首的中共領導人對形勢的「有
意」誤判，即是基於「堅定不移的信念」——相信「社會主義—
共產主義」理想的正確性、相信三面紅旗的合理性，相信自己對
形勢發展的掌控能力。正如高華所指出：

> 毛澤東從不諱言自己負有解救中國人民、再造中國的歷史使
> 命，他也從未懷疑過自己具有別人無法企及的智慧和能力。
> 這種「捨我其誰」的自信力與堅強的個人意志力一旦結合，
> 確實使毛澤東產生了一種「能強迫歷史朝他的理想邁進」的
> 力量。[287]

然而，毛澤東「『捨我其誰』的自信力與堅強的個人意志
力」，卻驅使歷史走向了其理想的反面，情緒化的理想激情終究
蛻變為現實的冷酷，烏托邦的色彩亦遮掩不住大饑荒的萬千餓

---

285 羅曼・羅蘭著，袁俊生譯，《莫斯科日記》，頁164。
286 羅曼・羅蘭著，袁俊生譯，《莫斯科日記》，頁165-166。
287 高華，《紅太陽是怎樣升起的：延安整風運動的來龍去脈》，頁180。

殍。

　　本書對廣西大饑荒的研究，也就是在這樣一個充滿歷史悖謬的背景下展開。

# 第三章

## 廣西大饑荒導因

　　1959年至1961年，中國大陸爆發延續三年、死難者數千萬的大饑荒。時至今日，學術界對大饑荒原因的探討已然爲熱點，研究成果難以悉數。

　　宋永毅的一篇論文引起筆者注意。該文從糧食戰爭的角度分析「大躍進—大饑荒」的起源，認爲1950年代初期的朝鮮戰爭、統購統銷實施和農業合作化運動中形成的糧食政策對大饑荒爆發產生重要影響。[1]

　　宋文的論述思路啓發筆者撰寫本章，聚焦於統購統銷實施和集體化運動交互作用，探討廣西大饑荒發生的現象。[2]

　　中國各地或均可見統購統銷實施和集體化運動交互作用引發大饑荒的現象，但在廣西，跟「統購統銷」與「集體化」密切相關的是「廣西事件」與「南寧會議」，後二者在前二者中的（正反面）意義，及其交互作用對大饑荒的深刻影響，在其他地區是沒那麼明顯的。

　　雖然從各方面研究大饑荒的論述甚豐，但關於廣西大饑荒的專題研究，至今尚爲空白。相對於宋文專注於探討糧食政策以及

---

1　宋永毅，〈糧食戰爭：統購統銷、合作化運動與大饑荒〉，《二十一世紀》，第136期（2013.4），頁68-84。

2　本章原以〈廣西大饑荒（1959～1961）成因探討：統購統銷與集體化的交織作用及效應〉爲題，刊載於《中正歷史學刊》，第23期（2020.12），頁127-170。改寫爲本章經過刪改與補充。

糧食戰爭的根源、表現與影響，本章著意以廣西的史實爲依據，重點考察統購統銷、集體化及大躍進是如何從爲了促進生產、搞活經濟、強國富民爲目的，走向了反面——破壞生產、危害經濟、國弊民困，最終導致1959年至1961年的大饑荒。同時，將特別著重分析「廣西事件」、「南寧會議」和毛澤東在這個過程中所起的直接或間接的作用，以及深刻影響。

廣西地處中國南部邊陲，總體上自然條件不佳，經濟發展落後，爲多民族聚居的地方。據1953年全國人口普查統計，廣西總人口爲1,956.08萬，僮族人口爲649.69萬，佔33.21%；漢族人口爲1,214.60萬，佔62.09%。其他各少數民族包括瑤、苗、侗、仫佬、仡佬、毛南、回、京、水、蒙、滿、彝等，人口爲91.79萬，佔4.70%。[3] 因此，廣西大饑荒的研究，必然須注意到相應的民族多元性、區域落後性特點，以及這些特點跟中共治國理念、各級地方政府施政方式、政治運動操作之間密切而微妙的互動關係。

## 第一節 統購統銷與「廣西事件」

中共建政後，自1951年底起就開始醞釀糧食統購統銷問

---

3 廣西地方志編纂委員會編，《廣西通志・人口志》（南寧：廣西人民出版社，1993），頁192。廣西包括「僮族」在內的一些「少數民族」，是1950年代初經過中共當局的「民族識別」工作得以認定。參考吳啓訥，〈人群分類與國族整合——中共民族識別政策的歷史線索和政治面向〉，余敏玲主編，《兩岸分治：學術建制、圖像宣傳與族群政治（1945～2000）》（臺北：中央研究院近代史研究所，2012），頁319-393。

題。1953年11月19日，中共當局發布〈關於實行糧食的計畫收購和計畫供應的命令〉，作出了對以糧食為主的農產品實行統購統銷的戰略性決策——包括計畫收購、計畫供應、由國家嚴格控制糧油市場、中央對糧油實行統一管理等四個組成部分。從1953年12月初開始，實行糧油統購統銷。[4] 概要地說，「統購」就是在鄉村有計畫統一徵購糧油等農產品，「統銷」則主要是在城鎮有計畫統一配售糧油，以及把徵購來的部分糧食返銷給缺糧農民。[5] 國家通過對農產品資源供求實行計畫管理，完全控制了農產品從生產、交換、流通、分配到消費的整個過程。作為計畫經濟體系的重要組成部分，統購統銷實現了農產品生活資源國家化的系統性建構。

統購統銷的目的，中共當局宣稱是「為了保證人民生活和國家建設所需要的糧食，穩定糧價，消滅糧食投機，進一步鞏固工農聯盟」，更關鍵的是認為糧食關乎「國家經濟命脈和足以操縱國民生計」。[6] 前者是力求通過控制糧食，技術性地解決現實存在的困難，以期鞏固新生政權；後者則表明力圖基於大局觀念，戰略性地保證國家工業化建設的發展需要。

4　薄一波，《若干重大決策與事件的回顧》（北京：中共黨史出版社，2016），上，頁180-199；毛澤東，〈糧食統購統銷問題〉（1953年10月2日），中共中央文獻研究室編，《毛澤東文集》（北京：人民出版社，2009），第六卷，頁295-297。

5　陳雲，〈實行糧食統購統銷〉（1953年10月10日），中共中央文獻研究室編，《建國以來重要文獻選編》（北京：中央文獻出版社，1993），第四冊，頁446-461。

6　〈中央人民政府政務院關於實行糧食的計畫收購和計畫供應的命令〉（1953年11月19日政務院第194次政務會議通過），中共中央文獻研究室編，《建國以來重要文獻選編》，第四冊，頁561。

國家工業化正是中共過渡時期總路線的核心:「要在一個相當長的時期內,基本上實現國家工業化和對農業、手工業、資本主義工商業的社會主義改造。」[7] 1955年7月31日,毛澤東在中共中央召集的省、市、自治區黨委書記會議上所作報告中進一步闡述:

> 爲了完成國家工業化和農業技術改造所需要的大量資金,其中有一個相當大的部分是要從農業方面積累起來的。這除了直接的農業稅以外,就是發展爲農民所需要的大量生活資料的輕工業的生產,拿這些東西去同農民的商品糧食和輕工業原料相交換,既滿足了農民和國家兩方面的需要,又爲國家積累了資金。[8]

　　毛澤東的核心論述就是以農業積累支持完成國家工業化。統購統銷政策的制定與實施,便是遵循並執行這一設想的主要的方法與途徑。

　　由此亦可說,統購統銷措施在保證國家工業化快速發展的同時,也有助於確立中央集權和計畫經濟的方向,以致可以從全局觀念出發,安排、調撥各方面的資源分配與需求。

---

7　毛澤東,〈黨在過渡時期的總路線〉(1953年8月),中共中央文獻研究室編,《建國以來毛澤東文稿》(北京:中央文獻出版社,1996),第四冊,頁301。

8　毛澤東,〈關於農業合作化問題〉(1955年7月31日),中共中央文獻研究室編,《建國以來重要文獻選編》(北京:中央文獻出版社,1993),第七冊,頁74。

在當時資源相對匱乏、發展相對落後的背景下，統購統銷的供需體系無可避免是失衡的，表現出重城市／工業而輕農村／農業的傾向。

安多斯（Stephen Andors）即認為，中共在建政之初進行國家工業建設需要大量糧食供應，只有實行統購統銷政策才能保證國家工業化建設得以順利進行。[9]

珀金斯（Dwight H. Perkins）則通過國家大規模工業化建設對糧食需求增加因素的分析，從國家優先發展重工業、投資向非農產業傾斜、社會主義意識形態、國家對社會控制等視角，深入探討糧食統購統銷政策出臺的原因。[10]

顯然，統購統銷的實施一開始便出現偏差，在1957年「整風運動」中，成為所謂「右派分子」攻擊的主要對象。[11]

1958年1月12日，毛澤東在南寧會議上也承認：「一九五四～一九五五年糧食年度徵購九百二十億斤。多購一百億斤，講冒進，這一點有冒。鬧得『人人談統購，家家談糧食』。」毛澤東在南寧會議大批反冒進言論，卻承認統購統銷「冒進」；還半開糧食部長章乃器（1897～1977）的玩笑，說章同意統購統銷計畫，「是不是故意把農民鬧翻，可能有陰謀」。[12] 可見統購統

---

9　Stephen Andors, *China's Industrial Revolution: Politics, Planning, and Management, 1949 to the Present* (New York: Pantheon Books, 1977).

10　Dwight H. Perkins, *Market Control and Planning in Communist China* (Cambridge & Massachusetts: Harvard University Press, 1968): 42, 205-214.

11　羅平漢，〈1957年的統購統銷「大辯論」〉，《晉陽學刊》，2009年第6期，頁98-103；王海光，〈1957年的民眾「右派」言論〉，《炎黃春秋》，2011年第3期，頁17-23。

12　俱參考毛澤東，〈在南寧會議上的講話（二）〉（1958年1月12日），《毛澤

銷的施行，農民確實遭受到不公平的制度性剝奪。

統購統銷措施雖標榜「進一步鞏固工農聯盟」，實際上是通過犧牲農民的利益來實現國家工業化的起步。倘若糧食被嚴重超額徵購（亦稱高徵購），更致使農民遭受嚴重的經濟損失乃至生命危害，廣西農民便是最早的受害者。

1954年至1956年間，雖有天災導致糧食減產的原因，但也確實由於「加上高徵購，造成口糧緊張，一些地區出現農民逃荒和非正常死亡」。[13] 且看如下諸縣志的紀錄：

陽朔縣——1954年糧食總產量4,349萬公斤，徵購糧1,945萬公斤，比1953年增加16%，佔糧食總產量的45%；全縣年人均口糧只有166公斤，導致因缺糧而造成非正常死亡現象。[14]

靈川縣（含臨桂）[15]——因1954年糧食隨徵帶購數量過大（佔當年糧食總產 36.53%），到1955年夏，部分農村出現糧荒；有22,436人浮腫，610人非正常死亡。[16]

荔浦縣——1955年遭受春旱，加上1954年全縣出現糧食徵購過頭的偏差，造成嚴重災荒；全縣外流逃荒1,201人，因缺糧

---

東思想萬歲（1958～1960）》（武漢：武漢群眾組織翻印，1968），頁9。1958年1月31日，章乃器被撤銷糧食部部長職務。

13 廣西地方志編纂委員會編，《廣西通志·大事記》（南寧：廣西人民出版社，1998），頁307。

14 陽朔縣志編纂委員會編，《陽朔縣志》（南寧：廣西人民出版社，1988），頁198。

15 1954年6月，靈川縣與臨桂縣合併為一縣，稱臨桂縣，1961年6月，靈川、臨桂復分置二縣。

16 靈川縣地方志編纂委員會編，《靈川縣志》（南寧：廣西人民出版社，1997），頁16。

而引發浮腫病1,154人、致死271人、遺棄小孩163個。[17]

　　上林縣——1955年春夏兩季，由於估產過高，加上統購中工作草率，強制命令，超購了農民的過頭糧，農村糧食緊張，導致部分農民因缺糧而患浮腫病，甚至有人餓死。[18]

　　平樂縣——1955年因旱災、蟲災，糧食總產比上一年減產220多萬公斤，而縣領導把農民的豆角、南瓜、板栗、柿餅等列計糧食總產，向省委報增產21.06%，因此強購了農民的口糧，從而導致1956年春季農村出現餓死人的嚴重事件。[19]

　　橫縣——1956年春夏乾旱，加上政府徵購過頭，群眾留糧不足，全縣發生饑荒，4萬3,360戶缺糧，佔全縣總戶數40%；因缺糧病死434人，患浮腫2,971人，逃荒1,000多人。[20]

　　上述縣志無不強調超額徵購是發生災情的主要原因，當今論者亦認為廣西餓死人事件是「因統購統銷政策執行中估產過高、徵購過多」，並指出「還有一些地方志沒有明確說出餓死人的真相」。[21]

　　這是全國「大躍進—大饑荒」前就發生的集中餓死人的嚴重事件，以致《人民日報》發表社論及專欄文章進行嚴厲批評，中

---

17　參荔浦縣地方志編纂委員會編，《荔浦縣志》（北京：三聯書店，1996），頁15。

18　上林縣志編纂委員會編，《上林縣志》（南寧：廣西人民出版社，1989），頁265。

19　平樂縣地方志編纂委員會編，《平樂縣志》（北京：方志出版社，1995），頁13。

20　橫縣縣志編纂委員會編，《橫縣縣志》（南寧：廣西人民出版社，1989），頁14-15。

21　盧尚文，〈地方志中的五十年代廣西餓死人事件〉，《炎黃春秋》，2014年第6期，頁56-60。

共廣西省委第一書記陳漫遠（1911～1986）、副省長郝中士（1911～1985）和蕭一舟（1909～1987）受到撤職處分。[22] 此事引起全國廣泛關注，「廣西事件」也因此成爲日後全國性大饑荒時期「餓死人」的警戒詞。[23]

「廣西事件」顯然是統購統銷「重城市／工業」而「輕農村／農業」的傾向所造成的嚴重後果，但在國家發展工業化決策與政治極左思維左右下，《人民日報》1957年6月18日第2版的社論與評論文章在追究事件原因時，只是聚焦於「官僚主義」、「主觀主義」、「自然災害」等空泛表面的因素：內務部農村救濟司司長熊天荊（1902～1985）在《人民日報》1957年7月17日發文，關於「廣西事件」的原因，也只是泛泛而論「官僚主義嚴重，不關心人民生活」。[24]

這些社論與評論文章完全忽視或者說是迴避了事件的實質性原因——超額徵購糧食造成的失誤，反而強調「實行統購統銷的政策，國家就有可能統籌調動全國的糧食，給災區人民以有力的

22 〈堅決同漠視民命的官僚主義作鬥爭〉（社論），〈中共中央和國務院嚴肅處理廣西因災餓死人事件，廣西省委第一書記陳漫遠和副省長郝中士蕭一舟受到撤職處分〉，〈去年廣西因災餓死人事件是怎樣發生和怎樣處理的？〉，俱參考《人民日報》，1957年6月18日，第2版。

23 參考〈譚啓龍從濟寧給省委的一封信〉（1959.4.11）、〈中共湖北麻城縣委整風辦公室「揭露李克成同志反黨反社會主義的言行」〉（1959.10.15）、〈關於河南固始縣委整風擴幹會議情況的報告〉（1960.10.1）、〈舒同在山東省委1960年12月擴大會議上的檢討〉（1960.12.10），俱收入宋永毅主編（下略編者），《中國大躍進－大饑荒數據庫（1958～1962）》（香港：美國哈佛大學費正清中國研究中心／香港中文大學中國研究中心，2014），電子版。

24 熊天荊，〈我國救災工作的偉大成績——駁斥右派分子說「人民政府救災不力」的讕言〉，《人民日報》，1957年7月17日，第5版。

支持」；[25]「特別是實行了統購統銷政策，國家已有把握保證災區得到比較正常的糧食供應」。[26] 雖然中共政府對「廣西事件」進行事後糾錯，統購統銷發揮了一定的作用，但統購統銷政策本身的偏差以及實施過程中嚴重超購的失誤，並沒有得到認識與糾正。

1953年12月，蘇聯外交部長莫洛托夫（Vyacheslav Mikhaylovich Molotov）為中國統購統銷政策的設計傳授經驗時強調：「目的應當保障的不是對全體居民的供應，而只是保障對特定人員的供應。……至於農民，蘇聯從來就不保障對他們的供應。」[27]

可見，統購統銷措施的設計，本身就有嚴重的偏差：控糧於國的「統購」固然是實施的重點，即使「統銷」的重點也是放在城市及工業地區，對農村缺糧的「返銷」做法，顯然無法得到充分重視。

到了全國性大饑荒，統購統銷政策的操作，便只能是加強「統購」，而「統銷」大為削弱。及至反瞞產運動，對農村更基本上只有「統購」而無「返銷」。

統購統銷政策的提出與實施，是與集體化運動交織一起的。1953年10月16日，中共中央政治局擴大會議通過〈關於糧食統

---

25　〈堅決同漠視民命的官僚主義作鬥爭〉。

26　熊天荊，〈我國救災工作的偉大成績——駁斥右派分子說「人民政府救災不力」的讕言〉。

27　〈莫洛托夫與張聞天談話紀錄：中國增加糧食供應有困難〉(1953年12月3日)，沈志華主編，《俄羅斯解密檔案選編：中蘇關係》（上海：東方出版中心，2014），第4冊，頁427。

購統銷的決議〉即指出，統購統銷政策的實施，不僅可以妥善解決糧食供求矛盾，還把分散的小農經濟納入國家發展計畫的軌道之內，從而引導農民走上互助合作道路並對農業實行社會主義改造。[28] 反過來理解便是，集體化體制將「一盤散沙」的億萬農戶組織起來，使統購統銷政策能集中且順利施行。於是，中共當局在推行統購統銷同時，亦積極推動農村集體化運動，通過集體化來促進統購統銷的貫徹與實施。

## 第二節 集體化與「南寧會議」

1951年9月，中共中央召開第一次互助合作會議，通過〈關於農業生產互助合作的決議（草案）〉，規劃由低級到高級，逐步引導農民走集體化道路。[29]

1953年6月15日，毛澤東在中共中央政治局會議上提出：「就農業來說，社會主義道路是我國唯一的道路。發展互助合作運動，不斷地提高農業生產力，這是黨在農村中工作的中心。」[30] 正式確定集體化為農業發展的基本國策。

同年10月2日，在中共中央政治局擴大會議上，針對制定統購統銷政策，毛澤東又再次強調「農民的基本出路是社會主義，由互助合作到大合作社」，國家經濟主體部分是「互助合作、糧

---

28　參薄一波，《若干重大決策與事件的回顧》，上，頁191。

29　中央檔案館、中共中央文獻研究室編，《中共中央文件選集》（北京：人民出版社，2013），第七冊，頁411-423。

30　顧龍生編著，《毛澤東經濟年譜》（北京：中共中央黨校出版社，1993），頁324。

食徵購」。[31] 進一步闡明集體化與統購統銷相生互補、共同爲國家計畫經濟服務的重要性。

就現實發展看，1950年起，中國農村普遍建立以自願互利爲原則的互助組；在此基礎上，進一步組建以土地入股，耕畜、農具作價入社，實行統一經營的初級合作社。廣西的農業集體化起步較晚，1953年，互助組才普遍建立，但某些地方如上林縣與寧明縣亦已出現初級合作社。[32] 到1956年1月中旬，全省初級合作社已增加到7.3萬個，入社農戶佔全省總農戶86.21%，其中宜山專區達95%，平樂專區更達99%。1月下旬，廣西當局提出「反右傾保守思想，加速社會主義建設」的口號，要求在當年春耕前完成小社併大社，春耕後把70%以上的初級合作社，提升到以土地爲主的生產資料實行全面公有化爲基礎的高級合作社，秋收前完成全省高級合作社化。於是，廣西各地掀起由小社併大社，大社升高級社的熱潮。半個多月後，全省便已建立一萬多個高級農業合作社，加入高級社的農戶達340.8萬戶，佔全省農戶總數的91.88%，成爲全國農業合作化發展較快的省區之一。[33] 至1956年末，全廣西高級農業合作社已達1萬808個，入社農戶416.4萬戶，佔全省農戶總數的95%。[34]

毛澤東不僅重視集體化運動的實踐運作，還十分重視總結經

---

31 毛澤東，〈糧食統購統銷問題〉（1953年10月2日），中共中央文獻研究室編，《毛澤東文集》，第六卷，頁295。

32 上林縣志編纂委員會編，《上林縣志》，頁13；寧明縣志編纂委員會編，《寧明縣志》（北京：中央民族學院出版社，1988），頁13。

33 廣西地方志編纂委員會編，《廣西通志‧大事記》，頁307-308。

34 廣西地方志編纂委員會編，《廣西通志‧大事記》，頁314。

驗並提出運動的指導思想。1955年9月至12月，毛澤東相繼爲
《中國農村的社會主義高潮》[35] 一書的文章寫了104篇按語，直
接推動了農業合作化運動高潮。在爲〈嚴重的教訓〉一文所寫的
按語中，毛澤東明確提出：

> 政治工作是一切經濟工作的生命線。在社會經濟制度發生變
> 革的時期，尤其是這樣。農業合作化運動，從一開始，就是
> 一種嚴重的思想的和政治的鬥爭。每一個合作社，不經過這
> 樣的一場鬥爭，就不能創立。[36]

可見毛澤東集體化運動的指導思想是立足於政治而非經濟。
這種政治化的指導思想在1958年1月的南寧會議得到進一步強調
與發展。

1958年1月11日至22日，毛澤東在廣西首府南寧主持召開
中央工作會議，討論和研究1958年國民經濟計畫與國家預算。
毛澤東在會議上對1956年以來黨內外的反冒進言論進行了嚴厲
的批判，強調在經濟領域的反冒進是「政治問題」，並借題發
揮：「一九五五年十二月我寫了農村社會主義高潮一書序言，對
全國發生了很大影響，是個人崇拜也好，偶像崇拜也好……這樣
我就成了『冒進』的罪魁禍首。」「我是罪魁，一九五五年十二
月我寫了文章，反了右傾，心血來潮。……就頭腦發脹了，『冒

---

35 中共中央辦公室編，《中國農村的社會主義高潮》（北京：人民出版社，
  1956），上、中、下。
36 毛澤東，〈《嚴重的教訓》按語〉，中共中央文獻研究室編，《毛澤東文
  集》，第六卷，頁449-450。

進』了。」毛澤東正話反說，不諱言「個人崇拜」，自甘為「『冒進』的罪魁禍首」；認為張奚若（1889～1973）等人「好大喜功，急功近利」的批評「恰說到好處」，因為「我們是好六萬萬人之大，喜社會主義之功」。[37]

毛澤東在南寧會議結論提綱中雖提出「經濟與政治、技術與政治的統一」，但更強調「思想、政治是統帥，是君，技術是士兵，是臣，思想政治又是技術的保證」，[38] 可視為「政治工作是一切經濟工作的生命線」的進一步闡釋。顯見毛澤東集體化運動的政治指導思想，在南寧會議已發展為基於政治自信、精神至上的「好大喜功，急功近利」的意志與思維。由此促使中共「急於求成的『左』傾思想迅速發展」，[39] 從而強化了全國「冒進」發展的情勢。

為了配合對「反冒進」的批判，尤其是反擊「吹掉了四十條中國才能得救」之類的「反冒進」言論，毛澤東在南寧會議上一再提出「四十條」的問題；[40] 並結合「中央和地方同志一九五八年一月先後在杭州會議和南寧會議上共同商量的結果」寫成〈工作方法六十條（草案）〉，要求在五至八年內完成「四十條」原定十二年實現的指標。這無疑是正面提出了農業大躍進的具體任

---

37 以上參考毛澤東，〈在南寧會議上的講話（一）（二）〉（1958年1月11日、12日），《毛澤東思想萬歲（1958～1960）》，頁6-9；羅平漢，〈發動「大躍進」的1958年南寧會議〉，《黨史文苑》，2014年第21期，頁27-33。

38 〈毛澤東在南寧會議上的結論提綱〉（1958.1.21），收入《中國大躍進—大饑荒數據庫（1958～1962）》。

39 廣西地方志編纂委員會編，《廣西通志·大事記》，頁324。

40 毛澤東，〈在南寧會議上的講話（一）（二）〉（1958年1月11日、12日），《毛澤東思想萬歲（1958～1960）》，頁6-9。

務。[41]

毛澤東在南寧會議中「表揚了睦邊縣那坡屯農業生產合作社1957年中稻一造畝產（習慣畝）800公斤」，[42] 則是指明了農業大躍進追求畝產高指標的方向。

此外，南寧會議期間，毛澤東了解到廣西併大社現象時便指示「可以搞聯邦政府，社內有社」。有關部門根據毛澤東的指示，起草了〈關於把小型的農業合作社適當地合併為大社的意見〉，經政治局會議批准並傳達，推進了全國併大社的熱潮，也為人民公社的建立開了先路。[43]

2003年出版的《毛澤東傳（1949～1976）》對南寧會議給予高度評價，認為「南寧會議是一次重要的會議，它對中國後來的發展產生過重大影響」；「提出要努力開創一個社會主義建設的新局面」，以期迅速改變中國的落後面貌，把中國早日建設成為強大的社會主義國家。但也指出：「由於毛澤東嚴厲批評了反冒進，又提出一些超過實際可能性的高指標而被會議一致通過，

---

41 毛澤東，〈工作方法六十條（草案）〉（1958年1月），中共中央文獻研究室編，《建國以來毛澤東文稿》（北京：中央文獻出版社，1992），第七冊，頁48-49。「四十條」：即〈1956年到1967年全國農業發展綱要（修正草案）〉，規定在十二年內，糧食每畝平均產量，黃河、秦嶺、白龍江以北地區由1955年的150多斤增加到400斤，黃河以南、淮河以北地區由1955年的208斤增加到500斤，淮河、秦嶺、白龍江以南地區由1955年的400斤增加到800斤。參考《人民日報》，1957年10月26日，第1版。

42 那坡縣志編纂委員會編，《那坡縣志》（南寧：廣西人民出版社，2002），頁15。

43 〈中共中央關於把小型的農業合作社適當地合併為大社的意見〉（1958年3月20日成都會議通過，同年4月8日政治局會議批准），中共中央文獻研究室編，《建國以來重要文獻選編》（北京：中央文獻出版社，1995），第十一冊，頁209-210；薄一波，《若干重大決策與事件的回顧》，下，頁512-513。

這就直接導致『大躍進』的開始發動。」[44]

可見，南寧會議對全國大躍進的發展起到極大的促進作用，這一效應更集中體現於數月後的全國人民公社化運動。

1958年8月17日至30日，中共中央政治局擴大會議在北戴河召開，通過〈中共中央關於在農村建立人民公社問題的決議〉，[45] 全國農村掀起了人民公社化高潮。短短幾個月，全國1億1,000多萬個體農戶組織成為2萬4,000多個公社。[46]

廣西的人民公社化由自治區黨委統一部署，各地農村積極響應進行。《廣西通志‧農業志》記載：「早在中央決議公布前，自治區黨委根據北戴河會議的精神，於8月26日就發出了〈關於在農村中建立人民公社的指示〉，要求全自治區在秋收前基本完成建立人民公社的工作。」[47]

廣西各地農村亦聞風而動，有的地方如恭城縣、灌陽縣僅用兩三天便完成全縣人民公社化。[48] 有的地方如天峨縣、賓陽縣與南丹縣都是以誓師大會等政治性群眾運動方式進行人民公社化。[49] 柳城縣為追求「一大二公」之「大」，「把16個公社合

44 逄先知、金沖及主編，《毛澤東傳（1949～1976）》（北京：中央文獻出版社，2003），上，頁780。

45 中共中央文獻研究室編，《建國以來重要文獻選編》，第十一冊，頁446-450。

46 周恩來，〈偉大的十年〉，《人民日報》，1959年10月6日，第2版。

47 廣西地方志編纂委員會編，《廣西通志‧農業志》（南寧：廣西人民出版社，1995），頁54。

48 恭城瑤族自治縣地方志編纂委員會編，《恭城縣志》（南寧：廣西人民出版社，1992），頁23；灌陽縣志編委辦公室編，《灌陽縣志》（北京：新華出版社，1995），頁20。

49 天峨縣志編纂委員會編，《天峨縣志》（南寧：廣西人民出版社，1994），頁12；賓陽縣志編纂委員會編，《賓陽縣志》（南寧：廣西人民出版社，

併成立柳城人民公社一個公社」。[50] 於是，全廣西在2萬493個高級農業生產合作社的基礎上，合併成918個大型人民公社，加入公社的農戶佔農村總戶數97%。[51] 「前後不到半個月，全自治區就實現了人民公社化」。[52]

儘管上述紀錄無不是一派積極躍進氣氛，但回顧廣西集體化運動的過程，卻處處可見積極勢態與消極勢態的對峙與抗衡。

初級合作社剛起步時，廣西省委即在1955年1月10日批轉統戰部民族工作組〈關於三江侗族自治縣目前互助合作運動情況與今後工作意見〉指出：少數民族地區農業社會主義改造工作，應堅持貫徹中央關於民族地區工作須「慎重穩進」的方針，「防止盲目硬趕漢族地區」的傾向。[53] 同年2月25日，中共中央頒布〈關於在少數民族地區進行農業社會主義改造問題的指示〉，肯定廣西省委的上述意見，並進一步要求防止及糾正「『硬趕漢區』的冒進傾向」。[54]

然而，廣西各地在1956年初小社併大社的過程，並不遵循預定的「秋收前完成全省的社會主義農業合作化」規劃，而是不顧省委及中央關於「慎重穩進」的指示，半個多月就完成初級合作社到高級合作社的轉型。這種過激的操作，遭到農民不同程度

---

1987），頁211；南丹縣地方志編纂委員會編，《南丹縣志》（南寧：廣西人民出版社，1994），頁132。

50　柳城縣志編輯委員會編，《柳城縣志》（廣州：廣州出版社，1992），頁75。「一大二公」：指人民公社規模大與公有化的組織特點。

51　廣西地方志編纂委員會編，《廣西通志・大事記》，頁329。

52　廣西地方志編纂委員會編，《廣西通志・農業志》，頁54。

53　廣西地方志編纂委員會編，《廣西通志・大事記》，頁300。

54　收入《中國大躍進—大饑荒數據庫（1958～1962）》。

的抵抗，造成集體化的消極勢態。農民抵抗的主要方式便是「退社」。合作社時期，農民在理論上尚擁有退出權——合作社章程標示著「社員有退社的自由」，[55] 廣西農民「退社」的風潮亦一直不斷。

1956年9月，廣西省委〈關於秋季全面發展農副業生產鞏固農業生產合作社工作的指示〉稱，據26個縣的不完全統計，因上半年減收及「其他原因」鬧退社的有1萬戶。[56] 新華社報導，1956年百色地區少數民族退社情況嚴重，僅巴馬、隆林、田林、百色等四個縣的不完全統計，便有1,480多戶已經退社，退社的農戶以瑤族、苗族居多。隆林等縣的瑤族派代表到雲南省富寧縣一帶參加討論退社的會議，雲南省的瑤族則派代表到廣西田林等縣「學習」退社經驗。[57]

據1957年4月初不完全統計，宜山專區鬧退社的共4萬699戶，已退社的有1萬2,495戶，有的社實際上已解散。[58]

各縣市志書多有記載：「由於操之過急，管理工作趕不上，造成生產減產、分配減少、全縣出現一股『退社風』。1957年春，鬧退社農戶達到3,019戶。」[59]「〔1957年〕春，屏南鄉肯

---

55 〈高級農業生產合作社示範章程〉（1956年6月30日第一屆全國人民代表大會第三次會議通過），中共中央文獻研究室編，《建國以來重要文獻選編》（北京：中央文獻出版社，1994），第八冊，頁407。

56 廣西地方志編纂委員會編，《廣西通志·大事記》，頁312-313。

57 黃義傑，〈桂西僮族自治州大批苗、瑤族鬧退社〉，收入《中國大躍進—大饑荒數據庫（1958～1962）》。

58 廣西地方志編纂委員會編，《廣西通志·大事記》，頁317。

59 平南縣志編纂委員會編，《平南縣志》（南寧：廣西人民出版社，1993），頁156。

山村納隘屯64戶中有9戶要求退社，洛西鄉洛富村峒卜屯30戶中有17戶要求退社。」[60]

廣西地方政府想方設法勸阻農民退社。如平南縣委針對1957年春的退社風，提出「八不准」，爲農民退社設下重重關卡，並且組織大鳴、大放、大辯論，「批判了富裕中農的資本主義思想，同時鬥爭有破壞活動的地主、富農、反革命分子」，以此平息農民鬧退社的風波。[61]

1958年南寧會議後，廣西當局對「反冒進」、「地方主義和地方民族主義」展開批判，促使8月至9月的人民公社化，一味求大求快，即如前引述：「把16個公社合併成立柳城人民公社一個公社」，「一夜電話會，全縣實現人民公社化」，「前後不到半個月，全自治區就實現了人民公社化」。

人民公社化前，廣西農村已有「共產風」的傾向。據中共廣西自治區農業書記伍晉南（1909～1999）1958年7月23日提呈的調查報告稱，博白縣東平鄉楓木農業合作社實行「五集體」——牛欄集體、豬欄集體、糞坑集體、食堂集體、宿舍集體，以期養成農民集體生活的習慣，培養農民集體主義思想，適應農業生產大躍進。[62]

在人民公社化高潮時，更是大颳「共產風」。1958年9月27

---

60 宜州市地方志編纂委員會編，《宜州市志》（南寧：廣西人民出版社，1998），頁16。

61 平南縣志編纂委員會編，《平南縣志》，頁156。

62 〈伍晉南同志關於博白縣楓木農業生產合作社實行「五集體」的調查報告（節錄）〉（1958年7月23日），王祝光主編，《廣西農村合作經濟史料》（南寧：廣西人民出版社，1988），上冊，頁216-218。

日，自治區黨委發出的〈關於人民公社若干具體問題的處理意見〉規定：原農業社財產歸公社所有；取消社員自留地；社員的私有房基地、林木、牛馬等生產資料歸公社所有；社員個人養的豬，一律作價交公社飼養，定期還款；社員可以養少量的家禽，屬社員私有。[63] 各地人民公社的實施往往更進一步：「一切生產資料歸公社所有，取消自留地，取消社員家庭副業。……社員家庭所有的糧、柴、油、鹽、豬、雞、鵝、鴨等一律交給公共食堂。」[64]「社員的自留地、飼料地、菜園及林果樹，收歸公社統一經營，社員的豬、雞、鴨、鵝，收歸公社集體統一飼養。」[65]「沒收了社員自留地5,099畝，房屋1,491間，家禽8,281隻，房前屋後果樹也全部收歸集體所有。」[66] 連農民私有的家禽也收歸集體，農民所有的土地更是完全歸人民公社所有。[67]

此外，農民的人身自主性也進一步喪失，合作社尚有的「退社自由」條例已不見蹤影[68]──農民徹底喪失了退出權。也因為喪失退出權，農民若有抗爭，便或更顯激烈。

---

63 廣西地方志編纂委員會編，《廣西通志‧大事記》，頁330。

64 博白縣志編纂委員會編，《博白縣志》（南寧：廣西人民出版社，1994），頁148。

65 象州縣志編纂委員會編，《象州縣志》（北京：知識出版社，1994），頁483。

66 來賓縣志編纂委員會編，《來賓縣志》（北京：知識出版社，1994），頁466。

67 這種做法到1959年才得以糾正與調整。參考〈中共中央關於社員私養家禽、家畜和自留地等四個問題的指示〉（1959.6.11），收入《中國大躍進─大饑荒數據庫（1958～1962）》。

68 〈嵖岈山衛星人民公社試行簡章〉（1958年8月7日），中共中央文獻研究室編，《建國以來重要文獻選編》，第十一冊，頁387-399；〈農村人民公社工作條例（修正草案）〉（1961年6月15日），中共中央文獻研究室編，《建國以來重要文獻選編》（北京：中央文獻出版社，1997），第十四冊，頁385-411。

1958年9月人民公社化後，大辦公共食堂與大煉鋼鐵，都曾在廣西引發重大衝突事件。上思縣就發生「團結公社南桂等村瑤族群眾，對『大躍進』併村下山、搞集體食堂、集訓等不滿，有55戶220人逃跑回深山，後經政府派員前往動員才歸來」。[69] 西林縣則發生瑤族農民「對遠征煉鋼有思想牴觸，從工地逃跑回家並上山躲避（隨身帶有粉槍）」的事件，被當局視為暴亂，百色軍分區派兵圍剿，「打死瑤民16人，副縣長李林（瑤族）被懷疑為瑤民暴亂煽動者受到審查」。[70]

　　林毅夫認為，農民退出權的喪失，是導致大饑荒3,000多萬人死亡的主要原因之一。[71] 林毅夫的論斷在學界頗受質疑，[72] 然而，循著退出權喪失則標誌著人身自主性喪失的思路考量，林毅夫的論斷不無道理。其實，正是由於沒有退出權，無論是大躍進還是大饑荒，農民都是身不由己被捲入其中。中共當局不僅是藉集體化實行國家化，將農民的土地及其他資源收歸國有；同時也致使農民喪失主體性而別無選擇地依附於集體化體制。

　　秦暉認為：不能自由參加與退出的組織不是集體，中國從來

---

69　上思縣志編纂委員會編，《上思縣志》（南寧：廣西人民出版社，2000），頁15。

70　西林縣地方志編纂委員會編，《西林縣志》（南寧：廣西人民出版社，2006），頁19。

71　林毅夫，〈集體化與中國1959～1961的農業危機〉，氏著，《制度、技術與中國農業發展》（上海：三聯書店，1992），頁16-43。

72　張進選，〈「退出權」能解釋一切嗎？——對林毅夫關於中國農業制度變遷理論的幾點質疑〉，《中州學刊》，2003年第4期，頁45-49；郭以馨，〈合作社退出權規制問題梳理與再思考〉，《中國農民合作社》，2015年第9期，頁48-50。

沒有過集體化，只有「被集體化」；[73] 並且強調：「人民公社這
個現象與其說是『集體主義』，不如說是『國家主義』的產
物。」[74] 在這個意義上可以說，加入人民公社的農民不僅是「被
集體化」，亦是「被國家化」的特殊形態。

由此可見，1958年人民公社全面成立後，統購統銷與集體
化的交織作用發揮出更大的效應。集體化將「一盤散沙」的農民
組織起來，使中共當局能夠更有效地管理、控制農民，同時，也
更有效掌握、控制、調度農產品資源。集體化之後，統購統銷的
實施就更為順利，特別是更易於推行超額徵購。

如龍勝縣1958年8月30日宣布全縣人民公社化後，便「貫
徹『高指標、高估產、高徵購』；當年購糧1,090萬斤，原『三
定』定購任務為540萬斤，超購550萬斤」。[75]

人民公社化的浮誇風，加劇政府超額徵購糧食的強度。中稻
畝產逾13萬斤的環江縣，便被要求超額徵購，「1958年，地委
下達給環江縣糧食徵購任務為0.355億斤貿易糧，比1957年實際
完成數多4.5倍，比1957年全縣總產量還多178萬公斤」。[76]

統購統銷將農民的生活資源國家化，集體化則將農民的人身

---

73 參考齊介侖，〈秦暉：集體化與被集體化〉，《財經文摘》，2008年第7期，
　　頁44-47。

74 秦暉，〈農民需要怎樣的「集體主義」──民間組織資源與現代國家整合〉，
　　《東南學術》，2007年第1期，頁9。

75 龍勝縣志編纂委員會編，《龍勝縣志》（上海：漢語大詞典出版社，1992），
　　頁8-9。「三定」：在糧食統購統銷中對有關糧食數額實施定產、定購、定銷的
　　辦法，在一定時期內不變。

76 環江毛南族自治縣志編纂委員會編，《環江毛南族自治縣志》（南寧：廣西人
　　民出版社，2002），頁341。關於中稻畝產逾13萬斤的詳情，參考本書第四章
　　第一節。

及生產資源國家化；從國家的立場看，二者可謂相輔相成，相得益彰。正是這樣一種效應，致使廣西農民從人身依附到生活資源乃至生產資源及生產過程各方面均受控制，不得不陷入喪失主體性、附庸於集體所有制／國家體制的生存狀態。

## 第三節 統購統銷與集體化的交織效應

1957年10月26日《人民日報》公布〈1956年到1967年全國農業發展綱要（修正草案）〉，[77] 次日，同報發表社論〈建設社會主義農村的偉大綱領〉，要求農業在十二年內達到「四十條」的要求，「實現一個巨大的躍進」，正式啟動了農業大躍進的進程。[78] 而全國大躍進的更大推動力，如前所述，來自1958年初的南寧會議。

廣西所受的影響更顯直接——1958年1月22日南寧會議結束，1月31日至2月15日，廣西省委即召開一屆六次全體（擴大）會議，傳達南寧會議精神，大張旗鼓推行大躍進。8月10日至13日，自治區黨委召開地、縣委書記會議，要求當年實現稻穀畝產「千斤區」，爭取達到「1,500斤區」，力求超越「四十條」指標。[79] 在8月26日發出〈關於在農村中建立人民公社的指示〉兩天後，自治區政府更進一步發出「開展高額豐產競賽運動

---

77　〈1956年到1967年全國農業發展綱要（修正草案）〉，《人民日報》，1957年10月26日，第1版。

78　〈建設社會主義農村的偉大綱領〉（社論），《人民日報》，1957年10月27日，第1版。

79　廣西地方志編纂委員會編，《廣西通志·大事記》，頁328。

的決定」，以「保證全區今年實現糧食平均畝產1,000斤，爭取1,500斤」。[80] 於是，在8月下旬至9月上旬的人民公社化中，廣西農業大躍進便迅速達至高潮——9月9日，環江縣「創造」了中稻畝產逾13萬斤的全國最高紀錄。[81]

大躍進中的廣西農業生產莫不是豐收榮景，即如自治區主席韋國清（1913～1989）在區政府工作報告中所宣稱，1958年廣西農業生產「獲得了特大的豐收，糧食總產量達到一百四十二億斤，比1957年增長31%」。[82] 儼然以此「成果」響應毛澤東在南寧會議上的要求：「1958年，人民對革命和建設所表現出來的積極性比過去任何時候更高。」[83]

南寧會議對廣西的大躍進起到直接、積極而激進的作用，對廣西的大饑荒則產生潛在、消極而深刻的影響。

1958年1月22日南寧會議結束後，廣西當局先後在1月31日至2月15日的省委一屆六次全體（擴大）會議，以及6月11日至7月1日的區委第一屆代表大會第三次會議上，藉助南寧會議批判「反冒進」的勢頭，將1957年6月陳再勵（1887～1975，原省委常委、副省長）等人在省委擴大會議上批評「廣西事件」中「虛報糧食產量，強迫命令徵購糧食」，以及對貫徹民族政

---

80　〈中共廣西壯族自治區委員會、廣西壯族自治區人民委員會關於開展高額豐產競賽運動的決定〉（1958年8月28日），王祝光主編，《廣西農村合作經濟史料》，上冊，頁225-227。

81　環江毛南族自治縣志編纂委員會編，《環江毛南族自治縣志》，頁337-340。

82　〈繼續深入貫徹總路線，保證我區1960年國民經濟全面大躍進〉，《廣西日報》，1959年12月20日，第1版。

83　〈毛澤東在南寧會議上的講話提綱〉（1958.1.16），收入《中國大躍進—大饑荒數據庫（1958～1962）》。

策、實行民族區域自治和發展少數民族山區生產建設等問題提出的意見和建議，說成是「鼓吹地方主義和地方民族主義」、「利用地方主義和地方民族主義的情緒」，認定為「反黨反社會主義的右派言論」，是「反冒進」的「政治性錯誤」，據此將陳再勵等劃為「黨內右派集團」。[84]

如此有失公正的處理方式，尤其是對有關「廣西事件」的批評進行扭曲操作，致使之後大饑荒時期成為餓死人警戒詞的「廣西事件」，對廣西自身竟然失去了警戒意義，完全阻斷了對極端做法（如超額徵購）的警惕與反思。這也意味著大躍進淪為大饑荒，已然為廣西在劫難逃的命運。

大躍進之所以淪為大饑荒，關鍵是大躍進的浮誇風。「急於求成的『左』傾思想迅速發展」的南寧會議無疑是浮誇風氣高漲的關鍵時間點：「南寧會議後，浮誇風便開始出現。浙江、廣東、江蘇、山東、安徽、江西等省的省委提出，用五年或者稍多一點的時間，糧食生產達到『四十條』的目標。」[85]

廣西的表現更為積極。如前所述，南寧會議以及隨後廣西當局多次會議的召開，極大催發了廣西大躍進全面追求高指標的浮誇風氣。不僅農業方面要求當年實現稻穀畝產「千斤區」，爭取實現「1,500斤區」，大大超過「四十條」的800斤指標，並「創造」出環江縣糧食畝產逾13萬斤的全國最高紀錄；工業方

---

84 廣西地方志編纂委員會編，《廣西通志·大事記》，頁325-327；駱明，〈光明磊落，慘淡一生──憶陳再勵同志〉，《炎黃春秋》，1997年第5期，頁2-4；黃榮，〈關於所謂「陳再勵右派反黨集團」的來龍去脈〉，《廣西黨史》，1999年第5期，頁31-32。

85 羅平漢，《農村人民公社史》（福州：福建人民出版社，2006），頁10。

面亦有經典之作——1958年10月連放忻城縣日產煤67萬噸，鹿寨縣日煉生鐵20多萬噸的兩大衛星，獲《人民日報》在三天內連續發表兩次社論祝捷喝彩。[86] 而且，這兩個工業「大捷」的生產主力軍仍然是鄉村人民公社社員（農民）。

對廣西這種不無激進的積極表現，有論者的解釋頗為中肯：「廣西經濟比較落後，這對廣西是一個很大的壓力，要求盡快改變廣西落後面貌，因此比較容易接受『大躍進』急於求成而搞的高指標和浮誇風。」[87] 其結果就是，以遠超乎常態的浮誇風為前提，便出現合乎邏輯的推斷及舉措：農產品既然大幅度增產，按比例徵購的農產品數量就必然大幅度提高。且看《田林縣志》記載：

1958年糧食總產量2,174萬公斤，徵購完成509.5萬公斤，按原糧折算，佔總產量33.48%，比1955年定徵購任務基數480萬公斤多29.5萬公斤，超額6.15%。1959年又增加糧食徵購任務……結果，完成徵購665.5萬公斤，佔當年總產量2,222.5萬公斤的42.78%（按原糧計算），比1958年多156萬公斤，超額23.44%，1960年年購任務又增加到960萬公斤，佔當年糧食總產量1,716萬公斤的55.94%。[88]

---

86 〈祝廣西大捷〉（社論），《人民日報》，1958年10月18日，第2版；〈群眾運動威力無窮——再祝廣西大捷〉（社論），《人民日報》，1958年10月20日，第1版。

87 覃平，〈對建國後廣西經濟建設的反思——《廣西社會主義經濟編年史》前言〉，《改革與戰略》，1987年第3期，頁40-49。

88 田林縣地方志編纂委員會編，《田林縣志》（南寧：廣西人民出版社，1996），頁424。

其他縣市如環江、北流、玉林、來賓、上思等都有類似的情形。[89] 當地政府惟有大力加緊超額徵購，廣西主管糧食工作的財貿書記賀希明（1910～1979）在北京出版的《大公報》發表文章宣稱：「〔廣西〕糧食徵購到〔1959年〕10月31日止，已超額0.4%完成了全年任務，比1958年同期增長207%，爲歷年來糧食徵購最快最多最好的一年。」[90]

浮誇風導致的高徵購加劇缺糧饑荒的災情。如那坡縣「由於〔1958年〕『大躍進』產生的浮誇風，導致糧食高估產、高徵購，層層浮報產量和徵購」，其實該年那坡縣糧食產量卻是下降了6.3%，但秋後徵購額陡增93.9%，致使農民年人均口糧下降了24.3%；1959年與1960年，糧食產量分別下降了13.8%與29.5%，徵購數額卻分別激增了115.3%與32.7%，年人均口糧則分別減少了37.8%與39.7%；1961年糧食產量更是大減了41.4%，雖徵購減少了10.4%，農民年人均口糧仍大減46.6%。[91] 顯而易見，浮誇風導致的超額徵購，實際上嚴重影響農業生產，糧食產量反而因此大幅下降，農民的生存處境無疑也日益惡化。

雖然前述毛澤東在南寧會議上承認統購統銷「冒進」、「把農民鬧翻」，但並不意味毛澤東在此問題上會對農民讓步。儘管

---

89  環江毛南族自治縣志編纂委員會編，《環江毛南族自治縣志》，頁341；北流縣志編纂委員會編，《北流縣志》（南寧：廣西人民出版社，1993），頁653；玉林市志編纂委員會編，《玉林市志》（南寧：廣西人民出版社，1993），頁584；來賓縣志編纂委員會編，《來賓縣志》，頁465-466；上思縣志編纂委員會編，《上思縣志》，頁315。

90  賀希明，〈爲促進工農業生產的高速度發展而奮鬥〉，《大公報》，1959年11月7日，第6版。

91  俱參考那坡縣志編纂委員會編，《那坡縣志》，頁289。

在某些時候會進行適度調整，但毛澤東始終堅持以農業積累完成國家工業化的戰略思考，也就是犧牲照顧農民的「小仁政」，成就發展國家工業化的「大仁政」。[92]

因此，在大躍進時期統購工作陷入國家與農民爭糧的困境之際，1959年3月毛澤東在兩個會議上提出：「先下手為強，把糧食搞到手裡再說。」「先下手為強，後下手遭殃。這是一大教訓。」[93] 兩次講話的出發點不同，宗旨卻是殊途同歸──爭糧。前者是批評農村基層幹部以此進行瞞產私分，與國家爭糧；後者則是要求政府部門吸取教訓，搶先下手，儼然與民爭糧的宣示。

正因「爭糧」的意思太明顯，主管農業的中共中央書記處書記、政治局委員、國務院副總理譚震林不得不在中央電話會議上叮囑：「『先下手為強』這句話，只能在地、縣的第一書記中講，給地、縣委的其他部門和下面幹部不要講。講了很容易被誤解。」[94] 其實，這句口號的精神早就貫徹在「大躍進─大饑荒」期間的糧食強徵購作業中。廣西財貿書記賀希明在1959年5月25日至6月4日的地、市、縣財貿書記會上便已宣稱：「59至60年度徵購任務ＸＸ億，國家拿Ｘ億的任務並不重。措施之一就是抓緊徵購及時入庫，先下手為強。」於是，廣西各地「切實貫徹

---

92 楊奎松，〈從「小仁政」到「大仁政」──新中國成立初期毛澤東與中央領導人在農民糧食問題上的態度異同與變化〉，《開放時代》，2013年第6期，頁164-190。

93 分別參考〈毛澤東在鄭州會議上的講話（三）〉（1959.3.1），〈毛澤東在上海會議講話紀錄整理〉（1959.3.25），收入《中國大躍進─大饑荒數據庫（1958～1962）》。

94 〈譚震林在中央召開的電話會議上的講話〉（1959.6.20），收入《中國大躍進─大饑荒數據庫（1958～1962）》。

邊打邊收邊入庫的辦法」，糧食剛打下來，還未留夠口糧、種子和飼料，就被安排入庫。[95]

來賓縣更早在1958年秋收時，便已「採取邊收割，邊核產，邊入庫的辦法」，進行「秋糧徵購入庫」。[96] 1959年秋，忻城縣亦是在「搶收任務繁重」之際，「開展邊收、邊種、邊入庫」。[97] 徵購的糧食就爲了調運出去「支援國家建設和滿足城市、工礦區需要」。[98]《廣西日報》1959年1月25日第1版、2月1日第2版、12月21日第1版，《紅旗日報》1959年1月27日第1版，《躍進日報》1959年2月15日第1版等，均有報導上思、河池、都安、馬山、寧明、邕寧等縣市將大量糧食調運出去。《忻城縣志》則記載：「〔1959年〕10月21日統計，在『全國一盤棋』的口號影響下，按高指標徵購糧食，全縣入庫貿易糧1,955萬公斤，這些糧食大都源源外調。」[99]

1962年4月，廣西自治區黨委在向中央的報告中便申訴：「以糧食一項而言，國家正式派的徵購任務，全區平均要佔集體

---

95 廣西區黨委農村政治部、區人委農林辦公室、區貧協籌委會聯合兵團、區糧食廳「東風」聯合戰鬥團，〈誰是廣西反瞞產的罪魁禍首？——廣西反瞞產事件調查〉（1967年5月31日），無產階級革命造反派平樂縣聯合總部，1967年6月30日翻印。

96 黃渥恩、韋崇宣，〈深入思想發動，社員共產主義覺悟提高，來賓報出糧食千萬斤，柳江東風分社節約糧食形成風氣〉，《廣西日報》，1959年1月19日，第1版。

97 藍日開、蘇慎貴，〈大躍進大豐收的成績不能埋沒，忻城縣開展群眾性的核產工作〉，《躍進日報》，1959年11月10日，第4版。

98 周珊琦、韋彩桃、黃世宗，〈根據流轉方向，合理擺布糧源，保證城鄉需要，南寧區掀起糧食集運群眾運動〉，《廣西日報》，1959年2月1日，第2版。

99 忻城縣志編纂委員會編，《忻城縣志》（南寧：廣西人民出版社，1997），頁23。

總產量的30%多，畸重的地區達到60～70%以上。」[100] 這樣的代價就是致使農村更迅速陷於大饑荒，前述廣西踴躍調糧「支援國家建設和滿足城市、工礦區需要」的地區便出現如下情形：

都安縣——曾在「1958年11月間，僅以一天的時間，全縣就出動了21萬送糧大軍，從千山萬弄的山區裡把1,800多萬斤糧食送入國家糧庫」。[101] 1959年，再將全縣糧食總產量「核到」1億9,842.5萬公斤（實際產量僅為1億539.36萬公斤），徵購任務也隨之增加到2,750萬公斤，實際入庫達2,688.5萬公斤，為中共建政以來徵購入庫最高的一年，從而導致糧荒遍及全縣，公社集體食堂處於早晚等米下鍋狀態。[102]

河池縣——1958年至1960年，全縣預計總產為1億8,177萬公斤，平均每年6,059萬公斤，而該三年實際總產僅達9,849萬公斤，平均每年3,283萬公斤，估產比實產高出82%。當地政府根據高估產，三年下達徵購任務4,537萬公斤，平均每年1,511.5萬公斤，佔實際產量的46%，比歷年高出一倍多；「三年又往外調出糧食1,268萬公斤，導致全縣庫存糧食大為減少，群眾吃糧水平明顯下降，有的社隊人均不足10公斤（原糧）。」[103]

---

100 〈中共廣西壯族自治區委員會關於解決「包產到戶」問題的情況向中央、中南局的報告〉（1962.4.27），收入《中國大躍進－大饑荒數據庫（1958～1962）》。

101 唐中禎、石建臣、黃均貴，〈「增產不忘共產黨，豐收不忘毛主席」，都安運出大批餘糧支援國家建設〉，《紅旗日報》，1959年1月27日，第1版。

102 都安瑤族自治縣志編纂委員會編，《都安瑤族自治縣志》（南寧：廣西人民出版社，1993），頁424。

103 河池市志編纂委員會編，《河池市志》（南寧：廣西人民出版社，1996），頁500。

忻城縣——1958年預計增產15～20%，增購40%的計畫落實到生產隊，結果全縣徵購入庫1,683萬公斤貿易糧，是執行統購政策以來入庫量最多的一年。次年，糧食徵購佔當年全縣總產量的45.36%，超購農民的部分口糧，當年人均口糧只有139.5公斤，難以維持生活。[104]

上述災情，廣西當局在當時應有所掌握。1961年8月21日，中共廣西自治區黨委在〈關於三級幹部會議向中央、中南局的報告〉中便坦承：

> 這幾年來，徵購任務增加很大，1957年徵購9.4億公斤，1958年驟增到14.4億公斤，1959年又增至15億公斤，1960年為10.75億公斤。1959年和1960年的產量實際都比1957年減產，而徵購任務則比1957年增加，使農民口糧大為下降，不少地方購到農民保命線以下的口糧，造成全自治區患浮腫、乾瘦等疾病的人數達100萬，非正常死亡達30萬。（1960年全區總人口2,172萬人，比1959年減少33萬人，下降1.49%，自然增長率為-10.06‰；1961年比1960年又下降0.6%，連續出現人口負增長的特殊現象。）[105]

於是，自1958年底起，前幾年「因統購統銷政策執行中估產過高、徵購過多」的「廣西事件」在廣西全境大規模重演。廣西當局不僅是重蹈「廣西事件」的覆轍，而且是變本加厲。大躍

---

104　忻城縣志編纂委員會編，《忻城縣志》，頁394。
105　廣西地方志編纂委員會編，《廣西通志·大事記》，頁349。

進浮誇風激化了統購統銷與集體化的交織作用及效應，致使「實行了統購統銷政策，國家已有把握保證災區得到比較正常的糧食供應」[106] 的承諾成為鏡花水月。不到一年，廣西廣大鄉村迅速從大躍進淪為大饑荒。之所以有這樣一種急速的變化，反瞞產運動起到了至關重要的催化作用。

## 第四節 反瞞產運動加劇大饑荒

統購統銷措施對農民糧食的強購，剝奪了農民求生的資源；集體化體制對農民自主性的限制，則控制了農民求生的方式。具體而言，集體化體制為中共當局起到雙重控制、雙重保險的作用。

一方面，集體化體制將「一盤散沙」的農民組織起來，讓當局能更有效管理、控制農民，尤其是掌握、控制、調度農產品資源；統購統銷的實施，就是在集體化之後得以更多進行超額徵購。

另一方面，當農民為了自救以瞞產私分方式對抗超額徵購時，當局便動用國家政權力量，在集體化體制內開展反瞞產運動。1958年底至1960年初，廣西即先後進行了兩次反瞞產運動。

反瞞產運動的主要導因，是高浮誇「大豐收」造成的誤判。環江縣第一次反瞞產運動就是由於1958年中稻畝產逾13萬斤的

---

106 熊天荊，〈我國救災工作的偉大成績——駁斥右派分子說「人民政府救災不力」的讕言〉。

「大豐收」後卻徵購不到預期的糧食，「豐產後的糧食到哪裡去了？自治區黨委、地委領導『調查』的結論是，相當多的糧食被『瞞產私分』了」，於是環江縣委於1959年2月27日至3月3日召開「反瞞產」四級幹部會議。會議後，「各公社開展聲勢浩大的反『後手糧』（即反瞞產）運動」。[107]

關於廣西第二次反瞞產運動，雖有盧山會議反右傾影響，但亦與「虛報產量、高徵購」密切相關：

> 當年〔1959年〕8月至9月，自治區黨委舉行第一屆九次會議和自治區、地、縣三級幹部會議，批判「右傾思想」，把在大躍進中虛報產量、高徵購、放開肚皮吃飯所引起的缺糧情況，說是下面「瞞產私分」造成的，群眾手中還有糧食。於是，在全自治區開展「反右傾運動」和「反瞞產私分鬥爭」。[108]

人民公社化後，大規模的群眾運動在集體化體制內得以順利推展，各地紛紛召開會議，「自上而下，層層開展反『瞞產』，通過大會小會輪番『核產』」，[109] 以各級幹部會議打開反瞞產運動的局面。

反瞞產運動的主要目的即為了從農村徵購更多糧食。《資源縣志》專設一節「高徵購、反瞞產」作如下記述：

---

107 環江毛南族自治縣志編纂委員會編，《環江毛南族自治縣志》，頁341。
108 廣西地方志編纂委員會編，《廣西通志‧農業志》，頁55。
109 都安瑤族自治縣志編纂委員會編，《都安瑤族自治縣志》，頁449。

1959年冬縣委召開四級幹部會議，批判糧食問題上的個人主義和本位主義，要求樹立全局觀點，號召申報瞞產糧，布置全面清倉核產。會後全縣組織880餘人的反瞞產隊伍，在全縣開展反瞞產運動。對983個生產隊進行清倉盤點，有些工作組搞假現場，組織參觀。在反瞞產中，對不按高估產報出產量的〔幹部〕不准回家過年。許多隊幹不顧後果違心虛報產量，以致出現高徵購的現象。1959年徵購了全縣糧食總產量的60%；1960年徵購48%，購了社員的口糧。[110]

資源縣1959年與1960年的糧食徵購數額高達糧食總產量的60%與48%，此「成果」就是通過在集體化體制內開展反瞞產運動而達成。反瞞產運動是政府應對大饑荒的措施之一，卻也因此致使大饑荒更為惡化。

在人民公社高度政治化的反瞞產運動中，集體化與超額徵購得到更有效的交互運作，集體化體制強化了超額徵購的力度與成功率，而超額徵購的施行，也進一步加固了農民與集體化體制的關係。集體化與超額徵購二者配合無間的交織作用與效應，由此得到極盡的發揮。

在這種情形下，引發「廣西事件」的超額徵購教訓不僅被完全忽視，地方當局還變本加厲通過反瞞產運動進一步搜購糧食：「到各家各戶搜查，翻箱倒櫃，收繳所有的糧食」；[111]「採取突

---

110 資源縣志編纂委員會編，《資源縣志》（南寧：廣西人民出版社，1998），頁159。

111 隆林各族自治縣地方志編委會編，《隆林各族自治縣志》（南寧：廣西人民出版社，2002），頁338。

襲方式對群眾家翻箱倒櫃搜查糧食，有的甚至挖掘床底找糧食」。[112] 然而，基於高浮誇「大豐收」的超額徵購，即使動用反瞞產的強力操作也難以奏效，只會給農民造成更大損失甚至死亡。如前引田林縣1960年徵購任務增加到960萬公斤，經反瞞產私分運動的強力徵購，也只能完成179萬公斤，便已造成「全縣90%以上的農村食堂仍缺糧，農戶生活困難，實行『瓜菜代』過日子，部分鄉村不少群眾患浮腫病，或飢餓致死」。[113]

反瞞產運動後期，甚至採取過激的鬥爭手段製造出多樁惡性事件，如「大新慘案」、「環江事件」、「寧明慘案」、「〔邕寧〕那樓事件」、「〔興安〕高尚慘案」、「〔那坡〕德隆核產事件」。[114] 當時報刊對這些事件均無報導，除「環江事件」與「〔那坡〕德隆核產事件」外，其他事件在文革後的志書亦無載錄，只是被揭露於文革期間的傳單與小報。

這些事件均發生於少數民族聚居地，農村基層幹部與農民備受摧殘，以致家破人亡。如「大新慘案」中，大隊黨支部書記黃啟寬等36名農村基層幹部被打成「瞞產私分集團」，遭受拳打、腳踢、鞭抽、「炒黃豆」等酷刑；最終1人被槍斃，1人判

---

112 鳳山縣志編纂委員會編，《鳳山縣志》（南寧：廣西人民出版社，2009），頁380。

113 田林縣地方志編纂委員會編，《田林縣志》，頁424。

114 「環江事件」參考環江毛南族自治縣志編纂委員會編，《環江毛南族自治縣志》，頁337-341；「〔那坡〕德隆核產事件」參考那坡縣志編纂委員會編，《那坡縣志》，頁403-404。其餘事件均參考〈絞死土皇帝，槍斃韋國清〉（社論）；廣西革命造反派赴京代表團，〈絞死韋國清！為死難的廣西五十多萬階級兄弟仇雪恨——揭發韋國清反瞞產的滔天罪行〉，廣西紅衛兵總部、毛澤東思想紅衛兵、南寧八三一部隊指揮部編，《南疆烈火》，聯5號，1967年6月8日，第1至4版。

刑十八年，黃啓寬則被開除黨籍，判刑二十年。[115]「〔那坡〕德隆核產事件」中，基層幹部與農民被毒打230人，傷殘118人，逃跑11人，鬥死8人，自殺8人；有四戶農家大人被打死，遺下孤兒5人。[116]

通過反瞞產運動，包括農民口糧、種子糧、飼料糧在內的生活資源幾乎被掠奪一空，大饑荒也就更為迅速蔓延開來。前述龍勝縣1958年人民公社化後，貫徹「高指標、高估產、高徵購」；但在虛報高產的基礎超額徵購的糧食無法兌現，1959年初便開展反瞞產運動，以致1960年陷於大饑荒，「全縣出現乾瘦、浮腫、子宮脫垂、小兒營養不良等病狀」。[117]

集體化體制下操作的反瞞產運動加劇大饑荒，而大饑荒蔓延之際，集體化體制對農民的人身自由限制更成為農民饑饉而亡的重要原因，群體性的死亡成為大饑荒時期的普遍現象。

前述「環江事件」，便是1959年秋收後，貫徹「盧山會議」精神，環江全縣開展以「反右傾為綱」的第二次反瞞產高潮，把報不出瞞產私分糧的基層幹部，「施以殘酷的鬥爭和追逼」；於是，發生大規模的缺糧饑荒乃至死人現象，到1960年底統計，「在一年內，全縣共死亡22,685人，絕大部分屬於飢餓死亡（千分之十三點五為正常死亡率）」。[118]

1959年冬，資源縣組織反瞞產隊伍開展反瞞產運動；1960

---

115 廣西革命造反派赴京代表團，〈絞死韋國清！為死難的廣西五十多萬階級兄弟報仇雪恨——揭發韋國清反瞞產的滔天罪行〉，第3版。
116 那坡縣志編纂委員會編，《那坡縣志》，頁403-404。
117 龍勝縣志編纂委員會編，《龍勝縣志》，頁8-9。
118 環江毛南族自治縣志編纂委員會編，《環江毛南族自治縣志》，頁341。

年春夏間，全縣1,000個食堂先後斷炊散伙；農民沒有飯吃，只好找野生植物等代食品充飢，農村普遍出現浮腫病和餓死人現象；1960年至1961年，全縣共死亡5,786人，屬於餓死的4,200餘人。[119]

河池縣1959年秋冬開始大量出現浮腫等病症，1960年1月起出現非正常死亡，但1960年5月卻開展反瞞產運動，至9月底止，全縣非正常死亡達2,165人；1961年餓死人現象更趨嚴重，其中板慶大隊坡廠隊28戶共140人，死亡38人，佔全隊總人口27%，其中有容姓等3戶共11人，無一倖存。[120] 如此太平年間的慘象，不由令人聯想到十多年前河池縣九墟鄉公所呈文所述戰爭浩劫後的災情：「無米為炊，筋骨無力，難以勞作。告貸無門，採野菜以充飢，大人猶可，小兒難支，號寒啼飢，為父母者，仰天長歎，坐以待斃而已。」[121] 由此亦可見災害歷史縱深的潛隱且深刻的警示。

至於全廣西大饑荒的死亡人數，1993年出版的《廣西通志‧人口志》載稱：「1959～1961年由於受三年國民經濟暫時困難時期的影響，每年的死亡人數驟增，三年總共死亡人數145.10萬人，平均每年死亡48.36萬人，年平均死亡率為22.15‰，是建國後廣西人口死亡率最高的一個時期。」[122]

如果將全國與廣西在1959年至1961年的人口數及自然變動

---

119 資源縣志編纂委員會編，《資源縣志》，頁255。

120 河池市志編纂委員會編，《河池市志》，頁501。

121 引自吳景超原著，蔡登山主編，《吳景超日記：劫後災黎》（臺北：新銳文創，2022），頁62。

122 廣西地方志編纂委員會編，《廣西通志‧人口志》，頁61。

情況進行比較則是：1959年，全國人口死亡率為14.59‰，廣西人口死亡率為17.49‰；1960年，全國人口死亡率為25.43‰，廣西人口死亡率為29.46‰；1961年，全國人口死亡率為14.24‰，廣西人口死亡率為19.50‰，且看如下附表：[123]

**全國與廣西1959年～1961年人口數及自然變動情況對比表**

| 年分 | 地域 | 年底人口數（萬人） | 出生率（‰） | 死亡率（‰） | 自然增長率（‰） |
|------|------|------|------|------|------|
| 1959 | 全國 | 67,207 | 24.78 | 14.59 | 10.19 |
|      | 廣西 | 2,205 | 24.52 | 17.49 | 7.03 |
| 1960 | 全國 | 66,207 | 20.86 | 25.43 | -4.57 |
|      | 廣西 | 2,172 | 19.40 | 29.46 | -10.06 |
| 1961 | 全國 | 65,859 | 18.02 | 14.24 | 3.78 |
|      | 廣西 | 2,159 | 17.73 | 19.50 | -1.77 |

　　雖然在絕對數字上廣西大饑荒期間的死亡人數沒有其他某些省區多，但人口死亡率卻都比同時期全國高。這樣的差異，或許也如前引論者所言，跟廣西地處少數民族邊疆區域，經濟發展較為落後，而又因欲盡快改變落後面貌的壓力，比較容易接受急於求成而搞的高指標和浮誇風的因素有關。

　　然而，跟其他邊疆少數民族地區如新疆、內蒙古、西藏等不同的是，廣西又是所謂「革命老區」──左右江地區為1930年代初鄧小平等發動紅七軍與紅八軍起義的老根據地。大躍進期

---

123 國家統計局綜合司編，《全國各省、自治區、直轄市歷史統計資料彙編，1949～1989》（北京：中國統計出版社，1990），頁2、642。附表根據該書資料整合而成。

間，「老根據地幹部群眾永遠和黨一條心」[124] 的認知，促使廣西幹部與群眾的熱情與幹勁更爲高漲，少數民族地區的幹部卻也更倍感壓力：「漢區已轟轟烈烈，三江不趕上，幹部、群眾會感到落後而不滿意。」[125] 政治上的壓力更爲顯著。1958 年南寧會議後，廣西當局對「地方主義和地方民族主義」展開批判，1960年代初，批判的影響依然存在。1962 年中央民族工作會議上，廣西少數民族幹部金寶生（1927～2000，瑤族，平樂專區副專員）、楊文貴（1926～1978，苗族，柳州專區副專員）即表示，1958 年以來的歷次運動，導致少數民族幹部「心情不舒暢」、「心裡很害怕」，提意見也必須「再三聲明，他不是民族主義」。[126]

在這樣一種泛政治化的大環境下，廣西當局在民族工作中往往爲了政治上積極表現而不惜違規操作，因而受到的損害也更大，反彈或衝突也更強烈。於是產生前文所提及的諸多現象：

隆林與龍勝兩個各族自治縣，便是像三江侗族自治縣那樣，在人民公社化運動中，違背「民族地區互助合作運動方針」、出現「『硬趕漢區』的冒進傾向」，動員少數民族農民加入人民公社，「一夜電話會，全縣實現人民公社化」；上思縣瑤族農民對「大躍進」併村下山、搞集體食堂等不滿，集體逃回深山；西林

---

124 〈老根據地幹部群眾永遠和黨一條心，巴馬 1 天報糧 1,600 萬斤〉，《右江日報》，1959 年 3 月 11 日，第 1 版。

125 〈中共廣西省委批轉省委統戰部民族工作組關於三江侗族自治縣目前互助合作運動情況與今後工作意見的報告（節錄）〉（1955.1.10），收入《中國大躍進－大饑荒數據庫（1958～1962）》。

126 〈中共中央批轉《關於民族工作會議的報告》〉（1962.6.20），收入《中國大躍進－大饑荒數據庫（1958～1962）》。

縣瑤族農民抗拒煉鋼，上山躲避被圍剿殺害；地處貧瘠落後山區的環江毛南族自治縣「創造」畝產逾13萬斤的奇蹟；百色地區少數民族農民退社情況嚴重；少數民族聚居的鳳山縣反瞞產餓死人、大新等縣發生慘案等等。

　　甚至會因此產生更大的惡性衝突事件，如1957年上半年，「大躍進—大饑荒」發生前，少數民族聚居的那坡縣與靖西縣爆發延續兩個多月的「平孟區念井、共睦兩鄉土匪暴亂」，造成暴亂的主要原因就包括「照顧少數民族地區的特點和習慣不夠」。[127] 1960年廣西公安機關破獲135起「反革命集團案」，發生在經濟發展落後的「邊沿山區結合部、落後鄉村和少數民族地區」就有115起，佔85.18%。[128] 這些現象，從不同角度反映出少數民族落後地區特性與政治運動壓力之間密切而微妙的互動關係。

---

[127] 〈公安部批示廣西省公安廳關於睦邊縣平孟區反革命糾合暴亂案件情況的報告〉（1957.6），收入《中國大躍進—大饑荒數據庫（1958～1962）》。

[128] 廣西地方志編纂委員會編，《廣西通志・公安志》（南寧：廣西人民出版社，2002），頁271。

# 第四章　反瞞產運動：廣西大饑荒催化劑

　　1959 年 2 月 22 日，毛澤東批轉時任廣東省委書記處書記趙紫陽的報告表示：「公社大隊長小隊長瞞產私分糧食一事，情況嚴重……在全國是一個普遍存在的問題，必須立即解決。」[1] 學術界一般認爲，毛澤東的批示掀起了全國性的反瞞產私分（下文或稱「反瞞產」）運動：「毛澤東這個批示和廣東省雷南縣反瞞產私分的經驗傳遍全國。全國都搞起了反瞞產私分運動。」[2]「中央尤其是毛澤東根據廣東省委書記的報告，錯誤地相信農民普遍瞞產藏糧，從而在全國掀起一場『反瞞產』運動。」[3]

　　儘管如此，1958 年全國各地已有反瞞產的做法。[4] 廣西地方當局的行動似乎更早，1957 年，中共寧明縣委在進行反右派鬥爭的同時，便發出「堅決開展反瞞產鬥爭」的指示。[5] 1958 年 6

---

1 毛澤東，〈中央批轉一個重要文件〉，中共中央文獻研究室編，《建國以來毛澤東文稿》（北京：中央文獻出版社，1998），第八冊，頁 52。

2 楊繼繩，《墓碑：中國六十年代大饑荒紀實》（香港：天地圖書，2009），上篇，頁 400。

3 周飛舟，〈「三年自然災害」時期我國省級政府對災荒的反應和救助研究〉，《社會學研究》，2003 年第 2 期，頁 54-64。

4 何翔，〈大躍進時期，高鶴縣的「反瞞產」運動〉，《源流》，2011 年第 3 期，頁 30-31；張再興，〈「貴州事件」始末〉，《炎黃春秋》，2013 年第 2 期，頁 26-30；楊繼繩，《墓碑：中國六十年代大饑荒紀實》，下篇，頁 677-698；林蘊暉，《烏托邦運動──從大躍進到大饑荒（1958～1961）》（香港：香港中文大學當代中國文化研究中心，2008），頁 129-225。

5 寧明縣志編纂委員會編，《寧明縣志》（北京：中央民族學院出版社，1988），頁 238。

月至7月，在大躍進熱潮中，貴縣、賀縣、柳江縣等即相繼開展了地方性的反瞞產運動。[6] 尤其是經歷了轟轟烈烈的全國人民公社化運動後，廣西全境反瞞產運動接踵而至。1958年11月7日，《廣西日報》第2版刊載自治區黨委農村部通訊組的報導〈丟掉本位主義思想，插上共產主義紅旗——我區普遍開展核產報豐收運動〉，便宣明開展全自治區以「核產」（核實產量）為標榜的反瞞產運動。可見，比毛澤東批轉趙紫陽報告早三個多月，廣西已經在全自治區範圍開始了反瞞產運動。

「反瞞產私分」是中共當局針對集體化體制（合作社／人民公社）鄉村農民隱瞞農產品產量並私下瓜分的現象（行為）所採取的反制措施。

「瞞產私分」顧名思義為「隱瞞產量」、「私分產品」。前者是集體化前就有的行為，如1950年，廣西當局頒布的〈新解放區農業稅暫行條例〉，便是針對「地富瞞田瞞產」，採取「以農戶為單位，按人均農業稅收入累進徵收」的措施。[7] 後者則是集體化之後的產物，即在集體瞞產的基礎上私分給社員（農民）。集體化時期的瞞產私分很大程度是因應、對抗浮誇風導致的超額徵購而產生。

因此，集體化時期的「瞞產」，多為當局基於高估產，認為

---

6 貴港市志編纂委員會編，《貴港市志》（南寧：廣西人民出版社，1993），頁30；賀州市地方志編纂委員會編，《賀州市志》（南寧：廣西人民出版社，2001），上卷，頁38；柳江縣志編纂委員會編，《柳江縣志》（南寧：廣西人民出版社，1991），頁18。

7 廣西地方志編纂委員會編，《廣西通志‧財政志》（南寧：廣西人民出版社，1995），頁195。

基層（合作社／生產隊）所報實際產量爲瞞產後的數量，估產與實產之間的差額被隱瞞了；而所謂「私分」，實質上大多是合情合理分配給農民的勞動所得（往往是微薄所得）。尤其是反瞞產運動中對農民全面性的搜刮剝奪（包括養家活命的口糧與種子糧、飼料糧），已遠超瞞產私分的範圍。縱使是眞正的瞞產私分，即在滿足口糧、工分糧、徵購糧之外，私下瓜分餘糧，所佔比例也甚爲有限。

據上可知，反瞞產與「大躍進－人民公社化」運動密切相關，其中關鍵的聯接點則是1958年初在廣西首府南寧召開的中央工作會議（史稱「南寧會議」）。這就使廣西反瞞產運動具有更令人關注的可能性與必要性；而作爲多民族聚居的邊疆地區，廣西反瞞產運動亦應當有值得研究的價值與意義。

跟第三章第四節具體反映反瞞產運動如何加劇大饑荒不同，本章著重於通過1950年代中期以降廣西農村形勢若干方面的表現，探究廣西反瞞產運動得以發生的主要原因及其影響，從而對廣西反瞞產運動有一個更爲全面完整的了解。

## 第一節 浮誇風氣下的「糧食大豐收」

1957年12月16日至18日以及1958年1月3日至4日，中共中央在杭州召開了兩次工作會議。據毛澤東說：「第一次無結果而散，沒有議出什麼名堂，第二次才積累一點意見。」杭州會議被視爲是南寧會議的序幕。杭州會議一結束，毛澤東便於1958年1月6日抵達南寧，緊接著於1月11日至22日，主持召開「範

圍更大一點的中央工作會議」，這便是著名的南寧會議。[8]

南寧會議的主題是討論和研究1958年國民經濟計畫與國家預算。毛澤東在會議上對反冒進的言論進行了十分嚴厲的批判，強烈反對「洩氣」現象：「一反就洩了氣，六億人一洩了氣不得了。」「鼓足幹勁，乘風破浪，還是潑冷水，洩氣？」「反『冒進』，六億人民洩了氣。」「我們就怕六億人民沒有勁，不是講群眾路線嗎？六億洩氣，還有什麼群眾路線？」[9]

1958年2月18日在北京召開的政治局擴大會議上，毛澤東又再次強調：反冒進反得那麼厲害，把群眾的氣洩下去了，加上右派的猖狂進攻，群眾的氣就不高，我們也倒霉。[10]

毛澤東如此反洩氣，應當是為了鼓足大躍進幹勁，卻也因此給浮誇風開了方便之門（寧願浮誇也不洩氣），否則出身於農村而且中共建政前長期在鄉村地區活動的毛澤東，不會看不穿大躍進中農業高產衛星的騙局。

南寧會議對推進全國以及廣西大躍進形勢發展的重要性是毋庸置疑的。就全國而言，國家經濟委員會黨組1958年3月7日的報告稱：「南寧會議的反對保守、多快好省、力爭上游的精神，已經在我國經濟生活中起了巨大的促進作用，我國的解放了的生產力，像原子核分裂一樣，產生了巨大的能量，我國的經濟形勢

---

8　逢先知、金冲及主編，《毛澤東傳：1949～1976》（北京：中央文獻出版社，2006），上，頁767。

9　毛澤東，〈在南寧會議上的講話〉（1958年1月），《毛澤東思想萬歲（1958～1960）》（武漢：武漢群眾組織翻印，1968），頁6-9。

10　薄一波，《若干重大決策與事件的回顧》（北京：中共黨史出版社，2016），下，頁453。

已經發生極大的變化。」[11]

就廣西而言，1958年1月22日南寧會議結束，1月31日至2月15日，中共廣西省委即召開一屆六次全體（擴大）會議，傳達南寧會議精神，大張旗鼓推行大躍進。8月10日至13日召開地、縣委書記會議，提出大躍進的具體指標，要求當年實現稻穀畝產「千斤區」，爭取達到「1,500斤區」。[12] 在人民公社化運動中，9月9日環江縣創造了中稻畝產逾13萬斤的全國最高紀錄，由此將廣西農業大躍進推至高潮。

毛澤東在南寧會議嚴厲批評反冒進，強烈反對洩氣，致使他所提出的「一些超過實際可能性的高指標」獲得會議一致通過，從而促使中共「急於求成的『左』傾思想迅速發展」，[13] 大躍進中無止境的浮誇風氣，其主要根源即可追溯於此。廣西所受的影響亦更為直接而顯著。

在當時的輿論宣傳上，農業生產報豐收是「永恆的主題」。在廣西，1958年之前的宣傳尺度還是有所節制的，據玉林地區《大眾報》報導，「被評為全國1958年農業社會主義建設先進單位」的博白縣巨龍公社（原龍潭區），就只是以1957年底的生產水準「已超過了富裕中農」為成績。[14] 據百色地區《右江農

---

11 〈關於一九五八年計畫和預算第二本賬的意見〉（1958.3.21），收入宋永毅主編（下略編者），《中國大躍進－大饑荒數據庫（1958～1962）》（香港：美國哈佛大學費正清中國研究中心／香港中文大學中國研究中心，2014），電子版。

12 廣西地方志編纂委員會編，《廣西通志·大事記》（南寧：廣西人民出版社，1998），頁328。

13 廣西地方志編纂委員會編，《廣西通志·大事記》，頁324。

14 龐舉根，〈一面走群眾路線的紅旗——記博白巨龍公社黨委書記卜功壽同志的

民》報導，1957年，睦邊縣那坡農業社的中稻畝產2,905斤，便已稱是破了廣西「全省紀錄」。[15] 這些宣傳，其實已多少摻有水分，進入1958年後，這樣的標準顯然大為落後，大躍進「大幹快上」的熱潮一浪高於一浪，諸如：

3月7日，灌陽縣委召開春耕生產誓師大會，提出「1958年，全縣糧食總產要在1957年5,081.5萬公斤的基礎上，達到7,735萬公斤，比1957年增長52.22%；生豬年末存欄154,300頭，戶均4.4頭」。[16]

7月11日，柳江縣委召開全縣生產隊長以上幹部會議，「在會上『打擂臺，比幹勁』，鼓吹『人有多大膽，地有多高產』，致使浮誇風愈演愈烈；會後各地田頭不斷出現『萬斤畝』、『五萬斤畝』、『十萬斤畝』的增產指標牌」。[17]

1958年8月29日通過的〈中共中央關於在農村建立人民公社問題的決議〉對人民公社農業生產「在克服右傾保守思想」（即反洩氣）、打破常規所出現的飛躍發展形勢，寄予極高的期待：「農產品產量成倍、幾倍、十幾倍、幾十倍地增長。」[18] 這顯然是轉述1956年毛澤東在《中國農村的社會主義高潮》一書中的期望：「將來會出現從來沒有被人們設想過的種種事業，幾

事蹟〉，《大眾報》，1959年2月11日，第3版。

15 梁紹權，〈破全省紀錄，畝產2,905斤——介紹那坡社中稻高額豐產經驗〉，《右江農民》，1958年5月3日，第2版。

16 灌陽縣志編委辦公室編，《灌陽縣志》（北京：新華出版社，1995），頁20。

17 柳江縣志編纂委員會編，《柳江縣志》，頁18。

18 〈中共中央關於在農村建立人民公社問題的決議〉（1958年8月29日），中共中央文獻研究室編，《建國以來重要文獻選編》（北京：中央文獻出版社，1995），第十一冊，頁446。

倍、十幾倍以致幾十倍於現在的農作物的高產量。」[19] 依照常識，農產品產量成倍、幾倍增長已是奇蹟，「十幾倍以至幾十倍」增長，無疑是反常識反科學的癡人說夢。毛澤東的按語與中共中央的決議居然出現這樣的言論，無疑給地方煽揚浮誇風大開方便之門。

〈中共中央關於在農村建立人民公社問題的決議〉發布十天後，即1958年9月9日，經由時任廣西柳州地委第一書記賀亦然（1918～2006）授意、環江毛南族自治縣縣委第一書記洪華（1918～1972）主導，逾千縣直機關幹部、中小學教師及農民參與，並且有自治區黨委組織部副部長陳東（1914～2011）、農墾廳副廳長陳任生（1911～2003）、民政廳副廳長張顯龍（1904～1982）、民族事務委員會副主任秦振武（1917～1995）、政協副主席丘辰（1903～1972）、政協委員莫樹傑（1898～1985）、柳州地區工交部部長張延年、組織部部長馬振東、廣西農學院院長孫仲逸（1898～1989）、農學院作物栽培學教授翁德齊（1901～1989）、遺傳選種學教授吳如岐（1910～1983）、廣西大學教授龍季和（1912～1981）等現場見證，環江縣紅旗人民公社通過併第移栽、摻入舊穀、重複過秤等手段，製造出中稻畝產「實收乾穀」13萬零434斤10兩4錢（舊式度量衡）的超級大衛星。這是大躍進期間全國糧食畝產的最高紀錄，使毛澤東與中共中央「夢想成真」，從而迅速將廣西

---

19 毛澤東，〈《發動婦女投入生產，解決了勞動力不足的困難》按語〉，中共中央辦公廳編，《中國農村的社會主義高潮》（北京：人民出版社，1956），中冊，頁675。

農業大躍進的浮誇風推至登峰造極的地步。[20]

　　雖然廣西在1930年代，由新桂系治理已有初步現代化的發展。然而，在「軍事強人的一元獨裁與專制統治」下，「以軍領黨，以軍領政，以軍事主導文化、經濟，並動員社會資源」，廣西仍然是屬於「初期現代化過程裡，相當初始的階段」。[21] 尤其是經過抗戰浩劫以及戰後延續多年的一系列自然災害摧殘，廣西鄉村更是處處衰敗景象。[22] 到了1950年代，廣西整體上經濟狀況與自然條件還是處於相當落後的處境。

　　在南寧會議期間，毛澤東「耳聞目睹廣西工業的極端落後狀況，當即表示同意廣西在柳州建設鋼鐵廠等項目」。[23] 領袖如此關懷，無疑給中共廣西當局莫大的壓力，誠如學者所云：「廣西經濟比較落後，這對廣西是一個很大的壓力，要求盡快改變廣西落後面貌，因此比較容易接受『大躍進』急於求成而搞的高指標

---

20 環江毛南族自治縣志編纂委員會編，《環江毛南族自治縣志》（南寧：廣西人民出版社，2002），頁337-340；李甫春，〈畝產十三萬斤的神話與環江的現實——環江縣1958年畝產十三萬斤事件及其嚴重惡果的調查〉，《改革與戰略》，1989年第3期，頁67-73；羅解三，〈實事求是，存真求實——讀《環江毛南族自治縣志·「大躍進」「十三萬斤畝」》的感想〉，《廣西地方志》，2005年第5期，頁44-48。

21 朱浤源，《從變亂到軍省：廣西的初期現代化，1860～1937》（臺北：中央研究院近代史研究所，1995），序，頁8。

22 吳景超原著，蔡登山主編，《吳景超日記：劫後災黎》（臺北：新銳文創，2022），頁74-77；魯克亮、許中繼，〈淺析抗戰後廣西的災荒〉，《哈爾濱學院學報》，第24卷第7期（2003.7），頁48-52；魯克亮、劉瓊芳，〈1950年廣西的災荒救助研究〉，《黑龍江史志》，2013年第6期，頁63-65。

23 俱參考陳欣德，〈毛澤東與南寧會議〉，《文史春秋》，1994年第3期，頁6。另參考李藝，〈上海16家企業南遷始末〉，《廣西地方志》，2001年第5期，頁58-62。

和浮誇風。」[24]

於是，使中共「急於求成的『左』傾思想迅速發展」的南寧會議，極大催發了廣西大躍進全面追求高指標的浮誇風氣。

從當時的報刊報導及文革後有關志書記載可見，廣西各地的人民公社雖然未能再突破環江中稻畝產逾13萬斤的世紀紀錄，[25]但亦無不高調響應中央決議「農產品產量成倍、幾倍、十幾倍、幾十倍地增長」的期待——田林縣東風人民公社1958年糧食總產量由1957年的679萬斤一躍而為1,001萬斤，因此信心百倍，決心再接再厲，爭取1959年糧食總產量達到1億1,520萬斤。[26]陸川縣1958年全年糧食平均畝產802斤，比1957年增產29.3%，提前實現了全國農業發展綱要規定的指標。河池縣在1957年還要調入糧食1,300萬斤，而在大躍進的1958年，由於大豐收，不僅沒有調入糧食，還調出了糧食600萬斤。[27]靖西縣1958年糧食獲得空前的大豐收，糧食總產量達9億多斤，比1957年增產3.6倍。[28]東蘭縣長樂人民公社1958年糧食獲得空前大豐收，總產

24 覃平，〈對建國後廣西經濟建設的反思——《廣西社會主義經濟編年史》前言〉，《改革與戰略》，1987年第3期，頁42。

25 廣西公安系統管轄的古瓦農場「不甘落後，奮起超環江」，決定在1958年晚稻放一顆畝產30萬斤的大衛星，前後僅十多天便歸於失敗。參考龔錦文，〈我參與水稻畝產30萬斤「實踐」〉，《炎黃春秋》，2013年第6期，頁34轉72。

26 〈東風公社乘東風，英雄群中更英雄，硬要糧食畝產八千斤，向那坡、城郊、百育、兩琶、東關、新州及全專區各公社提出挑戰〉，《右江日報》，1959年3月1日，第1版。

27 〈人民代表高歌大躍進，區人代會代表分組討論政府工作報告〉，《廣西日報》，1959年12月21日，第1版。

28 〈扭轉右傾情緒，核實糧食產量，靖西三級幹部會報出1,200多萬斤糧食〉，《右江日報》，1959年1月22日，第1版。

量達2,800萬斤，比1957年翻了一番。[29] 隆林各族自治縣顯然試圖趕超環江縣而「搞畝產150萬公斤的紅薯堆和畝產15萬公斤的稻田」；[30] 雖歸於失敗，但仍竭盡所能力爭上游：1958年糧食總產量從1957年的8,200萬斤躍升到1958年的1億7,000萬斤，增產一倍還多。[31]

於是，便有了自治區主席韋國清在自治區一屆二次人代會上的政府工作報告中作如此總結：「1958年，雖然遭受了特大的旱災……仍然獲得了特大的豐收，糧食總產量達到一百四十二億斤，比1957年增長31%。」可謂以特大豐收成績響應中央號召，實現「一個以糧食生產為中心的，農林牧副漁相結合的全面大躍進」。[32]

然而，1958年廣西糧食收成的事實卻是：

> 這一年，全自治區各地上報的糧食總產量為114.5億公斤，自治區估產為150億公斤。而後來經過核實的產量只有58.605億公斤，只比1957年增產0.115億公斤，虛報的產量高出實際產量的95.7%。[33]

---

29 黃丕昭，〈中央決議像明燈，照亮了社員心，長樂公社三天核出糧食195萬斤〉，《右江日報》，1959年1月20日，第2版。

30 隆林各族自治縣地方志編委會編，《隆林各族自治縣志》（南寧：廣西人民出版社，2002），頁113。

31 黃正堂、黃田興、韋善學、韋偉，〈隆林各族幹部社員熱烈學習六中全會決議〉，《右江日報》，1959年1月11日，第1版。

32 〈繼續深入貫徹總路線，保證我區1960年國民經濟全面大躍進，韋國清主席在區一屆二次人代會上所作的政府工作報告摘要〉，《廣西日報》，1959年12月20日，第1版。

33 廣西地方志編纂委員會編，《廣西通志·農業志》（南寧：廣西人民出版社，

由此可見，大躍進時期的報刊關於1958年糧食大豐收的報導，基本上只是虛幻的盛景。

　　前述現象，無論是事前的宣導還是事後的報功，均為大躍進高浮誇風氣的產物，最終卻落得現實中在「大豐收」的形勢下出現糧食「減產」、「不夠吃」，「喊缺糧，要求國家供應糧食」的窘境。[34]

　　但在當時，這種現實窘境卻被認為是基層幹部與農民群眾瞞產私分的結果，而「瞞報糧食產量，就抹殺了一九五八年大躍進的成績，使廣大群眾看不到人民公社的巨大優越性」。[35] 由此自然引發當局進行「糧食清查、核產工作」[36] 的反瞞產運動，「核產」與「豐收」怪異地組合為廣西反瞞產運動的指稱——「核產報豐收運動」。[37]

　　《廣西日報》社論的標題便表明「核實產量，保證豐收」，即通過「核產」為假定的「豐收」背書，認為核實產量是「從積極的角度防止瞞產」。[38] 核出「豐收」的數據卻見不到糧食，便

---

34　黃丕昭，〈中央決議像明燈，照亮了社員心，長樂公社三天核出糧食195萬斤〉；若，〈節約糧食光榮，賣餘糧受表揚，鳳馬大隊賣餘糧二十萬斤〉，《右江日報》，1959年4月26日，第3版。

35　黃維宣，〈核實糧食產量，鞏固人民公社，上游人民公社決心和資本主義思想作鬥爭〉，《右江日報》，1959年1月20日，第2版。

36　黃丕昭，〈中央決議像明燈，照亮了社員心，長樂公社三天核出糧食195萬斤〉。

37　自治區黨委農村部通訊組，〈丟掉本位主義思想，插上共產主義紅旗——我區普遍開展核產報豐收運動〉，《廣西日報》，1958年11月7日，第2版。

38　〈核實產量，保證豐收〉（社論），《廣西日報》，1958年11月7日，第2版。

認定是被農民瞞產私分了，於是，便有報導文章在「核產報豐收」的標題下，徑直宣稱要進行「群眾性的報豐收反瞞產運動」。[39]

政治威迫與榮譽／物質利誘雙管齊下，廣西反瞞產運動出現了如下表現：1959年3月2日至16日，巴馬瑤族自治縣召開四級幹部會議，認為1958年糧食產量從上年2,850萬公斤增至5,500萬公斤，產量翻一番，但有1,750萬公斤糧食「不知去向」，便斷定被瞞產私分到農民手中，從而在全縣再次掀起搞核產、反瞞產高潮；結果促使基層幹部不得不違心冒報糧食產量。如該縣鳳凰公社黨委書記虛報了325萬公斤（實產213萬公斤），獲得胸戴大紅花上街遊行向縣委報喜的榮譽。[40] 於是，即出現《廣西通志・農業志》所陳述的情景：「虛報產量的結果是高徵購，造成糧食緊缺。」[41] 巴馬瑤族自治縣也就是由於虛報產量的浮誇風導致高徵購，從而造成普遍缺糧現象，人民公社食堂只能提供「雙蒸飯」、稻草米糠饃。[42]

龍勝各族自治縣1959年2月開展反瞞產運動，「不少隊幹部被逼報高產。1958年全縣糧食實際總產量6,800萬斤，上報總產量1.1億斤，獲畝產『千斤縣』紅旗獎旗和汽車一輛」；然而，次年就因嚴重缺糧而陷入饑荒，「全縣出現乾瘦、浮腫、子宮脫

<hr>

39 耿慧君、南寧地委通訊組、新萌，〈梧州南寧區開展核產報豐收運動〉，《廣西日報》，1958年11月15日，第2版。

40 巴馬自治縣志編委會編，《巴馬瑤族自治縣志》（南寧：廣西人民出版社，2003），頁336。

41 廣西地方志編纂委員會編，《廣西通志・農業志》，頁53。

42 巴馬自治縣志編委會編，《巴馬瑤族自治縣志》，頁336。

垂、小兒營養不良等病狀」。[43]

事實上，1958年上半年全國16個省、自治區已經出現缺糧、斷糧、鬧糧情況，廣西的糧荒災情是：

> 據二十九個縣九百六十五個鄉統計，缺糧缺錢的困難戶共有一百三十萬三千多人，佔該地區總人口的百分之十六點二。又據十三個縣統計，斷糧的有五萬七千多人。有的地區曾發生餓死人的情況。[44]

1958年普遍而無上限的浮誇風、高徵購、實際的糧食減產、接踵而至的反瞞產運動，勢必使糧荒災情雪上加霜。

上述現象可見一連串的連鎖反應：毛澤東在南寧會議上反洩氣促進農業生產大躍進，而反科學的實質卻對農業生產造成極大破壞，反洩氣煽揚起的浮誇風虛構出「糧食大豐收」的盛景，更誤導了糧食徵購額的大幅度提高。

1958年初南寧會議上，毛澤東表揚了那坡縣那坡屯農業生產合作社上一年中稻一造畝產800公斤，當年8月中旬，大躍進高潮掀起的生產浮誇風，導致糧食高估產、高徵購，層層浮報產量和徵購。那坡縣1958年的徵購數額便在虛構的大豐收數據上比1957年激增了93.9%。然而，那坡縣1958年實際的糧食產量

---

43 龍勝縣志編纂委員會編，《龍勝縣志》（上海：漢語大詞典出版社，1992），頁9。
44 〈中央轉發中央辦公廳綜合的「關於十六個省、區缺糧、斷糧、鬧糧情況和各地黨委提出的解決措施的簡報」〉，收入《中國大躍進─大饑荒數據庫（1958～1962）》。

卻是下降了6.3%，農民人均口糧則減少了24.3%。[45]

　　前述中稻畝產逾13萬斤的環江縣，更理所當然實施高徵購：「1958年，地委下達給環江縣糧食徵購任務爲0.355億斤貿易糧，比1957年實際完成數多4.5倍，比1957年全縣總產量還多178萬公斤」；後經再三請求調減爲0.28億公斤，也只能完成0.134億公斤；次年全縣便陷於嚴重饑荒，「結果當年造成了3,000多人的非正常死亡（千分之十三點五爲正常死亡率）。」[46]

　　就全廣西而言，據文革期間自治區農糧部門造反派編撰的傳單披露：1958年10月下旬，廣西自治區黨委在全自治區地委農業書記會議上，對當年全自治區的糧食產量「提出ＸＸＸ億斤至ＸＸＸ億斤，比實際產量高出一倍半以上」，經過多次調整，仍達到「起碼〔比1957年〕翻一番以上」的數額。1958年11月，在廣州召開的全國農業書記會議上，廣西自治區農業書記伍晉南再臨時加碼一百多個億，上報中央的糧食總產量便等於實際產量的三倍多。傳單抨擊：「這樣的浮誇，引出了高徵購和一系列的惡果！」並直指「這是後來『反瞞產』的前提」。[47]這些文革傳單固然有派性的立場，但關於高浮誇引發高徵購，徵購不到糧食導致反瞞產的批評，卻是符合歷史事實的，即如《廣西通志》所

---

45　那坡縣志編纂委員會編，《那坡縣志》（南寧：廣西人民出版社，2002），頁15、289。其中一些百分比數值的技術性修正，爲中央大學中文系博士生李Ｘ同學所貢獻，特此致謝！

46　環江毛南族自治縣志編纂委員會編，《環江毛南族自治縣志》，頁341。

47　區黨委農村政治部、區人委農林辦公室、區貧協籌委會聯合兵團、區糧食廳「東風」聯合戰鬥團，〈誰是廣西反瞞產的罪魁禍首？——廣西反瞞產事件調查〉（1967年5月31日），無產階級革命造反派平樂縣聯合總部，1967年6月30日翻印。

記述：「〔廣西當局〕把在大躍進中虛報產量、高徵購、放開肚皮吃飯所引起的缺糧情況，說是下面『瞞產私分』造成的，群眾手中還有糧食。於是，在全自治區開展『反右傾運動』和『反瞞產私分鬥爭』。」[48]

## 第二節 超前成立人民公社

1951年9月，土地改革運動（後文或稱「土改」）[49]仍在如火如荼進行，中共中央即召開第一次互助合作會議，毛澤東主持起草並於同年12月15日以中共中央的名義發布了〈關於農業生產互助合作的決議（草案）〉，[50]規劃由低級到高級，逐步引導農民走集體化道路。於是，經由中共建政初的互助組到（初級至高級）合作社的發展，至1958年初南寧會議毛澤東反洩氣，更進一步促成人民公社化的大躍進。

1956年至1957年，廣西各地掀起由小社併大社，進而升為高級社的熱潮，「速度之快，規模之大，均出意料。到1956年底，全省共有高級社1萬808個，入社農戶416萬4,069戶，佔全

---

48 廣西地方志編纂委員會編，《廣西通志・農業志》，頁55。

49 土地改革運動：是1950年代初中共主導進行的土地改革，是中共內戰時期對老解放區土改的繼續；至1953年，除新疆、西藏、青海等少數民族地區，中國大陸大部分地區的土改基本完成，3億多無地或少地的農民無償分得約7億畝土地及生產資料。

50 〈中共中央關於農業生產互助合作的決議（草案）〉（1951年12月15日），中央檔案館、中共中央文獻研究室編，《中共中央文件選集》（北京：人民出版社，2013），第七冊，頁411-423。

省總農戶的95.10%」。[51] 南寧會議期間，毛澤東獲悉廣西併大社現象便指示「可以搞聯邦政府，社內有社」。有關部門根據毛澤東的指示，起草了〈關於把小型的農業合作社適當地合併為大社的意見〉，於1958年4月8日經政治局會議批准，作為中央意見正式傳達下去。[52] 毛澤東此舉，不僅推進了全國併大社的熱潮，更對廣西農村集體化由高級社向人民公社過渡起到推波助瀾的作用。由此亦可見中央決策和廣西之間在集體化運動上彼此加強的互動關係。

1958年8月17日至30日，中共中央政治局在北戴河召開擴大會議，8月29日通過〈中共中央關於在農村建立人民公社問題的決議〉，[53] 至當年底，全國性的人民公社化即基本完成。

周恩來（1898～1976）在〈偉大的十年〉一文中宣稱：1958年是人民公社化勝利的一年，中國農業生產大躍進中出現的全國農村人民公社化運動發展，將1億1,000多萬個個體農戶組織成為2萬4,000多個公社。[54]

廣西人民公社化的形勢發展似乎更有「超前」表現，自治區黨委在〈中共中央關於在農村建立人民公社問題的決議〉通過的前三天，於8月26日發出在全自治區建立人民公社的指示。

《廣西通志・農業志》記載：

早在中央決議公布前，自治區黨委根據北戴河會議的精神，

---

51 廣西地方志編纂委員會編，《廣西通志・農業志》，頁48-52。
52 薄一波，《若干重大決策與事件的回顧》，下，頁512-513。
53 〈中共中央關於在農村建立人民公社問題的決議〉，頁446-450。
54 周恩來，〈偉大的十年〉，《人民日報》，1959年10月6日，第2版。

於 8 月 26 日就發出了〈關於在農村中建立人民公社的指示〉，要求全自治區在秋收前基本完成建立人民公社的工作。9 月初，正式傳達了中央的決議，到 9 月 13 日統計，全自治區在原有 1 萬多個農業社的基礎上經過合併、升格，建成了 918 個人民公社，入社農戶 404 萬戶，佔全自治區總農戶數的 97% 以上。前後不到半個月，全自治區就實現了人民公社化。[55]

倘若考察廣西各縣市基層，可見還有更為積極（激進）的表現。其實，各縣市基層並非需要上級機關統一指令，便已聞風而動──看到報刊媒體的報導即自覺啓動人民公社化運動。《賓陽縣志》的記述可見一斑：

1958 年夏毛澤東主席視察河南、山東省後説：「人民公社好」。報刊公布不久，蘆墟鎮委於 8 月 19 日召集幹部討論成立人民公社的工作。20 日晚召開 1.8 萬多人的群眾大會進行宣傳動員，會上舉手表決心，會後寫申請書、保證書。至 23 日，全鎮 4,617 戶，1.86 萬多人，全部報了名，當晚召開成立大會，並通過名稱為：「賓陽先鋒人民公社」。新橋鄉經過四天的醞釀、報名，也於 8 月 24 日召開大會，宣布成立「賓陽大躍進人民公社」。[56]

---

55 廣西地方志編纂委員會編，《廣西通志・農業志》，頁 54。
56 賓陽縣志編纂委員會編，《賓陽縣志》（南寧：廣西人民出版社，1987），頁 211。

於是，不少縣市基層人民公社成立的時間點大大超前於自治區黨委根據北戴河會議精神發出〈關於在農村中建立人民公社的指示〉的「8月26日」。從有關志書可見如下記載：

宜州縣——「於8月15日以鄉為單位建立22個人民公社，原115個高級社改稱生產大隊，下屬2,500個生產隊。」[57]

來賓縣——「8月15日，鳳凰農業社首先成立人民公社，8月22日，全縣以區為單位，敲鑼打鼓成立人民公社，在四天之內實現人民公社化。」[58]

柳城縣——「8月19日起僅三天時間，將全縣18個鄉（鎮）組建成16個人民公社；當時急於向全民所有制過渡，『跑步進入共產主義』，8月21日把16個公社合併成立柳城人民公社一個公社。」[59]

臨桂（靈川）縣——「8月22日臨桂縣第一個人民公社——五通紅旗人民公社成立；23日，中共桂林地委、中共臨桂縣委在五通召開萬人幹部群眾大會，總結推廣五通的『經驗』；迄至8月29日，全縣17個鄉紛紛建立『政社合一』的17個人民公社（屬今靈川9個）。」[60]

石龍（象州）縣——「1958年8月22日，石龍鄉首先建立人民公社；至25日凌晨3時，全石龍縣230個高級農業社，合併

---

57 宜州市地方志編纂委員會編，《宜州市志》（南寧：廣西人民出版社，1998），頁154。

58 來賓縣志編纂委員會編，《來賓縣志》（北京：知識出版社，1994），頁89。

59 柳城縣志編輯委員會編，《柳城縣志》（廣州：廣州出版社，1992），頁75。

60 靈川縣地方志編纂委員會編，《靈川縣志》（南寧：廣西人民出版社，1997），頁18。

建成34個人民公社。」[61]

柳江縣——「8月22日至25日，全縣21個鄉117個高級農業社合併爲8個人民公社，全縣50,742戶農民和1,103戶城鎮居民，全部轉入人民公社，實現了人民公社化。」[62]

超前成立人民公社並非僅是廣西如此，毛澤東視察過的河南、河北、山東等地有更爲激進的表現。[63]

廣西人民公社化的積極性表現於：首先，廣西是一個具有「革命傳統的老區」——左右江地區爲1930年代初鄧小平等發動紅七軍與紅八軍起義的老根據地。「老根據地幹部群眾永遠和黨一條心」[64] 的認知，使廣西幹部與群眾對有關運動和政策的熱情與幹勁更爲高漲。同時，廣西又更是少數民族聚居而經濟發展相對落後的地區。於是，老根據地歷史榮譽感與現實發展落後挫敗感的反差衝擊，使當地民族幹部倍感壓力：「漢區已轟轟烈烈，三江不趕上，幹部、群眾會感到落後而不滿意。」[65]

---

61 象州縣志編纂委員會編，《象州縣志》（北京：知識出版社，1994），頁483。石龍縣舊名象州，民國元年（1912），象州改稱象縣。1952年9月，象縣與武宣縣合併，改稱石龍縣，縣城暫設於武宣鎮，1953年6月遷至石龍鎮。1960年5月30日，石龍縣更名象州縣。1962年3月，復置武宣縣，象州縣城遷至象州鎮。

62 柳江縣志編纂委員會編，《柳江縣志》，頁18。

63 袁德，〈對河南省首先實現人民公社化的歷史考察〉，《河南師範大學學報》，1997年第6期，頁54-58；羅平漢，〈1958年的神話：「跑步進入共產主義」〉，《黨史文苑》，2014年第15期，頁26-33；李春峰，〈徐水共產主義試點始末〉，《黨史博采》，2006年第2期，頁22-25。

64 〈老根據地幹部群眾永遠和黨一條心，巴馬1天報糧1,600萬斤〉，《右江日報》，1959年3月11日，第1版。

65 〈中共廣西省委批轉省委統戰部民族工作組關於三江侗族自治縣目前互助合作運動情況與今後工作意見的報告（節錄）〉（1955.1.10），收入《中國大躍

因此，三江侗族自治縣在集體化運動中表現積極，迎頭趕上，到1956年底，全縣建立高級農業合作社200個，參加農戶3萬8,830戶，佔全縣總農戶的99.7%。[66] 該百分比超於同期全廣西入社農戶總數的95%。[67] 在人民公社化熱潮中，三江縣更一度將全縣10個人民公社合併爲一個大公社（事實上也只是維持了兩個月便分開）。[68]

　　隆林各族自治縣同樣爲了政治上積極表現，以十五天時間，全縣實現了人民公社化，連之前不參加農業合作社的瑤族等少數民族農民也被動員加入了人民公社。[69] 龍勝各族自治縣更是以「跑步進入共產主義」的速度，「一夜電話會，全縣實現人民公社化」。[70]

　　這些民族地區集體化運動的積極表現，有違1955年制定的民族地區「愼重穩進」的政策，以及關於「防止盲目硬趕漢族地區」的批評。[71] 但據此亦可見，這種民族政策事實上到1958年南寧會議後已被政治激進主義所取代。或許，1950年代初進行的「民族識別」工作與「民主改革」、「集體化」、「人民公社化」等一系列社會改造運動一樣，都是中共政治干預並重塑地方社會的一個環節，因此「民族政策」才如此輕而易舉被現實政治

---

進一大饑荒數據庫（1958～1962）》。

66　三江侗族自治縣志編纂委員會編，《三江侗族自治縣志》（北京：中央民族學院出版社，1992），頁15。

67　廣西地方志編纂委員會，《廣西通志・大事記》，頁314。

68　三江侗族自治縣志編纂委員會編，《三江侗族自治縣志》，頁242。

69　隆林各族自治縣地方志編委會編，《隆林各族自治縣志》，頁478。

70　龍勝縣志編纂委員會編，《龍勝縣志》，頁132。

71　廣西地方志編纂委員會，《廣西通志・大事記》，頁300。

所制約。[72]

　　人民公社的成立，對農民生活的改變，最顯著的就是一切生產資源甚至生活資源歸於公社。雖然日後當局對農民個人資產及自留地等政策有所調整，[73] 但人民公社化熱潮高漲時期（1958年8月至9月），共產風是橫掃一切的：「一切生產資料歸公社所有，取消自留地，取消社員家庭副業。全公社統一核算，統一分配⋯⋯社員家庭所有的糧、菜、油、鹽、豬、雞、鵝、鴨等一律交給公共食堂。」[74]「把群眾的自留地、畜禽、開荒地、園地、生產工具、林木、果樹、魚塘、糧食、炊具等全部收歸公社。」[75]「社員的自留地、飼料地、菜園及林果樹，收歸公社統一經營，社員的豬、雞、鴨、鵝，收歸公社集體統一飼養，社員的住房可由公社調整借用。」[76] 甚至出現近乎荒唐的場面：「1958年8月，縣裡在六排廣場召開千人大會，慶祝人民公社成立。一位縣領導宣布：『成立人民公社了，今後除老婆以外，其他都是公共的。』」[77]

　　如此嘉年華般的全民共產，實質上是對農民個人私有財產全

---

72 參考吳啓訥，〈人群分類與國族整合——中共民族識別政策的歷史線索和政治面向〉，余敏玲主編，《兩岸分治：學術建制、圖像宣傳與族群政治（1945～2000）》（臺北：中央研究院近代史研究所，2012），頁388。

73 〈中共中央關於社員私養家禽、家畜和自留地等四個問題的指示〉（1959.6.11），收入《中國大躍進－大饑荒數據庫（1958～1962）》。

74 博白縣志編纂委員會編，《博白縣志》（南寧：廣西人民出版社，1994），頁148。

75 來賓縣志編纂委員會編，《來賓縣志》，頁89。

76 象州縣志編纂委員會編，《象州縣志》，頁483。

77 天峨縣志編纂委員會編，《天峨縣志》（南寧：廣西人民出版社，1994），頁194。

面而徹底的剝奪。隨著個體經濟基礎的瓦解，農民個人的自主性亦隨之喪失，人身自由亦消失於無形，無可奈何地陷於「一個古今中外聞所未聞的駭人鐵籠」。[78] 這也正是史達林模式的農業集體化「以國家組織形式犧牲個人作為代價自上而下的推行改革」[79]，取而代之的是生活集體化、組織軍事化、行動戰鬥化、生產紀律化的人民公社新生活。

「生活集體化」的具體表現就是公社食堂的成立。公社食堂事實上就是集體化體制徹底介入農民的日常生活，通過控制農民一切生活資源而在實質上控制農民的日常生活，一方面主張「食堂吃飯不要錢」，從正面發揚集體化的共產主義因素，實踐毛澤東所說：「公共食堂吃飯不要錢，就是共產主義。」[80] 由此卻也迅速消耗了農民的生活資源；另一方面，更是以「不准開飯」的懲罰，強化了農民個人自主性的喪失：「不服從調動，不給吃飯，全家十一口人，飯堂七天不給他個人開飯，逼得只好找野菜充飢。……用『不出工不准開飯』的辦法強迫社員出工。」[81] 托洛茨基（Leon Trotsky）所指控，極權國家中「不服從者不得食」的「新法則」，[82] 在中國的人民公社得到切切實實的實踐。

---

78 金觀濤、劉青峰，《開放中的變遷：再論中國社會超穩定結構》（香港：香港中文大學出版社，1993），頁436。

79 金雁，〈文化史上的多面「狐狸」：俄國貴族知識份子的特點〉，《社會科學論壇》，2012年第7期，頁17。

80 毛澤東，〈在北戴河政治局擴大會議上的講話〉（1958年8月21日上午），《毛澤東思想萬歲（1958～1960）》，頁108。

81 鳳山縣志編纂委員會編，《鳳山縣志》（南寧：廣西人民出版社，2009），頁815。

82 Leon Trotsky, *The Revolution Betrayed* (New York: New York Press, 1937): 76.

至於「組織軍事化，行動戰鬥化，生產紀律化」，則深受毛澤東所讚賞：「這三化的口號很好，這就是產業大軍，可以增產，可以休息，可以學文化，可以搞軍事民主。」[83]

於是，農民別無選擇地被納入到以人海戰術為特徵的集體大生產乃至大躍進時期眾多的大煉鋼鐵、興修水利等大型工程之中：「人民公社實行組織軍事化，生活集體化，行動戰鬥化，將勞動力按軍隊編制組成班、排、連、營，採取大兵團作戰的方法，從事農業生產。」[84]「1958年9月至1959年初，實行組織軍事化、行動戰鬥化，按公社、大隊、生產隊，編成團、營、連，抽調大批勞動力上水利、煉鋼鐵搞協作，大颳共產風。」[85]「〔1958年〕9月23日，全縣抽調1.7萬個勞動力到鹿寨縣英山公社大煉鋼鐵，前後四個多月；另抽調6,500多個勞動力，到宜山縣修龍江河水利，到1960年才完工。」[86]於是，從生活到生產，集體化實現了對農民的全面控制，徹底完成了「農民農奴化」的歷史進程。[87]

農村勞動力大量調撥到煉鋼、興修水利等大型工程，致使農業生產遭受極大破壞：來賓縣人民公社化後，勞動力按軍隊編制為團、營、連、排、班，實行「三化」，接著又調撥全部勞動力

---

83　毛澤東，〈在北戴河政治局擴大會議上的講話〉（1958年8月30日上午），《毛澤東思想萬歲（1958～1960）》，頁113。

84　武宣縣志編纂委員會編，《武宣縣志》（南寧：廣西人民出版社，1995），頁415。

85　賓陽縣志編纂委員會編，《賓陽縣志》，頁211。

86　柳江縣志編纂委員會編，《柳江縣志》，頁18。

87　參考陳永發，《中國共產革命七十年（修訂版）》（臺北：聯經出版公司，2001），下冊，頁591-621。

砍樹燒炭，大煉鋼鐵，致使糧食損失嚴重。當年糧食比上年減產22.28%，社員人均口糧僅140多公斤。[88] 甚至出現風調雨順農作物豐收在望，卻無人收割而造成減產歉收的惡果：資源縣將人民公社大批勞動力轉為大辦水利，大辦交通，「由於農村勞動力80%以上被抽調上工地，極大影響了正常的農業生產……1958年風調雨順，本應有個好收成，但當年糧食總產卻只有3,216.1萬公斤，還低於1956年的水平」。[89] 而且，還造成物質資源的集中性消耗與浪費，甚至造成無謂的人命傷亡：1958年入秋後，田林縣就調集3萬多農民進山大煉鋼鐵，並且派武裝民兵封鎖進出山的路線，爾後發生糧荒，糧食供應不上，餓死了不少人，以致文革知青下鄉時還有「五八年餓死人」的傳聞。[90]

由上可見，人民公社最顯著的弊端恰恰就是其「一大二公」（即規模大、公有制）的「優越性」。這個弊端在廣西人民公社化中很快就顯露出來：「這樣大規模的經濟組織，把原來經濟條件不同，貧富差別很大的農業社合併在一起，實行統一核算和分配，導致嚴重的平均主義，窮隊『共』富隊的『產』。」[91] 從而激發了農民為避免「共產」、維護各自小集體（生產隊）自身利益的瞞產私分行為。於是，合作社時期就普遍存在的瞞產私分得

---

88 來賓縣志編纂委員會編，《來賓縣志》，頁89。

89 資源縣志編纂委員會編，《資源縣志》（南寧：廣西人民出版社，1998），頁254-255。

90 田林縣地方志編纂委員會編，《田林縣志》（南寧：廣西人民出版社，1996），頁16；秦暉，〈我的早稻田大學〉，《天涯》，2004年第4期，頁32-40。

91 廣西地方志編纂委員會編，《廣西通志‧中共廣西地方組織志》（南寧：廣西人民出版社，1994），頁146。

以惡化發展。

　　前述大躍進浮誇風與人民公社化表現積極的隆林縣與田林縣便出現了如此現象：

　　隆林縣在1958年秋收時，由於不相信人民公社的優越性，不相信公共食堂能辦好，「不少幹部和社員把成千上萬斤的糧食拿到岩洞裡去收藏起來。私藏糧食時，不少公社的隊幹竟起了『帶頭作用』。」[92]

　　田林縣百樂超美公社長吉大隊在1958年秋收後，「人人都埋伏糧食，把近三十萬斤糧食拿到山上、水溝、屋旁、樹腳等二十多個地方埋藏起來」。大隊長帥天貴認為「打埋伏糧」（瞞產）是普遍現象，別的大隊瞞產自己大隊不瞞產會吃虧。於是就默許了社員群眾的瞞產行為，社員群眾就越發大膽搞起瞞產來了。[93]

　　如此普遍的瞞產現象，大多由於基層幹部與農民很清楚，秋後的高額徵購所依據的「糧食大豐收」來自他們自己親身參與的浮誇風。農民也更為擔心，糧食被高額徵購後，接踵而至的將是他們不得不自食惡果的糧荒饑饉。論者因此指責，人民公社是「國家控制但由農民承擔控制後果」的經濟。[94] 迷人的烏托邦宣傳顯然不敵冷酷的現實威脅。

---

92　〈學習中央決議，辨清瞞產害處，巴馬隆林各公社幹部報出近二千萬斤糧食〉，《右江日報》，1959年1月25日，第1版。

93　帥天貴，〈有誰比黨親，我向黨交心〉，《右江日報》，1959年3月12日，第1版。

94　秦暉，〈農民需要怎樣的「集體主義」──民間組織資源與現代國家整合〉，《東南學術》，2007年第1期，頁9。

## 第三節 糧食供給制與酬勞工資制

　　1958年8月25日，中共環江縣委召開全縣廣播大會，宣布「跑步進入共產主義」，實現全縣人民公社化的同時，更宣稱：「吃飯不要錢，還要發工資。」[95] 中共田東縣委則在1958年9月實現全縣人民公社化後，於10月大辦公共飯堂，實行吃飯不要錢的「糧食供給制」或「伙食供給制」。[96]

　　因應這樣的現實表現，媒體推波助瀾：《廣西日報》1958年11月8日發表社論，鼓吹在農村實行糧食供給制，認為這是走向共產主義分配制度的一種過渡形式，是共產主義運動的新勝利；實行這樣一種分配制度，既是大躍進的產物，也是大躍進的迫切要求，農民不再為吃飯而操心，就會以全部精力投入生產建設，促進生產的發展。因此，社論強調：「吃飯不要錢，這是提起當前一切工作的綱，各級領導同志應該抓緊這個綱，把全盤工作推動起來。」[97]

　　1958年11月26日，《廣西日報》再次發表社論，鼓吹在農村實行酬勞工資制，宣稱：「人民公社現行的分配辦法，包括兩個部分：一是糧食定量供給制，一是等級工資制。前者帶有『各取所需』的因素，後者仍是按照社會主義『按勞取酬』的分配原則。」 強調這是生產發展的必然結果，認為原本實行的工分制

---

95　環江毛南族自治縣志編纂委員會編，《環江毛南族自治縣志》，頁17。

96　田東縣志編纂委員會編，《田東縣志》（南寧：廣西人民出版社，1998），頁23。

97　〈農民的又一次大解放——論糧食供給制〉（社論），《廣西日報》，1958年11月8日，第1版。

在生產大發展的今天，已經不適用了。[98]

　　糧食供給制、吃飯不要錢，即公共食堂發揮的作用。這顯然是實踐前引毛澤東「公共食堂吃飯不要錢，就是共產主義」的願景。其物質基礎，除了「實行『吃飯不要錢』，糧食由公社無償調撥」；[99]「糧食不足，由公社從較富有的大隊無償調撥」，[100] 主要基於「社員家庭所有的糧、菜、油、鹽、豬、雞、鵝、鴨等一律交給公共食堂」；[101]「取消社員自留地，把社員飼養的豬、雞、鴨全部收歸公社」，[102] 也就是將原屬農民家庭的一切私有生活資源剝奪殆盡，以支持「共產主義分配制度」。至於工資制，毛澤東亦有頗為具體而樂觀的設想：

> 實行工資制度，搞農業工廠，每個男人，每個女人，每個老人，每個青年，都有工資，發給每一個人，和以前分配給家長不同，直接領取工資，青年、婦女非常歡迎，破除了家長制度，破除了資產階級法權制度。[103]

　　廣西各地對工資制的實施，縣市志書多有介紹：賓陽縣「按

---

98　〈按時給社員發放工資〉（社論），《廣西日報》，1958年11月26日，第2版。

99　平南縣志編纂委員會編，《平南縣志》（南寧：廣西人民出版社，1993），頁156。

100 賓陽縣志編纂委員會編，《賓陽縣志》，頁212。

101 博白縣志編纂委員會編，《博白縣志》，頁148。

102 平南縣志編纂委員會編，《平南縣志》，頁156。

103 毛澤東，〈在北戴河政治局擴大會議上的講話〉（1958年8月30日上午），《毛澤東思想萬歲（1958～1960）》，頁111。

月發工資，勞力及工資均分八級，每個勞動力2至3元」；[104]平南縣「按月發工資，每個勞動力發3至5元不等」；[105]武宣縣「一等勞動力每人每月發3.5元，二等發3.2元，三等發2.5元」。[106]這種工資制的經費來源，或者如賓陽縣那樣：「沒有錢則到別的社、隊借，或向銀行貸款。」[107]或者如蒼梧縣那樣：成立人民公社不評工記分，只評一、二、三等，社員每月發工資3元6角，一年發一套衣服。沒有經費，便販賣森林木材、石灰石，「如大坡公社賣銅鑊大山牛原始森林的楠木，斬了木沒有運出來，便要供銷社付錢；夏郢公社賣蕉桐木，斬了一部分，便報有幾百萬條，東安公社指山賣石灰石也要供銷社付錢」。

這種畫餅充飢、飲鴆止渴的方式最終也無法支持耗資龐大的酬勞工資制，「大部分公社只發了兩個月工資，後來沒有錢，停發了，發衣服也沒有兌現」。[108]天峨縣的案例亦如此：「全縣6個人民公社總共發放60,178元〔工資〕，平均每個勞動力領到1.88元，但僅發三個月就沒錢了。」[109]地處桂東南的容縣，自然條件比地處桂西北的天峨縣好得多，但對糧食供給制與酬勞工資制的堅持反而更不如後者：「社社隊隊大辦集體食堂，實行社員吃飯不要錢，按月發工資。僅實行一個多月，因糧食緊缺而無法

104 賓陽縣志編纂委員會編，《賓陽縣志》，頁212。
105 平南縣志編纂委員會編，《平南縣志》，頁156。
106 武宣縣志編纂委員會編，《武宣縣志》，頁415。
107 賓陽縣志編纂委員會編，《賓陽縣志》，頁212。
108 蒼梧縣志編纂委員會編，《蒼梧縣志》（南寧：廣西人民出版社，1997），頁43。
109 天峨縣志編纂委員會編，《天峨縣志》，頁194。

堅持。後來公共食堂陸續解散。」[110] 可見，現實的實踐與領袖的設想落差甚大。

　　中共當局敢於設置這樣一種超時代豪邁底氣的糧食供給制與酬勞工資制，便是建立在「農業大豐收」的虛假榮景之下的：靖西縣1958年「糧食獲得空前未有的大豐收，接著又實行了工資制和供給制相結合的分配制度，受到了廣大社員的擁護」；[111] 事實上，卻是「實行兩個月即被制止」。[112]

　　玉林專區1958年「糧食大豐收」，早造糧食總產量比上一年同期翻一番；於是，「全專區到11月2日止已有112個公社宣布實行糧食供給制加工資制，部分條件較好的社還實行基本生活供給制加工資制」。[113] 然而，三、四個月後，1959年春夏間，卻因缺糧發生營養性水腫病，出現此症狀的達2萬多人。玉林縣委不得不發出防治水腫病的緊急指示，同時調撥救濟款和花生、食油、飯豆等約12萬餘公斤給各人民公社。[114]

　　前述集體大生產人海戰術造成生活資源的隨機性浪費，糧食供給制與酬勞工資制更造成生活資源的制度性浪費，由此直接促成糧荒災情。

---

110　容縣志編纂委員會編，《容縣志》（南寧：廣西人民出版社，1993），頁22。

111　唐大禮、凡恪，〈靖西全面開展糧食普查工作，摸清糧底，建立制度，加強管理，武平公社渠來大隊清查結果，庫存數就比原報數多出三十萬斤糧食〉，《右江日報》，1959年1月17日，第1版。

112　靖西縣縣志編纂委員會編，《靖西縣志》（南寧：廣西人民出版社，2000），頁33。

113　彭貴康，〈玉林專區的一百一十二個人民公社實行吃飯不要錢〉，《廣西日報》，1958年11月8日，第1版。

114　玉林市志編纂委員會編，《玉林市志》（南寧：廣西人民出版社，1993），頁35。

如武宣縣1958年糧食本來就比1957年減產13.6%，加上實行吃飯不要錢更浪費了大批糧食，致使1959年至1961年全縣國民經濟發生了嚴重困難，糧食非常緊張，全縣因營養不良而引發浮腫等疾病，造成非正常死亡2.4萬多人。[115]

田東縣1958年10月各社隊開始大辦公共飯堂，實行吃飯不要錢的「糧食供給制」或「伙食供給制」；次年4月，田東縣委就不得不發出〈關於整頓市場糧食供應工作的緊急指示〉，大幅壓縮城鎮糧食供應；5月中旬到6月10日止，全縣先後發生水腫病3,644人，痢疾646人，腹瀉671人。[116]

平果縣在大躍進人民公社化高潮中，自1958年10月下旬起，各地農村大辦公共食堂，普遍實行工資和伙食供給制相結合的分配制度；但至1959年春便已鬧糧荒，缺糧的生產隊派人到外地要糧，往返數日，以致食堂斷炊，只好派人到縣城國營飯店排隊買粥回來分發給各戶，每人一碗。[117]

可見，糧食供給制與酬勞工資制的實施嚴重缺乏現實物質基礎，難以實行亦很快就破產，還直接導致了瞞產私分現象產生。當時報刊揭露的相關瞞產私分現象即有：賓陽縣「木嶺生產隊因為不相信糧食供給制行得通，把倉庫裡裝的六千斤糧食瞞著不報」。[118]田陽縣那麼公社副社長覃少星和群眾一起把4,000斤穀

---

115 武宣縣志編纂委員會編，《武宣縣志》，頁415。

116 田東縣志編纂委員會編，《田東縣志》，頁23。

117 平果縣志編纂委員會編，《平果縣志》（南寧：廣西人民出版社，1996），頁121。

118 區黨委農村部通訊組，〈丟掉本位主義思想，插上共產主義紅旗——我區普遍開展核產報豐收運動〉。

子「埋伏」起來，就是因爲「怕在青黃不接時，糧食一時供應不上，那時再用埋伏下來的『小糧倉』，食堂才能鞏固」。[119] 資源縣瓢裡公社相當一部分的隊幹部和社員，由於對糧食定量供應工作不理解，對集體食堂能否辦好缺乏信心，因而將 1958 年收穫的糧食的一部分打埋伏下來，向上瞞報產量。[120] 東蘭縣長樂人民公社有的幹部社員「耽心公共食堂辦不好，以後『垮臺散夥』沒有米吃，因此，在秋收中，有意私分和埋藏糧食」。[121]

前引隆林縣在 1958 年秋收時，幹部帶領社員瞞產藏糧，也就是由於看到公社沒有健全的糧食管理制度，不相信公社食堂能辦好。[122] 這種顧慮在當時是很普遍的，如報刊所披露：「食堂能不能辦得長久啊，如果辦不長久怎麼辦？家裡有小孩、老人、病人的怕食堂照顧不周到呀！」這些很實際的思想顧慮被作爲「本位主義、個人主義」進行批判。[123] 報刊假借農民之口慷慨陳詞：「現在吃飯不要錢，實行糧食供給制，人民公社這樣好，還自私自利爲個人打算，太不對了。」於是「將私分的大米六百四十斤一齊拿了出來」。[124]

---

119 覃少星，〈埋伏糧食睡不安〉，《右江日報》，1959 年 2 月 21 日，第 2 版。

120 山烈英，〈發動群眾自報糧食的幾點經驗〉，《廣西日報》，1959 年 2 月 2 日，第 2 版。

121 黃丕昭，〈中央決議像明燈，照亮了社員心，長樂公社三天核出糧食 195 萬斤〉。

122 〈學習中央決議，辨清瞞產害處，巴馬隆林各公社幹部報出近二千萬斤糧食〉。

123 張超，〈光榮的行動〉，《廣西日報》，1959 年 1 月 28 日，第 1 版。

124 趙秉爵、李盈遂，中共都安瑤族自治縣委辦公室通訊組，〈田東在整社中做好糧食工作，都安紅星公社益黎大隊報出糧食七萬多斤〉，《廣西日報》，1959 年 1 月 21 日，第 1 版。

糧食供給制與酬勞工資制是中共當局無視社會發展現實的局限而進行共產主義「窮過渡」的典型表現之一。[125] 該制度的實施造成農民一度「放開肚皮吃飯」的浪費現象氾濫，亦即前述「生活資源制度性浪費」的突出表現。

波特（Potters）夫婦在考察廣東東莞縣鄉村大躍進時期公社集體食堂的情形時，曾錄述了當地農民「混雜著特殊羞恥和恐懼」（a peculiar mixture of shame and horror）的記憶：「不管餓不餓，每個人都『不負責任地』吃東西，二十天內，幾乎吃光了本可以吃六十天的大米。」[126]

廣西農民的表現不遑多讓。1958年12月25日，中共中央委員、共青團中央第一書記胡耀邦（1915～1989）到岑溪縣視察期間，建議將東方紅公社公路彩門上的「鼓足幹勁生產，放大肚皮吃飯」對聯改為「認真鼓足幹勁生產，準備放大肚皮吃飯」。胡耀邦的修改表明其慎重態度，但原對聯卻顯示了當時現實中的實際情形。[127]

薄一波也承認：「實際上，許多基層幹部明白：由於估產方面的嚴重浮誇，上述關於所謂幾包乾的許諾，除了用來應付上級外，是根本無法實行的。」[128]

顯而易見，糧食供給制與酬勞工資制只能加劇導致集體資產

---

125 許滌新，〈論「窮過渡」〉，《經濟研究》，1979年第4期，頁2-7。

126 Sulamith Heins Potter and Jack M. Potter, *China's Peasants: The Anthropology of a Revolution* (Cambridge: Harvard University Press, 1990): 73.

127 岑溪市志編纂委員會編，《岑溪市志》（南寧：廣西人民出版社，1996），頁20。

128 薄一波，《若干重大決策與事件的回顧》，下，頁527。

迅速流失乃至集體經濟崩潰。然而，這種中共當局制度政策失誤所造成的惡果，最終卻還須農民自己來承擔。

## 第四節 三種現象的統合作用及其後果

上述1958年的「糧食大豐收」、「人民公社化」、「糧食供給制與酬勞工資制」三種現象，從時間進程來看，「豐收」浮誇現象出現最早且蔓延最久——1958年初就有「春耕生產誓師大會」，提出豐收願景；[129] 夏收便以「各地田頭不斷出現『萬斤畝』、『五萬斤畝』、『十萬斤畝』的增產指標牌」顯示「浮誇風愈演愈烈」；[130] 人民公社化後的秋收，「大豐收」更是全面開花，遍地結果。

1958年8月湧現的「人民公社化」現象，使農村人力資源、生產資源、生活資源完全體制化，浮誇風也得以體制化發展，而且使浮誇風從生產領域蔓延到消費領域——即糧食供給制與酬勞工資制的實施。當局視之為走向共產主義分配制度的過渡形式，是共產主義運動的新勝利。《廣西日報》1958年11月8日發表社論〈農民的又一次大解放——論糧食供給制〉，強調「吃飯不要錢，這是提起當前一切工作的綱」。[131] 大有以消費促生產，以「勝利成果」論證「大豐收」之勢。

值得注意的是，《廣西日報》1958年11月8日發表社論

---

129 灌陽縣志編委辦公室編，《灌陽縣志》，頁20。
130 柳江縣志編纂委員會編，《柳江縣志》，頁18。
131 〈農民的又一次大解放——論糧食供給制〉（社論），《廣西日報》，1958年11月8日，第1版。

〈農民的又一次大解放——論糧食供給制〉，鼓吹在農村實行糧食供給制；但前一日，即11月7日，《廣西日報》便通過社論與報導，宣布「我區普遍開展核產報豐收運動」（即反瞞產運動）。[132]

　　由是，浮誇豐收、人民公社化、糧食供給制與酬勞工資制、反瞞產運動，諸種因素糾纏在一起了。但細心考察亦可見其中錯綜複雜卻又密切相關的聯繫：浮誇的「豐收」顯然是基本的導因，人民公社使「豐收」實現最大化，同時也實現了對農村人力資源與生產資源的壟斷；由此產生的糧食供給制與酬勞工資制一方面體現「豐收成果」以及集體化的「優越性」，一方面也以此全面控制農民的生活資源。而反瞞產運動在此時開展，卻正是前述諸種因素的矛盾糾結使然——浮誇風虛構的「豐收」無法兌現相應的糧食，引發「核產報豐收」的反瞞產運動；人民公社的集體化體制使反瞞產運動得以用軟硬兼施的各種方式推行，被集體化體制所束縛的農民只能別無選擇地承受一切。糧食供給制與酬勞工資制的實施加速了糧食的消耗，同時也為反瞞產運動提供頗為實際的論證依據：「人人都可以吃飽飯，而且還不花錢，再給社員多留一些就沒有必要了。」[133] 於是，不僅餘糧，連口糧、飼料糧、種子糧都納入了反瞞產運動的範圍。

　　總的來說，大躍進催生漫無邊際的糧食高產衛星，造成大豐

---

132　〈核實產量，保證豐收〉（社論）；自治區黨委農村部通訊組，〈丟掉本位主義思想，插上共產主義紅旗——我區普遍開展核產報豐收運動〉，《廣西日報》，1958年11月7日，第2版。

133　本報評論員，〈插上思想紅旗，杜絕瞞產私分〉，《廣西日報》，1958年11月9日，第2版。

收的假象；人民公社化運動一方面強化了集體化對農民的人身約束力，一方面使因「大豐收」而超額徵購的措施得以強制性推行；糧食供給制與酬勞工資制的施行，致使農民的生活資源迅速消耗。

三方面的統合作用力，最終歸結為強化了糧食之「得」（虛）與「失」（實）的反差；反差的惡化，自然導致了中共當局與農民全面對決的糧食戰爭[134]——反瞞產運動。

由此可說，廣西的反瞞產運動，其實就是一個由誤判到騎虎難下，最終造成巨大悲劇的過程。

所謂誤判，即起自1958年大躍進高潮中虛構了農業大豐收的假象，在「大豐收」基礎上進行的高徵購無法落實，自然就質疑糧食被農民瞞產私分了。待到反瞞產加重饑荒災情，已經是騎虎難下——鄉村無糧，城市（包括縣城，下同）也糧荒。

如田東縣自1959年4月16日起，全縣庫存商品糧僅能維持兩天；5月中旬起，開始出現水腫病人等不正常現象；6月起，機關職工、城鎮居民中的成年人，口糧減至每月7.5公斤。[135]

廣西首府南寧1960年2月春節剛過，便出現市場供應緊張形勢，市面食品奇缺，物價隨之高漲，糧食供應定量減少，不得不用瓜菜代替部分主食，以致出現浮腫病情。[136]

桂林市1960年11月初糧食及副食品供應緊張，引起市民普

---

134 該概念與相關論述，參考宋永毅，〈糧食戰爭：統購統銷、合作化運動與大饑荒〉，《二十一世紀》，第136期（2013.4），頁68-84。

135 田東縣志編纂委員會編，《田東縣志》，頁105。

136 南寧市地方志編纂委員會編，《南寧市志·綜合卷》（南寧：廣西人民出版社，1998），頁74。

遍營養不良，浮腫病開始蔓延；1961年1月17日，227個單位共6,768人在大搞代食品運動中吃野山薯中毒，其中較嚴重的1,211人，928人住院治療，5人死亡。[137]

陷於如此困境，當局只好持續加強反瞞產運動來蒐集糧食，以施行「捨農村保城市」的策略——即捨棄農村，極盡所能將農村的糧食集中救援城市。上述城市糧荒現象1958年底即出現，以致1959年初廣西反瞞產運動期間即有如此報導：為「支援國家建設和滿足城市、工礦區需要」，從1959年1月21日至27日，馬山、寧明、邕寧、都安等七個縣投入勞動力共達11萬5,000多人，集運糧食2,300多萬斤到交通點上，其中有546萬多斤糧食已裝包待運。[138] 恭城縣由1959年1月15日至21日七天內，報出糧食775萬多斤，並已外調60多萬斤糧食支援桂林市。[139] 百色地委第一書記尚持（1913～1996）在各縣委電話會議上要求「克服本位主義思想，堅決完成糧食外調任務」，尤其「對增產多的縣要求超額完成」。[140] 靖西縣樹立「全國一盤棋、全區一盤棋」的整體思想，從1958年7月至1959年2月中旬，調出1,300多萬斤糧食支援城市。[141] 在「全國一盤棋、全區

---

137 桂林市地方志編纂委員會編，《桂林市志》（北京：中華書局，1997），上冊，頁86。

138 周珊琦、韋彩桃、黃世宗，〈根據流轉方向，合理擺布糧源，保證城鄉需要，南寧區掀起糧食集運群眾運動〉，《廣西日報》，1959年2月1日，第2版。

139 凡恪、恭城縣委辦公室，〈依靠群眾，摸清底細，靖西清理出糧食一千二百多萬斤，恭城報出大量糧食〉，《廣西日報》，1959年1月31日，第1版。

140 〈地委召開電話會議，對當前糧食和生產作了重要指示〉，《右江日報》，1959年2月22日，第1版。

141 曾繼珠，〈靖西調運大批糧食支援城市〉，《右江日報》，1959年2月16日，第1版。

一盤棋」的思想指導下，外調的糧食既支援廣西的城鎮亦支援外省城市及北京，如桂林地區在1959年1月就執行了「調運500萬斤糧食支援北京的任務」。[142]

城市勉強保住了，鄉村卻加速滑向大饑荒的深淵。「捨農村保城市」的策略成為惡化鄉村大饑荒的主要因素。

這個現象深受學界關注，如古學斌（Ku Hok Bun）分析，政府當局為了更多徵購糧食，脫離現實情況，按鄉村可耕地面積決定農民出售餘糧的配額，以致造成了農民的饑荒。[143] 林毅夫和楊濤更將大饑荒死亡率高的主要原因，歸咎於「城市偏向」的糧食分配政策。[144] 白思鼎也認為，政府過高徵購糧食調往城市，是導致大饑荒出現的主要原因之一。[145]

廣西1958年的形勢雖然跟全國其他地區相仿，但廣西的特殊性也是顯而易見的。

首先，如前所述，1958年初的南寧會議，不僅促進了全國大躍進，更直接為廣西大躍進注入強大的催動力，環江縣中稻畝產逾13萬斤的超級大衛星為代表的「糧食大豐收」便是直接的產物。

其次，落後地區的各級領導更具迫切焦慮以及急於求成的心

---

142 〈發揮協作精神支援首都人民歡度春節，桂林區超額完成糯米外調任務〉，《廣西日報》，1959年2月1日，第2版。

143 Ku Hok Bun, *Moral Politics in a South Chinese Village-Responsibility, Reciprocity, and Resistance* (Lanham: Rowman and Littlefield Publishers, INC, 2003): 63.

144 Lin, J., Yang, D., "Food Availability, Entitlements and Chinese Famine of 1959-1961," *The Economic Journal*, 110: 460 (2000): 136-158.

145 Thomas P. Bernstein, "Stalinism, Famine, and Chinese Peasants: Grain Procurement during the Great Leap Forward," *Theory and Society*, 13: 3 (1984): 339-377.

態，於是無視廣西地處少數民族地區的特殊性，在大躍進人民公社化進程中，不惜違反中央關於民族地區工作「慎重穩進」的方針。[146] 南寧會議後，廣西當局更以「鼓吹地方主義和地方民族主義」、「利用地方主義和地方民族主義的情緒」等罪名，將省委常委、副省長陳再勵等人劃為「黨內右派集團」。[147] 於是，激進主義壓制了民族政策。如前所述，廣西各地，尤其是少數民族聚居的地區如三江侗族自治縣、隆林各族自治縣、龍勝各族自治縣、東蘭縣、那坡縣、田林縣、環江毛南族自治縣、都安瑤族自治縣等，無論大放糧食高產衛星，「集體化－人民公社化」運動，還是實行糧食供給制與酬勞工資制，乃至貫徹「捨農村保城市」的策略，都可見急於求成而不惜手段、不自量力並無視後果的表現。

再次，如此急於求成的操作，導致原本就經濟落後的廣西地區更易於陷入「缺糧－瞞產－反瞞產－饑荒」的惡性循環，以致造成大量死人的悲劇性結局。

反瞞產私分運動中，無論是壓力所迫還是「積極主動」，農民報出的糧數大多是子虛烏有的，根本交不出糧，廣西當局只好「採取組織工作隊，到各家各戶搜查翻箱倒櫃，收繳所有的糧食」，[148] 將農民的口糧、飼料糧、種子糧都搜刮而去。廣西反

---

146 〈中共廣西省委批轉省委統戰部民族工作組關於三江侗族自治縣目前互助合作運動情況與今後工作意見的報告（節錄）〉，收入《中國大躍進－大饑荒數據庫（1958～1962）》。

147 駱明，〈光明磊落，慘淡一生——憶陳再勵同志〉，《炎黃春秋》，1997年第25期，頁2-4；黃榮，〈關於所謂「陳再勵右派反黨集團」的來龍去脈〉，《廣西黨史》，1999年第5期，頁31-32。

148 隆林各族自治縣地方志編委會編，《隆林各族自治縣志》，頁338。

瞞產私分運動進行至此，無可避免演化爲「國家 vs. 農民」、「國家與農民的衝突」。[149]

最終，釀成了遍及廣西鄉村的大饑荒悲劇，數十萬的廣西農民在和平年代饑饉而死。廣西文革中觀點對立的兩大派[150]都提到，廣西反瞞產運動中非正常死亡30萬人。反韋國清派認爲，30萬是「韋國清自己承認的數字，據公安廳長鍾楓揭發，起碼有五十萬」。[151]

至於廣西三年大饑荒非正常死亡人數，根據1993年版《廣西通志‧人口志》有關數據，整理出「1958年至1962年廣西死亡人數和死亡率變動情況表」：[152]

| 年分 | 死亡人數（人） | 死亡率（‰） |
|---|---|---|
| 1958 | 254,436 | 11.74 |
| 1959 | 383,952 | 17.49 |
| 1960 | 644,770 | 29.46 |
| 1961 | 422,201 | 19.50 |
| 1962 | 224,417 | 10.25 |

---

149 顧准，《顧准日記》（北京：中國青年出版社，2002），頁169，「1959年12月15日」；頁227，「1960年1月9日」。

150 兩大派：指「廣西422革命行動指揮部」（簡稱「422」）與「廣西無產階級革命派聯合指揮部」（簡稱「聯指」），前者反對自治區第一書記韋國清支持書記處書記伍晉南，後者則相反。

151 廣西革命造反派赴京代表團，〈給毛主席的一封信〉，廣西紅衛兵總部等編，《南疆烈火》，聯5號，1967年6月8日，第2版。另參考區黨委農村政治部等，〈誰是廣西反瞞產的罪魁禍首？——廣西反瞞產事件調查〉。

152 廣西地方志編纂委員會編，《廣西通志‧人口志》（南寧：廣西人民出版社，1993），頁61。資料查核工作，爲中央大學中文系博士生吳X同學所貢獻，特此致謝！

由此表數據可見，1959年至1961年死亡率明顯增加，三年總死亡人數約145.10萬，年平均死亡人數約48.36萬，年平均死亡率約為22.15‰。基於11.84‰的年正常死亡率，進一步估算年非正常死亡人數為22.52萬，由此則可知1959年至1961年三年非正常死亡人數約67.56萬。[153] 如前所述，廣西兩次反瞞產運動的時間大致為1958年11月至1959年3月，與1959年9月至1960年1月，前後加起來約八個月，在三年大饑荒中只佔不到四分之一的時間。根據前引西反瞞產運動造成的非正常死亡人數，按30萬計，達廣西三年大饑荒非正常死亡人數（67.56萬）的約44%；按50萬計，更達74%。可見反瞞產運動造成的危害如此之大。

　　1961年8月21日，自治區黨委提交的〈關於三級幹部會議向中共中央中南局，中共中央的報告〉表明，1959年初以來全自治區「非正常死亡達30萬」；[154] 此數據顯然不及根據1993年版《廣西通志・人口志》紀錄所估算的「67.56萬」。即便是文革後出版的廣西志書，對大饑荒的紀錄仍多是「採取含糊其詞的回避態度」，[155] 因此，「67.56萬」應仍是保守的數據。雖然在絕對數據上廣西在「大躍進—大饑荒」期間的死亡人數沒有某些省區多，在全國總死亡人數中的比例也不算高，但年平均死亡率22.15‰卻比同時期全國的18.08‰[156] 高不少，更遠超11.84‰的

153 此處相關數據的統計，為中央大學中文系博士生李X同學所貢獻，特此致謝！

154 廣西地方志編纂委員會編，《廣西通志・大事記》，頁349。

155 龍廷駒，〈比一比，想一想——試談志書與史書資料的差距〉，《廣西地方志》，1995年第4期，頁11-12轉53。

156 國家統計局綜合司編，《全國各省、自治區、直轄市歷史統計資料彙編，1949

全國平均正常死亡率。可見廣西的大饑荒災情亦不可謂不慘重。

　　廣西經濟發展落後，自然環境惡劣，顯然是不利條件，難以抵禦大饑荒的肆虐。但地廣人稀（尤其北部、西北部地區），自然資源（野生動植物）也相應豐富，倘若有較充分的人身自由，農民與生俱有的求生意志及頑強的生存能力必能自主發揮作用，不至於造成如此慘烈的人寰悲劇。由此顯見，廣西的大饑荒是人禍遠大於天災，而反瞞產運動也正是人禍的具體表現之一。

---

　　～1989》（北京：中國統計出版社，1990），頁2。

# 第五章

## 反瞞產運動始末：以百色為例

　　本章以廣西百色地區為個案，探討反瞞產運動的具體表現及其給當地農村／農民帶來的災難性後果。

　　百色地處廣西西部邊境山區，為僮、漢、瑤、苗、彝、回、仡佬、仫佬等族聚居地，僮族人口比例超過七成。歷來文化經濟落後，人民生活貧困，亦為1920年代末中共紅七軍起義的「革命根據地」。1950年代後期至1960年代初，在這個既有政治光環而文化經濟落後的地區，中共當局進行了兩次「反瞞產運動」。

　　本章重點考察的「大躍進─大饑荒」期間（1958～1961），百色行政區劃管轄的13個縣為：隆林各族自治縣、凌樂縣、田林縣、百色縣、田陽縣、田東縣、睦邊（那坡）縣、靖西縣、德保縣、平果縣、鳳山縣、東蘭縣、巴馬瑤族自治縣。後來百色市區劃所隸屬的縣市有所變化，如1951年，西林縣與西隆縣合併為隆林縣，1953年改稱隆林各族自治縣，1961年，西林縣從隆林各族自治縣分出恢復建制；1951年合併的凌樂縣於1962年復原為凌雲、樂業二縣；鳳山縣、東蘭縣、巴馬瑤族自治縣則於1965年劃歸河池地區。但這些變化對關於當時歷史的探討影響不大。

　　海內外學界專門研究反瞞產私分的論述並不多見，多依附於其他議題中進行側面探討。如宋永毅曾從糧食戰爭的角度來分析「大躍進─大饑荒」的起源，認為1950年代初期的朝鮮戰爭、

統購統銷和農業合作化運動中形成的糧食政策對大饑荒爆發產生重要影響。[1] 宋文雖然沒有正面論述反瞞產，但其所謂「糧食戰爭」，即隱含農民瞞產與政府反瞞產之間的較量。此外，也有學者從省級政府對災荒的反應和救助、民主革命補課運動、政治參與的政治心理、「糧食烹調增量法」的實施等不同角度，聯繫到反瞞產運動的歷史現象。[2]

迄今爲止，廣西反瞞產運動在學界尚未有專題研究的著述，百色地區的反瞞產運動研究更是空白，這就給本章的探討留下「填補空白」的機會，但也無疑是「探索新路」的挑戰。[3]

## 第一節 百色地區兩次反瞞產運動概述

如上章所言，廣西全境範圍的反瞞產運動有前後兩次，百色地區的反瞞產運動也同樣有兩次，不過開始與結束的時間有所出入。廣西全境範圍第一次反瞞產運動開始的時間，當爲1958年

---

1　宋永毅，〈糧食戰爭：統購統銷、合作化運動與大饑荒〉，《二十一世紀》，第136期（2013.4），頁68-84。

2　周飛舟，〈「三年自然災害」時我國省級政府對災荒的反應和救助研究〉，《社會學研究》，2003年第2期，頁54-64；夏林，〈「大躍進」後期江蘇農村的民主革命補課運動〉，《南京曉莊學院學報》，2012年第1期，頁103-108；劉瑜，〈理想主義或現實主義？——中國革命中政治參與的政治心理分析〉，《學海》，2010年第5期，頁34-47；蔡天新，〈三年困難時期「糧食烹調增量法」的歷史反思〉，《成都大學學報》，2010年第4期，頁1-6。

3　只有筆者專文〈廣西反瞞產運動的成因和影響〉，刊載於《臺灣師大歷史學報》，第62期（2019.12），頁97-141；經過較大的刪改與補充，作爲本書第四章。本章則原以〈從「參與式」到「命令式」：廣西百色地區反瞞產運動初探〉爲題，刊載於《二十一世紀》，第175期（2019.10），頁63-81。改寫爲本章經過較大的刪改。

11月初，結束的時間約在1959年3月下旬。與廣西其他地區相比，百色地區的第一次反瞞產運動的啟動晚了不少。

1959年1月10日晚，中共百色地委召開各縣委負責人參加的電話會議，地委書記處書記韓開祥（？～1969）主持會議並作指示，布置反瞞產運動工作。[4] 接著，1月15日至20日，地委召開23個「整社」試點工作會議。[5] 之後，各縣才紛紛召開各級幹部會議，全面開展群眾性的反瞞產運動。

所謂「整社」，即「整頓人民公社」。從 1958 年11月到1959年8月，在中共中央的部署下，對全國人民公社進行了糾正「左傾」性質現象的初步整頓。然而，與民爭糧、極具「左傾」與「共產風」性質的百色地區第一次反瞞產運動，卻是在「整社」的名義下進行的。

這一做法，當是執行自治區黨委第一書記劉建勛（1913～1983）的指示：「對外，不要唱反什麼的口號，就叫整社。」這是劉建勛在1959年1月14日到16日廣西自治區黨委常委擴大會議上的指示。該次會議被視為是「揭開了反瞞產行動的序幕」。按照劉建勛的解釋：「把『反』一唱開，簡單化就易產生；本身是一個劇烈的思想鬥爭，但不必叫做『反』。」[6] 所謂「簡單

---

4　〈地委召開會議指示各地，結合整社抓好糧食工作，並強調要突出挖紅薯和護牛過冬〉，《右江日報》，1959年1月12日，第1版。

5　〈健全機構，搞好經營管理，建立與健全管理制度〉，《右江日報》，1959年1月22日，第1版。

6　區黨委農村政治部、區人委農林辦公室、區貧協籌委會聯合兵團、區糧食廳「東風」聯合戰鬥團，〈誰是廣西反瞞產的罪魁禍首？——廣西反瞞產事件調查〉（1967年5月31日），無產階級革命造反派平樂縣聯合總部，1967年6月30日翻印。

化」、「劇烈的思想鬥爭」，顯然就是與民爭糧的「左傾」、「共產風」性質的另類解讀。

據中共百色地委主辦的《右江日報》報導，1959年1月下旬，百色各地反瞞產運動已經頗有成效。[7] 儘管如此，地委第一書記尚持於1月29日晚召開各縣委參加的電話會議上，仍認為「全專區還沒有形成群眾性的報出糧食是光榮的熱潮」，要求開展「六大」——大鳴、大放、大字報、大辯論、大表揚、大宣傳，即加大力度進行反瞞產。[8] 於是，反瞞產運動升級，報糧、交糧活動亦持續進行。[9] 到2月20日，百色地委召開電話會議透露：「全專區已報出糧食一億二千多萬斤，交出糧食五千多萬斤。」[10] 而此時，「有些幹部就產生了右傾、鬆勁情緒，認為社員報糧『已經徹底了』」。於是，當地政府通過開展「五查」將運動導向更為全面且深入的階段：「查自己和別人的埋伏糧食是否已全部報、是否已無糧可報；查集體埋伏的糧食是否已報徹底；查沒有到會的各階層是否還有埋伏糧；查幹部家庭埋伏糧是

---

7　崔明德、梁大科，〈報出糧食光榮，人人自報爭先，田東各公社已報出三百多萬斤埋伏糧〉，《右江日報》，1959年1月31日，第1版；中共睦邊縣委通訊組，〈對症下藥，藥到回春，睦邊報糧工作迅速展開〉，《右江日報》，1959年2月1日，第1版。

8　〈地委召開各縣委電話會議，對當前糧食工作作了幾點重要指示，並指出在搞好糧食工作的同時，切實抓好當前生產〉，《右江日報》，1959年1月31日，第1版。

9　陸業琚、黃鳳冠，〈反覆講明政策，大宣傳大表揚，凌樂各公社交出糧食二百多萬斤〉，《右江日報》，1959年2月5日，第2版；劉華定，〈隆林報糧工作蓬勃開展〉，《右江日報》，1959年2月6日，第1版。

10　〈地委召開電話會議，對當前糧食和生產作了重要指示〉，《右江日報》，1959年2月22日，第1版。

否報完了。」[11] 採取這樣一個措施，一方面表明運動施行者的徹查決心，一方面也表明農民確實「無糧可報」了。反瞞產運動似乎陷入了膠著狀態。

此時，形勢出現微妙的變化：在百色地委電話會議兩天後，即1959年2月22日，毛澤東批轉時任廣東省委書記處書記趙紫陽的報告，認為：「公社大隊長小隊長瞞產私分糧食一事，情況嚴重……在全國是一個普遍存在的問題，必須立即解決。」[12] 在現有公開的有關百色地區反瞞產運動的各種資料中，均無發現毛澤東這個批示如何傳達到下面，但卻顯示有頗為明顯的反應動作：2月25日晚，在百色地委召開的有各縣委負責人參加的電話會議上，地委書記處書記楊烈（1911～1992）對當前全專區如何掀起更大規模的「報糧交糧」的群眾運動作了重要指示，要求更鮮明、尖銳地認識糧食問題，是「走社會主義道路，還是走資本主義道路的問題」，「不獲全勝決不收兵」。[13]

於是，據當時的《右江日報》與文革後出版的各縣志紀錄，自1959年3月1日至17日，各縣相繼召開四級（縣、公社、大隊、生產隊）幹部會議，展開更為徹底的反瞞產運動，如德保縣召開四級幹部會議，根據百色地委3月8日晚電話會議指示精神

---

11 〈通過「五查」批判右傾鬆勁思想，龍臨公社摸清糧底決心徹底搞好糧食工作〉，《右江日報》，1959年2月25日，第3版。「是否已全部報、是否已無糧可報」──此處包含兩「查」。

12 毛澤東，〈中央批轉一個重要文件〉，中共中央文獻研究室編，《建國以來毛澤東文稿》（北京：中央文獻出版社，1998），第八冊，頁52。

13 〈地委召開糧食工作電話會，楊書記作重要指示，糧食這一仗，不獲全勝決不收兵，公社幹部們、社員們趕快向黨交心報出埋伏糧〉，《右江日報》，1959年2月27日，第1版。

迅速開展報糧評比競賽運動，掀起了第三次報糧高潮，到9日止共報出糧食1億101萬多斤。[14] 由此也將百色地區的第一次反瞞產運動推向最高潮。

然而，形勢再次出現更微妙的變化：1959年2月27日至3月5日的第二次鄭州會議（中共中央政治局擴大會議）上，毛澤東一再表示全力支持農民瞞產私分，高調宣稱「代表一千萬隊長級幹部、五億農民說話」，認為「不應該批評他瞞產是本位主義，東西本來是他的，你不給他分，他只好瞞產私分」；「農民瞞產情有可原，他們的勞動產品應該歸他們所有」；「瞞產私分，非常正確……是一種和平的反抗」。[15] 同樣微妙的是，在現有公開的百色地區各種資料中，均無發現毛澤東這些講話如何傳達到下面。但《田東縣志》卻紀錄了一個頗為詭譎的現象：1959年3月1日至17日，田東縣「召開以反『瞞產私分』為主要內容的四級幹部會議」，在此會議期間，即毛澤東上述談話之後，「3月10日，地委書記楊烈在縣四級幹部會議上傳達中共中央政治局擴大會議（第二次鄭州會議）精神」。[16] 這是當時百色地區所有縣市

---

14 陸英材、吳聲濤，〈貫徹地委指示，再次掀起報糧高潮，德保報出埋伏糧一億多斤〉，《右江日報》，1959年3月12日，第1版。

15 毛澤東，〈在鄭州會議上的講話（五）〉（1959年3月5日）、〈在鄭州會議上的講話（二）〉（1959年2月27日）、〈在鄭州會議上的講話（四）〉（1959年3月1日），《毛澤東思想萬歲（1958～1960）》（武漢：武漢群眾組織翻印，1968），頁215、204、205、214。毛澤東這一次講話全文，中國官方出版的有關毛澤東著作如《毛澤東文集》、《建國以來毛澤東文稿》、《毛澤東經濟年譜》均無刊載，所選載者，則缺少頗多有關毛支持瞞產私分的內容。個中緣由，耐人尋味。

16 田東縣志編纂委員會編，《田東縣志》（南寧：廣西人民出版社，1998），頁23。

（包括後來劃歸河池地區的鳳山、東蘭、巴馬三縣）志書中唯一一則傳達第二次鄭州會議精神的紀錄（當時報刊亦無此類紀錄），其中也並未透露是否傳達毛澤東關於支持農民瞞產的談話。然而，田東縣四級幹部會議結束次日，即1959年3月18日，《右江日報》頭版卻全是春耕生產競賽之類的報導，反「瞞產私分」為主要內容、地委書記做重要報告的田東縣四級幹部會議竟然不見任何報導。[17]之後，反瞞產私分的消息在《右江日報》亦一度不見蹤影了。

就這樣，百色地區的第一次反瞞產運動在高潮之際戛然而止。一直到半年後，即廬山會議之後開展反右傾運動，[18]反瞞產運動才又捲土重來。

也就是說，廣西第二次反瞞產運動，是在廬山會議反右傾運動的大背景下發動的：

當年〔1959年〕8月至9月，自治區黨委舉行第一屆九次會

---

17 在此前，《右江日報》還多次結合反瞞產運動的表現，報導該次會議的消息。參考〈田東縣召開四級幹部會議，徹底搞好糧食工作，爭取思想、糧食、生產三大豐收〉（3月3日第1版），〈田東報出二千五百二十多萬斤，其中主糧九百四十多萬斤，雜糧一千五百多萬斤。並報出油料一十七萬多斤〉（3月7日第2版），〈邊報糧交糧邊安排食堂生活，聯雄大隊幹部、代表心情舒暢決心搞好糧食工作〉（3月13日第2版）。有意味的是，3月13日的報導，也全然無地委書記在3月10日做重要報告的消息。

18 廬山會議及之後的反右傾運動，對中國當代史影響十分重大且深遠，研究論著亦十分豐富，本章不再贅言。可參考李銳，《廬山會議實錄》（臺北：新銳出版社，1993）；姬曉輝、張艷華，〈近二十年來廬山會議研究述評〉，《北京黨史》，1999年第4期，頁34-38；劉慶旻，〈廬山會議後期反右傾悲劇的緣由〉，《檔案與史學》，1996年第1期，頁50-54。

議和自治區、地、縣三級幹部會議，批判「右傾思想」，把在大躍進中虛報產量、高徵購、放開肚皮吃飯所引起的缺糧情況，說是下面「瞞產私分」造成的，群眾手中還有糧食。於是，在全自治區開展「反右傾運動」和「反瞞產私分鬥爭」。[19]

百色地區的第二次反瞞產運動，卻似乎是稍晚了一步啓動。從有關資料可知，除了田林縣較早於1959年9月底啓動運動外，[20] 百色整個地區性的第二次反瞞產運動當在1959年10月中旬結合「葉卜合思想轉變討論」全面開展。葉卜合爲巴馬瑤族自治縣的一個生產隊長，曾經率領社員瞞產私分，經過思想教育後，轉變爲反瞞產的標竿人物。

1959年10月19日，中共百色地委作出決定，要求各地通過關於葉卜合思想的討論，在基層幹部與社員中進行一次系統深入的保衛總路線、大躍進、人民公社的社會主義和共產主義思想教育，提高基層幹部與社員的思想覺悟，達到打破資本主義思想行爲，保衛總路線、大躍進、人民公社的目的。百色地委的決議沒有正面提到反瞞產，但葉卜合是由瞞產私分轉變爲反瞞產私分的典型，「葉卜合思想對於一些存有瞞產私分思想行爲的幹部和社員，是一面明亮的鏡子」，因此，關於葉卜合思想的討論，實質

---

19 廣西壯族自治區地方志編纂委員會編，《廣西通志‧農業志》（南寧：廣西人民出版社，1995），頁55。

20 田林縣地方志編纂委員會編，《田林縣志》（南寧：廣西人民出版社，1996），頁17、548-550。

上就是反瞞產鬥爭的討論。[21]

　　由上可知，1959年8月廬山會議之後的反右傾運動，使「左傾」的思維得以極大釋放，有力推動反瞞產運動以更爲激進的方式發展。據文革小報揭露：反右傾運動發動後，廣西發起了第二次大規模的反瞞產運動。自治區領導人到臨桂縣五通公社蹲點搞「樣板」，並總結出「誘、擠、壓」三字經，提出「拳頭出白米，棍子出糧食」的政策，強行在廣西全盤推行。[22]

　　在此背景下，百色地區發生了駭人聽聞的反瞞產事件──「德隆核產事件」。1959年12月，反右傾運動達到高潮之際，那坡縣委第一書記率縣直機關135名幹部到德隆公社進行核產，認爲該公社核產不徹底，於是在1960年1月3日至26日，由縣委書記處兩位書記掛帥再次進行核產。大小隊幹部反映無糧或者有糧不多，各隊報糧食極少。縣委領導則認定大小隊幹部瞞產私分，於是，展開以核產爲標誌的反瞞產運動，開會批判工作組和大小隊幹部思想「右傾」，並進行重點鬥爭。「德隆核產」或許受到自治區領導人推行的「五通樣板」經驗的啓發與影響，鬥爭中發生了非法鬥打現象，被打230人，打傷118人，逃跑11人，鬥死8人，自殺8人；四戶農家大人被打死，遺下孤兒5人。[23]

　　至於廣西第二次反瞞產運動的結束，據文革傳單記述：1960

---

21　右江日報通訊組，〈深入進行社會主義思想教育，百色專區開展關於葉卜合思想轉變的討論〉，《廣西日報》，1959年11月5日，第1版。

22　〈絞死土皇帝，槍斃韋國清〉（社論），廣西紅衛兵總部、毛澤東思想紅衛兵、南寧八三一部隊指揮部編，《南疆烈火》，聯5號，1967年6月8日，第1至2版。

23　有關「德隆核產事件」，參考那坡縣志編纂委員會編，《那坡縣志》（南寧：廣西人民出版社，2002），頁403-404。

年1月30日（農曆年初三），自治區黨委召開了電話會議，由農業書記李友九（1917～2005）講話，號召把工作中心轉到生產上去，第二次反瞞產運動於是「不了了之」。[24]

其實，在此之後廣西全境範圍的第二次反瞞產運動依然持續進行。自2月起一直到年底，從有關縣市志書可見，蒼梧、寧明、昭平、鹿寨、河池、象州、玉林、陸川、容縣、永福等縣市仍持續通過四級幹部會議，或結合三反（反貪污、反浪費、反官僚主義）運動、整風整社運動，進行反瞞產。1960年2月之後，還相繼發生了「大新慘案」、「環江事件」等惡性事件。[25]

反觀百色地區的反瞞產運動，到1959年12月，《右江日報》只有寥寥數篇有關反瞞產的報導，1960年1月分的《右江日報》已幾乎找不到反瞞產的消息，《廣西日報》自1959年12月起也再無百色地區反瞞產運動的消息，1960年1月3日至26日發生的那坡縣「德隆核產事件」在任何報刊均無披露。儘管《靖西縣志》仍有4月分靖西縣四級幹部會議「結合反瞞產」操作的紀錄，[26] 但當時報刊卻無此報導。

百色地區全面性的第二次反瞞產運動似乎是響應了前述自治區黨委的電話會議，到1960年1月底便結束了——或許是血腥的「德隆核產事件」使百色地區第二次反瞞產運動走到了物極必反

---

24 區黨委農村政治部等，〈誰是廣西反瞞產的罪魁禍首？——廣西反瞞產事件調查〉。

25 廣西革命造反派赴京代表團，〈絞死韋國清！為死難的廣西五十多萬階級兄弟報仇雪恨〉，第3至4版。

26 靖西縣縣志編纂委員會編，《靖西縣志》（南寧：廣西人民出版社，2000），頁425。

的地步。

　　右江地區的反瞞產運動，尤其是廬山會議後的第二次反瞞產運動，跟全國各地一樣，進一步加劇了大饑荒的惡化與蔓延。或許就是由於政治與災荒的雙重壓力，觸發了百色地區第二次反瞞產運動的退場機制——此時期的《右江日報》呈現出一個頗有意味的現象：大力宣傳小球藻與雙蒸飯，號召「掀起群眾性的大搞小球藻運動」。[27]「小球藻」是一種生長快、產量高、可當家畜和家禽精料的單細胞藻類植物，但在當時卻是作為代食品推廣給老百姓果腹充飢。所謂「雙蒸飯」，即在飯蒸好後，揭蓋灑上水又蒸一次，其效果是飯的質感鬆軟，不需咀嚼，從感覺上要比單蒸飯飽肚子。百色當局大力宣傳小球藻與雙蒸飯，頗有「轉移鬥爭大方向」的意圖。[28]

　　於是，先是《右江日報》1960年1月22日第2版轉發北京新華社稿〈為高速發展養豬業提供飼料，溫州專區大量繁殖小球藻〉與〈怎樣繁殖小球藻〉，之後，自2月28日至3月21日，《右江日報》發表了十三篇有關小球藻與雙蒸飯的報導、社論、通訊。同時期除了南寧地區的《紅旗日報》發表過二則「普遍推廣先進煮飯法」的報導外，廣西其他各種報紙均無此類表現。[29]

　　百色地區開發小球藻並非為「養豬業提供飼料」，而是旨在

---

27　《右江日報》通欄標題，1960年3月16日，第2版。

28　「轉移鬥爭大方向」為文革用語，意指出於政治考量（意圖），著意將鬥爭（運動）的矛頭（方向）轉移到其他方面；在此用來形容文革前的情形，也頗為貼切。

29　如《廣西日報》、《廣西青年報》（南寧）、《南寧日報》（南寧）、《桂林日報》（桂林）、《桂林前進報》（桂林）、《躍進日報》（柳州）、《梧州躍進報》（梧州）、《大眾報》（玉林）。

其食用價值。如淩雲縣自1959年就陷入饑荒，浮腫、乾瘦病流行，1960年3月27日至4月2日，「召開縣科學工作會議和小球藻訓練班，準備開發小球藻食品」。[30]《右江日報》的做法起到以此運動結束彼運動的作用，既轉移了反瞞產運動的方向，也為因反瞞產運動造成的饑荒缺糧作出必要的救災替代措施。

## 第二節　百色地區兩次反瞞產運動比較

關於百色地區兩次反瞞產運動的表現，本章藉助美國政治學家白思鼎所提出的「參與式動員」（participatory mobilization）與「命令式動員」（command mobi-lization）的概念進行比較分析。白思鼎在撰文討論社會動員模式時指出，在蘇聯的農業集體化運動中，蘇聯共產黨運用的是「命令式動員」，即依靠城市工作隊在農村所實施的強制性措施，凡是抗拒農業集體化的農民，都會受到強力的壓制以至專政手段的鎮壓；在中國的集體化運動中，雖然也向農村派出了大量的工作組，但中國共產黨是透過「參與式動員」，工作組的主要任務不是強制農民，而是向農民進行宣傳和說服工作，包括通過訪貧問苦等方式進行社會動員，促成農民階級意識的形成與政治覺悟的提高，並製造群體壓力再加上適當的強制等綜合手段來實現農業集體化。[31]

---

30　淩雲縣志編纂委員會編，《淩雲縣志》（南寧：廣西人民出版社，2007），頁34-35。

31　Thomas P. Bernstein, *Leadership and Mobilization in the Collectivization of Agriculture in China and Russia: A Comparison*, Ph.D. diss. (Columbia University, 1970): 111-132, 179-200.

從整體上說，對中蘇兩黨的社會動員方式作此大致的比較劃分，是可以成立的。但在現實中，二者並非是各自獨有的動員方式。另外，本章討論的內容雖然與白思鼎不盡相同，但共產黨領導下的農村群眾運動具有相類似的性質，因而，對上述兩個概念的借用應當具有適用性與可行性。

在廣西百色第一次反瞞產運動中，群眾似乎也是通過說服教育後以主動甚至是積極的態度參與到運動中去，體現出「參與式動員」而造成群眾「主動積極」的表現。但實際上，群眾這種「主動積極」的表現，恐非心甘情願，而很有可能是當局「代民作主」的結果。

《右江日報》有此報導：巴馬縣鳳凰人民公社三聯大隊全部是瑤族社員，過去對公社有「誤解」，因而瞞產私分很多，通過宣傳和學習，「他們消除了誤解，積極投入整社工作」，共張貼出 800 張大字報。然而該報導的另一個重點則是：該公社組成宣傳隊到各屯去大力宣傳，同時還把小學教師、小學生、農村知識青年組成「代寫組」，登門上戶宣傳政策和「代寫大字報」，共張貼了 1,520 多張大字報。[32] 兩相比較，當可了解報刊所報道農民在運動中「主動積極」的行為與態度，其實有相當部分是經過他人的代勞。

似乎是為了讓群眾交糧的主動性與積極性更為合理化，這時期《右江日報》出現了一個別具意味的稱謂：「代管（藏）

---

32 以上均參考黃日就、黃漢綠、藍有金，〈要中央決議家喻戶曉深入人心，鳳凰公社組織宣傳隊深入邊遠大隊宣傳訪問，掀起鳴放整改高潮〉，《右江日報》，1959 年 1 月 25 日，第 1 版。

糧」。報刊報導的標題便屢見該稱謂，諸如：〈苗族社員熊卜周，愉快交出代管糧〉、〈安排好社員生活，反覆交代政策，平果城關公社報出二百多萬斤代管糧〉、〈重重顧慮永拋棄，一心依靠共產黨，瑤族社員鄧卜韋交出一萬六千多斤代管糧〉、〈多敬中學報出代藏糧一百多萬斤〉。[33] 此稱謂僅是第一次反瞞產運動期間出現在《右江日報》（15篇報導22次），同時期《廣西日報》及其他地區的報刊如《南寧日報》、《桂林日報》、《桂林前進報》、《躍進日報》、《梧州躍進報》、《大眾報》等均無出現。此現象或許顯示作為落後地區急於表現別具創意的積極性，但「代管糧」的概念卻也透露出這麼一個含義：瞞產私分的糧食是集體（國家）的糧食，農民只是「代為管藏」而已，交還給公社（國家）是合情合理、自然而然的。

這個概念似乎是出自廣西自治區反瞞產運動的領導人：1959年1月14日至16日舉行的自治區黨委常委擴大會議上，柳州官員匯報宜山縣在山洞裡發現4,570斤糧食沒人承認，自治區黨委第一書記劉建勛說：「沒人承認算公家的！」書記處書記韋國清插話說：「本來是公家的！」[34] 二位書記的意思很明白——農民隱藏的糧食本來就是國家的。那麼言外之意當是：藏糧人只是代

---

33  陸生理，〈苗族社員熊卜周，愉快交出代管糧〉，《右江日報》，1959年2月11日，第2版；羅啓春、廖廷振，〈安排好社員生活，反覆交代政策，平果城關公社報出二百多萬斤代管糧〉，《右江日報》，1959年2月13日，第1版；覃錦仕，〈重重顧慮永拋棄，一心依靠共產黨，瑤族社員鄧卜韋交出一萬六千多斤代管糧〉，《右江日報》，1959年2月24日，第3版；多敬中學，〈多敬中學報出代藏糧一百多萬斤〉，《右江日報》，1959年2月6日，第1版。

34  區黨委農村政治部等，〈誰是廣西反瞞產的罪魁禍首？——廣西反瞞產事件調查〉。

國家管理糧食而已。半個月後，即2月3日，「代管糧」的稱謂便首次出現在《右江日報》，[35] 二者之間的關係不免發人聯想。

無論如何，該稱謂似乎是爲了達到掩飾政府通過反瞞產運動掠奪農民糧食、將糧食佔爲己有（國有）的實質意圖。這樣一個實質意圖，恰好揭示出反瞞產運動就是與農民爭奪糧食，是國家與農民之間的對抗運動。

群眾更爲「主動積極」的表現，當爲通過憶苦思甜，積極「向黨交心」而獻出「埋伏糧」。

據《右江日報》報導：中共百色地委召開糧食工作電話會議，地委書記號召公社幹部們、社員們趕快向黨交心報出埋伏糧。[36] 巴馬四級幹部會開展階級教育，通過回憶對比算賬，人人向黨交心。如紅旗公社坡町大隊生產隊長黃顯龍通過新舊社會對比，尤其是「公共食堂吃飯不要錢」的感召，自覺地報出了「打埋伏糧」800斤。[37] 德保縣四級幹部代表，向黨靠攏，向黨交心，爭先報糧；通過兩次報糧高潮，共報出糧食714萬9,706斤。[38] 隆林縣委在5,000多人的「報糧大會」上，提出「交心再交心，報糧再報糧」的口號，一天內就報出糧食7,489萬斤。[39]

---

35 〈清理代管糧食，辦好食堂過好年，巴馬公社反覆交代政策消除顧慮，自報糧食逐步深入〉，《右江日報》，1959年2月3日，第1版。

36 〈地委召開糧食工作電話會，楊書記代重要指示，糧食這一仗，不獲全勝決不收兵，公社幹部們、社員們趕快向黨交心報出埋伏糧〉。

37 〈回憶對比算賬，人人向黨交心，巴馬四級幹部會開展階級教育〉，《右江日報》，1959年3月8日，第1版。

38 〈向黨靠攏，向黨交心，德保縣四級幹部代表爭先報糧〉，《右江日報》，1959年3月8日，第1版。

39 劉華定、伍如棒、蘇振宗，〈領導深入，突破重點，帶動全面，隆林一天報糧七千多萬斤〉，《右江日報》，1959年3月11日，第1版。

隆林縣各族幹部堅決聽黨的話向黨交心，一個小時報出「埋伏糧」170多萬斤。[40] 凌樂縣四級幹部會議向黨交心，糧油並舉，掀起報糧高潮，四個小時內報出「埋伏糧」2,948萬多斤，油料8萬多斤。[41]

有意思的是，「向黨交心」的提法僅頻頻出現在百色第一次反瞞產運動期間的《右江日報》報導，同時期其他報刊只有南寧地區的《紅旗日報》與梧州地區的《梧州躍進報》偶爾出現。[42]《右江日報》這種做法，或許是出自「老根據地幹部群眾永遠和黨一條心」的自信與思路，[43] 故有此告誡：「翻了身，不忘本，靠攏黨，向黨交心！」[44] 但字裡行間卻也更顯見「黨」要籠絡、控制民心的意圖。

或許因為反瞞產運動的實質是與農民爭奪糧食，在第一次反瞞產運動中，標榜著「人民」稱號的各地「人民政府」似乎難以「理直氣壯」進行反瞞產運動。更為關鍵的，或許還有毛澤東的態度——毛澤東雖然在1959年2月22日批轉趙紫陽報告發出反

---

40 〈隆林各族幹部堅決聽黨的話向黨交心，一個小時報出埋伏糧一百七十多萬斤〉，《右江日報》，1959年3月9日，第1版。

41 〈向黨交心，糧油並舉，凌樂四級幹部會議掀起報糧高潮，四個小時內報出埋伏糧二千九百多萬斤，油料八萬多斤〉，《右江日報》，1959年3月12日，第1版。

42 如這時期（1959年）《紅旗日報》只有一例：黃汝榮，〈向黨交心，與黨同心，報出糧食，鞏固人民公社〉，1959年2月1日，第2版。《梧州躍進報》只有二例：〈堅決向黨交心交糧〉，1959年3月8日，第1版；黃大能，〈我堅決向黨交了心〉，1959年3月14日，第1版。

43 〈老根據地幹部群眾永遠和黨一條心，巴馬1天報糧1,600萬斤〉，《右江日報》，1959年3月11日，第1版。

44 黃漢昌，〈堅決和資本主義分家，百色四級幹部代表決心開好大會〉，《右江日報》，1959年3月4日，第1版。

瞞產指令，但數日後，在2月27日至3月5日第二次鄭州會議期間多次高調表態支持農民瞞產，與此同時，卻又批評農民「瞞產私分，名譽很壞」。[45] 如此翻手為雲、覆手為雨的手法致使地方反瞞產運動的實際操作者陷於尷尬處境，只能採取外鬆（宣傳）內緊（運動）的方式進行反瞞產運動。

於是，百色地區第一次反瞞產運動不僅以「整社」的名義與方式發動（見前），在運動過程中，「參與式動員」更得到頗為充分的表現——煞費苦心地運用了「代民作主」、「代管糧」、「向黨交心」等迂迴策略，令一場逼民奪糧之戰搬演為受蒙蔽的群眾幡然醒悟後，積極投身愛國運動，爭獻愛國糧的大戲。

從「代民作主」、「代管糧」、「向黨交心」三種迂迴策略施行的時間進程及其含義看，也頗為耐人尋味：前二者多施行於1959年2月下旬之前，後者則多施行於2月下旬之後。前二者行為主體似乎多見為「群眾」，但後者中，「黨」的形象顯然佔據主體位置了。而事實上，所謂「參與式動員」，其操控權始終還是在運動主導者手中。

「1959年2月下旬」這個時間點，也恰是導致中共百色地委領導的意圖，出現了促使運動走向激烈發展的變化：

1959年2月25日晚的糧食工作電話會議上，地委書記處書記楊烈「對當前我專區如何掀起更大規模的報糧交糧的群眾運動，作了重要指示」，首先強調「糧食徵購任務必須完成，絕不能動搖……讓農民手裡留有很多糧食，沒有什麼好處」；在運動

---

45 毛澤東，〈在鄭州會議上的講話（三）〉（1959年2月28日），《毛澤東思想萬歲（1958～1960）》，頁208。

進行的具體操作上，要求「大會套小會，聲勢浩大與深入思想發動相結合」，「繼續瞞糧不報，拒不坦白，一經群眾揭發檢舉出來，給予處分」，「在運動中還在進行瞞產私分等破壞活動的，應予以法辦」，「組織幾個報糧高潮，不搞徹底不散會」。[46]

這樣一個強勢的轉變，當跟前述1959年2月22日毛澤東批轉趙紫陽報告，發出「必須立即解決」的反瞞產指令有關。如此咄咄逼人的言辭、鋒芒畢露的操作，莫不形成強大的思想與精神壓力。雖然2月27日後毛澤東在第二次鄭州會議表態支持農民瞞產，但亦如前所述，毛澤東這一態度似乎未順利傳達到基層，以致運動早期力求避免的「簡單的工作方法和強迫命令」[47]現象，3月初卻是名正言順、堂而皇之地遍地開花了：〈靖西四級幹部會展開兩條道路的辯論，一直肯定一九五八年糧食大豐收，鐵的事實駁得「算賬派」啞口無言〉、〈肯定大豐收，駁倒算賬派，鳳山已報糧一億二千多萬斤〉、〈回憶對比算賬提高覺悟，德保四級幹部會狠狠批判各種錯誤思想〉。[48] 光從這些報刊報導的標題便可見出聲勢浩大、以勢壓人的場面與氛圍。事情發展到這一步，「參與式動員」的騙局算是失敗了。

---

46 〈地委召開糧食工作電話會，楊書記作重要指示，糧食這一仗，不獲全勝決不收兵，公社幹部們、社員們趕快向黨交心報出埋伏糧〉。

47 〈地委召開各縣委電話會議，對當前糧食工作作了幾點重要指示，並指出在搞好糧食工作的同時，切實抓好當前生產〉。

48 〈靖西四級幹部會展開兩條道路的辯論，一直肯定一九五八年糧食大豐收，鐵的事實駁得「算賬派」啞口無言〉，《右江日報》，1959年3月4日，第1版；〈肯定大豐收，駁倒算賬派，鳳山已報糧一億二千多萬斤〉，《右江日報》，1959年3月12日，第1版；〈回憶對比算賬提高覺悟，德保四級幹部會狠狠批判各種錯誤思想〉，《右江日報》，1959年3月5日，第1版。

相比之下，伴隨著盧山會議後反右傾運動所開展的第二次反瞞產運動，卻是更多依靠「命令式動員」，即拋去「參與式動員」的軟性溫和方式，更為直接地實施批判、鬥爭、打擊、強制（搜刮／掠奪）等剛性強硬措施。

　　一如前引白思鼎的說法：實施強制性的措施，凡是抗拒合作的農民，都受到強力的壓制以至專政手段的鎮壓。雖然白思鼎所謂「命令式動員」是指前蘇聯共產黨採取的方式（與中共的「參與式動員」對比），但中共的群眾運動，仍不乏這種「命令式動員」的表現，尤其是運動發展出現某種困難或阻礙，抑或運動主導者的指導觀念產生變化的時候。

　　第一次反瞞產運動早期，百色地委第一書記尚持還特別指出，各地必須嚴加防止簡單的工作方法和強迫命令的現象發生。[49] 這個約束，如前所述在第一次反瞞產運動後期已經鬆動，到第二次反瞞產運動，更公然出現如下情形。

　　1959年秋後，鳳山縣饑荒災情蔓延，已出現逃荒、餓死人現象，鳳山縣委仍派出工作組深入大隊、小隊、農戶追繳所謂「瞞產私分」的糧食，使「饑荒和餓死人現象愈演愈烈」。[50]

　　1959年，百色縣大搞糧食「反瞞產私分」運動，基於高估產而實行高徵購，糧食入庫尚未結束就出現了農民缺糧斷炊的情形。當年全縣共「反出」瞞產私分糧250.5萬公斤，列入當年返銷糧食分配數中。也就是用子虛烏有的250.5萬公斤「瞞產糧」，分

---

49　〈地委召開各縣委電話會議，對當前糧食工作作了幾點重要指示，並指出在搞好糧食工作的同時，切實抓好當前生產〉。

50　鳳山縣志編纂委員會編，《鳳山縣志》（南寧：廣西人民出版社，2009），頁117-118。

配給確實「缺糧斷炊」的農民，這種「畫餅充飢」的惡劣手段，造成「群眾意見很大」。[51]

1959年11月，百色地委四級幹部會議之後，那坡縣積極開展反右傾運動，「反右傾」達到高潮，進而於1960年1月發生了血腥暴力反瞞產、死傷300多人的「德隆核產事件」。[52]

1960年4月，百色全地區性的反瞞產運動已經結束，但靖西縣四級幹部會議卻仍「結合反瞞產」進行操作。歷時十六天的會議期間，產生了揭發貪汙的大字報23萬5,461張，意見24萬7,781條；揭發浪費、官僚主義大字報22萬4,300張，意見32萬4,900條。[53] 這種鋪天蓋地的聲勢使運動者與被運動者莫不感到膽戰心驚而不得不屈服於運動的強大壓力。

這樣一個形勢的轉變，雖然是由於農村糧食形勢持續惡化，農民及基層幹部的瞞產私分現象日益普遍，嚴重干擾甚至破壞了政府的糧食徵購任務，中共當局不得不再次通過更劇烈的反瞞產運動，達到強制性超額徵購糧食以保障城市與重工業地區的需要。[54] 然而，更重要的原因，無疑是來自盧山會議之後的反右傾鬥爭。

有了盧山會議反右傾的尚方寶劍，百色地區第二次反瞞產運

---

51 百色市志編纂委員會編，《百色市志》（南寧：廣西人民出版社，1993），頁394。

52 那坡縣志編纂委員會編，《那坡縣志》，頁403-404。

53 靖西縣縣志編纂委員會編，《靖西縣志》，頁425。

54 此即所謂「捨農村保城市」的部署。參考 Lin, J., Yang, D., "Food Availability, Entitlements and Chinese Famine of 1959-1961," *The Economic Journal,* 110:460 (2000): 136-158；Thomas P. Bernstein, "Stalinism, Famine, and Chinese Peasants: Grain Procurement During the Great Leap Forward," *Theory and Society,* 13:3 (1984): 339-377.

動的主導者更是有恃無恐，無需故作姿態動員群眾參與，而是直接進行命令式的推動。具體而言，不再需要第一次反瞞產運動所運用的「代民作主」、「代管糧」以及「向黨交心」之類的迂迴策略（報刊上不再出現此類詞語），而是擺出予取予奪、志在必得的姿態，正面開展一場「農村資本主義與社會主義的兩條道路的鬥爭」。[55] 不過當時公開發表的報刊文章與會議用語，仍少有直言「反瞞產」，還是更多以「社會主義教育」、「反右傾」等政治性運動的名義出現，但鬥爭目標更鮮明，矛頭直指「富裕中農」。

中共百色地委1959年11月19日的電話會議一再強調批判「富裕農民」（即富裕中農）的思想，顯見富裕中農已然成為第二次反瞞產運動的主要鬥爭對象：

> 一破（資本主義思想）一立（社會主義思想），這就是開展社會主義教育運動的目的。這是兩條道路鬥爭的性質，但是這是人民內部矛盾。批判以富裕農民為代表的資本主義思想，是政治思想領域的階級鬥爭……把妨礙大躍進的富裕農民思想批判掉。[56]

毛澤東在1955年農業合作化高潮時就認為：「在富裕中農

---

55　〈在農村深入開展一次社會主義教育〉，《廣西日報》，1959年11月5日，第1版。
56　〈明確指導思想，加強組織領導，依靠廣大群眾，全面掀起社會主義教育運動高潮，地委召開電話會指出當前幾個重要問題〉，《右江日報》，1959年11月22日，第1版。

的後面站著地主和富農，他們是有時公開地有時秘密地支持富裕中農的。」[57]

在地主、富農經過土地改革而失去實際活動能量之後，富裕中農似乎就成為跟合作化／集體化對抗的主力，因而也就成為革命鬥爭的主要對象。1959年12月12日，自治區黨委、百色地區工作組在《右江日報》著文宣稱：「在這次社會主義教育運動中，有少部分富裕中農資本主義陰魂未散，迷夢未破，重返資本主義道路的野心未死。」[58]

這個現象，跟蘇共早年將「全盤集體化」與「消滅富農階級」政策緊密相連的做法異曲同工。[59] 只不過，蘇共所謂「富農」往往就是富裕農民，而中共所謂「富裕農民」卻是指涉到更廣泛的農民群體。事實上，毛澤東對農民這個群體（階層）始終是心存疑慮的。1940年代末中共建政前夕，毛澤東便有「嚴重的問題是教育農民」[60] 的認知；1959年第二次鄭州會議期間，毛澤東亦指出：「農民總還是農民，他們在社會主義的道路上總還有一定的兩面性。」[61] 於是在反瞞產運動中，雖然批判鋒芒指向

---

57　毛澤東，〈《誰說雞毛不能上天》一文按語〉，中共中央文獻研究室編，《建國以來毛澤東文稿》（北京：中央文獻出版社，1991），第五冊，頁525。

58　自治區黨委、百色地區工作組，〈算十筆大賬，思想亮堂堂，邏索大隊通過算賬對比，社員社會主義覺悟大大提高，以鐵的事實粉碎了「今不如昔」的謬論〉，《右江日報》，1959年12月12日，第2版。

59　金雁，〈俄國農民研究史概述及前景展望〉，《俄羅斯研究》，2002年第2期，頁86-90。

60　毛澤東，〈論人民民主專政〉，中共中央毛澤東選集出版委員會編，《毛澤東選集》（北京：人民出版社，1991），第四卷，頁1477。

61　〈鄭州會議紀錄・毛澤東同志的講話〉（1959年2月27日至3月5日中共中央政治局擴大會議），中共中央文獻研究室編，《建國以來重要文獻選編》（北

富裕中農，但鋒芒所及，傷害到的卻是所有的農民。以致當時身處大饑荒重災區河南省商丘地區的顧准將反瞞產運動表述爲「國家vs.農民」、「國家與農民的衝突」。[62]

這樣一種「國家與農民的衝突」，用白思鼎詮釋就是：中共在「大躍進—大饑荒」期間的施政，並非是像史達林主義那樣，將國家與農民的關係看作是一場「你死我活的零和衝突」（a zero-sum conflict –"it's them or us"），而仍是爲了引導農民走向基於「毛澤東新觀念」（Mao's new ideological conceptions）所樹立的「前所未有的雄心勃勃的發展目標」（unprecedentedly ambitious developmental goals），並且認爲超額徵購糧食與農民的利益是相一致的。但這種假設顯然是錯誤的，於是，便發生了大饑荒這種中共當局施政錯誤的「意外結果」（an unanticipated outcome）。[63]

儘管如此，依仗盧山會議反右傾的政治壓力，百色地區第二次反瞞產運動的「命令式動員」確實是更爲無所拘束，與民爭糧的目的更爲直接而明確，運動操作的手段卻也愈來愈粗暴且殘酷，最終導致在「反右傾達到高潮」之後，發生了1960年1月3日至26日的「德隆核產」血腥事件（見前），促使百色地區第二次反瞞產運動登峰造極，之後便難以爲繼。於是，以同年1月22日爲肇啓的小球藻運動宣傳爲掩護，百色地區第二次反瞞產

---

京：中央文獻出版社，1996），第十二冊，頁127。

62 顧准，《顧准日記》（北京：中國青年出版社，2002），頁169，「1959年12月15日」；頁227，「1960年1月9日」。

63 Thomas P. Bernstein, "Stalinism, Famine, and Chinese Peasants: Grain Procurements during the Great Leap Forward," 377.

運動草草收場。

## 第三節 百色地區兩次反瞞產運動後果

反瞞產運動造成的惡劣後果，很快就不斷呈現出來，這種現象在當時的報刊不見蹤影，但通過官方當時的調查報告、文革時期的小報、文革後編撰的志書及官方公布的相關數據均可了解。

田東縣於1959年3月1日至17日召開以反瞞產私分為主要內容的四級幹部會議，自4月16日起，全縣庫存商品糧僅能維持兩天，縣委不得不發出〈關於整頓市場糧食供應工作的緊急指示〉，大幅壓縮城鎮糧食供應；5月中旬到6月10日止，全縣先後發生水腫病3,644人，痢疾646人，腹瀉671人。[64]

德保縣在1959年至1961年的經濟困難時期，糧食嚴重短缺，農村公共食堂只能以瓜菜代糧，全縣近萬人因營養不足而患浮腫、乾瘦、小兒營養不良、婦女子宮脫垂、閉經等五種病（後文稱「五病」），到1961年非正常死亡6,328人。[65]

自治區黨委、百色地委、鳳山縣監委聯合調查組在1961年5月17日提交的調查報告稱，在「糧食核產」（即反瞞產）期間，從1959年1月到1960年底，鳳山全縣共死亡6,095人，其中與糧食有關死亡2,414人。喬音公社的那王等六個大隊全家死光的有69戶，共計273人，那王大隊第12隊韋媽勤全家大小五口

---

64　《田東縣志》，頁23。

65　德保縣志編纂委員會編，《德保縣志》（南寧：廣西人民出版社，1998），頁351。

死於同一天。[66]

關於百色地區大饑荒災情造成的惡果，可參看1999年官方公布的數據：1959年至1961年，百色地區12個縣連續三年總人口遞減，三年的死亡人數共7萬6,200人。這三年的死亡率分別為：23.22‰，27.15‰，27.22‰，遠超於11.84‰的全國平均正常死亡率。

通過下面「百色行政區1953年至1966年人口資料表」[67] 將時間段拉長到中國鄉村社會變化較大的1953年至1966年進行考察：

| 年分 | 年底人口數（萬人） | 出生率（‰） | 死亡率（‰） | 自然增長率（‰） | 重要事件 |
|------|------|------|------|------|------|
| 1953 | 176.53 | 46.16 | 23.56 | 22.60 | 統購統銷開始 |
| 1954 | 179.71 | 36.81 | 18.89 | 17.92 | 合作化普遍開展 |
| 1955 | 182.17 | 30.48 | 16.74 | 13.74 | 合作化高潮 |
| 1956 | 183.54 | 32.57 | 15.35 | 17.22 | 高級合作社激增 |
| 1957 | 188.50 | 34.71 | 15.38 | 19.33 | 大躍進開始 |
| 1958 | 191.40 | 29.60 | 18.26 | 11.34 | 8月：人民公社建立；年底：第一次反瞞產始、大饑荒起 |

---

66 自治區黨委、百色地委、鳳山縣監委聯合調查組，〈對匿名來信反映鳳山縣委第一書記張耀山同志在糧食核產中官僚主義致使全縣餓死幾千人等問題的調查報告〉（1961年5月17日），鳳山縣志編纂委員會編，《鳳山縣志》，頁806；百色地委、鳳山縣委聯合調查組，〈關於鳳山縣砦牙公社在糧食核產期間發生非正常死亡情況的檢查報告〉（1961年7月4日），鳳山縣志編纂委員會編，《鳳山縣志》，頁809-812。

67 整理自廖新華主編，《崛起的壯鄉——新中國五十年（廣西卷・資料篇）》（北京：中國統計出版社，1999），頁156。此處百色行政區包括：百色市、田陽縣、田東縣、平果縣、德保縣、靖西縣、那坡縣、凌雲縣、樂業縣、田林縣、隆林各族自治縣、西林縣。

| | | | | | 2月至3月：第二次鄭州會議；<br>春：第一次反瞞產終；<br>7月至8月：盧山會議；<br>秋：第二次反瞞產始大饑荒蔓延 |
|------|--------|-------|-------|--------|---|
| 1959 | 190.49 | 17.29 | 23.22 | -5.93 | |
| 1960 | 187.41 | 17.91 | 27.15 | -9.24 | 春：第二次反瞞產終<br>大饑荒慘烈 |
| 1961 | 183.78 | 16.88 | 27.22 | -10.34 | 大饑荒持續惡化 |
| 1962 | 187.14 | 30.35 | 12.34 | 18.01 | 1月至2月：七千人大會、<br>大饑荒漸息 |
| 1963 | 192.93 | 44.32 | 13.04 | 31.28 | 「四清」運動始 |
| 1964 | 197.71 | 43.31 | 13.53 | 29.78 | 「四清」運動 |
| 1965 | 205.27 | 44.60 | 10.96 | 33.64 | 「四清」運動漸息 |
| 1966 | 212.82 | 39.60 | 9.18 | 30.42 | 5月：「四清」終，文革興 |

從表格顯示可見，百色地區人口相關數據的變化與當時各種運動的發展關係密切，尤其是1958年人民公社化後，大躍進、大饑荒伴隨著反瞞產運動進行，導致人口出生率下降，死亡率上升，直至1962年才恢復過來。

以下再通過「全國／廣西／百色1959年至1961年人口數及自然變動情況對比表」[68] 將全國、廣西全境、百色地區在1959

---

68 國家統計局綜合司編，《全國各省、自治區、直轄市歷史統計資料彙編，1949～1989》（北京：中國統計出版社，1990），頁2、642。表格中一些數據的重新核算，爲中央大學中文系博士生李X同學所貢獻，特此致謝！

年至1961年的情形進行比較：

| 年分 | 地域 | 年底人口數（萬人） | 出生率（‰） | 死亡率（‰） | 自然增長率（‰） |
|------|------|------|------|------|------|
| 1959 | 全國 | 67,207 | 24.78 | 14.59 | 10.19 |
|      | 廣西 | 2,205 | 24.52 | 17.49 | 7.03 |
|      | 百色 | 190.49 | 17.29 | 23.22 | -5.93 |
| 1960 | 全國 | 66,207 | 20.86 | 25.43 | -4.57 |
|      | 廣西 | 2,172 | 19.40 | 29.46 | -10.06 |
|      | 百色 | 187.41 | 17.91 | 27.15 | -9.24 |
| 1961 | 全國 | 65,859 | 18.02 | 14.24 | 3.78 |
|      | 廣西 | 2,159 | 17.73 | 19.50 | -1.77 |
|      | 百色 | 183.78 | 16.88 | 27.22 | -10.34 |

通過表格數據比較可知，百色地區人口死亡率除了1960年（27.15‰）稍低於廣西全境的死亡率（29.46‰）、但高於全國死亡率（25.43‰）外，1959年與1961年的死亡率（23.22‰；27.22‰）都比同時期全國（14.59‰；14.24‰）與廣西全境（17.49‰；19.50‰）高出不少。這樣的差異，或許也跟百色地區地處少數民族邊疆區域，經濟發展較為落後有關。

反瞞產運動結束後，百色地區某些惡性事件在一定範圍內得到處理。如平果縣在大躍進期間，颳共產風，搞反瞞產、高徵購；1959年購糧1,519萬公斤，為1956年的1.8倍，佔當年糧食總產30.80%，強購了農民的口糧，致使1960年發生因缺糧而餓死人事件。1960年5月16日，公安機關逮捕了發生餓死人的坡造公社的黨委書記陳海文與古平公社的黨委書記袁世國以及一些大隊的黨支部書記。顯然，這只是在小範圍針對部分公社與大隊幹部採取的懲處措施，負更大責任的縣、地區（及更高級別）的運動實際執行者卻置身事外，更大範圍的災難得不到遏止，以致

1961年平果縣「五病」患者仍達到2萬7,000多人。[69]

　　前述鳳山縣大量餓死人事件遭受聯合調查組調查後，縣委第一書記張耀山（1922～？）等人所受到的處罰也僅是「黨內嚴重警告」。[70] 值得注意的是，鳳山縣的饑荒災情並非完全無糧，而是有糧卻封倉不濟民。直到1960年2月，中共百色地委書記處書記、行署專員趙世同（1901～1977）到鳳山縣調查餓死人事件，發現了事情的嚴重性，才到大量餓死人的喬音公社開糧倉救濟飢民，繼而在該公社巴甲大隊召開現場會。嗣後，各公社糧所、糧站陸續開倉，發放糧食，饑荒得到緩解。可見地方當局確實曾有限度地採取某些措施進行糾錯，以期遏止不斷惡化的局面。趙世同此舉，無疑顯示了「饑荒提出的最具有爭議性的問題之一」——在危急時刻的責任心和有效性。[71] 然而，這種有責任心的地方官員畢竟極為少有；而這種糾錯有效性也只是局部的，沒有持續性及普遍性，並且有反復現象，因此成效有限，鳳山縣的饑荒災情仍無法遏止。該年全縣死亡3,958人（多為非正常死亡），死亡率由1959年的33.10‰攀升為45‰，人口繼1959年之後再次出現負增長。[72]

　　前述1960年初那坡縣發生「德隆核產事件」，大約在半年

69　平果縣志編纂委員會編，《平果縣志》（南寧：廣西人民出版社，1996），頁23。

70　自治區黨委、百色地委、鳳山縣監委聯合調查組，〈對匿名來信反映鳳山縣委第一書記張耀山同志在糧食核產中官僚主義致使全縣餓死幾千人等問題的調查報告〉，頁808。

71　艾志端著，曹曦譯，《鐵淚圖：19世紀中國對於饑饉的文化反應》（南京：江蘇人民出版社，2011），頁272。

72　鳳山縣志編纂委員會編，《鳳山縣志》，頁17。

後，於7月17日由自治區黨委、百色地委、那坡縣委聯合組成調查組，對事件進行調查並處理，但也只是拋出幾個替罪羊：「將造成人命死亡的原核產工作隊3名人員，逮捕法辦，判刑勞改。」[73]

《那坡縣志》對該縣反瞞產運動的後果語焉不詳，但從其中所列「那坡縣1957至1961年度糧食總產、徵購、口糧對比表」可見大略情形：

| 年度 | 產量（萬公斤） | | 徵購（萬公斤） | | | 口糧（萬公斤） | | 人均口糧（公斤） | |
|---|---|---|---|---|---|---|---|---|---|
| | 混合糧 | 比1957年 +-% | 貿易糧 | 佔總產% | 比1957年 +-% | 混合糧 | 佔總產% | 混合糧 | 比1957年 +-% |
| 1957 | 3,282 | 100 | 431.5 | 13.1 | 100 | 2,590 | 78.9 | 236.5 | 100 |
| 1958 | 3,074 | -6.3 | 836.5 | 27.2 | +93.9 | 1,962.5 | 63.8 | 179 | -24.3 |
| 1959 | 2,828 | -13.8 | 929 | 32.9 | +115.3 | 1,610 | 56.9 | 147 | -37.8 |
| 1960 | 2,315 | -29.5 | 572.5 | 24.7 | +32.7 | 1,438 | 62.1 | 142.5 | -39.7 |
| 1961 | 1,924 | -41.4 | 386.5 | 20.1 | -10.4 | 1,244.5 | 64.7 | 126.3 | -46.6 |

跟1957年比較，1958年是大躍進與人民公社化運動急速推進的一年，那坡縣糧食產量下降了6.3%，秋收後進行反瞞產運動，徵購額陡增93.9%，致使農民人均口糧下降了24.3%；反瞞產運動持續進行的1959年與1960年，糧食產量分別下降了13.8%與29.5%，徵購數額卻分別激增了115.3%與32.7%，人均口糧則分別減少了37.8%與39.7%。經過兩次反瞞產運動的摧殘，1961年糧食產量大減了41.4%，雖然徵購也減少了10.4%，

---

73 那坡縣志編纂委員會編，《那坡縣志》，頁409。

但農民人均口糧仍然大減了46.6%。[74]

　　1960年9月7日，中共中央發出壓低農村口糧標準的指示：淮河以南直到珠江流域的地區，應當維持平均每人每年原糧360斤；淮河以北地區的口糧標準，應當壓低到平均每人全年原糧300斤左右。[75]那坡縣農民的人均口糧顯然與已經被壓低的標準相差甚遠。

　　顯而易見，大躍進浮誇風所虛構的「大豐收」（實際減產）導致糧食高額徵購，徵購不足即引發反瞞產運動；反瞞產運動強化了超額徵購，從而導致農民的生存處境惡化，嚴重影響農業生產，糧食產量也因此大幅下降；政府的徵購任務無法完成，不得不持續加強反瞞產運動的力度，以達到超額強徵購的目的。由此形成惡性循環，農民的處境無疑也日益惡劣，最終導致全面性的大饑荒降臨。

---

74　數據與表格引自那坡縣志編纂委員會編，《那坡縣志》，頁289。表格中三處百分比數值的修正，為中央大學中文系博士生李X同學所貢獻，特此致謝！

75　〈中共中央關於壓低農村和城市的口糧標準的指示〉（1960年9月7日），中共中央文獻研究室，《建國以來重要文獻選編》（北京：中央文獻出版社，1996），第十三冊，頁567-568。

# 第六章 ┃ 反瞞產運動之群眾性：以百色為例

　　有別於上一章著重於對廣西百色地區反瞞產運動的具體表現
及其前因後果進行探討，本章著眼在中共群眾運動史研究的學術
脈絡上，進一步深入探析有關百色地區反瞞產運動的「群眾性」
議題，從歷史追溯、理論表述到實踐操作的重要性，及其效果、
意義與影響。

　　中共在建黨之初，已十分重視群眾（尤其是農民）的重要
性。建黨伊始即自我定位：「中國共產黨為代表中國無產階級及
貧苦農人群眾的利益而奮鬥的先鋒軍。」[1] 因應中國以農立國的
歷史與現實，尤為強調：「中國三萬萬的農民，乃是革命運動中
的最大要素。」[2] 如此論述，闡明了「中共」、「群眾」、「運
動」三者密不可分的關係。「群眾」在中共發展史中的重要性不
言而喻。

　　臺灣的中共問題研究專家楊汝舟便認為：「群眾路線」是中
共建黨的重要理論基礎與行動綱領，所謂「階級鬥爭」、「黨的
建設」、「武裝暴動」、「統一戰線」、「黨內鬥爭」、「世界
革命」和「無產階級專政」等，均是建築在「群眾路線」之

---

1　〈關於議會行動的決案〉（1922年7月），中央檔案館編，《中共中央文件選
　　集（1921～1925）》（北京：中共中央黨校出版社，1989），第一冊，頁74。
2　〈中國共產黨第二次全國大會宣言〉（1922年7月），中央檔案館編，《中共
　　中央文件選集（1921～1925）》，第一冊，頁113。

上。[3]

　　1945年5月，在延安召開的中共第七次全國代表大會（後文稱「七大」）上，「群眾路線」正式被確立爲中共「根本的政治路線」和「根本的組織路線」。[4] 其要點即如毛澤東在七大會議上所作政治報告宣稱：「一切從人民的利益出發，而不是從個人或小集團的利益出發；向人民負責和向黨的領導機關負責的一致性；這些就是我們的出發點。」[5]

　　劉少奇在七大會議上所作關於修改黨章的報告則總結：「我們的群眾路線，也就是階級路線，就是無產階級的群眾路線。」「一切爲了人民群眾的觀點，一切向人民群眾負責的觀點……就是我們的群眾觀點，就是人民群眾的先進部隊對人民群眾的觀點。」[6] 劉少奇的論述，是對毛澤東群眾路線的再發揮，只是更強調其階級性，將「群眾路線」置換爲「階級路線」，並且明確定義爲「無產階級的群眾路線」，以期使這一路線在現實中能夠更爲有利於「先進部隊」（中共）鬥爭與利益的需要。

　　所謂「群眾路線」、「一切從人民的利益出發」、「向人民負責」云云，表明中共以此高姿態自我定位爲人民群眾利益的代

---

3　楊汝舟，《中共群眾路線研究》（臺北：黎明文化事業公司，1974），〈序文〉，頁1。

4　劉少奇，〈論黨〉，中共中央文獻研究室、中共中央黨校編，《劉少奇論黨的建設》（北京：中央文獻出版社，1991），頁427。該文即劉少奇在中共七大所作關於修改黨章的報告。

5　毛澤東，〈論聯合政府〉，中共中央毛澤東選集出版委員會編，《毛澤東選集》（北京：人民出版社，1991），第三卷，頁1094-1095。

6　劉少奇，〈論黨〉，中共中央文獻研究室、中共中央黨校編，《劉少奇論黨的建設》，頁428、440。

表，在此自我定位之下，群眾的利益與中共的利益便有了「一致性」；於是，在現實運作中，一切運動莫不標舉「人民群眾」的旗號；而「向黨的領導機關負責」也就理所當然取代了「向人民負責」。這就是毛澤東所一再強調要堅持的，以中共的利益為一切政策及策略根本出發點的「革命功利主義」立場。[7] 這樣一種立場、精神與操作，體現、貫徹於廣西百色地區的反瞞產運動中。

## 第一節 被當局主導、支配與操控的「群眾性」

1960年1月上旬，第二次反瞞產運動期間，由負責全面工作的中共廣西僮族自治區黨委書記處書記伍晉南主持，會同負責財貿系統的書記處書記賀希明、祕書長兼農村工作部長霍泛（1915～2009），召開了農村工作、糧食工作有關負責人的會議。[8]

會議中心議題是「檢查各地反瞞產的情況，總結經驗，布置下一步做法」。霍泛在會上說：

> 現在還有幾個問題要注意：凡是放手大搞群眾運動的就較好，如梧州、玉林搞的不錯。相反的，如南寧、柳州未搞群眾運動，消極的算賬、過秤、安排三留，這樣雖然安排了，但產量不對口。現在桂林也就是不管下面怎樣鬧，還是搞群

---

7　參考楊奎松，〈毛澤東超出常人之處〉，《領導文萃》，2010年第11期，頁37-41。

8　當時第一書記劉建勛病休，自治區主席韋國清外出開會，故由位列第三的自治區黨委書記處書記伍晉南暫代負責全面工作。

眾運動把糧食拿上來再說。[9]

　　把是否「搞群眾運動」視爲進行各項工作的必備條件與衡量標準，即使是在群眾有牴觸的情形下（「不管下面怎樣鬧」），也要通過「搞群眾運動把糧食拿上來」。由此，不僅強調「群眾運動」對反瞞產的必要性與重要性，並且闡明反瞞產運動的「群眾性」完全是由中共當局所主導、支配與操控。其具體表現主要爲如下三方面。

### （一）各種會議貫穿始終

　　中共進行的運動，雖然標榜是「群眾性」運動，但絕不能允許「既無領導也無組織的群眾」[10]。因此作爲運動的召集者、主導者，在運動操作過程中，往往以各種會議貫穿始終，用以發起、指導、推進、總結運動。於是，通過會議，有關運動的方針、綱領、路線、發展，莫不牢牢掌控在中共各級「黨的領導機關」手中，前述「向黨的領導機關負責」取代「向人民負責」，便順理成章得以落實，「群眾性」自然而然服膺於「黨性」。

　　廣西反瞞產運動就是以自治區、地區、縣等各級幹部會議爲先導進行，如廣西第二次反瞞產運動的開展—— 1959年8月至9月間，「自治區黨委舉行第一屆九次會議和自治區、地、縣三級

---

9　區黨委農村政治部、區人委農林辦公室、區貧協籌委會聯合兵團、區糧食廳「東風」聯合戰鬥團，〈誰是廣西反瞞產的罪魁禍首？——廣西反瞞產事件調查〉（1967年5月31日），無產階級革命造反派平樂縣聯合總部，1967年6月30日翻印。引文中所謂「三留」，即保留口糧、飼料糧、種子糧。

10　陳永發，《延安的陰影》（臺北：中央研究院近代史研究所，1990），頁152。

幹部會議⋯⋯在全自治區開展『反右傾運動』和『反瞞產私分鬥爭』」。[11] 百色地區第一次反瞞產運動更是通過一系列會議得以啓動：1959年1月10日晚，中共百色地委召開各縣委負責人參加的電話會議，布置反瞞產工作。[12] 同月15日至20日，中共百色地委召開了23個整社試點工作會議，以期明確運動第一步的目的與要求：結合檢查瞞產私分現象，樹立集體主義思想。地委書記處書記霍峻峰（1921～2015）在會上強調，糧食問題在運動第一步就要搞好，沒有搞好的要補課。[13] 在此之後，各縣紛紛召開各級幹部會議，反瞞產運動全面展開。

利用電話、廣播進行會議，在當時是頗具「現代化」的形式，得以更迅速在更大範圍傳達運動指令與通告。上引1959年1月10日晚，中共百色地委即是以電話會議啓動反瞞產運動；同月29日晚，百色地委再次召開各縣委參加的電話會議，地委第一書記尚持對反瞞產運動作了重要指示，認為運動發展是「點雖深但不透」，還沒有形成「群眾性的報出糧食是光榮的熱潮」，要求各地運動進一步抓緊報糧交糧工作。[14]

百色地委書記處書記楊烈在1959年2月25日的電話會上指

---

11 廣西壯族自治區地方志編纂委員會編，《廣西通志·農業志》（南寧：廣西人民出版社，1995），頁55。

12 〈地委召開會議指示各地，結合整社抓好糧食工作，並強調要突出挖紅薯和護牛過冬〉，《右江日報》，1959年1月12日，第1版。

13 〈健全機構，搞好經營管理，建立與健全管理制度〉，《右江日報》，1959年1月22日，第1版。

14 〈地委召開各縣委電話會議，對當前糧食工作作了幾點重要指示，並指出在搞好糧食工作的同時，切實抓好當前生產〉，《右江日報》，1959年1月31日，第1版。

出，之所以要進行「報糧交糧的群眾運動」，因爲「讓農民手裡留有很多糧食，沒有什麼好處，只會助長本位主義、個人主義的思想發展」；因而一再號召「公社幹部們、社員們趕快向黨交心報出埋伏糧」，「向黨交心，對黨忠誠老實，報實產量」。[15] 群眾（公社幹部、社員）須向黨交心、給黨交糧——不啻印證了前述「向人民負責和向黨的領導機關負責的一致性」，前者爲虛後者爲實；也表明前引自治區農村工作部長霍泛在動員第二次反瞞產時所說「不管下面怎樣鬧，還是搞群眾運動把糧食拿上來」的策略，在第一次反瞞產便已實施；同時，更隱然透露了反瞞產運動的實質——從農民手中奪糧。

在3月8日晚上召開的電話會議中，楊烈即宣布「交心報出埋伏糧」的成績：各縣的四級幹部大會到8日下午4時止，已共報出了糧食3億1,360萬斤，加上會前報數，全地區已共報出了4億5,175萬斤糧食，以此表彰先進並持續推進各地的反瞞產運動。[16] 1959年10月24日，平果縣分片召開公社黨委書記會議，緊接著又舉行廣播大會，決定由書記掛帥，層層建立領導小組，發動全民開展葉卜合思想轉變的討論，深入進行社會主義和總路線的再教育，同時繼續貫徹各項政策、提高思想、核實產量，從而掀起第二次反瞞產運動熱潮。[17]

---

15 〈地委召開糧食工作電話會，楊書記作重要指示，糧食這一仗，不獲全勝決不收兵，公社幹部們、社員們趕快向黨交心報出埋伏糧〉，《右江日報》，1959年2月27日，第1版。這裡所說的「公社幹部」，主要是指人民公社中的基層幹部——生產大隊幹部與生產隊幹部，二者的身分實質上依然是農民。

16 〈地委楊書記在電話會議上指示組織幾次高潮，使糧食工作完全勝利〉，《右江日報》，1959年3月10日，第2版。

17 〈總路線照亮萬人心，平果各地通過開展葉卜合思想討論，進一步核實產量，

地區、縣、公社各級領導還利用現場會的形式，對運動的發動與進行起到直接示範作用。如第一次反瞞產運動期間，1959年2月19日，田東縣林蓬超英公社在林馱大隊召開反瞞產現場會議，當場便報出7萬1,010斤代管糧和6,210斤節約糧。[18] 平果縣自2月以來，報糧交糧工作緩慢，縣委針對這個情況，在2月25日選擇思想發動較充分、報糧交糧成績較大的海城公社爲典型，在那裡召開各公社大隊以上幹部的現場會議，當天就交糧456萬斤。[19] 凌樂縣同樂公社黨委以百樂大隊爲重點，開展糧食普查工作，並在該大隊召開現場會，通過重點帶動，在全公社迅速掀起了報瞞產糧食的熱潮。全公社在三天內，報出8萬多斤糧食。[20]

　　縣一級的幹部會議最爲重要，起到上情下達，將運動落到實處的作用。縣級的幹部會議分三級（縣、公社、大隊）幹部會議與四級（縣、公社、大隊、生產隊）幹部會議兩種。一般上是運動前期召開三級幹部會議，其作用是學習有關文件、統一思想、進行動員，當然更重要的是在會議上就要求出席會議的基層幹部們報出瞞產的糧食數字。

　　如第一次反瞞產期間，靖西縣在1959年1月的三級幹部會議中，學習貫徹中共八屆六中全會決議，提高幹部共產主義覺悟，扭轉幹部在糧食問題上的右傾情緒，開展「核實糧食產量運

　　報出糧食一百多萬斤〉，《右江日報》，1959年11月7日，第2版。

18　李少慶，〈對黨忠誠爭立功，報糧交糧當先鋒〉，《右江日報》，1959年3月1日，第2版。

19　〈召開現場會議，充分思想發動，平果一天交糧456萬斤〉，《右江日報》，1959年3月6日，第1版。

20　陸業踞，〈書記掛帥，以點帶面，同樂公社糧食工作迅速開展〉，《右江日報》，1959年1月25日，第1版。

動」，僅在會議上就報出糧食1,266萬多斤。[21] 隨著運動深入發展，則召開四級幹部會議，以便將運動的精神及部署貫徹落實到基層（尤其是生產隊）。田東縣與凌樂縣都在1959年3月上旬，反瞞產進行了一段時間後，召開四級幹部會議，持續推進反瞞產的深入發展。[22] 由於生產隊幹部在場，更有利於催報瞞產糧數字，如前引報導，1959年3月8日下午4時止，百色各縣四級幹部大會便共報出了瞞產糧3億1,360萬斤。[23]

由上可見，縣一級幹部會議的重要性之一就在於，將運動的著力點放在農村人民公社中的基層幹部——生產大隊與生產隊幹部（尤其是後者）身上。這些基層幹部在政治上與國家關係密切，誠如戴慕珍（Jean Oi）所指出，在中國鄉村，基層幹部是溝通農民和國家的中介，通過基層鄉村政權，國家的治理得以實現。[24] 然而，這些基層幹部在科層體系上卻又有相當疏離——出自本鄉本土，並無領取國家俸祿而是從生產隊拿工分、分糧食，經濟利益更與當地農民緊密相連。因此在實質上，這些基層幹部也屬於農民。與生俱來的鄉土情緣也就決定基層幹部往往會站在農民的立場為農民說話並領導農民爭取自身權益。

1959年2月28日，毛澤東在鄭州會議上的講話，道破「瞞

---

21 〈扭轉右傾情緒，核實糧食產量，靖西三級幹部會報出1,200多萬斤糧食〉，《右江日報》，1959年1月22日，第1版。

22 田東縣志編纂委員會編，《田東縣志》（南寧：廣西人民出版社，1998），頁23；樂業縣志編纂委員會編，《樂業縣志》（南寧：廣西人民出版社，2002），頁17。

23 〈地委楊書記在電話會議上指示組織幾次高潮，使糧食工作完全勝利〉。

24 Jean Oi, *State and Peasant in Contemporary China* (Berkeley and Los Angeles: University of California Press, 1989).

產」與「反瞞產」較量中基層幹部作為農民「領袖」的關鍵性作用：「幾億農民和小隊長聯合起來抵制黨委，中央、省、地、縣是一方，那邊是幾億農民和他們的隊長領袖作為一方。」[25]

於是，縣一級的幹部會議，除了發動基層幹部與黨團骨幹，進而動員群眾，掀起運動；更由於瞞產私分的關鍵人物是基層幹部，當局往往就利用在集體的場合，以領導的威權、組織的紀律、行政的手段，要求基層幹部當場表態報糧交糧，以此達到分化、瓦解瞞產私分中堅力量的目的。

## （二）結合其他運動

中共善於發動各種群眾運動，在反瞞產期間，便相繼發動了整社、反右傾、社會主義教育及三反等運動。[26] 這些運動，各自有整頓工作作風、端正政治立場、推行思想教育、整肅違法亂紀等主要目的。反瞞產往往跟這些運動交集、結合在一起進行，聲勢更為浩大，群情更為洶湧。一方面更有利激發反瞞產的功效，另一方面，也有利於掩飾反瞞產的負面意義（搶糧、與農民對立）。

第一次反瞞產期間，1959年2月初，凌樂縣15個人民公社

---

25 毛澤東，〈在鄭州會議上的講話（三）〉（1959年2月28日），《毛澤東思想萬歲（1958～1960）》（武漢：武漢群眾組織翻印，1968），頁208。

26 「整社」與「反右傾運動」見前。「社會主義教育運動」：在毛澤東的提議下，中共當局於1957年、1959年、1961年、1963年舉行了多次農村社會主義教育運動，針對不同階段農村問題對農民進行社會主義思想教育。「三反運動」：1960年5月15日，中共中央發出〈關於在農村中開展「三反」運動的指示〉，規定「三反運動」是反貪污、反浪費、反官僚主義，以反貪污為重點，對已在各地農村開展的「三反」運動進行總結並作進一步指示。

在整社中緊緊地抓住整頓糧食工作，貫徹自治區黨委、地委有關整社及糧食問題的方針、政策、指示，大力開展「以糧食工作為中心的整社運動」。[27]

第二次反瞞產結合了更多其他運動：1959年11月，東蘭縣藉助社會主義教育進行反瞞產，製作大量的文字宣傳資料及宣傳畫，並且編寫山歌和劇本，對群眾進行宣傳教育。宣傳教育的內容聚焦於反瞞產，於是，兩天內就「反」出瞞產糧12萬多斤。[28] 1959年11月，百色地委四級幹部會議之後，那坡縣積極開展反右傾運動，「『反右傾』達到高潮」之際，進而在1960年1月3日至26日進行反瞞產，以致發生「德隆核產事件」——在德隆公社以殘酷手段搜刮糧食，造成300多人死傷。[29] 1960年4月，靖西縣委召開全縣四級幹部會議集中進行三反，「結合反瞞產」，號召幹部自我檢查，主動「下樓」（交代錯誤），互相檢舉，放下包袱，為全縣農村開展三反打下良好基礎。[30]

上述事例中，有「整社」、「社會主義教育」、「反右傾」、「三反」等不同的運動，「反瞞產」或穿插其間，或隨之而起，相互作用。各種運動的相互作用，無疑更有效地達到全民動員、全民參與，無遺漏、無死角的效果，更充分體現出所謂

27 陸業琚、黃鳳冠，〈反復講明政策，大宣傳大表揚，凌樂各公社交出糧食二百多萬斤〉，《右江日報》，1959年2月5日，第2版。

28 中共東蘭縣委通訊組，〈大寫大演大唱大畫大廣播，回憶算賬對比，東蘭全面開展社會主義教育運動〉，《右江日報》，1959年11月17日，第2版。

29 那坡縣志編纂委員會編，《那坡縣志》（南寧：廣西人民出版社，2002），頁404。

30 靖西縣縣志編纂委員會編，《靖西縣志》（南寧：廣西人民出版社，2000），頁425。

「人民戰爭汪洋大海」的聲威氣勢。

無論如何，「反瞞產」始終是中心與重點。中共廣西自治區黨委第一書記劉建勛於1959年1月自治區常委擴大會議上，就明確地「定下反瞞產基調」：「一切服從糧食爲中心。大鳴大放、深耕、水利、整社，都要服從糧食中心，不得妨礙調運〔糧食〕。」[31] 最終目的仍爲了攫取更多糧食。

## （三）結合（超額的）糧食統購

反瞞產所「反」出來的糧食，無不通過（超額）統購的方式進入國庫，上文引劉建勛所說的「調運」，就是將通過反瞞產徵購的糧食調運入國庫。

據當時的報刊報導，平果縣通過開展葉卜合思想討論，認識到瞞產私分，就是對不起黨、對不起國家，對人民公社不利，因此紛紛報出原來隱瞞不報的中稻產量1,188多萬斤。其中城關公社城龍大隊將中稻平均畝產由原來的185斤增加到381斤，並超額完成統購任務15萬斤。[32] 報刊對平果縣的報導，儼然是一派群眾響應號召積極報糧的景象。然而，實情卻是如文革後出版的志書所揭露：大躍進期間，平果縣颳共產風，搞反瞞產、高徵購，1959年購糧1,519萬公斤，是1956年的1.8倍，佔當年糧食總產量的30.80%，超購了農民的口糧，致使1960年發生因缺糧

---

31 區黨委農村政治部等，〈誰是廣西反瞞產的罪魁禍首？——廣西反瞞產事件調查〉。

32 〈總路線照亮萬人心，平果各地通過開展葉卜合思想討論，進一步核實產量，報出糧食一千一百多萬斤〉。

而餓死人事件。[33]

可見，反瞞產緊密結合統購政策與措施的宣傳與施行，不僅要求基層幹部報出「瞞產」的糧食數字，還須限時交出糧食。在此過程中，往往產生簡單粗暴的行為與現象，以致造成農民斷糧缺糧乃至饑饉死亡。當地志書有如下記載：

百色縣 1959 年浮誇風盛行，因此基於高估產而實行高徵購，糧食統購任務完成 637.5 萬公斤，但糧食入庫尚未結束就出現農民缺糧斷炊的現象，以致造成糧食剛入庫便需要「返銷」救濟災民的局面。所需糧食只能來自農村，於是通過反瞞產加緊搜購糧食，全縣共「報出」瞞產私分糧 250.5 萬公斤（只有數字），列入當年糧食「返銷」分配數中。這種有數字無糧食的畫餅充飢手段，造成「群眾意見很大」。[34]

田東縣由於「浮誇風」的影響，在 1959 年分配統購任務時，估產 7,466.5 萬公斤，統購任務便達 1,750 萬公斤，實際上只能完成 1,017 萬公斤，這個數額已經是 1957 年的 1.99 倍；於是開展反瞞產，全面徵集糧食，把農民平時「節約」的口糧也「動員」繳交出來。[35]

鳳山縣委與某些公社的領導人「好大喜功，一味追求高指標的決策錯誤」，繼 1958 年虛報浮誇產量後，又將 1959 年實際產

33 平果縣志編纂委員會編，《平果縣志》（南寧：廣西人民出版社，1996），頁318。高徵購糧食是導致大饑荒普遍且至關重要的原因。參考 Thomas P. Bernstein, "Stalinism, Famine, and Chinese Peasants: Grain Procurements during the Great Leap Forward," *Theory and Society*, 13:3 (1984): 339-377.

34 百色市志編纂委員會編，《百色市志》（南寧：廣西人民出版社，1993），頁394。

35 田東縣志編纂委員會編，《田東縣志》，頁343。

量2萬1,154噸浮誇虛報為4萬803噸。按此浮誇數的比例進行高徵購，使社員的基本口糧嚴重留糧不足，1959年秋後開始出現逃荒、餓死人現象。此現象非但沒有引起有關領導人警醒，反而開展反瞞產，派出工作組深入大隊、小隊、農戶追繳所謂瞞產私分的糧食，使「饑荒和餓死人現象愈演愈烈」。[36]

上述實例顯示，浮誇風促使虛報糧食豐收高產，據此，糧食徵購額必將大幅提高，實際上卻徵不到糧，便開展反瞞產以追繳糧食，最終導致「饑荒和餓死人現象愈演愈烈」。如此惡性連鎖反應，起源於各級領導人的「好大喜功，一味追求高指標的決策錯誤」。

本來「統購」的操作，就是政府通過各地糧食部門向農民統一徵購餘糧。但在反瞞產運動期間，「各地糧食部門」的業務功能，實際上被各地政府領導下的反瞞產運動執行團隊（如工作隊等）所取代；農民也已失去交售糧食的自主權，被強制性徵購的也已然不僅僅是「餘糧」。

## 第二節 反瞞產運動之群眾性形式

所謂群眾運動，必然通過各種群眾鬥爭的形式得以切實施行。百色地區反瞞產運動中的群眾鬥爭形式雖然跟其他地區大致相同，但也有如下獨到的表現。

---

36 鳳山縣志編纂委員會編，《鳳山縣志》（南寧：廣西人民出版社，2009），頁117-118。

## （一）思想教育

思想教育是中共行之有年亦很有成效的形式，舉凡群眾運動，莫不以思想教育開路且持續貫穿始終。劉建勛於1959年1月自治區常委擴大會議上動員第一次反瞞產運動時即明確指示：「以糧食為中心，搞個思想教育，春節以前就要見成效。」[37] 百色地區的反瞞產運動，便一直貫徹著各種思想教育，以此促使農民思想轉變、提高覺悟、「自動自覺」交出瞞產的糧食。

當時報刊諸多報導：東蘭縣隘洞人民公社有1,638戶社員通過思想教育，自覺檢查自己的瞞產行為，共報出瞞產糧食40多萬斤，全部交回公社。[38] 鳳山縣有公社社員因本位主義和自私自利思想而瞞產的現象；經過學習中央決議後，各公社社員紛紛報出隱瞞的糧食。[39] 田東縣飛躍公社一面思想發動，一面清倉盤點，全公社核出了糧食29萬2,700多斤。[40]

在這樣的批評中，對群眾的思想教育定位較為緩和：個人主義思想、個人利益、本位主義、自私自利思想，因此多採取正面開導的柔性教育。

廬山會議後結合黨內反右傾鬥爭，第二次反瞞產運動的思想教育更側重於針對基層幹部與黨團骨幹。

---

37 區黨委農村政治部等，〈誰是廣西反瞞產的罪魁禍首？──廣西反瞞產事件調查〉。

38 歐陽煊、隘洞公社辦公室，〈批評幹部右傾思想，提高社員共產主義覺悟，隘洞公社報出糧食40多萬斤〉，《右江日報》，1959年1月21日，第1版。

39 梁錫報，〈學習中央決議，明確公社性質，鳳山各公社社員紛紛報出隱瞞的糧食〉，《右江日報》，1959年1月21日，第1版。

40 羅建邦、黎成光，〈一面思想發動，一面清倉盤點，飛躍公社核產工作初獲成績〉，《右江日報》，1959年1月21日，第1版。

1959年9月28日至10月15日，田林縣召開四級幹部會議進行第二次反瞞產運動，參加會議的有各級幹部、黨團員、貧下中農共3,600人；會議採取表揚與批判、自報與揭發、執行黨紀處分與發展黨員相結合的方法，大搞插紅旗（升官）拔白旗（撤職）；很多幹部爲了不被拔白旗而大講假話，虛報數字，大搞浮誇風，而一些講實話的幹部卻被拔白旗。[41]

　　1959年12月，中共那坡縣委以德隆公社爲核產重點，開展對工作組和大小隊幹部的右傾思想進行重點鬥爭。[42] 此會議教育的對象是體制內部成員，故思想教育的重點放在政治性的「右傾思想」；雖說是「採取表揚與批判、自報與揭發、執行黨紀處分與發展黨員相結合的方法」，但往往是傾向於批判、揭發、執行黨紀處分，鬥爭的意味多於教育。

　　憶苦思甜也是常用的思想教育方式。所謂憶苦思甜就是將「舊社會」（中共建政前）與「新社會」（建政後）的生活進行對比，引導人們認爲「舊社會」是苦日子、「新社會」是甜日子。有論者指出：「正是通過『訴苦』、『挖苦根』等方法的引導，農民才產生了『階級意識』，從而使苦難得以歸因。」[43] 需更明確指出的是，所謂苦難歸因，就是爲了反過來證明中共的道德優勢與執政合法性，強化中共對群衆的籠絡與控制，即如百色地委書記處書記楊烈在1959年3月8日的電話會議中所提出：

41　田林縣地方志編纂委員會編，《田林縣志》（南寧：廣西人民出版社，1996），頁17。

42　那坡縣志編纂委員會編，《那坡縣志》，頁15。

43　郭于華，〈作爲歷史見證的「受苦人」的講述〉，《社會學研究》，2008年第1期，頁61。

「階級教育，主要是通過回憶對比訴苦提高覺悟，號召貧下中農向黨交心，對黨忠誠老實，不要忘本。」[44]

在反瞞產運動中，憶苦思甜方式主要運用於對基層幹部與群眾進行思想教育與動員。

如隆林縣新州人民公社那麼大隊的苗族社員，在1959年1月25日召開的黨團員、生產隊長會議上，通過回憶對比，提高了思想覺悟而唱到：「想過去，比今天，食堂好處大無邊。不愁油鹽柴和米，飯熱菜香口口甜。」之後，紛紛交出埋伏糧，77戶苗族社員一共交出2,000多斤糧食。[45]

巴馬縣四級幹部會議開展階級教育，通過回憶、對比、算賬，批判自己的忘本思想：「依靠貧農，通過訴苦挖根，提高了階級覺悟，使他們成為運動的核心力量」，從而掀起「一個聲勢浩大勢如破竹的報糧高潮」。[46]

然而，實際情況卻是：1959年巴馬農村由於普遍嚴重缺糧，營養性水腫病在縣內流行，到9月20日止，巴馬全縣共有657人發病，並且已出現饑饉死亡災情；經過第二次反瞞產，1961年災情持續惡化，「縣內農村出現浮腫、乾瘦、小兒營養不良、婦女子宮脫垂等疾病」。[47]

---

44 〈地委楊書記在電話會議上指示組織幾次高潮，使糧食工作完全勝利〉。

45 理，〈苗族社員說：交出埋伏糧才能保住鐵飯碗〉，《右江日報》，1959年2月7日，第2版。

46 〈回憶對比算賬，人人向黨交心，巴馬四級幹部會開展階級教育〉，《右江日報》，1959年3月8日，第1版；〈老根據地幹部群眾永遠和黨一條心，巴馬1天報糧1,600萬斤〉，《右江日報》，1959年3月11日，第1版。

47 巴馬自治縣志編委會編，《巴馬瑤族自治縣志》（南寧：廣西人民出版社，2003），頁14-15。

## （二）批判性的「四大」

　　所謂「四大」，即大鳴、大放、大辯論、大字報，在1957年的反右運動中得到廣泛運用。對此，毛澤東深表欣慰：「今年這一年，群眾創造了一種革命形式，群眾鬥爭的形式，就是大鳴，大放，大辯論，大字報。」[48]

　　相對於前述思想教育對群眾採取的是「正面開導的柔性教育」，「四大」可稱是群眾運動中很有聲勢也很有威嚇性的「剛性教育」，不過其間也常輔以柔性的宣傳表揚形式。百色地區的反瞞產運動中，從各級幹部會議到鄉村民間動員，都充分運用了此最具群眾性的鬥爭形式。如凌樂縣在反瞞產運動中，專門就糧食問題開展大鳴放、大字報、大辯論、大表揚。甘田公社在三級幹部會上，貼出440多張大字報，其中反映糧食問題的就有400張。最終凌樂縣各公社交出糧食200多萬斤。[49] 靖西縣四級幹部萬人大會報糧高潮深入開展之際，採用了大鳴大放大字報大檢舉的形式，教育與檢舉相結合，報出瞞產糧1,142萬5,895斤，加上之前已報的6,167萬3,764斤，總共達到7,309萬9,659斤。[50] 這些形式中雖見柔性的「表揚」字眼，但剛性的批判氣勢更為凌厲。

　　儘管如此，當時的報刊報導依然更多採取正面宣傳模式，中共百色地委召開的各縣委電話會議上，強調須堅決貫徹說服教育

---

48 毛澤東，〈做革命的促進派〉（一九五七年十月九日），中共中央毛澤東主席著作編輯出版委員會編，《毛澤東選集》（北京：人民出版社，1977），第五卷，頁467。所謂「四大」，各地具體的表述與形式大同小異。

49 陸業琚、黃鳳冠，〈反復講明政策，大宣傳大表揚，凌樂各公社交出糧食二百多萬斤〉。

50 〈開展大鳴大放大字報，靖西四級幹部會報糧高潮持續，大金大隊已交出糧食228萬多斤〉，《右江日報》，1959年3月11日，第1版。

的方針，申明絕不准採用任何簡單的工作方法或強迫命令；並且制定具體的工作方法：開展「六大」，即批判性的大鳴、大放、大字報、大辯論，加上褒揚性的大表揚、大宣傳。表揚先進，帶動一般。公社要抓一個大隊作出典範，帶動其他大隊搞好糧食工作。地委第一書記尚持還特別指出，各地必須嚴加防止簡單的工作方法和強迫命令的現象發生。[51] 然而，如此一再宣稱「決不准許採用任何簡單的工作方法或強迫命令」、「必須嚴加防止簡單的工作方法和強迫命令的現象發生」，恰恰透露現實中仍多有此類現象發生。

對應前引凌樂、靖西二縣報導，文革後出版的志書所記便可見「強迫命令的現象」，以致需要事後甄別糾正：1959年1月26日，凌樂縣以鄉為單位，召開整社大會，參加會議的基層幹部2,749人，會議上進行所謂「四大」，同時開展反瞞產私分運動，「被迫報『瞞產私分』的有74個大隊949人，報出糧食228.73萬公斤」。3月3日，該縣再次召開萬人代表大會，會期16天，繼續進行反瞞產，共報出「瞞產」糧食7,655.29萬公斤。[52] 1960年4月，靖西縣根據中共關於在農村開展三反運動指示，結合反瞞產，召開全縣四級幹部會議，「會議歷時16天，揭發貪污的大字報235,461張，意見247,781條；揭發浪費、官僚主義大字報22.43萬張，意見32.49萬條」；會議中就揭發出瞞產私分糧食21.3萬公斤，會議後全縣開展運動，更揭發出瞞產私分

---

51 〈地委召開各縣委電話會議，對當前糧食工作作了幾點重要指示，並指出在搞好糧食工作的同時，切實抓好當前生產〉。

52 凌雲縣志編委會編，《凌雲縣志》（南寧：廣西人民出版社，2007），頁32-33。

1,056人，糧食54.5萬公斤。兩年後，不得不進行甄別複查：「運動中有些地方沒有實事求是，1962年甄別案件時都予以糾正」。[53]

相對於大鳴、大放、大字報需要一定的書寫能力，大辯論只需口頭表達能力，更適用於一般大眾，因此在反瞞產運動中得以廣泛運用。然而，這種形式並非是「從容辯論，擺事實，講道理」，[54] 而是正方（運動方）運用強權對反方（被運動方）進行鬥爭甚至是圍攻。因此，這種辯論的形式更普遍運用於群眾性的場合並且取得壓倒性勝利。

辯論的形式主要實施在各級幹部會議上，通過辯論是否豐收以確定是否有瞞產行為。如靖西、田陽、鳳山的各級幹部會議上，都同樣將1958年是否取得糧食大豐收當作辯論的主題，同樣用種植、收割、驗收等「鐵的事實」，駁斥「懷疑派」、「算賬派」的質疑，最終都同樣致使質疑者「啞口無言」，在肯定大豐收的基礎上，再順理成章報出大量的瞞產糧數字。[55] 然而事實上往往是「各生產隊誇大糧食產量，各單位也誇大成績，說大話、假話成風」，最終還是無糧可交。[56] 倘若農村基層幹部堅持

---

53 靖西縣縣志編纂委員會編，《靖西縣志》，頁425。

54 毛澤東，〈做革命的促進派〉（一九五七年十月九日），中共中央毛澤東主席著作編輯出版委員會編，《毛澤東選集》，第五卷，頁467。

55 〈靖西四級幹部會展開兩條道路的辯論，一致肯定一九五八年糧食大豐收，鐵的事實駁得「算賬派」啞口無言〉；〈肯定大增產、大躍進，肯定有糧食，事實駁倒「懷疑派」「算賬派」，紅旗在坡洪公社豎起來了〉；〈鳳山四級幹部大會用事實駁倒了算賬派，肯定大豐收〉；均載於《右江日報》，1959年3月4日，第1版。

56 田陽縣志編纂委員會編，《田陽縣志》（南寧：廣西人民出版社，1999），頁471。

不虛報糧食產量，不虛報瞞產糧食的數量，或者虛報後交不出糧食，便會遭受到批判、調離、撤職等懲處。

### （三）宣導性的漫畫、小劇與山歌

臺灣學者余敏玲指出：毛澤東時代的中國大陸政治運動不斷，群眾也狂熱地參與其中。為了從思想上發動群眾、控制群眾，中共當局普遍運用文學、電影、音樂、歌曲等多種藝術形式進行宣傳教育。[57] 在百色地區的反瞞產運動中，面向文化程度普遍低下的農民群眾，中共當局便廣泛運用繪畫、小劇、山歌等大眾化的形式進行宣導。如第一次反瞞產期間，《右江日報》1959年1月23日第2版刊載華夫編繪的〈張三待客〉，用漫畫與山歌結合的形式批評瞞產私分現象。隆林縣先鋒公社文工團配合反瞞產，利用本地真人真事編成地方僮戲，在圩場（集市）演出宣傳，收效很大。一位生產隊幹部觀看演出後表示，自己隱瞞了8把穀子，已交出4把，看戲受到教育，回去再交出其餘4把。[58]

第二次反瞞產期間，東蘭縣藉助社會主義教育進行反瞞產，不僅印製了5,000多份文字宣傳資料，還繪製了1,800多張宣傳畫，並根據本地真人真事編成山歌和劇本，開展大寫、大演、大唱、大畫、大廣播，對群眾進行宣傳教育，兩天內就核出瞞產糧12萬8,000多斤。[59] 該縣的三石公社公平大隊俱樂部，則將葉卜

---

57　參考余敏玲，《形塑「新人」：中共宣傳與蘇聯經驗》（臺北：中央研究院近代史研究所，2015），頁125-259。

58　〈隆林先鋒公社文工團配合糧食工作演出收效大〉，《右江日報》，1959年2月6日，第3版。

59　中共東蘭縣委通訊組，〈大寫大演大唱大畫大廣播，回憶算賬對比，東蘭全面

合由瞞產轉變爲反瞞產的事蹟編成僮語話劇進行宣傳演出，廣受農民群眾歡迎。[60]

百色地區是能歌善舞的少數民族聚居地，山歌甚爲流行，利用山歌進行宣傳成爲普遍的形式。第一次反瞞產運動中，這種形式就得以普遍運用。如前引隆林縣苗族農民通過回憶對比提高思想覺悟，唱山歌交糧食。[61]

無獨有偶，在田林縣四級幹部大會上，貧農代表趙有香亦不僅主動報出收藏的3,000斤玉米，還唱山歌進行宣傳鼓動：「去年糧食大豐收，糧食不見是何由。皆因社員想不通，把糧埋在山裡頭。」[62]

農民黨員梁賢動員妻子姆雪將撿拾來的稻穀當作埋伏糧上繳，並且在報糧交糧群眾會上夫妻合唱山歌：「經過說服通思想，丈夫勸妻報食糧。埋伏糧食眞不好，不利公社害食堂。人人若把糧食藏，全體社員都遭殃。」經這麼一唱，當場就有10多戶農家報出了埋伏糧。[63]

地方領導幹部也善於利用山歌進行鼓動宣傳，第一次反瞞產時，中共田林縣委第一書記鄭春榮在《右江日報》發表山歌：「人民公社大家庭，依靠大家一條心。埋伏糧食無好處，又黴又

---

開展社會主義教育運動〉。

60 張章、覃仁祥，〈「不能好了瘡疤忘了痛」〉，《右江日報》，1959年11月10日，第2版。

61 理，〈苗族社員說：交出埋伏糧才能保住鐵飯碗〉。

62 韋偉，〈堅決走社會主義道路——田林四級幹部大會側寫〉，《右江日報》，1959年3月8日，第1版。

63 羅宏結，〈梁賢是個好黨員，說服妻子交糧食〉，《右江日報》，1959年2月3日，第3版。

爛又操心。公社吃飯不要錢，何必留那糧一點。思想顧慮不必有，辦好食堂爲首。自報自交受表揚，不受批判不處分。報出糧食眞光榮，辦好食堂好春耕。」[64]

　　余敏玲分析中共在大躍進、人民公社以及社會主義教育運動中，通過電影等藝術形式宣揚路線鬥爭、階級鬥爭，既歌頌「緊跟黨路線」的社會主義「新人」，更著重於批判沒有改造好的「地富反壞右」及「蛻化分子」。[65] 百色地區的反瞞產運動的鼓動宣傳工作也表現出這些特點，而且所利用的民間說唱藝術在形式上更爲通俗易懂，群眾喜聞樂見，運用於運動之中，確實起到一定的效果。然而事實上，恐怕是娛樂效果大於政治效果，反瞞產的目的並未能如意達成。如上引第一次反瞞產時發表山歌的田林縣委第一書記鄭春榮，於 1959 年 9 月 28 日至 10 月 15 日主持召開縣四級幹部會議進行第二次反瞞產，與會者大多只是「大講假話，虛報數字，大搞浮誇風」，報出了瞞產糧數，卻交不出糧，並且於當年就釀成「群眾靠野菜、野薯度日，許多農民因營養不良，身體浮腫、乾瘦、直至出現不正常死亡」的災荒悲劇。[66]

## 第三節　「國家VS農民」：反瞞產運動之實質

　　1959 年末，被流放到大饑荒重災區河南省商丘地區的顧准針對中共當局在廬山會議後，「大力開展反對富裕農民路線，鬥

---

64　鄭春榮，〈報出糧食眞光榮〉，《右江日報》，1959 年 2 月 24 日，第 3 版。

65　參考余敏玲，《形塑「新人」：中共宣傳與蘇聯經驗》，頁 206-218。

66　田林縣地方志編纂委員會編，《田林縣志》，頁 17、549。

爭私藏糧食」的反瞞產運動，提出清醒的認識：「既要保護人民公社，反富裕農民（其實是國家vs.農民）看來年年要做。」[67]

「國家vs.農民」的評斷，可謂一矢中的，切中了反瞞產運動「群衆性」的實質。因此，作爲反瞞產運動「群衆性」實質的考察，聚焦點無疑應落在「群衆」——也就是「農民」身上。

## （一）農民的雙重身分

弔詭的是，以剝奪農民經濟利益爲主旨的反瞞產運動，參與的主體卻是農民群衆，於是，農民具有運動者與被運動者的雙重身分。反瞞產運動的發動者、主導者無疑是中共各級權力機構，但作爲群衆性運動，必然需要大量的農民群衆參與其間。這些群衆「運動者」，無論主動還是被動，都是站在中共當局一方，向「被運動者」進行鬥爭。而「被運動者」主要就是被視爲「落後」的農民與帶頭瞞產私分的基層幹部——仍屬於農民群體。

中共歷史上，對農民的認知素來就是有矛盾的，毛澤東在建黨之初就強調農民的重要性：「農民問題在中國尤其在民族革命時代的中國，是特別的重要。」[68]戰爭年代更直言：「士兵就是穿起軍裝的農民。」[69]中共建政後，毛澤東更是「既動員又組織、既解放又領導中國廣大農民，以之爲實力後盾，把中國改造

---

67 均參考顧准，《顧准日記》（北京：中國青年出版社，2002），頁169，「1959年12月15日」。

68 〈對於農民運動之決議案〉（1925年2月），中央檔案館編，《中共中央文件選集（1921～1925）》，第一冊，頁358。

69 毛澤東，〈論聯合政府〉，中共中央毛澤東選集出版委員會編，《毛澤東選集》，第三卷，頁1078。

成進步的社會主義全新國家」。[70]

　　白修德與賈安娜在考察「延安的政治」時曾有此評論：「毛澤東——黨內無可動搖的精神支柱——是一個從來沒踏出中國過的中國人，他的天才，除智力上的卓越清澈，還有他對中國農民問題超乎想像的深刻認識。」[71] 此所謂「深刻認識」或許就是認識到農民的另一面——即如白修德與賈安娜的認知：「他〔指農民〕沒有受過教育。不識字、迷信又保存著古老的習慣，很難用白紙黑字說動。」[72] 因此，到建政前夕毛澤東有此認定：「嚴重的問題是教育農民。」[73] 表示出對農民群體的不信任。無獨有偶，中共建政初來華的蘇聯專家總顧問科瓦廖夫（Kovalev）在給史達林的「絕密」報告中亦已指責中共「擔心農民」的現象：「在很多年裡，中國共產黨人把農民作為主要力量以及人民解放軍建立的基礎和軍隊物質供給的來源，同時，他們在農村的革命活動也表現出猶豫不決和擔心。」[74]

　　在反瞞產運動中，中共關於農民的論述便是有所變化的。有時候，「農民」是一個較為含混的概念（群體），既是依靠、爭

---

70　陳永發，Jung Chang and Jon Halliday, *Mao: The Unknown Story*（書評），《中央研究院近代史研究所集刊》，第52期（2006.6），頁212。

71　白修德、賈安娜著，林奕慈編譯，《中國驚雷：國民政府二戰時期的災難紀實》（臺北：大旗出版社，2018），頁303。

72　白修德、賈安娜著，林奕慈編譯，《中國驚雷：國民政府二戰時期的災難紀實》，頁47。

73　毛澤東，〈論人民民主專政〉（1949年6月30日），中共中央毛澤東選集出版委員會編，《毛澤東選集》（北京：人民出版社，1991），第四卷，頁1477。

74　〈科瓦廖夫致史達林報告：中共政策的若干問題〉（1949年12月24日），沈志華主編，《俄羅斯解密檔案選編：中蘇關係》（上海：東方出版中心，2014），第2冊，頁182。

取、團結的對象，也是被質疑、警惕、批評的對象。第一次反瞞產運動期間，毛澤東在第二次鄭州會議上既高調支持農民瞞產：「農民瞞產情有可原，他們的勞動產品應該歸他們所有。」[75] 同時也嚴厲批評：「秋後即瞞產私分，這就是農民的兩面性，農民還是農民。」[76]

毛澤東對農民瞞產私分的態度當可作如此解讀：基於人之常情，可以理解；基於國家意志，則須指責。作為一國之主，毛澤東的立場顯然更傾向於後者。這或是出自政治需要的策略運用。在延安時代，毛澤東就表現出如此「變化多端、前後矛盾、出爾反爾的政治性格」，「為了政治上的需要和鞏固個人的權力」，「可以一瞬間完全變臉，說出前後判若兩人、完全相反的另一套語言」。[77]

政治需要、國家意志畢竟是領導人決策依據的重心。於是，討論的焦點必須回到反瞞產運動的目的——國家從農民手中掠奪糧食。更關鍵的是，雖然有大量農民群眾（無論主動抑或被動）跟隨中共當局一起進行反瞞產運動，運動的勝利果實（糧食）最終還只是落到當局手中。

---

75 毛澤東，〈在鄭州會議上的講話（二）〉（1959年2月27日），《毛澤東思想萬歲（1958～1960）》，頁205。

76 毛澤東，〈在鄭州會議上的講話（二）〉（1959年2月27日），《毛澤東思想萬歲（1958～1960）》，頁206。在思想淵源上，毛澤東或許是有所本——歷史上，馬克思主義領袖對農民的兩面性均有論述。參考秦暉，〈土地改革＝民主革命？集體化＝社會主義？——馬克思主義農民理論的演變與發展〉，氏著，《傳統十論——本土社會的制度、文化及其變革》（上海：復旦大學出版社，2004），頁295-374。

77 高華，《紅太陽是怎樣升起的：延安整風運動的來龍去脈》（香港：香港中文大學出版社，2000），頁174。

基於國家發展工業化的決策，糧食統購統銷政策的實行從一開始就表現出重城市／工業而輕農村／農業的傾向。反瞞產運動促使這種傾向性不斷加重乃至惡化，以致大饑荒來臨，中共當局不得不採取「壓農村保城市」[78] 的做法，一再發出緊急指令，調運糧食支援京、津、滬及遼寧等重工業區。[79] 也即通過反瞞產運動從農村蒐集糧食供應城市所需。此措施雖然使城市得以勉強「保住」，農村廣大農民（包括參與反瞞產運動的農民）卻更迅速墮入災難性的死亡深淵。[80]

如果運動只是停留在輿論形式上而尚未進入掠奪糧食的實質階段，農民群眾不乏參與感甚至參與熱情，前引報刊的大量報導、訪談，以及基層幹部和農民署名（或代筆）的文章、山歌，可見反瞞產運動同仇敵愾的聲威氣勢；然而，一旦涉及到糧食歸屬，尤其缺糧斷炊的生死攸關之際，求生本能便促使眾多農民站到了運動的對立面。從當時報刊不難看到這樣的文章表述與報導：「去年秋收後，人人都埋伏糧食，把近三十萬斤糧食拿到山上、水溝、屋旁、樹腳等二十多個地方埋藏起來……群眾見我同意他們搞，越發大膽搞起來了。」[81]「巴羊屯共46戶，戶戶有份

---

78 楊繼繩，《墓碑：中國六十年代大饑荒紀實》，下篇，頁949-953。

79 中央檔案館、中共中央文獻研究室編，《中共中央文件選集》（北京：人民出版社，2013），第三十四冊，頁307、351-355；第三十五冊，頁12、436-437、526-527；第三十八冊，頁273-274。

80 詳見 Lin, J., Yang, D., "Food Availability, Entitlements and Chinese Famine of 1959-1961," *The Economic Journal*, 110: 460 (2000): 136-158；Thomas P. Bernstein, "Stalinism, Famine, and Chinese Peasants: Grain Procurements during the Great Leap Forward," 339-377.

81 帥天貴，〈有誰比黨親，我向黨交心〉，《右江日報》，1959年3月12日，第1版。

私分，收早稻和中晚稻時，共分二十三次，得8,300多斤穀；還分紅薯一次，平均每戶35斤。」[82] 這些農民群眾瞞產私分的決心與意志是堅定的，是齊心協力的，基層幹部也大多同意與支持他們，甚至帶頭進行瞞產私分：「秋收時不少幹部和社員把成千上萬斤的糧食拿到岩洞裡去收藏起來。私藏糧食時，不少公社的隊幹竟起了『帶頭作用』。」[83] 在這種情形下，農民被動員參與反瞞產運動，恐怕很難說是自願、熱情的態度了。

據報導，田東縣東方紅人民公社奉里小隊22戶均參與瞞產私分，「至少的是四、五百斤，多的竟達六千斤，全小隊合共報了三萬二千零九十四斤」；瞞產私分「花樣多得很」：「有藏進山溝的，有藏在草堆的，也有裝進木桶收在床底的，還有藏在假墳裡的」。然而，「經過一番思想發動，小隊裡的社員覺悟提高了許多」，便積極投入了反瞞產，「戶戶都爭先自報自己瞞產的數量」，「社員們紛紛從深山裡、床底下、地下拿出過去收藏的糧食交給公社」。[84] 由瞞產私分現象之嚴重，到反瞞產行動之積極，僅憑「一番思想發動」就有如此急速的轉變？且看《田東縣志》記載：田東縣為完成1959年超額徵購任務，須「多次開展『反瞞產私分』運動，把社員平時節約的口糧也動員交出來」。[85] 據此看來，前述奉里小隊農民思想與行動的轉變如此迅

---

82 黃少林，〈瞞產會否定公社的優越性〉，《右江日報》，1959年1月20日，第3版。

83 〈學習中央決議，辨清瞞產害處，巴馬隆林各公社幹部報出近二千萬斤糧食〉，《右江日報》，1959年1月25日，第1版。

84 林春生、陸文俊，〈學習中央決議，澄清糊塗思想；自報瞞產糧食，社員個個爭先〉，《右江日報》，1959年1月23日，第2版。

85 田東縣志編纂委員會編，《田東縣志》，頁343。

速且徹底，是否出自其「自願」，實可存疑。

## （二）針對「富裕中農」，殃及全體

作為反瞞產運動的鬥爭策略，具體的運動矛頭主要還是針對特殊的農民群體——「富裕中農」（「上中農」及「富裕農民」同義）。這樣的角色常常被從農民群體中抽離出來，置於「另眼看待」的地位。

如中共百色地委要求各地召開四級幹部會議，吸收貧下中農與中農代表參加，同時又提醒「上中農代表不要來過多，而且要思想覺悟較高的」。[86] 富裕中農往往被視為瞞產私分的推動者，甚至是組織者。雖然這裡將「中農」與「上中農」區分，但現實中二者並不容易區分清楚，因此「富裕中農」與「中農」往往混為一談。

據當時報刊報導，田陽縣坡洪公社達谷屯共50戶人家，中農差不多佔了一半，在1958年大躍進的形勢下，糧食獲得「空前大豐收」，可是到了11月間，該屯就喊「缺糧」，食堂總務李升高（中農）多次派人到大隊和公社要糧。[87] 巴馬瑤族自治縣上游人民公社的高岩片不少社員私藏大量糧食，卻一斤也不報出，因為這個片的隊長蘇家光是一個富裕中農，對反瞞產運動牴觸很大。[88]

---

86 〈地委召開糧食工作電話會，楊書記作重要指示，糧食這一仗，不獲全勝決不收兵，公社幹部們、社員們趕快向黨交心報出埋伏糧〉。

87 何若駿，〈糧食工作中的一面紅旗，記貧農黃愛新積極發動報糧交糧的經過〉，《右江日報》，1959年3月13日，第2版轉3版。

88 羅朝康、吳艷屏，〈貫徹階級政策加強落後片的領導，民安大隊糧食工作全面

此類現象甚爲普遍，《右江日報》在評論百色縣的反瞞產運動時，徑直指責：「瞞產私分的主謀者多是富裕農民，產量不查實就使老實的貧農吃虧，助長富裕農民的資本主義思想。」[89]

中共的土改將農村人口劃分爲僱農、貧農、下中農、中農（含富裕中農）、富農和地主等不同階級。僱農、貧農及下中農是土改依靠的對象，中農是團結的對象，富農、地主被認定爲剝削階級，是土改打擊的對象。土改過後，某些通過獲得土地而發家致富的農民，常常被劃歸新興（富裕）中農的行列。無論傳統中農還是新興中農，基本上都是具有一定的經濟實力，亦有較強工作能力與活動能力者。這個現象，跟蘇聯「全盤集體化」之前，「所謂『富農』或富裕農民往往是種田能手，是社會化專業化程度較高的商品生產者」，並且在某些「農村組織成分中佔很大比重」的情形頗爲相似。[90] 因此，這些富裕農民較容易成爲中國鄉村基層幹部，在瞞產私分中往往成爲組織者與領導者。

由於地主富農經過土改、鎮壓反革命[91] 等運動已被徹底邊緣化，於是，在中共建政後的統購統銷、集體化運動中，尤其是在集體化已甚爲深入的大躍進時期，具有相當經濟實力、活動能力

---

開展〉，《右江日報》，1959年2月16日，第1版。

89 黃維宣，〈核實糧食產量，鞏固人民公社，上游人民公社決心和資本主義思想作鬥爭〉，《右江日報》，1959年1月20日，第2版。

90 金雁，〈論蘇聯1927～1928年度的糧食危機〉，《陝西師大學報（哲學社會科學版）》，1984年第4期，頁88；秦暉，《農民中國：歷史反思與現實選擇》（鄭州：河南人民出版社，2003），頁259-260。

91 「鎮壓反革命」：1950年代初，中共在全國範圍內進行清查和鎮壓反革命分子的大規模政治運動。運動對象包括國民黨殘餘勢力、特工以及傳統會黨、幫派、土匪等地方武裝勢力，在農村，地主富農即是運動的主要對象，具體方式包括勞改、送監、處決等。

而且富有較強烈私有意識的中農／富裕中農，便往往自覺（主動）或不自覺（被動）成爲與當局對抗的勢力。

在1950年代中期集體化運動高潮中，毛澤東就指責：「在中國的農村中，兩條道路的鬥爭的一個重要方面，是通過貧農和下中農同富裕中農實行和平競賽表現出來的……在富裕中農的後面站著地主和富農，他們是有時公開地有時祕密地支持富裕中農的。」[92] 在此雖然有「和平競賽」的緩和說辭，但也顯見富裕中農已儼然被視爲地主富農的同盟者乃至代理人。

在大饑荒已全面爆發而大躍進依然激進發展之際舉行的第二次反瞞產運動中，富裕中農更是首當其衝。1959年11月19日晚中共百色地委召開的電話會議，鬥爭鋒芒就直指「富裕農民」：

> 要大破農村中還存在的資本主義思想，大立（更高度地樹立）社會主義思想。一破（資本主義思想）一立（社會主義思想），這就是開展社會主義教育運動的目的。這是兩條道路鬥爭的性質，但是這是人民內部矛盾。批判以富裕農民爲代表的資本主義思想，是政治思想領域的階級鬥爭……把妨礙大躍進的富裕農民思想批判掉。[93]

如此論述幾乎就是前引毛澤東思路的翻版，雖然也還有「人

---

92 毛澤東，〈《誰說雞毛不能上天》按語〉，中共中央文獻研究室編，《建國以來毛澤東文稿》（北京：中央文獻出版社，1997），第五冊，頁525。

93 〈明確指導思想，加強組織領導，依靠廣大群眾，全面掀起社會主義教育運動高潮，地委召開電話會指出當前幾個重要問題〉，《右江日報》，1959年11月22日，第1版。

民內部矛盾」的說辭，但基於敵意的批判鋒芒更爲尖銳。富裕中農負面的作用及重要性被推到敵對的地位，以致儼然被形塑成一個率領／裏挾大多數農民以對抗政府的勢力／陣營。

且看當時的報刊報導：1959年秋收，百色縣陽圩公社者仙大隊第一生產隊的富裕農民陸元吉等人趁隊長不在家，「積極拉攏思想落後的社員，私下收回四百五十斤還未成熟的稻穀，準備大家分來做粑粑吃」。[94] 田陽縣百育大隊1959年完成徵購糧食106萬多斤，爲徵購計畫的143.76%；「徵購工作結束後，由於沒有及時貫徹政策和做好思想發動，安排社員生活，加之有的富裕中農乘機攻擊糧食政策，因此有的社員鬧缺糧」。[95]

在這些報導的論述中，不僅富裕中農是被警惕、鬥爭的對象，而且更廣泛的農民群體也往往是或被動或主動地裏挾於其中。反瞞產的鋒芒所向也殃及全體農民：「組織工作隊，到各家各戶搜查，翻箱倒櫃，收繳所有的糧食。」[96]「採取突襲方式對群眾家翻箱倒櫃搜查糧食，有的甚至挖掘床底找糧食」。[97]

此番景象，與蘇共於1928至1929年間，針對富裕農民所進行「強迫命令、破壞革命法制、挨戶巡視、非法搜查、封閉集市」的餘糧收集行爲相比有過之而無不及。[98] 亦由此充分證實了

---

94　唐濟傑，〈愛國家愛集體的生產隊長〉，《右江日報》，1959年11月4日，第3版。

95　〈深入貫徹政策，充分做好實現發動，百育大隊安排好社員生活有力推動生產〉，《右江日報》，1960年1月14日，第2版。

96　隆林各族自治縣地方志編委會編，《隆林各族自治縣志》（南寧：廣西人民出版社，2002），頁338。

97　鳳山縣志編纂委員會編，《鳳山縣志》，頁380。

98　金雁，〈關於蘇聯集體化前夕富農經濟「自行消滅」問題〉，《陝西師大學報

顧准評論河南商丘地區農村反右傾、反「農村中的自發資本主義趨勢」（即反瞞產）所指出：「階級分析是空話，所要反的實際是全體農民。」[99]「現在階級鬥爭在鬥『富裕農民』……那不過是掩蓋在階級分析方法下面的，國家與農民的衝突而已。」[100]

於是，反瞞產私分運動演變為國家與農民全面對立的糧食戰爭。[101]

反瞞產運動受害者既有中農更有貧農及僱農，如鳳山縣喬音公社那王大隊第一生產隊70多歲的社員韋明德（僱農），1959年除夕因飢餓難耐，跪在公社書記面前哭求糧食而無結果，次日老人上山割樹皮充飢而跌倒致死。[102] 1959年冬至1960年春，「在糧食核產這段期間死人最多」，據鳳山縣砦牙公社的郎里、百樂、平雅、砦牙等14個大隊統計，「全家死絕的36戶（貧農32戶，中農4戶）死去75人。全家大人死完的51戶剩下孤兒的75人」。[103] 由此二則紀錄可見，無論是個人（如前例）還是群體（如後例），貧（僱）農和全體農民一樣，都擺脫不了反瞞產運動受害者的命運。

---

（哲學社會科學版）》，1988年第1期，頁69-76。

99 顧准，《顧准日記》，頁172，「1959年12月16日」。

100 顧准，《顧准日記》，頁227，「1960年1月9日」。

101 「糧食戰爭」的概念及相關論述參考宋永毅，〈糧食戰爭：統購統銷、合作化運動與大饑荒〉，《二十一世紀》，第136期（2013.4），頁68-84。

102 自治區黨委、百色地委、鳳山縣監委聯合調查組，〈對匿名來信反映鳳山縣委第一書記張耀山同志在糧食核產中官僚主義致使全縣餓死幾千人等問題的調查報告〉（1961年5月17日），鳳山縣志編纂委員會編，《鳳山縣志》，頁808。

103 百色地委、鳳山縣委聯合調查組，〈關於鳳山縣砦牙公社在糧食核產期間發生非正常死亡情況的檢查報告〉（1961年7月4日），鳳山縣志編纂委員會編，《鳳山縣志》，頁809。「剩下孤兒的75人」，其中「的」字疑是衍文。

## （三）民族特色消解於政治光環

作為少數民族聚居地區，百色的反瞞產運動固然表現出某些民族性特色，這種「民族性特色」往往呈現出被運動主導方所抑制、扭曲或利用的負面意義。

1955年2月25日，中共中央頒布〈關於在少數民族地區進行農業社會主義改造問題的指示〉，肯定廣西省委關於民族地區工作須「慎重穩進」的意見，並進一步要求防止及糾正「『硬趕漢區』的冒進傾向」。[104] 然而在反瞞產運動中，「慎重穩進」的民族政策卻也不得不讓位於政治思想教育。巴馬縣五星人民公社好合大隊黨支部書記陸文忠（瑤族）基於「少數民族山區，糧食產量還是少報些好」的考量，本來是符合「慎重穩進」的民族政策的，卻被批評是「本位主義思想很嚴重」，經過思想教育，最終「踴躍自報瞞產私分」，報出了3萬8,684斤「瞞產糧」。[105] 少數民族的才藝則被利用來進行反瞞產宣傳，如前文所述利用地方僮戲與山歌進行反瞞產宣傳的事例。[106] 如此操作，反而顯見「民族性」服膺於「政治性／革命性」。

於是，在「貫徹黨的群眾路線」、「貫徹黨的階級路線」、

---

104 〈關於在少數民族地區進行農業社會主義改造問題的指示〉，收入宋永毅主編（下略編者），《中國大躍進—大饑荒數據庫（1958～1962）》（香港：美國哈佛大學費正清中國研究中心／香港中文大學中國研究中心，2014），電子版。

105 陸文忠，〈瞞報糧食對我們自己是很不好的〉（農銳文記），《右江日報》，1959年1月29日，第1版。

106 陸文忠，〈瞞報糧食對我們自己是很不好的〉；〈隆林先鋒公社文工團配合糧食工作演出收效大〉；張章、覃仁祥，〈「不能好了瘡疤忘了痛」〉；韋偉，〈堅決走社會主義道路——田林四級幹部大會側寫〉。

「一切服從糧食爲中心」的統一思想指導下，[107] 百色地區的反瞞產運動的表現跟其他地區（即使是漢人地區）其實並無太多的差異，民族的獨特性已然被政治／革命的普遍性所取代。這種現象的產生，或許是由於1950年代初中共反「地方主義」，[108] 尤其是1950年中期至1960年代初期，「地方民族主義」受到嚴厲批判，[109] 宣稱「任何地方民族主義和地方主義的思想都必須加以防止和克服」，[110] 並且要求在少數民族中進行「反對地方民族主義」的社會主義教育。[111]

　　廣西當局在1957年就將反右鬥爭擴大化到反「地方民族主義」，大批少數民族幹部被劃爲右派分子；[112] 1958年6月更以

---

107 黃鳳祥，〈認眞貫徹黨的群眾路線〉，《右江日報》，1959年1月29日，第3版；劉建勛，〈在廣西自治區黨委召開的總結整風整社試點會議上的講話（節錄）〉，收入《中國大躍進－大饑荒數據庫（1958～1962）》；區黨委農村政治部等，〈誰是廣西反瞞產的罪魁禍首？——廣西反瞞產事件調查〉。

108 秦曉華、楊智平，〈20世紀50年代反「地方主義」運動比較研究〉，《世紀橋》，2015年第12期，頁13-15轉20。陳永發院士特別提醒筆者須注意1950年代反地方主義的深刻影響。謹致由衷謝忱！

109 李維漢（中共中央統戰部部長），〈在全國統戰工作會議上的發言〉（1957年4月4日）；中央統戰部，〈關於準備召開第十一次全國統戰工作會議討論民族宗教問題給中央的報告〉（1958年12月19日）；烏蘭夫（國務院副總理兼民族事務委員會主任）、李維漢、徐冰（中共中央統戰部副部長）、劉春（民族事務委員會副主任），〈關於民族工作會議的報告〉（1962年5月15日），收入《中國大躍進－大饑荒數據庫（1958～1962）》。

110 汪鋒（中央民族事務委員會副主任），〈目前少數民族地區的形勢和今後黨與國家在民族工作方面的任務〉（1959年1月16日），收入《中國大躍進－大饑荒數據庫（1958～1962）》。

111 劉格平（寧夏回族自治區籌委會主任），〈在少數民族中進行一次反對地方民族主義的社會主義教育〉（1958年1月11日）；汪鋒，〈是社會主義，還是民族主義？〉（1958年2月9日），收入《中國大躍進－大饑荒數據庫（1958～1962）》。

112 廣西壯族自治區地方志編纂委員會編，《廣西通志·民族志》（南寧：廣西人

「地方主義和地方民族主義」的罪名，將副省長陳再勵等人打成「黨內右派集團」。[113] 於是，現實中的「民族特色」，或被有意無意淡化／遮蔽，或被刻意消解於頗具歷史傳統的「革命／政治」光環之中。

1922年開始，中共農民運動家韋拔群（1894～1932）便在百色地區組織農民進行打土豪分田地的運動。1929年12月，在鄧小平、張雲逸（1892～1974）、李明瑞（1896～1931）、龔楚（1901～1995）等人的領導下，中共發動「百色起義」，組建紅七軍，開創了以百色地區為主的右江根據地。右江蘇維埃政府於1930年5月頒布了〈土地法暫行條例〉和〈共耕條例〉，依靠群眾，發動群眾，在東蘭、鳳山、恩隆（後歸田東）等縣的部分鄉村開展土地革命運動。同時，在東蘭縣與恩隆縣各選一個試點建立共耕社，試圖取得引導農民走社會主義集體化道路的經驗。[114]

這樣一個政治光環，在反瞞產運動中被充分利用，如巴馬瑤族自治縣為瑤、僮、漢、苗、仫佬、毛南等13個民族聚居地，漢族只佔總人口的14.26%；是「右江革命根據地的中心之

---

民出版社，2009），頁1115-1116。

113 廣西壯族自治區地方志編纂委員會編，《廣西通志·大事記》（南寧：廣西人民出版社，1998），頁327；駱明，〈光明磊落，慘淡一生——憶陳再勵同志〉，《炎黃春秋》，1997年第5期，頁2-4；黃榮，〈關於所謂「陳再勵右派反黨集團」的來龍去脈〉，《廣西黨史》，1999年第5期，頁31-32。

114 韋志虹、吳忠才，《百色起義與中國革命》（南寧：廣西人民出版社，2000）；庾新順，《黨的創建和大革命時期的廣西農民運動》（南寧：廣西人民出版社，2003）；龔楚，《龔楚將軍回憶錄》（香港：明報月刊社，1978），上卷。

一」，紅七軍主力北上後，仍留下紅七軍二十一師在當地堅持，直至中共建政。[115]

反瞞產運動中，《右江日報》便宣傳「老根據地幹部群眾永遠和黨一條心」，結果即落實爲「巴馬1天報糧1,600萬斤」。[116] 巴馬縣紅旗公社巴發大隊黨支書黃定坤表態：「堅決和黨一條心，徹底清理好糧食。」[117] 莫不出自同樣的心理。

前引巴馬縣介根生產隊隊長葉卜合，集合了右江革命老區基層幹部與農民頗具代表性的特點：少數民族的背景和老革命的歷史。葉卜合領導農民瞞產私分的行爲動機當來自其作爲基層幹部爲群眾謀利益的責任感，而其轉變爲反瞞產的標竿人物，顯然是因爲反瞞產運動以及老革命光環的雙重壓力——大隊黨支部書記給葉卜合作思想工作即說：「當年你是紅七軍，打生打死爲哪椿？」[118] 而該生產隊副隊長陳丁盛從一開始就反對葉卜合的瞞產私分，也正因爲有參加過紅七軍的歷史——「保持了老紅軍的本色」。[119]

由此，彰顯了中共主導百色地區反瞞產群眾運動的根本訴求：「群眾性」／「民族性」服膺於「黨性」／「革命性」；黨／國家的利益，高於個人／群眾的利益；而黨政合一、以黨領政

---

115 巴馬自治縣志編委會編，《巴馬瑤族自治縣志》，「概述」，頁1-2。

116 〈老根據地幹部群眾永遠和黨一條心，巴馬1天報糧1,600萬斤〉。

117 黃定坤，〈堅決和黨一條心，徹底清理好糧食〉，《右江日報》，1959年2月6日，第3版。

118 周子中、羅慶侯編繪，〈總路線照亮葉卜合的心〉（連環畫），《右江日報》，1959年11月10日，第3版。

119 藍太陽，〈保衛總路線的堅強戰士——陳丁盛〉，《右江日報》，1959年11月28日，第2版。

的體制，更決定「黨的利益優先於國家的利益」。[120]

　　有意思的是，這種政治光環，在清算反瞞產運動時，卻也發揮了作用。1925年，中共便在鳳山縣建立農民協會，組織農民武裝，鳳山縣也就成為「廣西農民運動的策源地之一」；1929年「百色起義」後，全縣70%的地區受中共勢力控制，成為「右江革命根據地的重要組成部分」。[121] 反瞞產運動期間，鳳山縣發生餓死數千人事件，事後也只是對縣委第一書記張耀山等進行「黨內嚴重警告」。[122] 到了1967年初文革期間，鳳山縣以老紅軍、退休幹部為主體的「革老鏟修戰鬥隊」憑藉「老革命」的身分率先造反，揭發批判原鳳山縣委先後任第一書記謝應昌（1912～1987）、張耀山等人「在鳳山『反瞞產』運動中推行極左路線，搞浮誇風，造成餓死人的嚴重錯誤」。此舉影響甚大，以致「革老派」一度成為文革期間鳳山縣人數最多、影響最大的群眾組織，同意該組織觀點的群眾、幹部佔全縣人口的95%。[123]

　　由上可見，所謂「群眾」，即使是「革命根據地」的「群眾」，在不同的歷史情境中，由於不同的（主客觀）作用力，會

---

120 余敏玲，〈導論：同中有異的兩岸黨國體制〉，余敏玲主編，《兩岸分治：學術建制、圖像宣傳與族群政治（1945～2000）》（臺北：中央研究院近代史研究所，2012），頁2。

121 鳳山縣志編纂委員會編，《鳳山縣志》，「概述」，頁2。

122 自治區黨委、百色地委、鳳山縣監委聯合調查組，〈對匿名來信反映鳳山縣委第一書記張耀山同志在糧食核產中官僚主義致使全縣餓死幾千人等問題的調查報告〉，鳳山縣志編纂委員會編，《鳳山縣志》，頁808。

123 鳳山縣志編纂委員會編，《鳳山縣志》，頁382；晏樂斌，〈我參與處理廣西文革遺留問題〉，《炎黃春秋》，2012年第11期，頁16。

有不同的具體表現。

在中共運動史中，群眾顯然是運動的主體，是運動的正方（攻擊方），土改運動、集體化運動、反右運動等莫不如此。但在反瞞產運動中，農民群眾卻成為反方（被攻擊方），運動鬥爭矛頭明確地對準農民群體。廣大農民以不同的態度與方式被裹挾進反瞞產運動——既是運動的主體，亦是被運動的對象，形成所謂「社會互害」、「底層相殘」、「群眾鬥群眾」的模式，最終受害的還是農民。[124]

跟前述統購統銷、社會主義教育、整風整社等運動重點是對農民的思想及經濟控管不同，反瞞產運動對農民的摧殘是全面性且毀滅性的——從思想到經濟，從精神到肉體，及至由此引發／惡化大饑荒，非正常死亡成為普遍現象。

據1999年官方公布的數據，百色地區12個縣在1959年至1961年期間，連續三年總人口遞減，死亡率分別為23.22‰、27.15‰、27.22‰，[125] 遠超於11.84‰的全國平均正常死亡率。跟全廣西這三年的死亡率（17.49‰、29.46‰、19.50‰）[126] 相比，百色地區1959年與1961年均死亡率大為超逾。就個別縣來說，1960年的死亡率也有相當高的，如那坡縣與樂業縣分別高達93.11‰與137.61‰，均為中共建政以來這兩個縣死亡率最高

---

124 這種模式，普遍表現於中共建政後各種群眾運動中，在文革中更是得到淋漓盡致的發揮。

125 有關數據參考廖新華主編，《崛起的壯鄉：新中國五十年（廣西卷・資料篇）》（北京：中國統計出版社，1999），頁156。

126 國家統計局綜合司編，《全國各省、自治區、直轄市歷史統計資料彙編，1949～1989》（北京：中國統計出版社，1990），頁642。

的一年。[127] 樂業縣的137.61‰更是中共建政以來廣西各縣市年死亡率最高的紀錄。

百色地區這三年死亡率的統計亦或有失實。有學者通過對樂業與凌雲的縣志比較分析，認為二縣（當時合為凌樂縣）大饑荒三年的死亡率紀錄「太低」、「超低」，是「失實」、「低記」、「被加工過的」，真實的災情顯然更嚴重。[128] 這樣一個災情嚴重的結果無疑跟1959年初至1960年初百色反瞞產運動密切相關。亦或許跟百色地處少數民族邊疆地區，經濟發展較為落後有關。

事實上，少數民族聚居、經濟發展落後跟災情嚴重的關係是很明顯的。從廣西其他地區來看便有一個顯著的現象：1960年是廣西各縣年死亡率最高的年頭，而且當年死亡率超過50‰的縣市集中於少數民族聚居的地區，如陽朔縣、臨桂縣、靈川縣、興安縣、永福縣、龍勝各族自治縣、恭城瑤族自治縣、蒙山縣、三江侗族自治縣、融水苗族自治縣、河池市（縣）、羅城仫佬族自治縣、環江毛南族自治縣等，其中環江毛南族自治縣與龍勝各族自治縣1960年的死亡率更分別高達121.75‰與136.92‰。[129]

---

127 廖新華主編，《崛起的壯鄉：新中國五十年（廣西卷‧資料篇）》，頁440、448。

128 盧尚文，〈地方志中的五十年代廣西餓死人事件〉，《炎黃春秋》，2014年第6期，頁58-59。

129 廖新華主編，《崛起的壯鄉：新中國五十年（廣西卷‧資料篇）》，頁186、190、194、202、206、214、230、246、384、388、464、472、476。只有三江侗族自治縣1959年死亡率（65.95‰）高於1960年（58.55‰），參見前書，頁384。漢族聚居地區1960年死亡率則有較大落差，如博白縣為11.70‰，參見前書，頁304。

這種少數民族地區死亡率偏高的現象或許正顯示了大饑荒時期「民族性特色」的負面意義。

　　大饑荒後期的1960年代初，中共當局不得不檢討反瞞產運動的錯誤，尤其是對某些重大事件進行處理。如前述鳳山縣餓死數千人事件，對縣委第一書記張耀山等進行「黨內嚴重警告」。那坡縣「德隆核產事件」的處理結果，是「將造成人命死亡的原核產工作隊3名人員，逮捕法辦，判刑勞改」。[130] 平果縣則逮捕了無視人命剋扣口糧造成餓死人的原坡造公社書記陳海文、古平公社第一書記袁世國及一些大隊黨支書。[131] 然而，大多數地方反瞞產運動造成的惡果並未得到糾正與處理。百色地委第一書記尚持在反瞞產運動後反而持續升官，1961年12月升任自治區黨委組織部部長，1965年增選爲自治區黨委常委。[132] 百色地委書記處書記，反瞞產運動主要負責人楊烈，也升遷爲自治區黨委農村政治部副主任。[133]

　　這顯然是文過飾非、有失公正的處理方式，以致文革期間，曾主導反瞞產運動的各級領導人成爲群眾造反的攻擊目標。除了前述謝應昌、張耀山等人被鳳山縣的群眾造反組織清算鬥爭，原百色地委第一書記尚持在文革中經過多年的批判鬥爭後，被發配到南寧市機械學校當圖書管理員。[134] 1967年10月19日至29日，

---

130 那坡縣志編纂委員會編，《那坡縣志》，頁409。
131 平果縣志編纂委員會編，《平果縣志》，頁318。
132 廣西壯族自治區地方志編纂委員會編，《廣西通志‧中共廣西地方組織志》（南寧：廣西人民出版社，1994），頁117、97。
133 中共廣西壯族自治區委員會整黨領導小組編，《文革機密檔案：廣西報告》（紐約：明鏡出版社，2014），頁164-165。
134 中共廣西壯族自治區委員會整黨領導小組編，《文革機密檔案：廣西報告》，

百色地區反瞞產運動實際上的負責人楊烈，更是被人從南寧揪回百色地區，遭受在廣西文革形成對立的兩大派（「廣西422革命行動指揮部」與「廣西無產階級革命派聯合指揮部」）「輪流批鬥」。編撰〈誰是廣西反瞞產的罪魁禍首？——廣西反瞞產事件調查〉的幾個群眾組織專門從南寧赴百色參與批鬥會。[135] 楊烈此遭遇雖然也夾雜著派性因素作祟，但對立的兩派如此「同仇敵愾」，顯然跟楊烈當年在百色地區反瞞產運動的表現有關。

---

頁373。

135 中共廣西壯族自治區委員會整黨領導小組編，《文革機密檔案：廣西報告》，頁164-165。

# 第七章 | 廣西大饑荒中政府與農民的應對

多民族聚居的廣西，不同的地方還是有所差別的，相比較而言，廣西東南部爲漢族聚居地，自然地理條件較爲優越，經濟文化水平較高；西北部爲少數民族聚居地，自然地理條件較爲惡劣，經濟文化水平較低；這樣一種差別，致使廣西各地政府與農民（尤其是後者）在應對大饑荒時的作爲，亦有不盡相同的表現。

大饑荒期間，與其他省區相比，廣西的災情似乎沒那麼慘烈，但亦留下了如此史錄：

1959～1961年由於受三年國民經濟暫時困難時期的影響，每年的死亡人數驟增，三年總共死亡人數145.10萬人，平均每年死亡48.36萬人，年平均死亡率爲22.15‰，是建國後廣西人口死亡率最高的一個時期。[1]

本章將以「大躍進—大饑荒」期間，廣西境內農村、農民與農村基層幹部以及地方政府的相關表現爲主要探討對象，同時也適當參照其他地區的情形，以期使廣西「大躍進—大饑荒」的表

---

1 廣西地方志編纂委員會編，《廣西通志・人口志》（南寧：廣西人民出版社，1993），頁61。所謂「三年國民經濟暫時困難時期」爲中共官方指稱1959年至1961年大饑荒的措辭。

現，得以在較爲廣闊的視域中呈現出地區歷史發展的獨特性，及其與全國其他地區相聯繫的普遍性；由此考察政府與農民不同的大饑荒應對措施與方式，並從中探尋大饑荒悲劇的深刻社會原因。

本章的探討，無論對中國運動史還是荒政史而言，相信都是一個堪可參考的案例。

## 第一節 從大躍進到大饑荒

1958年1月11日至22日，中共中央工作會議在廣西首府南寧召開，討論1958年國民經濟計畫與國家預算。毛澤東在11日與12日的會議上以其慣用的也善用的反詰／設問語句大批反冒進：「看是『冒進』好？還是反『冒進』好？」「究竟成績是主要的？還是錯誤是主要的？是保護熱情，鼓足幹勁，乘風破浪，還是潑冷水、洩氣？」「我們就怕六億人民沒有勁。不是講群衆路線嗎？六億洩氣，還有什麼群衆路線？」[2]

毛澤東的意圖很明顯：堅持要冒進（即躍進），認爲成績是主要的，要保護熱情、鼓足幹勁。在16日所擬的講話提綱中，也一再提示：「發展眞理，破除迷信。」「落後的勞動者階級表現積極起來，它的意義是什麼？」「1958年，人民對革命和建設所表現出來的積極性比過去任何時候更高。」「如何保持這種

---

2 〈毛澤東在南寧會議上的講話〉（1958.1.11、1.12），收入宋永毅主編（下略編者），《中國大躍進─大饑荒數據庫（1958～1962）》（香港：美國哈佛大學費正清中國研究中心／香港中文大學中國研究中心，2014），電子版。

積極性？」「暮氣是朝氣的對立面。要講革命朝氣。」[3] 由此正面提倡激發與保護群眾的積極性。在 21 日的結論提綱則一再強調：「九個指頭與一個指頭的區別」、「大局與小局的區別」，[4] 從而呼應了前述「成績是主要的」形勢判斷。甚至藉助反駁陳銘樞（1889～1965）、張奚若，坦然表達其「好大喜功」的心態與立場。[5]

正是由於這些論述的強調與立場的堅持，1958 年國民經濟計畫「超過實際可能性的高指標」獲得會議一致通過。南寧會議之後，大躍進運動在全國迅速開展。因此，南寧會議被稱為「發動『大躍進』的一次重要會議」。[6]

《廣西通志・大事記》稱：南寧會議的重要性，還體現為在精神上促使中共「急於求成的『左』傾思想迅速發展」，由此直接促進了廣西大躍進運動的發展。1958 年廣西省（自治區）政府幾個重要會議與指示，顯示了南寧會議精神的激勵效應。

1 月 31 日至 2 月 15 日，南寧會議甫結束，省委即召開一屆六次全體（擴大）會議，傳達南寧會議精神，研究布置全省工農業生產任務。

---

3 〈毛澤東在南寧會議上的講話提綱〉（1958 年 1 月 16 日），中共中央文獻研究室編，《建國以來毛澤東文稿》（北京：中央文獻出版社，1992），第七冊，頁 16-18。

4 〈毛澤東在南寧會議上的結論提綱〉（1958.1.21），收入《中國大躍進─大饑荒數據庫（1958～1962）》。

5 〈毛澤東在南寧會議上的講話〉（1958.1.11、1.12），收入《中國大躍進─大饑荒數據庫（1958～1962）》。

6 羅平漢，〈發動「大躍進」的 1958 年南寧會議〉，《黨史文苑》，2014 年第 21 期，頁 27-33。

6月7日，自治區黨委發出指示，要求對「鼓足幹勁，力爭上游，多快好省地建設社會主義」的總路線，以及中共中央提出的「苦戰三年，爭取大部分地區的面貌基本改觀」，「爭取十五年或更短的時間在主要工業產品產量方面趕超英國」，「爭取提前實現全國農業發展綱要」等口號，進行廣泛深入宣傳，做到家喻戶曉。

　　6月23日，自治區政府制訂〈廣西發展農業生產20條綱要（草案）〉，要求六年內糧食總產量增長到120億公斤，甘蔗發展到250萬畝，畝產5噸以上。

　　8月10日至13日，自治區黨委在南寧召開地、縣委書記會議，要求1958年實現稻穀畝產「千斤區」，爭取實現「1,500斤區」；會議決定苦戰三個月，實現農業半機械化，並廣泛組織生產大協作；會後，各地方政府對增產指標又層層加碼，不少縣還採取「打擂臺」報增產計畫的做法；「人有多大膽，地有多大產」、「不怕做不到，只怕想不到」的口號廣泛傳播。

　　8月28日，自治區黨委及人民委員會發出〈關於開展高額豐產競賽運動的決定〉，要求進行全民大動員、大宣傳、大辯論，開展大檢查、大評比，掀起全面生產競賽高潮。[7]

　　1958年8月17日至30日，中共中央政治局在北戴河舉行擴大會議，提出1958年鋼的產量要比1957年增加一倍，達到1,070萬噸，並通過〈中共中央關於在農村建立人民公社問題的決

---

7　以上參考廣西地方志編纂委員會編，《廣西通志‧大事記》（南寧：廣西人民出版社，1998），頁323-333。

議〉，決定在農村普遍建立人民公社。[8] 於是，在夏秋之間，全國74萬多個高級合作社，合併改組成爲2萬6,000多個公社，完成了人民公社化。[9]

由於南寧會議精神（「急於求成的『左』傾思想」）的激勵，廣西農村的人民公社化進行得甚爲積極：

> 早在中央決議公布前，自治區黨委根據北戴河會議的精神，於8月26日就發出了〈關於在農村中建立人民公社的指示〉，要求全自治區在秋收前基本完成建立人民公社的工作。……前後不到半個月，全自治區就實現了人民公社化。[10]

人民公社化後，農民無條件地被納入到以人海戰術爲特徵的集體大生產（包括大煉鋼鐵、興修水利）之中，廣西的工農業大躍進更是如虎添翼：1958年9月，環江縣創造中稻畝產逾13萬斤的「全國最高紀錄」；[11] 10月則有忻城縣日產煤67萬噸、鹿寨縣日煉生鐵20多萬噸，獲《人民日報》社論祝捷喝彩。[12] 廣西

8　〈中共中央關於在農村建立人民公社問題的決議〉（1958年8月29日），中共中央文獻研究室編，《建國以來重要文獻選編》（北京：中央文獻出版社，1995），第十一冊，頁446。

9　周恩來，〈偉大的十年〉，《人民日報》，1959年10月6日，第2版。

10　廣西地方志編纂委員會編，《廣西通志·農業志》（南寧：廣西人民出版社，1995），頁54。

11　環江毛南族自治縣志編纂委員會編，《環江毛南族自治縣志》（南寧：廣西人民出版社，2002），頁337-340。

12　〈祝廣西大捷〉（社論），《人民日報》，1958年10月18日，第2版；〈群眾運動威力無窮——再祝廣西大捷〉（社論），《人民日報》，1958年10月20

各地農村雖未能再突破環江縣的世紀紀錄，亦無不高調響應，從中共百色地委機關報《右江日報》1959年3月1日第1版一篇報導標題可見一斑：〈東風公社乘東風，英雄群中更英雄，硬要糧食畝產八千斤，向那坡、城郊、百育、兩甴、東關、新州及全專區各公社提出挑戰〉。

正是在這樣一個「大躍進」的時代環境下，農民別無選擇地接受因高浮誇導致的高徵購——大躍進中糧食既然如此豐收高產，按比例徵購的農產品數量理所當然大幅提高。且看《田林縣志》記載：

> 1958年糧食總產量2,174萬公斤，徵購完成509.5萬公斤，按原糧折算，佔總產量33.48%，比1955年定徵購任務基數480萬公斤多29.5萬公斤，超額6.15%。1959年又增加糧食徵購任務，不完成任務，懷疑群眾瞞產私分，還根據上級指示在全縣開展反「瞞產私分」運動。結果，完成徵購665.5萬公斤，佔當年總產量2,222.5萬公斤的42.78%（按原糧計算），比1958年多156萬公斤，超額23.44%。1960年年購任務又增加到960萬公斤，佔當年糧食總產量1,716萬公斤的55.94%，雖經反「瞞產私分」，但徵購任務只完成179萬公斤。全縣90%以上的農村食堂仍缺糧，農戶生活困難，實行「瓜菜代」過日子，部分鄉村不少群眾患浮腫病，或飢餓致死。[13]

---

日，第1版。

13 田林縣地方志編纂委員會編，《田林縣志》（南寧：廣西人民出版社，

根據無止境的浮誇數據進行無限制的超額徵購，加上政府的強力打壓（如反瞞產運動），驅使農民從大躍進墮入大饑荒。自1950年代初起，在毛澤東強勢主導下，中共相繼進行「反地方主義」與「反分散主義」鬥爭，[14] 鞏固、強化了中共集權一統體制，亦進而使原本是理性運作模式的官僚制，[15] 固化為頗具中共特色的治理機制——自上而下的決策與執行，缺乏從地方到高層的有效資訊傳遞功能，應對危機的模式只要求國家機器平穩運行，保持局勢穩定，各級幹部大都力圖保護自己而遮蔽、過濾現實危機的真實資訊。[16]

推動大躍進運動時，毛澤東就通過高度的人事控制以確保地方政府響應中央政府的激進政策，地方政府領導人由此得到政治榮譽及晉升，並且與整個政治體制的理念、特點和時勢緊密相

---

1996），頁424。

14　秦曉華、楊智平，〈20世紀50年代反「地方主義」運動比較研究〉，《世紀橋》，2015年第12期，頁13-15轉20；林強，〈20世紀50年代福建反「地方主義」〉，《中共黨史資料》，2009年第2期，頁189-192；李格，〈1953年反「分散主義」問題初探〉，《史學集刊》，第4期（2001.10），頁48-56；張素華，〈七千人大會報告的討論修改情況〉，《黨的文獻》，1999年第6期，頁66-74。

15　亦稱「科層制」（bureaucracy），其基本特點表現在權力關係明確、等級層次有序的組織結構，遵循特定的規則與程序，貫徹落實自上而下的政策指令，提高決策和執行的效率。參考周雪光，《中國國家治理的制度邏輯：一個組織學研究》（北京：三聯書店，2017），頁20-21。

16　周雪光，《中國國家治理的制度邏輯：一個組織學研究》，頁76-77；〈周雪光：新型冠狀病毒暴露了中國國家治理中的根本性張力〉（Posted by「與光同塵」，2020年2月13日），「中國數字時代」https://chinadigitaltimes.net/chinese/2020/02/，2020年2月14日檢閱。周氏的論述雖然是聚焦於當今現實，但也顯見中共建政以來官僚體制的治理機制特點與應對危機模式是一脈相承的。

連。

到了1959年7月至8月的盧山會議及隨後發動的反右傾運動，更進一步導致中國政府各級幹部紛紛「緊跟毛澤東」，「有的變成了馴服的綿羊，有的變成了凶惡的鷹犬，更多人則是見風使舵，八面討好」。[17]

一人意志凌駕國家意志，國家意志壓制百姓民意。如此政治生態，無疑為大饑荒的發生與惡化埋下了極大的隱患。

盧山會議及隨後發動的反右傾運動促使大躍進再次急速升溫，更直接催生了第二次反瞞產運動。即如《廣西通志》所記述：

> 當年〔1959年〕8月至9月，自治區黨委舉行第一屆九次會議和自治區、地、縣三級幹部會議，批判「右傾思想」，把在大躍進中虛報產量、高徵購、放開肚皮吃飯所引起的缺糧情況，說是下面「瞞產私分」造成的，群眾手中還有糧食。於是，在全自治區開展「反右傾運動」和「反瞞產私分鬥爭」。[18]

由此導致更為嚴重的缺糧饑饉災情，大饑荒全面爆發。即使是在這種情形下，中共南寧地委機關報《紅旗日報》1959年10月25日社論仍認為，貫徹盧山會議決議精神以後，「農村的形

---

17 楊繼繩，《墓碑：中國六十年代大饑荒紀實》（香港：香港天地圖書有限公司，2008），下篇，頁866-905。
18 廣西地方志編纂委員會編，《廣西通志·農業志》，頁55。

勢非常良好」，要求在此形勢下，對各地「還相當普遍而嚴重」的瞞產私分現象展開鬥爭。[19]

1960年1月上旬，中共廣西自治區黨委召開農村糧食工作會議，書記處書記伍晉南作總結性發言時說：「看來糧食情況是好的，是大豐收的，現存在的是工作上的問題。」所謂問題便是瞞產問題，於是要求開展全區性的反瞞產運動。然而，自治區領導人「大唱糧食形勢很好的同時，下面農村中糧食已經非常緊張」。[20]於是，反瞞產運動促使大饑荒迅速且劇烈地在廣西各地惡化蔓延。且看1960年初鳳山縣砦牙公社在糧食核產（即反瞞產）期間發生的情形：

> 1960年元月14日縣召開四級幹部會議和過春節期間，前後停止糧食不供應，群眾手上無糧，不少社員上山找野菜、野果、樹根、樹皮來充飢度日。因此，群眾逃荒、出賣兒女、浮腫、死亡的情況不斷出現，有的死在家裡，有的死在路旁和山坡上，有的小隊一天死幾個，有的全家死完。據郎里、百樂、平雅、砦牙等14個大隊統計，全家死絕的36戶（貧農32戶，中農4戶）死去75人。全家大人死完的51戶剩下孤兒的75人。[21]

---

19 〈廣泛深入地開展糧食問題大辯論〉（社論），《紅旗日報》，1959年10月25日，第1版。

20 俱參考區黨委農村政治部、區人委農林辦公室、區貧協籌委會聯合兵團、區糧食廳「東風」聯合戰鬥團，〈誰是廣西反瞞產的罪魁禍首？——廣西反瞞產事件調查〉（1967年5月31日），無產階級革命造反派平樂縣聯合總部，1967年6月30日翻印。

21 百色地委、鳳山縣委聯合調查組，〈關於鳳山縣砦牙公社在糧食核產期間發生

盧山會議後才幾個月，廣西農村的大饑荒災情便如此令人怵目驚心，廣西農民便在「糧食形勢很好」的情形下陷於慘絕人寰的處境。這是全國各地農村大饑荒的普遍現象。1960年11月28日，河南省委書記處書記李立給河南省委第一書記吳芝圃的報告承認：「廣大群眾處於上天無路，入地無門的絕境，骨肉不得相顧。妻離子散，家破人亡，遺棄子女，拋屍路旁。全公社有382人因飢餓難當破壞屍體134具。」[22]

## 第二節　政府應對大饑荒的措施

社會學家周雪光認為，當代中國為一統體制的社會，官僚制度和一統觀念制度為兩個基本維繫機制。所謂官僚制度，涉及中央政府及其下屬各級政府機構間的等級結構；所謂一統觀念制度則表現為國家與個人（官員、公民）之間在社會心理、文化觀念上的認同，體現在政府內外、全國上下的共享價值上。[23] 周氏指出，在當代社會這兩個制度受到了多重挑戰：

> 官僚組織承擔了越來越多的治理功能，不堪負重；一統觀念制度受到多元社會的碰撞挑戰，難以為繼。面對這些困難壓

---

非正常死亡情況的檢查報告〉（1961年7月4日），鳳山縣志編纂委員會編，《鳳山縣志》（南寧：廣西人民出版社，2009），頁809。「剩下孤兒的75人」，此處「的」疑是衍文。

22　轉自楊繼繩，《墓碑：中國六十年代大饑荒紀實》，上篇，頁44。楊氏在此作注：「這裡說的『破壞屍體』就是從屍體上割肉回家吃。」

23　周雪光，《中國國家治理的制度邏輯：一個組織學研究》，頁20。

力，一系列應對機制應運而生：（1）決策一統性與執行靈活性以及逐級代理制的動態平衡，（2）政治教化的禮儀化，以及（3）運動式治理的「糾偏」機制。[24]

周氏的表述，在廣西大饑荒期間的形勢中得到頗為充分的體現：一方面，總路線、大躍進、人民公社「三面紅旗」是大躍進以來社會普遍的「社會心理、文化觀念上的認同」及「共享價值」；但另一方面，大饑荒的衝擊，致使這種一統觀念制度受到極大挑戰，各級政府機構的治理不得不採取各種靈活的應對措施。這些措施，站在國家立場或許有利有益，卻普遍表現出以損害農民利益為代價的現象。

## （一）反瞞產運動

周雪光還認為：中國官僚體系有一種「從中央政府到省、市、縣各級政府高度動員、分解指標、層層落實的『壓力型體制』」。[25] 這種「壓力型體制」的做法更多表現在自上而下政策貫徹落實過程，在「檢查驗收」階段，為了確保「貨物」可以順利通過「驗貨」程序，發揮作用的則是基層政府間採取各種應對策略來隱瞞問題的「共謀行為」。[26]

所謂「壓力型體制」在大躍進運動中得以充分體現：「大躍進－人民公社化」運動中，由上而下的高指標壓力，致使各級政

---

24　周雪光，《中國國家治理的制度邏輯：一個組織學研究》，頁10。
25　周雪光，《中國國家治理的制度邏輯：一個組織學研究》，頁25。
26　周雪光，《中國國家治理的制度邏輯：一個組織學研究》，頁121。

府機構不得不發揮「執行靈活性以及逐級代理制」，在現實中表現爲逐級加碼、轉移壓力。

如前所述，廣西自治區黨委響應中共中央提出「苦戰三年，爭取大部分地區的面貌基本改觀」的願景，於1958年8月提出當年實現稻穀畝產「千斤區」，爭取實現「1,500斤區」；柳州地委則提出了「柳州專區糧食畝產1,500公斤，爭取2,500公斤」；環江縣委更進一步「保證畝產五萬三」。最終，由柳州地委、環江縣委主導，數以千計的鄉村基層幹部與農民參與，並且在衆多各級官員、專家學者、媒體記者「見證」下，通過弄虛作假的手段，共同創造了中稻畝產逾13萬斤的「全國最高紀錄」。[27] 在這個過程中，「一統觀念制度」顯然已經虛化爲不切實際的「政治教化的禮儀化」浮誇風，抑或可稱是「儀式化的『運動經濟』」，「集體歡騰（collective effervescence）的儀式」，[28] 以此協助「壓力型體制」順利施行；然而，到了高產紀錄產生時，卻是基層政府幹部與群衆間的「共謀行爲」發揮了作用。

這是一個全國性的普遍現象：浮誇風虛構了「高增產」數據，政府根據此數據提出超標的統購數額，卻無法徵購到相應的「大豐收」糧食；於是認爲糧食被農民瞞產私分了，從而導致政府於1958年底至1960年初，先後兩次在全國範圍採取運動的方式進行反瞞產私分。全國各地反瞞產運動的時間不一致，廣西各地的反瞞產運動的時間亦有不同，第一次大致在1958年秋後至

---

27 以上參考環江毛南族自治縣志編纂委員會編，《環江毛南族自治縣志》，頁337-340。

28 郭于華，〈口述歷史：有關記憶與忘卻〉，《讀書》，2003年第10期，頁65。

次年春；第二次大致在1959年秋後至1960年春。

在廣西，1958年大躍進人民公社化，處處掀起「大豐收」熱潮，卻沒有相應數額的糧食入庫，便要求「核產報豐收」，進行「群眾性的報豐收反瞞產運動」，發動了廣西第一次反瞞產運動。[29] 1959年，配合廬山會議後反右傾鬥爭，廣西發起第二次反瞞產運動，「把在大躍進中虛報產量、高徵購、放開肚皮吃飯所引起的缺糧情況，說是下面『瞞產私分』造成的，群眾手中還有糧食」；[30] 於是通過反瞞產運動，對農民的糧食（包括口糧、種子糧、飼料糧）進行全面徹底的徵集。

從國家的立場看，這顯然是採取「運動式治理的『糾偏』」措施，以期通過反瞞產運動掌握更多的糧食以應付大饑荒，但卻直接促使農民／農村墮入更爲絕望的處境。其實質就是與農民的瞞產私分相對峙以爭奪糧食，顧准所謂「國家 vs. 農民」[31] 便是針對河南商城地區的反瞞產運動而言。

廣西反瞞產運動的產生及發展，是一個惡性循環的怪圈：大躍進的浮誇風，產生高指標及高估產，由此營造虛構的「大豐收」；政府在虛構的「大豐收」數據基礎上提高徵購額，卻徵購不到預期的糧食，於是懷疑農民將糧食藏起來私分了；從而發動反瞞產運動，竭盡所能徵集農民的糧食，致使農民迅速陷於斷糧的絕境，大饑荒加劇爆發；大饑荒固然危害農村農民，亦極大威

---

29 耿慧君、南寧地委通訊組、新萌，〈梧州南寧區開展核產報豐收運動〉，《廣西日報》，1958年11月15日，第2版。

30 廣西地方志編纂委員會編，《廣西通志·農業志》，頁55。

31 顧准，《顧准日記》（北京：中國青年出版社，2002），頁169，「1959年12月15日」。

脅到城市及重工業地區；在國家發展工業化戰略的考量之下，政府不得不再次採取更極端的反瞞產運動以蒐集糧食保證城市及重工業地區需要，廣大農村也就陷入更為嚴酷慘烈的大饑荒了。

因此，反瞞產運動，既是政府因徵糧不如預期所採取的應對措施，亦是應對因反瞞產加劇的大饑荒所採取的救急措施。只不過後者要救急的對象不是農村而是城市。於是催生了政府應對大饑荒的另一個措施——緊農村保城市。

## （二）緊農村保城市

1980年代初，白思鼎的研究就關注到「緊農村保城市」的現象，認為政府過高徵購農民的糧食以調往城市，是導致大饑荒出現及惡化的主要原因之一。[32] 2000年，林毅夫和楊濤的研究也將大饑荒死亡率高的主要原因，歸咎於「城市偏向」的糧食分配政策。[33] 近年，文浩（Felix Wemheuer）在其專著《饑荒政治：毛時代中國與蘇聯的比較研究》中，則以專章〈為防止城市饑荒而讓農民挨餓〉集中論述「中央政府決定犧牲農村保護城市」。[34]

事實上，大饑荒主要發生在農村，而中共政府對農村災情的救濟幾乎是無能為力的：

---

32　Thomas P. Bernstein, "Stalinism, Famine, and Chinese Peasants: Grain Procurements during the Great Leap Forward," *Theory and Society,* 13: 3 (1984): 339-377.

33　Lin, J., Yang, D., "Food Availability, Entitlements and Chinese Famine of 1959-1961," *The Economic Journal,* 110: 460 (2000): 136-158.

34　文浩著，項佳谷（Jiagu Richter）譯，《饑荒政治：毛時代中國與蘇聯的比較研究》（香港：香港中文大學出版社，2017），頁97-124。

在 1958 至 1962 年的大躍進危機的高峰期，政府用於農村救濟的費用每年少於 45,000 萬元，集體農業中的每一個人每年合 0.8 元左右，而糧食短缺地區的集市價格已經達到每公斤 2 至 4 元。集體單位內部的公益金並不能成為對飢餓的農村人民提供有效援助的另一個來源。在死亡危機達於頂點的 1960 年，公益金總額只有 37,000 萬元。[35]

至於個案，且以筆者家鄉廣西博白縣「大躍進—大饑荒」期間（1958 年至 1961 年）的「春夏荒救濟統計表」[36] 為例：

| 年分 | 戶數 | 人數 | 救濟款（萬元） | 救濟糧（萬公斤） | 生活貸款（萬元） |
|---|---|---|---|---|---|
| 1958 | 4,757 | 16,557 | 17.50 | | 80.57 |
| 1959 | | | | | 72.21 |
| 1960 | 19,638 | 47,569 | 22.75 | 9.14 | 90.42 |
| 1961 | 22,901 | 94,191 | 40.60 | | 118.0 |

帶有季節性農事意涵的稱謂「春夏荒救濟」，顯見主要是針對鄉村災情。跟前引論述「集體農業中的每一個人」不同，這裡的統計局限於受災人員。1959 年的數據嚴重缺失，宜排除在外，只對 1958、1960、1961 三年的春夏荒救災情況進行統計：

---

35 麥克法夸爾（漢名馬若德）、費正清主編，謝亮生等譯，《劍橋中華人民共和國史·革命的中國的興起（1949～1965）》（北京：中國社會科學出版社，1990），頁 403。

36 參考博白縣志編纂委員會編，《博白縣志》（南寧：廣西人民出版社，1994），頁 708。李 X 博士對相關數據的分析與表述作出貢獻；資料的提供，有賴於鐘 X 照博士，一併致予深摯謝意！

這三年，救濟款總數 80.85 萬元，救濟糧總數 9.14 萬斤，生活貸款總數 288.99 萬元；平均下來，受災人員每人每年獲救濟款 5.11元，獲生活貸款 18.25 元。救濟款與生活貸款合算，每人每年也只有 23.36 元。在物價高漲的時期，救濟糧應該是最為實用的，卻嚴重缺乏，1958 年與 1961 年都莫名缺失有關數據，只是 1960年顯示發放了 9.14 萬斤救濟糧，當年平均每人也只獲救濟糧 1.92公斤。如此「救濟」，顯然是杯水車薪。

這個局面的產生，首先是國家發展工業化決策導致重城市／工業而輕農村／農業傾向的影響。珀金斯即認為，國家發展工業化決策一方面導致國家優先發展重工業、投資向非農產業傾斜，一方面也促使大規模工業化建設對糧食的需求大大增加，以農業生產保證工業發展的傾向日益嚴重。[37] 其次，也因為大饑荒在鄉村肆虐蔓延之際，城市的形勢同樣甚為緊急。據 1960 年 7 月 12日國務院財貿辦〈關於糧食情況的緊急報告〉稱：北京、天津的糧食庫存只夠銷四天，上海只夠銷兩天，遼寧等重工業區只夠銷六天。[38]

於是，中共政府不得不採取「緊農村保城市」的策略。該策略概念的提出或來自周恩來—— 1961 年 8 月 24 日，周恩來在中共中央工作會議上作關於糧食問題的報告，指出 1961 至 1962 年度的糧食供應依然緊張，認為「產量和徵購一定要定死，但是超產的地區要多購一點，不能定死」。大饑荒之年仍「定死」糧食

---

37　Dwight H. Perkins, *Market Control and Planning in Communist China* (Cambridge and Massachusetts: Harvard University Press, 1968): 42, 205-214.

38　楊繼繩，《墓碑：中國六十年代大饑荒紀實》，下篇，頁 949。

產量指標與徵購數額，目的就在不能少購；而「超產」的地區「不能定死」，目的就在要「多購」，總之，就是極盡所能從農村徵購更多的糧食。如此決策，皆因「城市潛伏著的危險」更令周恩來擔憂：「城市如果亂了的話，各方面都會受影響。農村只要我們的工作做得好，大問題完全可以避免……這個問題，中央幾次談過，也向主席報告了，就是要緊農村，保城市。」[39]

事實上，這個「緊農村保城市」的策略早在兩年前就開始實施：1959年至1960年，大饑荒在農村全面爆發之際，「國家不僅沒有救濟，反而從農村多拿走糧食67.56億斤」。[40] 於是，中央政府於1960年6月6日、6月19日、9月2日、11月17日、12月13日，1961年10月29日，一再發出緊急調運糧食支援京、津、滬及遼寧等重工業區的指令。[41] 由於「京、津、滬一旦斷糧，其影響不僅是全國性的，還會招致國際的聲討，必然會給新中國帶來致命的衝擊」，中央不得不「下達了四川等糧食調出省分必須按期按量突擊運糧的死命令」。亦於是，「三年饑荒，四川外調糧食147億斤，確保了京、津、滬乃至全國許多地方糧食的供應，四川人民卻為此付出慘重的代價，生的權利被剝奪，活的資本被耗盡」。[42]

---

39 中共中央文獻研究室編，《周恩來傳（四）》（北京：中央文獻出版社，1998），頁1604-1605。

40 楊繼繩，《墓碑：中國六十年代大饑荒紀實》，下篇，頁833。

41 中央檔案館、中共中央文獻研究室編，《中共中央文件選集》（北京：人民出版社，2013），第三十四冊，頁307、351-355；第三十五冊，頁12、436-437、526-527；第三十八冊，頁273-274。

42 羅曉紅，〈李井泉四川調糧真相：代價無奈，大愛無疆〉，《黨史文苑》，2011年第15期，頁23-24。

廣西的情況也不樂觀，首府南寧市自1960年2月春節剛過，市場供應便呈現緊張，市面食品奇缺，物價隨之高漲，糧食供應定量大爲減少，不得不用瓜菜代替部分主食，以致出現浮腫病情。[43] 桂林市1960年底因糧食及副食品供應緊張，引起市民普遍營養不良，浮腫病蔓延；1961年初，全市有6,000多人吃野山薯中毒，近1,000人住院治療，5人死亡。[44] 下面的縣城亦普遍鬧糧荒，如田東縣在1959年4月，全縣庫存商品糧一度僅能維持兩天。[45]

　　因此，「緊農村保城市」的策略在廣西各地實施甚早，僅1959年廣西各種報刊報導，便有上思、都安、河池、馬山、寧明、邕寧、恭城等縣市爲了「支援國家建設和滿足城市、工礦區需要」，不斷將大量糧食調運出去。[46] 且看當時報刊的描述：

　　〔都安縣〕從1958年7月到11月，已運出糧食600多萬斤，到今年〔1959年〕元月20日止又運出近100萬斤，並將在元月底以前，還要把500萬斤糧食和500萬斤紅薯運出支援國家建設。……1958年11月間，僅以一天的時間，全縣就

---

43　南寧市地方志編纂委員會編，《南寧市志・綜合卷》（南寧：廣西人民出版社，1998），頁74。

44　桂林市地方志編纂委員會編，《桂林市志》（北京：中華書局，1997），上冊，頁86。

45　田東縣志編纂委員會編，《田東縣志》（南寧：廣西人民出版社，1998），頁105。

46　《廣西日報》，1959年1月25日，第1版；1959年1月31日，第1版；1959年2月1日，第2版；1959年12月21日，第1版；《躍進日報》，1959年2月15日，第1版。

出動了21萬送糧大軍，從千山萬弄的山區裡把1,800多萬斤糧食送入國家糧庫。[47]

事實上，都安縣到1958年底，已經處於「不少公社不僅無錢發放社員工資，集體食堂也處於無米下鍋的狀態，只好靠平調富隊糧食過日子」。[48]

其他縣市志書亦有此類紀錄：1958年至1960年，河池縣共下達徵購任務4,537萬公斤，平均每年1,511.5萬公斤，佔實際產量的46%，比歷年高出一倍多，而且1958年至1960年間又往外調出糧食1,268萬公斤，導致全縣庫存糧食大為減少，以致公社食堂十幾天開不了伙。但縣領導卻認為造成糧食緊張局勢的原因是農民瞞產私分，於是，在全縣開展「反瞞產私分」運動以持續搜刮糧食。[49] 忻城縣於1959年7月至次年3月，開展以糧食核產為主要內容的「反右傾」鬥爭和「反瞞產」運動。在此期間，響應「全國一盤棋」的口號，按高指標徵購糧食，全縣入庫貿易糧1,955萬公斤。這些糧食大都外調支援國家建設，致使當地農民嚴重缺糧。[50] 可見，地方政府的行為準則是對上級（國家）負責，為了完成上級交付的任務，寧可犧牲地方（農民）的利益。

---

47 唐中禎、石建臣、黃均貴，〈「增產不忘共產黨，豐收不忘毛主席」，都安運出大批餘糧支援國家建設〉，《紅旗日報》，1959年1月27日，第1版。

48 都安瑤族自治縣志編纂委員會編，《都安瑤族自治縣志》（南寧：廣西人民出版社，1993），頁200。

49 河池市志編纂委員會編，《河池市志》（南寧：廣西人民出版社，1996），頁500。

50 忻城縣志編纂委員會編，《忻城縣志》（南寧：廣西人民出版社，1997），頁23。

於是，在農村饑荒災情日益深重之際，廣西地方政府卻繼續通過反瞞產、高徵購的方式蒐集農民的糧食。

廣西主管糧食工作的財貿書記賀希明在北京版的《大公報》上發表文章高調宣稱：「〔廣西〕糧食徵購到〔1959年〕10月31日止，已超額0.4%完成了全年任務，比去年同期增長207%，為歷年來糧食徵購最快最多最好的一年。」[51]

然而，1959年廣西的大饑荒已頗為嚴重，人口死亡率已達17.49‰，超過同期全國人口死亡率的14.59‰；次年（1960年），即「歷年來糧食徵購最快最多最好的一年」過後，廣西人口死亡率更高達29.46‰，遠超同期全國人口死亡率的25.43‰，首次出現中共建政後的負出生率，達到-10.06‰，亦遠低於同期全國人口出生率-4.57‰。[52]

這種情形到1960年代初仍持續惡化，1962年4月27日，自治區黨委在給中共中央的報告中坦承：「以糧食一項而言，國家正式派的徵購任務，全區平均要佔集體總產量的30%多，畸重的地區達到60～70%以上。」[53] 然而，在此危急時期政府卻刻意維持國家糧食庫存，以致「在餓死人最多的1960年，國家還

---

51 賀希明，〈為促進工農業生產的高速度發展而奮鬥〉，《大公報》，1959年11月7日，第6版。

52 全國與廣西1958年至1962年人口及死亡率的有關數據，參考國家統計局綜合司編，《全國各省、自治區、直轄市歷史統計資料彙編，1949～1989》（北京：中國統計出版社，1990），頁2、642。

53 〈中共廣西壯族自治區委員會關於解決「包產到戶」問題的情況向中央、中南局的報告〉（1962.4.27），收入《中國大躍進─大饑荒數據庫（1958～1962）》。

有數百億斤糧食庫存，卻沒有大規模地開倉放糧救人」。[54] 廣西的情形正是如此——廣西大饑荒期間並非完全無糧，而是有的地方有儲備糧卻封倉不濟民。

1960年初，分管農業工作的中共中央書記處書記、副總理譚震林在一次全國糧食工作會議上便指責，廣西的糧食不是少而是多，廣西全省大約30%的核算單位有約5億斤儲備糧。[55] 前述環江縣1960年大量餓死人，部分原因即是「封倉停糧停膳」所致。[56]

1960年初鳳山縣「停止糧食供應」大量餓死人後，百色行署專員趙世同前往調查，才開糧倉救濟飢民，以緩解饑荒。「開倉濟民」是歷代政府應對饑荒災情的重要措施，如抗戰後，國民政府應對廣西等省的災情「第一便是發糧食給災民」，「在廣西及湖南的飢餓區域中，約有五百萬人靠這些麵粉維持生命」。[57]《博白縣志》記載：「〔民國〕35年，大旱，飢民遍地，眾多災民採集籬竹米，挖土茯苓度日，社會救濟事業協會發放救濟穀

---

54 楊繼繩，《墓碑：中國六十年代大饑荒紀實》，下篇，頁834。此現象，或許跟毛澤東準備戰爭的意識（儲蓄大量戰備糧）及救災機制失效有關。參考宋永毅，〈糧食戰爭：統購統銷、合作化運動與大饑荒〉，《二十一世紀》，第136期（2013.4），頁68-84；唐金權，〈20世紀60年代中國戰備活動析評——以北京和福建爲例〉，《軍事歷史研究》，2013年第2期，頁40-46；劉願，〈中國「大躍進」饑荒成因再辨——政治權利的視角〉，《經濟學（季刊）》，第9卷第3期（2010.4），頁1177-1188。

55 〈李先念、譚震林在全國財貿書記會議上對糧食調運等問題的講話要點〉（1960.2.16），收入《中國大躍進—大饑荒數據庫（1958～1962）》。

56 環江毛南族自治縣志編纂委員會編，《環江毛南族自治縣志》，頁18。

57 吳景超，〈看災來歸〉，吳景超原著，蔡登山主編，《吳景超日記：劫後災黎》（臺北：新銳文創，2022），頁38。

6.70萬斤，衣服2,500件，賑米2萬斤，賑濟款250多萬元。同年6月，縣政府把倉儲積穀6.7萬斤全部貸與飢民度荒。」「縣救濟院於縣城東墟設粥站施粥救濟貧苦農民。鴉山硃砂塘張姓富豪也在本村煮粥救濟過往飢民。」[58] 這樣的措施，在廣西大饑荒的有關史料中鮮見。前述趙世同的做法，也只是有限度的措施，成效不彰，鳳山縣的饑荒災情仍無法遏止，當年全縣仍死亡3,958人（大多「屬非正常死亡」），死亡率達45‰。[59]

## （三）人民公社的整頓和調整

在大饑荒最為嚴峻的1960年，尤其是經歷了兩次反瞞產運動的衝擊後，農村形勢一派蕭條。

當年11月3日，中共中央頒布〈關於農村人民公社當前政策問題的緊急指示信〉，主要內容為闡明生產資料和產品「三級所有，隊為基礎」，反對和糾正一平二調的共產風，允許農民經營少量自留地和小規模家庭副業，堅持按勞分配原則，有計畫恢復農村集市活躍農村經濟等。[60]同日還發布〈中共中央關於貫徹執行「緊急指示信」的指示〉，[61] 同月15日發布〈中共中央關於

---

58 博白縣志編纂委員會編，《博白縣志》，頁705、707。

59 此段有關鳳山縣災情及措施，參考鳳山縣志編纂委員會編，《鳳山縣志》，頁17、379-381。

60 〈中共中央關於農村人民公社當前政策問題的緊急指示信〉（1960年11月3日），中共中央文獻研究室編，《建國以來重要文獻選編》（北京：中央文獻出版社，1996），第十三冊，頁660-676。「一平二調」：平均主義與無償調撥，指人民公社內部實行平均主義的供給制、食堂制（一平），對生產隊的勞力、財物無償調撥（二調）。

61 〈中共中央關於貫徹執行「緊急指示信」的指示〉（1960年11月3日），中共中央文獻研究室編，《建國以來重要文獻選編》，第十三冊，頁677-681。

徹底糾正五風問題的指示〉。[62]

　　凡此顯見中共高層決心之大，心情之迫切。這些指示著重於對人民公社進行制度性的整頓調整，在制度、政策層面給予農民較多的自由，無疑有助於緩解大饑荒的持續惡化。

　　廣西政府的行動似乎更早，1960年夏，自治區人民委員會發布〈關於農村的十項政策〉，提出「留足基本口糧」、「糧食節餘歸己」、「包產必須落實」、「留足自留地」等措施。同年9月8日，中共中央向全國轉發廣西〈關於農村的十項政策〉，認為除了「留足基本口糧」的標準過高，「其他各項都是正確的，有利於調動農村公社廣大社員群眾的積極性，有利於發展生產」；並在轉發批示中進一步提出反對一平二調的共產風、生產資料歸生產隊所有等後來納入「緊急指示信」的內容。[63] 11月12日與15日，廣西自治區黨委辦公廳調查組兩次提呈關於邕寧縣五塘公社「共產風」的調查報告，反映「共產風」破壞農業生產，給農民造成巨大經濟利益損失，挫傷農民的生產積極性。[64]此後在廣西農村開展旨在解決「五風」的整風整社運動。

　　自治區與地委負責幹部率隊到基層進行試點運作，得出「通

---

62　〈中共中央關於徹底糾正五風問題的指示〉（1960年11月15日），中共中央文獻研究室編，《建國以來重要文獻選編》，第十三冊，頁693-694。「五風」：指大躍進以來在農村盛行的五種風氣——官僚主義、強迫命令、瞎指揮、浮誇風、共產風。

63　俱參考〈中共中央批轉廣西壯族自治區人民委員會關於農村的十項政策〉（1960.9.8），收入《中國大躍進－大饑荒數據庫（1958～1962）》。

64　〈廣西區黨委辦公廳調查組關於五塘公社颳「共產風」和生產瞎指揮情況的調查（節錄）〉（1960.11.12），〈廣西區黨委辦公廳調查組關於五塘公社颳「共產風」的由來的調查（節錄）〉（1960.11.15），收入《中國大躍進－大饑荒數據庫（1958～1962）》。

過徹底解決『共產風』,帶動其他問題的解決」,「公社問題解決之後,再分別解決大隊、小隊問題」,「大膽放手發動群眾,依靠群眾自己的力量來解決問題」;[65]「在政策兌現方面,主要抓了自留地、『三包』、『四固定』和養護耕牛等兌現,這對推動生產極為有利」[66]等經驗,並推廣到各地農村。

上述文件、報告,在政策層面來看,無疑有助於恢復農業經濟,緩解農村災情;但字裡行間,也可見這些整頓調整還是有所欠缺的,如仍堅持公社集體食堂以及工資制和供給制、要求繼續反瞞產私分,大饑荒期間農民的巨大傷亡更無任何透露。

1961年6月15日,中共中央發布的〈農村人民公社工作條例(修正草案)〉持續強化了農村人民公社的整頓調整,糾正「一平二調」共產風、恢復自留地、有限度開放糧油市場等措施得以進一步落實,並逐步解散公共食堂,但仍無提及農民在大饑荒中的傷亡情形。[67]

可見中共當局對大饑荒的根本原因仍有一個不切實際的認識,這或許可以從毛澤東於1960年11月15日的一個報告批示看出端倪:「三分之一地區的不好形勢,壞人當權,打人死人,糧食減產,吃不飽飯,民主革命尚未完成,封建勢力大大作

---

65 俱參考伍晉南、賀亦然,〈關於柳城縣沙浦公社整風整社試點情況的報告(節錄)〉(1960.12.23),收入《中國大躍進—大饑荒數據庫(1958~1962)》。

66 段遠鐘,〈關於田東縣面上整風整社情況向區黨委的報告〉(1961.3.9),收入《中國大躍進—大饑荒數據庫(1958~1962)》。段遠鐘時任中共廣西自治區黨委常委、工交政治部主任。

67 〈農村人民公社工作條例(修正草案)〉(1961年6月15日),中共中央文獻研究室編,《建國以來重要文獻選編》(北京:中央文獻出版社,1997),第十四冊,頁385-411。

怪。」[68] 將大饑荒的發生歸咎爲「壞人當權」、「封建勢力大大作怪」，這正是毛澤東階級鬥爭觀念的具體表現。

廣西農村整社整風運動也正是以階級鬥爭觀念爲指導，中共廣西自治區黨委第一書記劉建勛在整風整社試點會議上強調：「整風整社必須堅決貫徹黨的階級路線，用階級分析的方法去觀察、分析和處理各種問題。」[69]

在廣西農村整社整風運動中，階級鬥爭的表現處處可見：上林縣整風整社運動「主要是揭發批判鬥爭幹部」，在鬥爭中只許人認錯，不許申辯，隨意扣上「算賬派」、「觀潮派」、「貪汙分子」、「右傾機會主義分子」等大帽子。[70] 1961年1月，整社整風運動期間，隆安縣喬建公社一些幹部社員要求包產到組到戶，縣委認爲是「方向性的大問題」；於是，便緊急「通報」全縣，並進行「兩條道路鬥爭教育」，予以「糾正」。[71] 容縣、陸川縣結合整社整風運動進行反瞞產，一些社隊幹部被認定爲「瞞產」而挨批鬥，虛報糧食產量之風再現。[72]

---

68 毛澤東，〈在中央機關抽調萬名幹部下放基層情況報告上的批語〉（1960年11月15日），中共中央文獻研究室編，《建國以來毛澤東文稿》（北京：中央文獻出版社，1996），第九冊，頁349。

69 劉建勛，〈在廣西自治區黨委召開的總結整風整社試點會議上的講話(節錄)〉（1961.1.28），收入《中國大躍進—大饑荒數據庫（1958～1962）》。

70 上林縣志編輯委員會編，《上林縣志》（南寧：廣西人民出版社，1989），頁387。

71 隆安縣志編纂委員會編，《隆安縣志》（南寧：廣西人民出版社，1993），頁133。

72 容縣志編纂委員會編，《容縣志》（南寧：廣西人民出版社，1993），頁22-23；陸川縣志編纂委員會編，《陸川縣志》（南寧：廣西人民出版社，1993），頁24。

## （四）推廣「糧食食用增量法」與代食品

面對大饑荒如此艱困窘境，政府不得不推出各種拯救措施。最有代表性的或可稱是「糧食食用增量法」。該方法於1959年5月開始創發，並且迅速推廣到全國各地。

「糧食食用增量法」在各地的操作不盡相同，主要的做法是將糧食（大米、玉米等）長時間浸泡後才上鍋蒸煮；亦有在蒸好後，揭蓋灑水又蒸一次；或撈起磨成漿糊狀，加進酵母再蒸煮；目的在於使有限的糧食產生更多的分量，其實只是增加水分與膨脹效應；吃時感覺飽，但也餓得快；反覆蒸煮，糧食中的維生素遭到破壞，營養成分更差。[73]

此外，更推廣「無米之炊」的措施：1959年10月11日，國務院發出〈關於發動群眾廣泛採集和充分利用野生植物原料的指示〉；[74] 1960年5月7日，商業部、紡織工業部、林業部、糧食部、輕工業部、衛生部、農業部聯合發出〈關於開展夏季野生植物採集收購加工群眾運動的指示〉，向全國推薦了一批似可果腹充飢的野生植物代食品。[75]

其實，大饑荒時期，即使城市居民的主食也已不乏菜葉、草根等摻和玉米麵、地瓜麵做成的菜糰子，以及用玉米秸、地瓜

---

73　高華，〈大饑荒中的「糧食食用增量法」與代食品〉，《二十一世紀》，第72期（2002.8），頁71-82；楊繼繩，《墓碑：中國六十年代大饑荒紀實》，下篇，頁959。

74　〈國務院關於發動群眾廣泛採集和充分利用野生植物原料的指示〉，《中華人民共和國國務院公報》，1959年第24期，頁465-467。

75　商業部、紡織工業部、林業部、糧食部、輕工業部、衛生部、農業部，〈關於開展夏季野生植物採集收購加工群眾運動的指示〉，《中華人民共和國國務院公報》，1960年第19期，頁373-375。

蔓、麥稈、向日葵稈、花生皮等粉碎成麵製作的代食品。[76] 而在農村，野菜、草根、樹皮等野生植物早已是農民充飢的「主食」，《鍾山縣志》記載：「〔1960年〕群眾缺糧嚴重，上山採野果、刮樹皮、挖野菜、草根充飢，有70多個大隊3,000多人得浮腫、乾瘦等病，出現不正常死亡現象。」[77]

政府還積極推廣別具一格的代食品「小球藻」。1960年6月16日，農業部發出〈關於迅速普遍推廣小球藻飼料生產的通知〉，[78] 宣稱：

> 小球藻是一種生長快、產量高、可當家畜和家禽精料的單細胞藻類植物，生長於淺水塘中，最適於攝氏24至27度的氣溫中生長，一畝水面可產小球藻乾粉一萬斤左右，在南方北方各地都可以培養繁殖，它的味道微甜而香，營養豐富。[79]

通知雖稱小球藻「可當家畜和家禽精料」，從著重強調「味道微甜而香，營養豐富」的特點，顯見其目的是推廣給民眾果腹充飢。當年11月，中共中央便轉發了中央書記處候補書記胡喬木（1912～1992）將小球藻作為代食品的建議。[80]

---

76  于澤濤，〈飢餓年代的存照〉，《老照片》，第104期（2015.12.1），頁152-154。

77  鍾山縣志編纂委員會編，《鍾山縣志》（南寧：廣西人民出版社，1996），頁27。

78  〈農業部關於迅速普遍推廣小球藻飼料生產的通知〉，《中華人民共和國國務院公報》，1960年第23期，頁442-443。

79  〈農業部關於迅速普遍推廣小球藻飼料生產的通知〉，頁442。

80  〈中共中央轉發胡喬木關於推廣小球藻等糧食代用品生產的建議等的批示〉，

廣西的行動甚爲迅速，尤其是少數民族聚居、經濟上相對貧窮落後的百色地區，自1960年2月28日至3月21日，《右江日報》就陸續發表了13篇有關小球藻與雙蒸飯（「糧食食用增量法」之一種）的報導、社論、通訊。屬下縣市亦積極採取行動。這些「糧食食用增量法」、野生植物與「小球藻」的代食品，大饑荒時期在廣西得以普遍施行，一如《蒼梧縣志・大事記》所記載：

> 1959年，由於糧食缺乏……吃不飽而推廣「雙蒸飯」，營養不足推廣到吃「小球藻」，有的社員上山挖土茯苓、野生植物等充飢。營養不足，全縣出現水腫、乾瘦、閉經、子宮下垂、小兒營養不良等病症達2.8萬多人，醫治無效死亡2,211人。……〔1961年〕6月，夏郢公社毓秀大隊社員煮酸枝樹籽核吃，中毒80多人，吃多而引起奇病瘋癲的40多人，醫治無效死亡5人。[81]

可見，這些應對措施雖然能使老百姓緩解饑饉，但也只是苟延殘喘的「活著」，難免遭受嚴重的身心創傷乃至死亡。

## （五）救治饑荒病患

中共廣西自治區黨委在1961年8月21日呈交的〈關於三級

---

中央檔案館、中共中央文獻研究室編，《中共中央文件選集》，第三十五冊，頁366。

81 蒼梧縣志編纂委員會編，《蒼梧縣志》（南寧：廣西人民出版社，1997），頁44-45。

幹部會議向中央、中南局的報告〉中承認，幾年來的大饑荒造成全廣西患浮腫、乾瘦等疾病的人數達100萬。[82]

同年11月4日，自治區人民委員會發布〈關於分配各地防治五病經費的通知〉宣稱：關於預防和治療浮腫、乾瘦、子宮脫垂、小兒營養不良、閉經等五種疾病的經費，今年以來，曾於2、3、7月分三次撥出專款分配各地使用，對疾病治療起了一定作用。現再撥出229萬元，補助各地作為治療五病經費。[83] 從有關志書看，這似乎是自治區政府最早關於全區災荒病情的通報。其實，處於災情第一線的各地方政府早在兩年前便已組織工作隊、醫療隊下鄉救治饑荒病患。諸如：

玉林縣──「〔1959年〕春、夏，發生營養性水腫，出現此症狀的達2萬多人。縣委發出防治水腫的緊急指示，同時調撥救濟款和花生、食油、飯豆等約12萬餘公斤給各人民公社，並層層建立防治水腫領導小組，組織一批醫療、保健、防疫及福利人員開展防治工作。」[84]

博白縣──「〔1960年〕4月，縣委、縣人委組織七個工作組深入農村抓『四病』（浮腫、乾瘦、婦女子宮下垂、閉經）的防治工作。」[85]

三江侗族自治縣──「〔1960年〕春，縣內因飢餓引起的病人較多，並出現非正常死亡現象，各公社、大隊都辦病

---

82 廣西地方志編纂委員會編，《廣西通志・大事記》，頁349。

83 廣西地方志編纂委員會編，《廣西通志・大事記》，頁350。

84 玉林市志編纂委員會編，《玉林市志》（南寧：廣西人民出版社，1993），頁35-36。

85 博白縣志編纂委員會編，《博白縣志》，頁28。

院。」[86]

龍勝各族自治縣——「〔1961年〕7月，全縣『乾瘦、浮腫、子宮脫垂、小兒營養不良』病人繼續發展。縣組織醫療隊535人下鄉搶救，並組辦營養食堂161個，將病患者集中治療。」[87]

據《吳景超日記：劫後災黎》記載，1946年國民政府劫後救災所針對是霍亂、天花、鼠疫、瘧疾、痢疾、傷寒、腦膜炎等，多為凶險惡疾；所採取的主要措施是從藥品和器材乃至醫療人員方面加強地方衛生院建設。[88] 相比之下，前述廣西地方政府救治的是「營養性水腫」等病症，並非真正的疾病而只是「因飢餓引起」，只要有「花生、食油、飯豆等」食物，「組辦營養食堂」便可療癒；而廣西地方政府組織、派遣醫療隊「下鄉搶救」，顯然只是臨時性的措施。這些措施雖然也能在一定程度上緩解大饑荒的傷害，但只是事後收拾殘局、治標不治本的做法，相反，農民在大饑荒危難之中自發自為的有效自救措施，卻遭受政府的阻撓與壓制（詳見後文）。

由上可見，在大饑荒期間，廣西各級政府面對來自上級的政治壓力（維護政權）與現實的經濟壓力（嚴重缺糧）及人道壓力（大規模死亡），不得不採取各種靈活變通的應對措施。所謂「靈活變通」，當有不同表現。有關措施決策固然來自上層（中

---

86 三江侗族自治縣志編纂委員會編，《三江侗族自治縣志》（北京：中央民族學院出版社，1992），頁17。

87 龍勝縣志編纂委員會編，《龍勝縣志》（上海：漢語大詞典出版社，1992），頁9。

88 吳景超原著，蔡登山主編，《吳景超日記：劫後災黎》，頁40-42、67-68。

央政府／自治區政府），但地方各級政府在執行過程中或虛與委蛇或變本加厲，結果便有所不同。如1959年底那坡縣的反瞞產運動，因工作組與大小隊幹部的虛與委蛇應付而遲遲沒有進展。1960年初，由縣委書記處兩位書記掛帥再次進行變本加厲的反瞞產運動，開會批判工作組和大小隊幹部思想「右傾」，為蒐集糧食不惜使用暴力，最終釀成死傷300多人的慘案。[89]

亦有相反的現象，如推廣「糧食食用增量法」與代食品、救治饑荒病患等措施，地方政府的行動有時比上級政府的規劃還快捷。廣西地方政府於1960年初積極宣傳「糧食食用增量法」與「小球藻」代食品，早於中央政府的指示與推廣。各地縣政府救治饑荒病患已一年多，自治區人民委員會才發出〈關於分配各地防治五病經費的通知〉。總的來說，這些措施，確實在一定範圍使災情得以某種程度的緩解，但也只是權宜之計，廣大農村仍然遭受了巨大的經濟及生命損失。

還須注意的是，廣西政府的應對措施具有地方性——主要體現為民族性的特點。準確地說，由於對民族性特點的曲解，致使廣西地方政府應對措施的執行受到錯誤干擾。針對集體化運動的發展，廣西地方政府在1955年就確立民族地區工作須「慎重穩進」的政策，並對「盲目硬趕漢族地區」的傾向進行批評。[90] 然而，1958年初的南寧會議後，自治區政府將陳再勵等人反對「虛報糧食產量，強迫命令徵購糧食」，以及要求貫徹民族政

---

89 那坡縣志編纂委員會編，《那坡縣志》（南寧：廣西人民出版社，2002），頁403-404。

90 廣西地方志編纂委員會編，《廣西通志·大事記》，頁300。

策、實行民族區域自治和發展少數民族山區生產建設等問題，說成是「鼓吹地方主義和地方民族主義」、「利用地方主義和地方民族主義的情緒」，認定爲「反黨反社會主義的右派言論」，據此將陳再勵等人劃爲「黨內右派集團」。[91]

於是，民族政策的施行受到嚴重干擾，「混淆了兩類不同性質的矛盾，使許多少數民族幹部不敢講話，不敢反應本民族的眞實情況和問題」；以致到1960年代初，廣西少數民族幹部要提出民族問題的建議，也得「思想鬥爭了幾天幾夜，還給地委書記打了長途電話，並且再三聲明，他不是民族主義」。[92]

在這樣一種政治生態下，廣西地方政府與基層幹部在採取應對饑荒的措施時，往往顯示出更具政治正確的積極性，其實也就是寧左勿右的表現，關涉民族地區、民族事務時尤其是如此。如巴馬縣五星人民公社好合大隊黨支部書記陸文忠（瑤族），在糧食安排時考慮「我們這裡是少數民族山區，糧食產量還是少報些好」，本來是符合民族政策的，卻被認爲是「本位主義思想很嚴重」，最終只能「踴躍自報瞞產私分……僅一夜就報出了三萬八千六百八十四斤」。[93]

1959年實施「緊農村保城市」，積極調糧「支援國家建設

---

91 駱明，〈光明磊落，慘淡一生——憶陳再勵同志〉，《炎黃春秋》，1997年第5期，頁2-4；黃榮，〈關於所謂「陳再勵右派反黨集團」的來龍去脈〉，《廣西黨史》，1999年第5期，頁31-32。

92 俱參考烏蘭夫、李維漢、徐冰、劉春，〈民族工作會議提出的重要問題和我們的處理意見〉（1962.5.15），收入《中國大躍進—大饑荒數據庫（1958～1962）》。

93 陸文忠，〈瞞報糧食對我們自己是很不好的〉（農鋭文記），《右江日報》，1959年1月29日，第1版。

和滿足城市、工礦區需要」的上思、都安、河池、馬山、寧明、邕寧、恭城等縣，便大多是少數民族聚居的地方。為了運糧，都安瑤族自治縣甚至出現「僅以一天的時間，全縣就出動了21萬送糧大軍，從千山萬弄的山區裡把1,800多萬斤糧食送入國家糧庫」[94]的群眾運動式舉措。當年都安縣總人口只有57萬4,000多人，一天送糧大軍的人數就佔全縣總人口的約37%，足顯政治積極性之高。

某些有利於百姓的措施，地方政府倒也有頗為積極的表現。如地處西部邊境山區的百色地區，僮族人口比例超過七成，此外還有瑤、苗等其他少數民族聚居，經濟上相對貧窮落後，對小球藻與雙蒸飯的推廣就分外積極，甚至號召「掀起群眾性的大搞小球藻運動」。[95]

廣西各級政府各種應對措施的靈活性施行雖然有助於穩定時局、鞏固政權，但在某些方面也形成地方政府幹部普遍採取「上有政策，下有對策」的「共謀現象」——在與中央權威保持一致的姿態下，因地制宜、規避風險而為之；該現象雖然對維繫一統體制有實質性意義，但靈活性過大，亦不免「隱含了對一統體制的挑戰」；這種挑戰「如果不能及時制止，則可能誘發地方割據，導致中央集權的危機」。[96]

---

94 唐中禎、石建臣、黃均貴，〈「增產不忘共產黨，豐收不忘毛主席」，都安運出大批餘糧支援國家建設〉。

95 《右江日報》通欄標題，1960年3月16日，第2版。廣西其他地區似乎沒有這樣的積極表現。

96 周雪光，《中國國家治理的制度邏輯：一個組織學研究》，頁34-37、88-89、196-236。

這樣一種情形，從 1960 年代初，包括廣西在內的全國各地方政府對包產到戶持不同程度的支持態度可見一斑（詳見後文）。這也正是毛澤東 1962 年召開七千人大會試圖要矯正的「遍布各地區和各機關的所謂『分散主義』傾向」。[97] 然而，一統體制的強化與剛性操作，其效果往往與現實情況相去甚遠，其代價恰恰就是誘發重大災難。[98]

## 第三節　大饑荒中農民的自救方式

在大規模災難性的滅絕死亡威脅下，幾乎是孤立無援的農民只能千方百計展開自救，其方式主要有如下幾種：

### （一）偷竊

這是民間社會最古老亦最常見的不道德行為。在集體化時代，農產品基本屬於集體所有（除了極少數自留地產品），於是，這種個人性、自發性的偷竊行為，跟集體利益或集體中其他人利益相衝突，因而受到較嚴厲的打擊。而且在傳統社會的倫理認知上，「偷竊」畢竟不光彩，無形中也就給偷竊者造成較大的心理障礙，乃至為此尋短，因偷竊被毆打致死事件亦甚為普遍。

據洪振快〈大饑荒中農民的反應〉記載：貴州七個縣初步統計涉及摘公社包穀、瓜菜而無辜身死的有 7 人；山東平邑縣林建

---

97 陳永發，〈毛澤東與七千人大會：民主發揚還是文革預演？〉，《中央研究院近代史研究所集刊》，第 69 期（2010.9），頁 127-169。

98 周雪光，《中國國家治理的制度邏輯：一個組織學研究》，頁 26。

公社農民徐文選因偷了4穗高粱，被生產隊幹部活活打死；蒙陰縣旦埠公社舊寨農民于憲年之妻（57歲），因偷了12穗玉米，被綁在柱子上進行拷問，以致最終上吊自殺。[99]

這種現象，早在1955年廣西便已有發生，賓陽縣實行統購統銷後，餓、病、死人的現象不斷，在這種背景下，偷竊玉米等農作物的行為甚為普遍，該縣一區的一個農民偷了鄰近二區的玉米就被當地農民打死了。[100] 大饑荒時期，廣西的偷竊更為盛行：

〔田東縣萬能人民公社福星大隊〕秋收時趁大部分幹部不在家（去搞鋼鐵），大量瞞報、私分和偷盜公社的糧食。……在〔1959年〕元月十八日至二十日三天時間中，報出來的有「黑倉」的，有私分的，也有偷盜的，總共一十七萬七千六百七十斤糧食。[101]

這些偷竊行為的目的十分明確，就是為了活命。此舉雖然跟瞞產私分混雜一起，但多屬個人行為；仍基本屬於自發性而非有組織的行為，跟瞞產私分的有組織性的集體操作不同。

---

99 洪振快，〈大饑荒中農民的反應〉，《炎黃春秋》，2014年第8期，頁21。

100 〈桂西僮族自治區賓陽縣餓死一百四十八人〉（1955.6.17），收入《中國大躍進－大饑荒數據庫（1958～1962）》。桂西僮族自治區：1952年12月設置，1956年改置桂西僮族自治州，隸屬於廣西的副省級行政區，下轄百色、宜山、賓陽、崇左4個專區，包括34個縣或縣級自治區。1957年12月20日，國務院通過〈關於撤銷廣西省桂西僮族自治州的決定〉。

101 潘濬，〈福星大隊社員說：瞞產私分是上了資本主義的當，三天報出埋伏糧17萬多斤〉，《右江日報》，1959年1月27日，第1版。

偷竊糧食就因為嚴重的糧荒，而糧荒的嚴重程度，到了莊稼尚未長成便被偷竊，於是形成大饑荒時期特有的偷竊現象——偷青。廣西不少地方在「玉米、瓜豆等早熟作物已相繼成熟」之際，「亂拿亂摸和強取強收農作物的現象不斷發生」，以致自治區政府不得不發出「在群眾中進行護青教育的緊急通知」；雖然通知強調「民主地制定出護青的公約或紀律」，「民兵護青中發現拿摸和強取強收的人，要進行教育制止，但不許鳴槍和打人」，[102] 現實中的「護青教育」仍不乏採取「專政的手段」並產生惡劣後果：「近來在護青工作中據18個縣的統計，已發生XX起打死人和逼死人命的事件。」[103]

　　這些偷竊者的所作所為，大多屬於走投無路的結果，而且是全民性的現象。廣西政府的緊急通知亦承認：「〔偷竊者〕除少數是屬於真正的慣偷慣竊和極少數是反革命、地主、富農分子所幹的外，大量的還是一般群眾所為。他們所以這樣做，又是和有些地方口糧標準規定的過低，生活安排不夠落實，政治思想工作薄弱分不開的。」[104]

　　事實上，物質、肉體的懲罰往往替代「政治思想工作」。一份來自大苗山縣的報告稱，和睦公社高昔大隊李進召為貧農出身的青年農民，於1959年下半年參加修水利，因日夜突擊，疲勞

---

102　俱參考〈廣西壯族自治區區黨委發出關於在群眾中進行護青教育的緊急通知〉（1961.6.3），收入《中國大躍進—大饑荒數據庫（1958～1962）》。

103　〈廣西壯族自治區公安廳關於夏收安全工作中應注意的兩個問題的通知〉（1961.6.22），收入《中國大躍進—大饑荒數據庫（1958～1962）》。

104　〈廣西壯族自治區區黨委發出關於在群眾中進行護青教育的緊急通知〉（1961.6.3），收入《中國大躍進—大饑荒數據庫（1958～1962）》。

過度打瞌睡，被批鬥後罰苦工、扣口糧，此後，就靠偷甘蔗吃活命。[105]

大饑荒發生後，地方幹部對偷竊現象的懲罰更爲嚴厲亦更顯惡質。如鳳山縣砦牙公社第一書記莫以桐不僅將因饑饉偷竊的「小偷小摸」集中到勞改隊，甚至指使下屬：「小偷小摸多，你們發現開槍打死一兩個沒有問題。」該公社砦牙大隊黨支部書記羅明善竟然親自開槍打死被懷疑是偷玉米的中農羅慶運，還受到公社領導的讚許並廣爲宣傳（以期達到嚇阻作用）。[106]

## （二）搶劫

大饑荒期間搶劫的目標也主要是糧食，這顯然是走投無路，甚至是官逼民反的暴烈行爲。《吳景超日記：劫後災黎》便記載1946年廣西多起鄉民因劫後災荒「無以爲生，不得不走上此路」的搶糧事件，「某家如有幾十斤的糧食，便會引起強盜的光顧」，於是便有人搶奪農民的40斤麥子，更有人打劫廣西善後救濟分署運送麵粉的貨車。[107] 此風氣蔓延多年，臺灣《聯合報》即報導：1950年代初，廣西發生糧荒日趨嚴重，「致飢民激增，到處發現飢餓團聯群結隊，四處搶會；其中以桂東的陸川、博白等縣飢民和粵南的遂溪、廉江、信宜一帶飢民最多，共

---

105 〈大苗山縣是這樣處理小偷小摸的〉（據大苗山縣報告整理，1961.5.15），收入《中國大躍進—大饑荒數據庫（1958～1962）》。大苗山縣原稱融縣，1955年改稱大苗山苗族自治縣，1965年再改稱融水苗族自治縣。

106 百色地委、鳳山縣委聯合調查組，〈關於鳳山縣砦牙公社在糧食核產期間發生非正常死亡情況的檢查報告〉（1961.7.4），鳳山縣志編纂委員會編，《鳳山縣志》，頁810-181。

107 吳景超原著，蔡登山主編，《吳景超日記：劫後災黎》，頁93、97。

約二萬餘人，流動於附近各鄉，搶掠各地糧倉及呼喊反飢餓等口號」。[108]

統購統銷實施初期所引發的糧食糾紛，亦已造成容縣、平樂專區多起「打幹部和搶倉庫糧食的事件」；[109] 1957年合作化高潮期間，也發生「退社戶搶割穀子」[110] 及「搶割搶分農業社的稻穀」[111] 的情形。

到1950年代末至1960年代初的大饑荒，搶劫事件更為繁多，尤其是搶糧事件，全國各地普遍發生：1959年4月，山東鄆城搶糧達130多起，萬餘人參加，搶去糧食19萬多斤。1960年1月20日，甘肅武威市1萬多飢民擁上火車站，哄搶鐵路運輸物資，其後還發生過搶糧、搶物事件。1960年11月以來，貴州全省發生開倉分糧和盜糧事件532起，被分和被搶劫偷盜糧食80多萬斤。僅在1960年12月，安徽蕪湖專區12個縣就發生了大小搶糧事件180起。[112]

廣西的形勢也頗為嚴峻。1961年4月8日廣西公安廳廳長鍾楓（1915～2003）在自治區第二次政法公安會議上的報告便提出：「防止群眾性的哄搶和強收強取事件的發生，切實嚴密掌握糧食、物資倉庫周圍和鐵路沿線的敵情、社情，發現有哄搶徵候

---

108 〈粵桂糧荒飢民四出搶糧〉，《聯合報》，1953年6月8日，第2版。

109 〈廣西省糧食統銷補課中的兩種偏向〉（1955.4.29），收入《中國大躍進—大饑荒數據庫（1958～1962）》。

110 〈中共廣西省委關於石龍縣委處理退社戶的具體政策意見的批覆〉（1957.8.6），收入《中國大躍進—大饑荒數據庫（1958～1962）》。

111 陳蓬生，〈廣西省破獲「廣西省西南反共團」反革命組織〉（1957.8.26），收入《中國大躍進—大饑荒數據庫（1958～1962）》。

112 洪振快，〈大饑荒中農民的反應〉，頁21-22。

的，必須抓緊抓早，加強防範。」[113]《廣西通志·公安志》稱：

> 1960年至1962年，國民經濟困難時期，刑事案件發案數回升，這三年共發案31,662起，年均發案10,554起，比前五年年均發案數增多82.3%，年均發案率為人口總數的5.39‰。這三年發生的刑事案件，主要是盜竊糧食、食油，盜竊、殘害牲畜和糧油投機倒把案件，搶劫糧食的案件也明顯增多，共發生上述案件25,914起，佔發案總數的81.9%。[114]

搶劫是有個體性、也有群體性的現象，而且無疑是較為激烈甚至血腥暴力的行為、現象，不僅被視為刑事案，還甚至被視為罪名更重的土匪暴亂案：

> 1960年10月間，該匪利用兩廣結合部的山區，糾合一幫逃跑上山為匪的反、壞分子，組織武裝土匪，活動於廣東省欽縣和我區上思縣公正公社等地區，進行造謠煽動，積極收集武器，搶劫國家和人民財產，前後共搶我糧食倉庫6個，搶去稻穀16,249斤，搶殺耕牛13頭、生豬5頭，搶去民兵槍2支、子彈4發，曾一度嚴重地擾亂了社會治安。[115]

---

113　〈廣西壯族自治區區黨委批轉區政法黨組關於全區第二次政法公安會議的三個報告〉（1961.5.18），附錄，收入《中國大躍進—大饑荒數據庫（1958～1962）》。

114　廣西地方志編纂委員會編，《廣西通志·公安志》（南寧：廣西人民出版社，2002），頁291。

115　何席重，〈我區上思縣與廣東欽縣互相配合，全殲一大股土匪〉（1961.3.25），收入《中國大躍進—大饑荒數據庫（1958～1962）》。

在百姓眾人皆貧困的情形下，可供搶劫的目標，大多是國家的資源，而強大的國家機器，在相當程度上會嚴厲無情地遏阻這種行為與現象。在中共政權絕對優勢的武裝力量面前，任何飢民動亂都難逃被鎮壓的命運。

## （三）逃荒／討飯

逃荒／討飯也是自古以來饑饉之年人們掙扎求存的方式。在大饑荒爆發前，中國鄉村農民逃荒求生的現象就時有發生。如1956年5月29日，便有新華社南寧電訊報導：廣西大批農民因缺糧外出逃荒，僅平樂專區到4月20日止，因缺糧外出逃荒約有2,700多人，與此有關的非正常死亡225人，其中餓死43人。[116]

為了維護國家顏面、防止透露災情，中共政府對逃荒討飯現象從一開始便採取強勢壓制的手段。1956年12月30日起，國務院就相繼發布系列通知與指示，一再通令各地方政府部門強力制止「大量災民盲目外流」。[117]

1958年1月，中共當局頒布〈中華人民共和國戶口登記條例〉，將鄉村農民與城市居民區分為「農業戶口」和「非農業戶口」兩種不同戶籍，對人口流動實行嚴格限制和管制，其實也就是將農民更嚴厲地禁錮在鄉村，外流逃荒更是被嚴禁。[118] 1958

---

116 李益芳，〈廣西省大批農民缺糧外逃〉（1956.5.29），收入《中國大躍進─大饑荒數據庫（1958～1962）》。

117 分別參考《中華人民共和國國務院公報》，1957年第1期，頁8-9；1957年第11期，頁199-200；1958年第9期，頁248-249；中央檔案館、中共中央文獻研究室編，《中共中央文件選集》，第三十冊，頁315-317。

118 參考《人民日報》，1958年1月10日，第4版。

年初，貴州、四川等鄰近省分都曾貫徹執行中共中央、國務院「關於制止農村人口盲目外流的指示」，收容、遣返廣西逃荒過去的流民。[119] 大饑荒爆發後，各地方政府紛紛採取各種措施，攔阻、甚至追捕外流災民，外省的情形有如：

> 豫東因饑荒人口外流的情況被反映到內務部，經中央辦公廳批轉河南省委。河南省委和開封地委並沒有解決缺糧問題，而是派人將外流人員強制送回原籍，這樣就堵死了災民們逃生的出路。[120]

　　廣西的情形亦大致如此：環江縣因「畝產十三萬斤」鬧劇釀成大饑荒，許多農民不甘心困守家鄉束手待斃，紛紛外出逃荒，外流到河池地區的金城江甚至貴州省等地討飯以求生路；環江縣委不是妥為安撫，而是當作非法外逃進行追捕；在金城江、貴州等地追捕回來150多人，有的遣送回原籍，有的關押批鬥。[121]
　　文革小報對此事件亦有揭發：「〔政府〕封鎖環江消息，封鎖人員外流。為了封鎖消息，環江縣公安局長劉ＸＸ還布置把鐵道、公路沿線的工人、幹部、學生的名單全部列出，密切地注視

---

119 〈貴州省民政廳關於貫徹執行中共中央、國務院「關於制止農村人口盲目外流的指示」的意見的報告〉（1958.1.28），〈成都市民政局關於收容遣送外省農村人口工作報告〉（1958.2.10），收入《中國大躍進―大饑荒數據庫（1958～1962）》。

120 賈豔敏、許濤，〈「大躍進」時期河南大饑荒的暴露過程〉，《江蘇大學學報》，第14卷第3期（2012.5），頁62。

121 李甫春，〈畝產十三萬斤的神話與環江的現實――環江縣1958年畝產十三萬斤事件及其嚴重惡果的調查〉，《改革與戰略》，1989年第3期，頁67-73。

他們的活動。」[122]

在飢餓驅動下，全國性的逃荒無可避免地成為不得不面對的事實。於是，當大面積死亡發生後，逃荒在禁而不止的情形下，反而又順理成章成為政府疏導、轉移飢民壓力的方式。

1959年3月11日中共中央、國務院〈關於制止農村勞動力盲目外流的緊急通知〉第九條規定：「流入內蒙、青海、甘肅、新疆、寧夏和東北三省的農民，一般不要遣返，可以根據北戴河會議的決定，算做支援上述地區的任務。」[123] 此舉便有將飢民驅往邊遠省分為內地災區舒緩壓力之意。於是，甘肅省便採取「移民就食」措施，「在三、四個月內，有大約十萬人被及時地以支援當地建設的名義送往新疆、青海、陝西等地，有效轉移了人口壓力。」[124]

廣西雖地處邊疆，卻無接收外來災民的任務，本地的災民還持續外流。1960年，日益嚴重的饑荒災情以及殘酷的反瞞產運動，致使南寧地區大批農民「被逼流落他鄉」，甚至「越境逃往越南求生，國際上造成了極壞的影響」。[125] 同年鳳山縣砦牙公

---

122 廣西革命造反派赴京代表團，〈絞死韋國清！為死難的廣西五十多萬階級兄弟報仇雪恨！——揭發韋國清反瞞產的滔天罪行〉，廣西紅衛兵總部、毛澤東思想紅衛兵、南寧八・三一部隊指揮部編，《南疆烈火》，聯5號，1967年6月8日，第4版。

123 中央檔案館、中共中央文獻研究室編，《中共中央文件選集》，第三十冊，頁317。

124 劉彥文，〈荒政中的政治生態：以西蘭會議前後的甘肅應急救災為中心（1960.10～1961.3）〉，《中央研究院近代史研究所集刊》，第90期（2015.12），頁124。

125 廣西革命造反派赴京代表團，〈絞死韋國清！為死難的廣西五十多萬階級兄弟報仇雪恨！——揭發韋國清反瞞產的滔天罪行〉，第3版；早在1959年上半年

社農民因無糧而「逃荒、出賣子女、浮腫、死亡」，「上山找野菜、樹根、樹皮來充飢或逃往各縣」。公社黨委書記莫以桐不採取補救措施，反而指為「壞人破壞」，遂將逃荒者用「集中勞改隊」的方式進行解決。[126]

政府部門也更強硬執行限制外流、收容、審查、遣返的工作。廣西自治區公安廳於1961年11月6日頒布告示強調：「把屢遣不歸的自流人口收容起來，對其中經常從事非法活動，情節較嚴重，屢教不改的應送勞動教養。」[127] 同月18日，廣西公安廳廳長鍾楓在廣西全區公安工作會議所作報告，更針對大饑荒造成的嚴峻情勢，將「災民繼續外流」作為突出的治安問題，要求「認真加強城鄉戶口管理，切實掌握人口變動情況，限制人口外流……對那些屢遣屢返，危害社會治安的應送勞動教養」。[128] 有時候還將災民外流現象視為階級鬥爭的反映。1961年鳳山縣的公社食堂普遍斷炊，農民不得不上山找野菜、野果、樹皮、黃狗頭充飢，以致發生外出逃荒，浮腫、死亡的情況。縣委第一書記張耀山認為農民逃荒的原因是壞人煽動，甚至是「瞞產私分頭

---

第一次反瞞產運動之後，已經有越來越多中國人越境到越南投靠親友尋求飽食，參考游覽，〈北越學習中國大躍進運動的歷史考察（1958～1960）〉，《二十一世紀》，第185期（2021.6），頁118。

126 百色地委、鳳山縣委聯合調查組，〈關於鳳山縣岞牙公社在糧食核產期間發生非正常死亡情況的檢查報告〉（1961年7月4日），鳳山縣志編纂委員會編，《鳳山縣志》，頁809-810。

127 〈廣西壯族自治區公安廳發出關於打擊投機倒把活動的意見〉（1961.11.6），收入《中國大躍進－大饑荒數據庫（1958～1962）》。

128 〈鍾楓廳長在廣西全區公安工作會議上關於今多明春工作任務的報告（摘要）〉（1961.11.18），收入《中國大躍進－大饑荒數據庫（1958～1962）》。

子逃避鬥爭」、「壞人組織反革命活動」。[129]

上面所論述農民在大饑荒時期所採取應對方式，均為被動形態的表現，其效果大多差強人意。各級政府對這些方式基本上採取壓制的手段，只不過，不同層級的機構所採取手段與效果不太一樣。

一般說來，上層（如自治區、專區）政府多著意於方針政策的掌控；越往下層的機構（縣→公社→大隊）壓制的手段便越為強硬粗暴。究其緣由，當是上層幹部的政治歷練較豐富、理論水平較高，儘管政治理念（如階級鬥爭）的表述尖銳鮮明，但決策也較有分寸，較具策略性。

相反，下層幹部除了個人品質（包括文化素養、性格、政治雄心／野心等），越往基層所感受到的災情壓力越大，來自上面的政治壓力也越大，加上與民眾的衝突直接而密切，往往就演變為行為的過激乃至失控。

總的來說，或許由於差強人意的效果與強硬野蠻的壓制手段，農民採取偷竊、搶劫、逃荒／討飯等方式的普遍程度與比例均不高。相比之下，在當時的特定歷史環境中，農民堪稱有效的自救方式是貫穿於大躍進與大饑荒時期的瞞產私分，及大饑荒後期的包產到戶與分田到戶。

---

129 自治區黨委、百色地委、鳳山縣監委聯合調查組，〈對匿名來信反映鳳山縣委第一書記張耀山同志在糧食核產中官僚主義致使全縣餓死幾千人等問題的調查報告〉（1961.5.17），鳳山縣志編纂委員會編，《鳳山縣志》，頁806-808。「黃狗頭」：一種野生植物，可藥用及食用，大饑荒期間農民多以此為生。

## 第四節　從「瞞產私分」到「包產到戶」與「分田到戶」

　　1961 年，臺灣《聯合報》便有報導：「怠工和瞞產是最普遍的情況……從前，大家都要『邀功』，相率虛報生產數字，現在，大家都想偷著留下一點，又普遍瞞產，小組小瞞，大隊大瞞，公社向上級也瞞報。」[130] 闡明前者的浮誇「虛報」引發超額徵購，導致不得不以後者的「瞞產」來自救。

　　瞞產私分是一種集體性的行為現象，是人民公社集體化體制的產物。在政府與農民的對峙模式中，集體化扮演著一個雙重角色，起到雙重性作用。

　　一方面，集體化將「一盤散沙」的農民組織起來，讓政府能夠更有效地管理、控制農民，尤其是掌握、控制、調度農產品資源；統購統銷的進行，就是在集體化之後得以更順利達到超額徵購目的；及至大饑荒到來，所有資源被盡數徵集、前述諸種農民自主自救行為又受到百般阻撓後，集體化體制更成為農民死亡的奪魂索，群體式的束手待斃成為大饑荒時期普遍的死亡方式。

　　另一方面，集體化體制卻也促使陷於生死存亡絕境的農民得以用集體性的瞞產私分方式，齊心協力進行最後的抗爭。瞞產私分的突出表現有如下兩點。

---

130　〈時時等天亮，天天盼變天！〉，《聯合報》，1961年1月15日，第3版。

## （一）基層幹部是核心關鍵人物

　　在集體化時代，鄉村基層幹部具有雙重身分：一方面作為國家機構的代理人管理鄉村事務，一方面作為鄉村農民的代言人爭取相關權益。[131] 這種雙重身分的表現，在不同時期有不同的側重：集體化高潮時期，鄉村基層幹部一般上都會積極貫徹上級旨意，領導農民進行各種工作（包括大躍進、高浮誇）；然而，當大饑荒直接危害到父老鄉親之際，他們往往選擇站在農民一方，並且率領鄉民們展開經濟上的自救運動——瞞產私分。

　　1958年12月22日的臺灣《聯合報》報導即強調：「中共對農產品的搜刮計畫因各『公社』的農民普遍反抗，特別是共幹的帶頭弄虛作假，隱瞞產量，而遭遇空前失敗。」[132] 當時正是人民公社化高潮過後，浮誇風釀成的高徵購導致普遍的瞞產私分現象，中共當局第一次反瞞產運動（「對農產品的搜刮計畫」）遭受農民普遍反抗（「弄虛作假，隱瞞產量」）。此間所謂「共幹」當指鄉村基層的大隊及生產隊幹部。當時南寧地區的《紅旗日報》社論便有如此批評：

　　　　在公社的各級幹部中，他們既是生產的領導者，又是千百萬
　　　　人民的生活消費的組織者，擔子是很重的，當他們發現糧食

---

131　承紅磊從「地方利益的捍衛者」、「國家政策的推行者」、「基層權力的使用
　　　者」三方面探討大饑荒時期鄉村基層幹部的角色作用。參考氏著，〈大饑荒時
　　　期的基層幹部——固牆人民公社的個案研究〉，《二十一世紀》，第106期
　　　（2008.4），頁66-78。
132　〈搜刮農產計畫失敗，匪令加強糧食管理〉，《聯合報》，1958年12月22
　　　日，第1版。

工作中的問題以後，大部分人沒有很好的找領導找群眾商量，依靠國家和公社的力量來解決這些問題，卻只爲自己的小單位打小算盤，於是也就打起埋伏來，把漏洞掩蓋起來，建立自己的「小後方」，而且有的還「以攻爲守」，向國家向上級伸手要糧，造成了不良影響。這是本位主義思想的表現。[133]

既然瞞產私分是在瞞產的基礎進行私分的一種集體性行爲，其集體性的性質，決定了必須有策劃、執行的帶頭人，而在鄉土上、經濟上跟農民命運相連的鄉村基層幹部，便往往責無旁貸亦義不容辭成爲這樣的帶頭人。

廣西自治區黨委秘書長兼農村工作部部長霍泛在1959年3月3日第一次反瞞產運動通知中亦指出基層幹部的關鍵性作用：「瞞產私分，主要在隊幹部，根據現有的規律，集體瞞產大大多於個人私分，約佔百分之八九十。」[134]

雖然不排除有基層幹部基於不同理由選擇站到政府一方，聽命於上級指令，不同程度參與針對農民瞞產私分而進行的反瞞產運動；但其中有相當部分是迫於政治壓力而「轉變立場」，在這些幹部的「自我批評」中，亦從反面證實了基層幹部原有的責任擔當。如邕寧縣五塘公社沙平大隊黨支部書記滕雲興所云：

---

133 〈關鍵在於做好思想工作〉（社論），《紅旗日報》，1959年1月28日，第1版。

134 區黨委農村政治部等，〈誰是廣西反瞞產的罪魁禍首？——廣西反瞞產事件調查〉。

為了「不吃虧」，我就想出各種辦法來和黨和國家爭奪糧食。我的手法有兩個，一是假報災情，一是隱瞞耕地面積。……越到後來，越是公開策劃瞞產私分，我和大隊五個幹部開會商量，布置社員不報實產量。[135]

賀縣黃田公社獅子崗大隊黨支部書記繆隆浩的「自我批評」，則反映這種擔當，來自基層幹部與農民社員的齊心協力：

早稻核產、包產落實和夏糧徵購，是我們幹部和社員最關心的問題。6月下旬，我們大隊有的社員聽到我要到公社開會討論糧食分配問題，就囑咐我說：「支書：你和上級講今年早稻產量時，要看著點講啊！」意思是要我看風使舵。來到公社開會以後，和我一起來的生產隊長白月標還不時對我說：「老繆：要注意，產量不能報高，一報高準會加重任務的。」……〔我〕於是決定向公社報畝產二百五十斤（我們生產隊長只報畝產二百三十斤），這樣算來，我們大隊收的早稻除留口糧外，夏糧徵購任務只能完成30%。[136]

來賓縣來賓鎮公社平西大隊的黨支部委員、共青團支部書記、生產隊副隊長梁愛蘭，在夏糧徵購任務下達後，也是經受了其他基層幹部和農民的一致勸誡，終於「越想越覺得他們說得有

---

135 滕雲興，〈批判我在糧食問題上的錯誤思想〉，《紅旗日報》，1959年10月27日，第1版。

136 繆隆浩，〈不能光顧自己，忘了國家和集體〉，《廣西日報》，1959年7月13日，第1版。

道理：產量少報點，國家徵購任務就輕點，多報了多挨交公購糧。隊裡存糧不多，將來自己也難領導社員搞生產呀」。[137]

雖然在當時報刊報導中這樣的話受到批判，但是，卻無疑完全符合農村實情及農民的內心真實感受。這些瞞產私分的組織者多為本鄉本土的農民精英分子，深受農民群眾的信任，擁有堅實的民意基礎，因而能長久、堅韌地存在（直至1980年代初的農村改革）。

## （二）對外排斥，對內齊心

在集體化年代，瞞產私分畢竟是違法亂紀行為，因此，便出現諸如瞞產是「大偷」，[138] 分糧得「偷偷分」、「甭說省、縣，連大隊都不讓知道」之類的現象。[139] 瞞產私分的範圍基本上是局限於當時最基層的行政單位——生產隊，這也有利於排斥外人，盡量減少洩露內情的可能性。以下一段描述，可見大略情形：

> 一般來講，瞞產私分是生產隊裡公開的秘密，瞞外不瞞內……對於生產隊裡發生的瞞產私分行為，任何一個社員都不敢輕易告密，否則就會遭到其他人的一致指責。當然，生產大隊的幹部還是知道的，畢竟他們也要從生產隊裡拿工分、分糧食，不過，大隊幹部對此往往也是充耳不聞，不會主動

---

137 梁愛蘭，〈不能光顧自己，不顧國家、集體〉，《廣西青年報》，1959年7月29日，第3版。

138 高王凌，〈三年困難時期飢餓的農民〉，《書摘》，2006年第8期，頁83。

139 高王凌，《中國農民反行為研究（1950～1980）》（香港：香港中文大學出版社，2013），頁248。

去戳穿生產隊裡發生的騙局。[140]

　　生產隊以外的人，尤其是公社以上各級幹部、工作隊員等，均在被隱瞞之列，生產大隊幹部有時也被排斥，如巴馬瑤族自治縣一個生產隊瞞產私分的情形：一方面小隊長葉卜合乘著大隊黨支部書記到公社開會，偷偷地打開糧倉，把大隊存放的1,000多斤粳穀私分給社員，並交代社員不要給大隊知道。[141] 另一方面，社員參與私分糧食，並且密切配合保密不給大隊知道。[142] 事實上，由於大隊幹部的經濟權益與生產隊農民一致（「從生產隊裡拿工分、分糧食」），因此，即使知道，也往往是「充耳不聞，不會主動去戳穿生產隊裡發生的騙局」。

　　這說明一個重要現象：瞞產私分群體具有潛在威懾力。這種威懾力產生的緣由，無疑來自飢民們走投無路、別無選擇、頑強堅韌的求生意志（因而往往有一股「魚死網破」的狠勁）。

　　參與瞞產私分群體內部的齊心協力，產生了一個重要的心理保障：以此消解「違法亂紀」汙名帶來的羞恥感與憎惡感，放大及強化萬眾一心的正義感與道德勇氣；以齊心協力的群體性心理支撐，抗衡外來的壓力。正如論者所指出：「公社化時代恰恰是一些農民比較『心齊』的生產隊盛行『瞞產私分』，在一定程度

---

140 趙曉峰，〈群體性自治行為：人民公社時期農民貓膩行為的性質探析〉，《古今農業》，2012年第3期，頁3。

141 〈堅決和資本主義思想作鬥爭，陳丁盛奮起保衛總路線〉，《廣西日報》，1959年12月3日，第3版。

142 〈堅強的戰士〉，《廣西日報》，1959年12月3日，第3版。

上抵制了國家的無度索取。」[143]

因此，即使內情外洩、上級知道，也往往不易徹查及處理。這種內部齊心，還表現爲對內部異己因素的排斥，即使出自正義感的異己背叛（告密），也會受到群體內部成員一致排斥，甚至是有失公正的打擊報復。

1979年《人民司法》雜誌刊載一起申訴案，便是反映1965年四清運動[144]中，四川農民楊光松檢舉了生產隊長和大隊會計搞瞞產私分等問題招致不滿，於文化大革命開始後，遭受打擊、批鬥，即使文革後平反，也遭到生產隊、大隊、公社的層層阻撓與牴觸。[145]

雖然尚未發現廣西有類似的案例，但廣西農村主持瞞產私分的基層幹部多有害怕「挨老婆罵」、「群眾埋怨」而不敢向上級坦白的情形，[146]從側面也就反映了來自瞞產私分群體內部齊心協力的壓力。

瞞產私分是集體性私有意識的體現，即在集體化體制中，通過集體操作的形式體現私有意識。其合邏輯的發展便是通過集體操作卻又「僭越」集體化體制的包產到戶與分田到戶。

---

143 秦暉，〈農民需要怎樣的「集體主義」——民間組織資源與現代國家整合〉，《東南學術》，2007年第1期，頁9。

144 「四清運動」：是在中共八屆十中全會以後，於1962年底起至1966年中，由毛澤東在中國農村逐步推行的一場運動。運動最初目標是「清工分，清賬目，清財物，清倉庫」（小四清），後來演變爲「清政治，清經濟，清組織，清思想」（大四清）。

145 四川省高級人民法院調查組，〈關於簡陽縣楊光松、劉伯琴申訴案的情況調查〉，《人民司法》，1979年第5期，頁2-4。

146 江國靖，〈韋結義同志報出埋伏糧55,000多斤，受到公社黨委的表揚和社員的讚揚〉，《右江日報》，1959年1月30日，第1版。

所謂包產到戶與分田到戶，大同小異：前者指將集體的耕地農作物等承包給農戶負責，超產獎勵、減產賠償。後者指將集體的土地分給農戶，農戶擁有使用權，自種自收。二者目的均在於將經濟效益落實到家庭，是在集體化經濟體制內實施，具有私有收益意義的生產分配方式：1950年代中期起出現，1960年代初普及，至1980年代初落實為農村改革的標誌，即後來被稱為「家庭聯產承包責任制」的制度。

　　包產到戶與分田到戶的方式廣受農民群眾歡迎，雖然是由縣、鄉幹部（站在農民的立場）主導，得到部分上層幹部的默許甚至支持，但並非中共政府政策允許，尤其不獲毛澤東的支持，因此，只能屬於農民應對大饑荒的方式，而非政府的措施。這種方式，雖然通常以1970年代末安徽省鳳陽縣小崗村以契約形式明確提出「分田到戶」為典範，[147] 但早在1956年下半年，廣西便有時任中共環江縣委第一書記王定（1923～2000）採取在山區實行程度不同的包產到戶方式，廣受農民歡迎與仿效。至次年上半年，全縣約有一半社隊實行，取得了良好效果，當年全縣糧食大豐收，總產量比上一年增長17.6%。但在1957年反右運動中，王定的做法被視為「反黨反社會主義」，包產到戶的方式便胎死腹中了。[148]

---

147 張本效，〈黨的領導・農村改革・WTO——對小崗農民「分田到戶」創舉的再認識〉，《經濟與社會發展》，第1卷第2期（2003.2），頁104-106。

148 何成學，〈廣西農村「包產到戶」生產責任制的歷程〉，《廣西地方志》，1996年第3期，頁51-55；〈王定同志關於環江縣水源、下南兩個區生產整社中一些具體問題及處理意見給宜山地委的報告（摘要）〉（1956.11.5），收入《中國大躍進—大饑荒數據庫（1958～1964）》。

儘管如此，大饑荒發生後，越來越多地方實行包產到戶的方式。1960年至1962年上半年，面對大饑荒的慘烈景況，從中共高層領導人劉少奇、鄧小平、陳雲、鄧子恢等，到各省市自治區負責人，尤其是地縣級幹部對能調動農民生產積極性、增產糧食、緩解災情的包產到戶方式均持不同程度的支持態度。[149] 於是，包產到戶與分田到戶風氣一度發展迅猛，所覆蓋的鄉村，安徽全省達80%、甘肅臨夏地區達74%、浙江新昌縣及四川江北縣達70%、廣西龍勝縣達42.3%、福建連城縣達42%、貴州全省達40%，在全國範圍來說，實行包產到戶的地區也約佔20%。[150]

　　在廣西，1950年代中期環江的探索、嘗試雖然一度被壓制下去，但到了1960年代初，從廣西東南部的玉林、博白，到西北部的龍勝、三江等縣，包產到戶與分田到戶的做法迅速復興，廣受歡迎，「簡直成了一種風氣」。集體化被農民視為「道公老兒倒騎驢，一步一步退」；基於「不管黑貓、白貓，抓住老鼠就是好貓；不管集體、單幹，能增產就算好」的認知，「不少生產隊要求分田到戶或包產到戶，要求耕牛私有，要求增加自留地」；鬧分田到戶、包產到戶、鬧分隊，成為普遍現象。[151]

---

149 蕭冬連，《求索中國──文革前十年史（1956～1966）》（北京：中共黨史出版社，2011），下，頁608-624。

150 高王凌，《中國農民反行為研究（1950～1980）》，頁218-229；另參考薄一波，《若干重大決策與事件的回顧》，下，頁757。關於包產到戶的某些百分比數據，高書（頁220）與薄書稍有出入，而高書的注釋表明是引自薄書，故本章採薄書的數據。

151 〈中共廣西壯族自治區委員會關於解決「包產到戶」問題的情況向中央、中南局的報告〉（1962.4.27），〈廣西區黨委、玉林地委、博白縣委聯合調查組關於鴉山公社農村若干政策問題的調查（節錄）〉（1962.8），收入《中國大躍進──大饑荒數據庫（1958～1962）》。

據1962年統計，三江縣15個公社中，有247個生產隊（佔生產隊總數的15.3%）實行「包產到戶」，135個生產隊（佔生產隊總數的8.4%）實行「包產到組」，該縣高明公社的情形較爲嚴重，有56.2%的生產隊已分田單幹。[152]

至於龍勝縣，到1961年6月，全縣18個公社189個生產大隊中，三包（包產、包工、包投資）到組的便有25個大隊，佔大隊總數的13.2％，三包到戶的則有81個大隊的374個生產隊，佔大隊總數的42.8%，生產隊總數的20.7%。該縣泗水公社92個生產隊中更有86個搞了「三包到戶」，佔全公社生產隊總數的93.4%。[153]

廣西農村的基層幹部與農民中間，廣泛流傳此類說法：「千變萬變，不如一變」；「千分萬分，不如一分」；「千好萬好，不如分田到戶、搞單幹好」；「早分晚分不如早分」；分田單幹的迫切心情溢於言表。

除了包產到戶與分田到戶，基層幹部與農民還創造出不少變相的單幹模式，諸如：「公私合營」——早造私人種，晚造集體種。「抓大頭」——畬地（採用刀耕火種方法耕種的田地）作物分到戶，水田則集體種。「井田制」——徵購田集體種，口糧田個人種。「三田制」——上交田、口糧田、照顧田，前者收穫應付徵購，後二者收穫歸自己。此外，還有將山田、遠田、壞田分到戶，誰種誰收；化整爲零，刻意劃分小規模的生產隊，甚至出

---

152 〈中共中央監察委員會關於廣西農村有不少黨員幹部鬧單幹的情況簡報〉（1962.2.28），收入《中國大躍進－大饑荒數據庫（1958～1962）》。
153 羅平漢，〈廣西龍勝包產到戶始末〉，《百年潮》，2005年第10期，頁34。

現「兄弟隊」、「父子隊」、「姐妹隊」。[154] 這些操作，都是千方百計將集體化的公有經濟瓦解爲以家庭爲單位的私有經濟。用秦暉的話說，便是「小共同體認同對於大共同體的一元化控制是一種『瓦解』力量」。[155]

當然，廣西農村這種「小共同體」跟俄羅斯村社以集體主義與平均主義爲精神內核和行爲道德規範、聯結「血緣、地緣、宗教緣」集體紐帶的「自給自足小共同體」不可同日而語，但對抗「大共同體的一元化控制」卻是一致的。[156]

包產到戶與分田到戶的方式雖然能有效緩解饑荒，卻是違背了中共農業走集體化道路的方針，因此，從中央到地方，反對的聲音一直不斷。

1959年底，毛澤東便直言批評：「搞包產到戶，就是一部分富裕中農的私有觀念對人民公社化的抵抗。」[157] 1961年11月13日，中共中央〈關於在農村進行社會主義教育的指示〉進一步明確指出：「目前在個別地方出現的包產到戶和一些變相單幹的做法，都是不符合社會主義集體經濟的原則的，因而也是不正

---

154 〈中共中央監察委員會關於廣西農村有不少黨員幹部鬧單幹的情況簡報〉（1962.2.28），收入《中國大躍進—大饑荒數據庫（1958～1962）》。

155 秦暉，〈農民需要怎樣的「集體主義」──民間組織資源與現代國家整合〉，頁9。秦暉通過中西方歷史的比較，對傳統中國社會的「小共同體」與「大共同體」有頗爲全面且深入的論析。參考秦暉，〈「大共同體本位」與傳統中國社會──兼論中國走向公民社會之路〉，氏著，《傳統十論──本土社會的制度、文化及其變革》（上海：復旦大學出版社，2004），頁61-125。

156 參考金雁，〈俄羅斯村社文化及其民族特性〉，《人文雜誌》，2006年第4期，頁97-103。

157 逄先知、馮蕙主編，《毛澤東年譜(1949～1976)》（北京：中央文獻出版社，2013），第四卷，頁262。

確的。」[158]

於是，自1962年2月至8月，廣西玉林、博白、龍勝、三江等縣的包產到戶與分田到戶做法，相繼遭受中央政府部門、自治區及地縣政府進行調查、整肅，並向中共中央及中南局提呈報告，批評「鬧『分田到戶』，或『包產到戶』，實際是在鬧『單幹』」；認爲這些問題「有的是屬於經營管理方法的問題，有的是關係到所有制問題，都需要進一步作深入調查研究」；「需要在比較重大的政策性的措施方面，繼續認眞加以貫徹執行，以便從根本方面杜絕單幹的發生」。[159]

1962年4月與6月，中央政府高層領導人鄧子恢、張雲逸以及陶鑄、王任重（1917～1992）先後到廣西龍勝等縣調查「包產到戶」等情況，雖然承認「包產到戶」在一定程度上起到緩解饑荒與復甦農業的作用，[160] 但卻是著重批判了「一小部分地富分子和少數富裕中農留戀資本主義道路，積極進行單幹」，同時強調「這不是主流，原來估計全縣有60%甚至70%的生產隊單幹了，事實上單幹的並沒有那樣多」，認爲「目前龍勝全縣的生產隊中，大約有60～70%基本上屬於社會主義的集體經濟性

158 國家農業委員會辦公廳編，《農業集體化重要文件彙編》（北京：中共中央黨校出版社，1981），下，頁529。

159 〈中共中央監察委員會關於廣西農村有不少黨員幹部鬧單幹的情況簡報〉（1962.2.28），〈中共廣西壯族自治區委員會關於解決「包產到戶」問題的情況向中央、中南局的報告〉（1962.4.27），〈廣西區黨委、玉林地委、博白縣委聯合調查組關於鴉山公社農村若干政策問題的調查（節錄）〉（1962.8），收入《中國大躍進－大饑荒數據庫（1958～1962）》。

160 廣西地方志編纂委員會編，《廣西通志・大事記》，頁353、354；胡隆鎂、劉顯才，〈六十年代初期廣西龍勝包產到戶述評〉，《黨史研究與教學》，1989年第5期，頁42-50。

質：有 20～30% 基本上屬於單幹，不過還保留著某些集體經濟的因素」。由於對集體經濟的肯定與堅持，此結論得到毛澤東認可：「這個文件所作的分析是馬克思主義的，分析之後所提出的意見也是馬克思主義的。」[161]

中央政府及廣西地方政府如此大動干戈，就因為包產到戶與分田到戶的方式衝擊了集體化體制／國家體制。這也正是顧准所抨擊「國家 vs. 農民」[162] 的實質。廣西政府與農民各自採取大不相同的應對大饑荒的措施與方式，反映了政府與民意南轅北轍的巨大落差。

1962 年 8 月至 9 月間，毛澤東在中共中央工作會議、中共八屆十中全會等會議上，一再強調階級與階級矛盾、階級鬥爭，狠批「包產到戶」、「單幹風」；並認為「包產到戶」是階級矛盾、階級鬥爭的直接表現。[163] 於是，鬥爭意識與風氣在中共內部及整個社會愈發濃烈。階級鬥爭已成為中共治黨治國的制度化策略。

包產到戶與分田到戶風氣雖然在 1962 年 9 月中共八屆十中全會後被壓制下去，但為二十年後的農村改革埋下了火種，在 1980 年代初農村改革開始便迅速復燃。到 1981 年下半年，廣西農村實行各種聯產計酬責任制形式的生產隊，已佔全自治區總隊

---

161 〈中共中央轉發毛澤東同志關於印發鞏固生產隊集體經濟問題的座談會紀錄的批示〉（1962.8.2，中發〔62〕409 號），收入《中國大躍進－大饑荒數據庫（1958～1962）》。

162 顧准，《顧准日記》，頁 169，「1959 年 12 月 15 日」。

163 逄先知、金沖及主編，《毛澤東傳（1949～1976）》（北京：中央文獻出版社，2003），頁 1250-1260。

數的70.86%；而1956年率先包產到戶的環江縣，在1981年實行糧食包產到戶聯產制的生產隊更已佔全縣總隊數的99.88%。[164]

作爲多民族聚居的地區，廣西農民應對大饑荒的方式同樣具有「地區性—民族性」特點，而這個特點便是突出體現於包產到戶與分田到戶的現象。如前所述，廣西（甚至是全國）最先進行包產到戶的是毛南、僮、瑤、苗等少數民族人口佔九成以上的環江毛南族自治縣。

大饑荒後期，同樣進行包產到戶分田到戶的廣西農村，地處西北的龍勝各族自治縣、三江侗族自治縣與地處東南的玉林縣、博白縣就不太一樣，無論是實施的百分率還是形式的多樣化，漢人爲主的玉林與博白就遠不如多民族聚居的龍勝與三江。

這種「地區性—民族性」之所以產生，究其原因，或許可作如下分析：

歷史上形成的「侗、苗、瑤等民族地區原有經濟、文化落後」，致使土改後，「農民對土地顯得特別珍視」、「對土地異常留戀，害怕歸公」；因此合作化初期便產生強烈的牴觸甚至是敵對情緒：「土改剛分幾屯田（6屯爲一畝），政府又要合起來」，「辦社是漢人想騙侗人的錢財」；地方政府集體化運動違背「愼重穩進」方針，「硬趕漢族地區」的操作，更導致少數民族農民積怨益深。[165] 退社情況在少數民族地區便尤爲嚴重，據

---

164 韋欽，〈廣西農村生產責任制發展趨勢和前景〉，《學術論壇》，1982年第1期，頁55-57。

165 俱參考〈中共廣西省委批轉省委統戰部民族工作組關於三江侗族自治縣目前互助合作運動情況與今後工作意見的報告（節錄）〉（1955.1.10），收入《中國大躍進—大饑荒數據庫（1958～1962）》。

1956年11月不完全統計，桂西僮族自治州僅巴馬、隆林、田林、百色四縣，就有1,480多戶苗、瑤族農民鬧退社。[166] 於是，經歷了大饑荒的肆虐，一旦遇上包產到戶與分田到戶的機會，少數民族地區的農民便表現出更爲強烈的反應。[167]

　　與政府應對措施旨在穩定時局、鞏固政權不同，農民採取的諸種應對方式，無不是爲了在絕境中求生存；而主導並貫穿於瞞產私分至包產到戶與分田到戶過程，在集體化生態下表現爲頗具自主性／主體性的私有意志，則在一定程度凝聚了「一盤散沙」的農民。

---

166 黃義傑，〈桂西僮族自治州大批苗、瑤族鬧退社〉（1956.11.21），收入《中國大躍進－大饑荒數據庫（1958～1962）》。

167 這是針對廣西爲多民族雜居地區的個案分析，以反映少數民族與漢族地區在相關社會問題上的不同表現特點。至於其他以漢族爲主的地區，當有不同的分析。

# 第八章 | 廣西「瞞產私分」的意義及影響

　　瞞產私分是中國農村實施集體化與統購統銷政策時期，產生於農民及基層幹部的普遍行為與現象。所謂瞞產私分很大程度是因應、對抗浮誇風導致的超額徵購（亦稱「高徵購」）而產生。大饑荒時期，瞞產私分在一定程度上舒緩饑荒，避免更多農民死於饑饉。以上表述，已然為當前學界的共識。[1]

　　雖然經歷了1958年底至1959年初以及1959年底至1960年初，先後兩次反瞞產運動，瞞產私分現象受到極大壓制，但並未能完全消失而是一直延續至1980年代初人民公社解體。與瞞產私分一脈相承的包產到戶及分田到戶，1956年首先興發於廣西並且在1960年代初風行一時，造成全國性的影響，對緩解大饑荒起到較大作用。

　　相對於第七章第四節對廣西農村瞞產私分的表現進行正面描述，本章聚焦於1950年代中以降廣西農村瞞產私分現象所體現的私有意志，對瞞產私分私有意志所產生的歷史、社會、政治、經濟根源，及其在當時與後世所起到的作用及影響，進行深入的分析探討。

　　本章對「私有意識」與「私有意志」概念運用的界定是：

---

1 Thomas P. Bernstein, "Stalinism, Famine, and Chinese Peasants: Grain Procurements during the Great Leap Forward," *Theory and Society*, 13: 3 (1984): 339-377；張昭國，〈人民公社時期農村的瞞產私分〉，《當代中國史研究》，2010年第3期，頁67-71。

「意識」更多為自然且自在的狀態，即依據作為自然人的生存本能進行反應及行動；而「意志」則較具自覺且自決的性質，即依據作為社會人的生存環境進行思維及實踐。「作為自然人」（自然屬性環境）與「作為社會人」（社會屬性環境）雖有對立但並非是割裂的，前者藉助後者賴以生存與發展，卻也因此受到局限與束縛；一旦有機會鬆脫後者束縛，取得相對獨立自主的存在後，便進而反作用於後者，影響並導致後者改變——人（農民）與社會（集體化體制）互動關係的改變。

　　廣西農民在瞞產私分行為中所體現的私有意志，雖然源自鄉村傳統的自然且自在的私有意識，但更具有滲透著時代精神的自覺且自決的社會性質。這種私有意志亦反過來催生了瞞產私分現象，並且隨著時代的發展而不斷強化、深化、變化，最終促使與之長期抗衡的集體化體制走向分崩離析。

## 第一節　瞞產私分與鄉村傳統私有意識

　　1950年代初，土地改革運動仍在如火如荼進行中，中共中央便於1951年12月起發布了〈關於農業生產互助合作決議（草案）〉等一系列決議，規定了中國農業社會主義改造的路線、方針和政策，號召農民「組織起來」，走互助合作道路，即在個體／私有制經濟基礎上進行集體勞動，由此肇啓了集體化（即合作化）運動的方向，其發展前途就是農業集體化或社會主義化。[2]

---

2　中共中央文獻研究室編，《建國以來重要文獻選編》（北京：中央文獻出版社，1997），第二冊，頁510-522。

在這個過程中，私有制的個體經濟是必然要被排除的障礙。1956年夏，高級合作社激增之際，毛澤東就明確表示，這是一場針對「擁有私產的農民」的戰爭。[3] 當年11月，毛澤東在中共八屆二中全會上的態度更為鮮明：「農業的社會主義改造，是要廢除小生產私有制。」[4]

1958年1月4日，毛澤東在杭州會議的講話中，宣稱1949年奪取政權為第一步驟，1950年至1952年3月的土地革命（即土改）為第二步驟，第三步驟便是「一九五五年也基本完成了」的「再一次土地革命」（即合作化）；稱後兩個步驟「三年當中解決了」，是必須「趁熱打鐵，這是策略性的，不能隔得太久，不能斷氣」，認為根據東歐的經驗，隔久了「中農以上的就不想搞合作化了」。[5]

在1958年1月28日的南寧會議中，毛澤東再次主張合作化要「趁熱打鐵，一氣呵成」，「要鼓足幹勁！鼓舞士氣，勁可鼓而不可洩」；並且強調「不斷革命論」：「革命就要趁熱打鐵，一個革命接著一個革命，革命要不斷前進，中間不使冷場。」[6]土地改革運動與集體化運動就是這樣一氣呵成地連接起來了。

---

3 馮客著，蕭葉譯，《解放的悲劇：中國革命史1945～1957》（新北：聯經出版公司，2018），頁250。

4 毛澤東，〈在中國共產黨第八屆中央委員會第二次全體會議上的講話〉（1956年11月15日），中共中央毛澤東主席著作編輯出版委員會，《毛澤東選集》（北京：人民出版社，1977），第五卷，頁324。

5 毛澤東，〈在杭州會議上講話（二）〉（1958年1月4日），《毛澤東思想萬歲（1958～1960）》（武漢：武漢群眾組織翻印，1968），頁4。

6 毛澤東，〈在最高國務會議上的講話〉（1958年1月28日），《毛澤東思想萬歲（1958～1960）》，頁13、14-15。

從宗旨與效果來看，土地改革與集體化是很不協調的：土地改革運動的宗旨、過程及結果儘管有諸多可詬病者，[7] 但中共讓成千上萬的農民獲得了土地，確實使農民的生產積極性空前高漲。《人民日報》發表讀者來信稱，河南省禹縣花石區發下土地證後，農民「確信土地永遠是自己的了」，生產熱情極高，加緊在新分的地裡修堰、鋤麥。[8] 此舉可謂大獲民心，誠如杜潤生（1913～2015）所說：「農民取得土地，黨取得農民。」[9]

　　然而，集體化運動的宗旨，其實質卻是土地國有化，將農民在土改中取得的土地以及原本就擁有的土地，逐步加以剝奪。1951年12月15日，毛澤東發出〈把農業互助合作當作一件大事去做〉的通知，要求一切已經完成了土地改革的地區都務必實行農業生產互助合作。[10] 這表明，土地改革將農村結構重整，土地的主人由地主富農轉移到貧下中農；緊接著卻是推動農民互助合作，漸次朝集體化邁進：互助組時期，主要是換工互助，土地尚可保留；初級合作社時期，則以土地入股的方式將田地收歸集體所有；至高級合作社時期，以土地為主的生產資料便已實行了全面公有化。於是，農村傳統的小農生產體制一步步朝社會主義體

7　廉如鑒，〈土改時期的「左」傾現象何以發生〉，《開放時代》，2015年第5期，頁150-161；劉晨，〈社會暴力的起因、類型與再生產邏輯——以「吳媽事件」與麻城T村的調研爲基礎的討論〉，《山西高等學校社會科學學報》，2016年第9期，頁20-25。

8　楊恒珊，〈禹縣花石區發下土地證後，農民生產熱情極高〉，《人民日報》，1951年2月18日，第2版。

9　杜潤生，《杜潤生自述：中國農村體制變革重大決策紀實》（北京：人民出版社，2005），頁17。

10　顧龍生編著，《毛澤東經濟年譜》（北京：中共中央黨校出版社，1993），頁295-296。

制改變。由此顯見，對中共而言，土地革命的目的，最終就是爲了實現集體化（即國有化）體制。

短短幾年間，「確信土地永遠是自己的」言猶在耳，土改成果已然化爲烏有。廣西農民怨悔交加：「土改剛分幾屯田（6屯爲一畝），政府又要合起來！」「聽說土地入社，一身從頭到腳都冷完了。」[11]

可見，鄉村集體化運動的進程一開始，主導者（中共）與主體（農民）之間的關係便有裂隙，伴隨著日後統購統銷的實施，集體化的迅速升級發展，乃至接踵而至的大躍進、浮誇風、大饑荒，中共與農民的關係漸行漸遠。

在這過程中持續進行的瞞產私分行爲，反映了農民自覺或不自覺地以他者（the Other）的身分，主動或被動採取疏離、抗拒中共當局的姿態。如果套用杜潤生「農民取得土地，黨取得農民」的話，或許便可以說：「農民失去土地，黨就失去農民。」

在集體化運動過程中，一方面，中共佔據道德制高點，一再發布令人振奮卻是屢屢失信於民的施政綱領與承諾——從統購統銷的「保證人民生活和國家建設所需要」，[12] 到合作化的「共同

---

11　〈中共廣西省委批轉省委統戰部民族工作組關於三江侗族自治縣目前互助合作運動情況與今後工作意見的報告（節錄）〉（1955年1月10日），收入宋永毅主編（下略編者），《中國大躍進—大饑荒數據庫（1958～1964）》（香港：美國哈佛大學費正清中國研究中心／香港中文大學中國研究中心，2014），電子版。

12　〈中央人民政府政務院關於實行糧食的計畫收購和計畫供應的命令〉（1953年11月19日政務院第194次政務會議通過），中共中央文獻研究室編，《建國以來重要文獻選編》（北京：中央文獻出版社，1993），第四冊，頁561。

富裕」，[13] 到「大躍進—人民公社」的「共產主義是天堂，人民公社是天梯」；[14] 另一方面，基於意識到「嚴重的問題是教育農民」，[15] 毛澤東高度重視農民的社會主義教育，於 1957 年 8 月 8 日通過中共中央發出〈關於向全體農村人口進行一次大規模的社會主義教育的指示〉，[16] 企圖通過開展教育運動的方式，用社會主義／共產主義的公有思想取代農村傳統的私有意識。

然而，當廣西農民發出「共同享福，種田不見穀」、「毛澤東，米缸空」之類的怨言時，中共高層便視為是「地主、富農、反革命和破壞分子活動猖狂」，必須「給他們一個有力打擊，鎮壓邪氣，伸張正氣」。[17]

於是，左傾冒進、脫離實際的思想觀念與生硬、粗暴的手段方法，致使社會主義教育運動在小農經濟根深蒂固的鄉村現實面前歸於失敗，對農村生產力的發展產生了嚴重的消極影響，為政治運動的不斷升級與蔓延埋下伏筆，日益加深農民對集體化的恐懼乃至背離的心理。張和清等關於「不管是出於相信或者是恐

---

13 毛澤東，〈關於農業合作化問題〉（1955 年 7 月 31 日），中共中央毛澤東選集出版委員會編，《毛澤東選集》（北京：人民出版社，1977），第五卷，頁 187。

14 〈全國人民公社化高潮已全面展開〉（1958.9.16），原載中央農村工作部，《人民公社化運動簡報》第 1 號（1958 年 9 月 16 日），收入《中國大躍進—大饑荒數據庫（1958～1964）》。

15 毛澤東，〈論人民民主專政〉（1949 年 6 月 30 日），中共中央毛澤東選集出版委員會編，《毛澤東選集》（北京：人民出版社，1991），第四卷，頁 1477。

16 載中央檔案館、中共中央文獻研究室編，《中共中央文件選集》（北京：人民出版社，2013），第二十六冊，頁 108-110。

17 〈中共中央轉發廣西省委關於在農村鳴放的簡況報告〉（1957.9.14），中發（57）申 42 號，收入《中國大躍進—大饑荒數據庫（1958～1964）》。

懼，總之是使群眾提高了社會主義覺悟和階級警惕性，堅定了走合作化道路的信心」的表述，[18] 似乎是試圖從正面肯定教育運動達成的「相信」效果，其實恰是透露了農民經歷運動而益發加重的「恐懼」心理。在這種心理下，所謂「使群眾提高了社會主義覺悟和階級警惕性，堅定了走合作化道路的信心」，委實是無法令人信服的說辭。

由此可見，「社會主義教育運動」只是毛澤東時代群眾運動眾多脫離現實的「戲劇化實踐」（the practice of theaterization）之一。[19]

當代政治的干預失敗，致使以傳統「家庭─家族」（尤其是前者）利益為核心的私有意識得以頑強地存留並活躍於鄉村社會，在政治氛圍濃厚的集體化時代更是以自我防禦、自我維護的功能發揮作用。

中國傳統鄉村社會，家庭的意義與作用更為關鍵，即使中古鄉村社會以多姓雜居的編戶齊民為主，仍見家庭（戶）的重要性。或許就是在這個意義上，秦暉強調：「國權歸大族，宗族不下縣，縣下惟編戶，戶失則國危，才是真實的傳統。」[20] 費正清（John King Fairbank）亦認為：「中國家庭是自成一體的小天

---

18 張和清、王藝，〈文化權力實踐與土改之後的徵糧建社──一個西南少數民族行政村的民族志研究〉，《開放時代》，2010年第3期，頁81。

19 Mun Young Cho, "On the Edge between 'the People' and 'the Population': Ethnographic Research on the Minimum Livelihood Guarantee," *The China Quarterly*, 201 (2010): 20-37.

20 參考秦暉，〈傳統中華帝國的鄉村基層控制：漢唐間的鄉村組織〉，氏著，《傳統十論──本土社會的制度、文化及其變革》（上海：復旦大學出版社，2004），頁1-44。

地，是個微型的邦國。社會單位是家庭而不是個人，家庭才是當地政治生活中負責的成分。」[21]

在小農經濟的歷史及現實條件下，「私有」觀念以家庭爲基本單位的現象是必然的，這不僅是瞞產私分的表現特點，也是日後包產到戶及分田到戶現象之所以產生與運作的思想基礎及現實背景。

王滬寧認爲，土地改革改變了鄉村的土地關係，階級意識滲入了血緣家族意識的範疇；合作化將大部分農民組織到跨家族的集體之中；「一大二公」的人民公社配之以高度集中的國民經濟體系，將家庭的功能大大削弱；但這種衝擊只是表面性的，宗族血緣關係與宗族文化內在的關聯依然存在。[22]

波特夫婦亦撰文指出：以父系控制財產的家族制度在共和國時期並沒有根本性的轉變，即使在集體化時代，傳統家族村落的一致性仍然被進一步加強。[23]

確實如此，中共的土地改革並不能徹底摧毀傳統宗法文化，到「政社合一」[24]的集體化時代也未能瓦解農村傳統社會結構，以自然村爲產權所有歸屬和經濟利益歸屬的格局並沒有根本改變，「家庭—家族」一直是集體化鄉村現實存在的基本單元。

---

21 費正清著，張理京譯，《美國與中國》（北京：世界知識出版社，2003），頁22。

22 王滬寧，《當代中國村落家族文化——對中國社會現代化的一項探索》（上海：上海人民出版社，1991），頁58-59。

23 Sulamith Heins Potter and Jack M. Potter, *China's Peasants: The Anthropology of a Revolution* (Cambridge: Harvard University Press, 1990): 251-269.

24 「政社合一」：指既是生產單位，也是政權機構的組織形態（包括合作社與人民公社）。

這種以「家庭－家族」為基本單元的現象，跟早年俄羅斯村社以「血緣、地緣、宗教緣」為紐帶的「自給自足小共同體」顯然不同，前者具有更鮮明的私有性質，但又跟後者「血緣、地緣」、「自給自足」的特點，乃至「自然經濟下的『宗法式團體』」、「被束縛於『封建的共同體形式』中的宗法農民」、「強調個人對共同體的依附為特徵的宗法文化」等表現有某種相通之處。因此，在抗衡「全盤集體化」、「大共同體的一元化控制」上亦便有頗為一致的表現。[25]

人民公社的最基層單位生產隊大多以自然村為基礎建立，一個自然村固然有由單一姓氏家族所形成，但更多是由多個姓氏家族組合而成；一般由一個自然村組成一個生產隊，有時一個較大的自然村也分為二個（或以上）的生產隊，也有鄰近的若干較小的自然村合為一個生產隊。如果一個生產隊由單一家族構成，那麼其權力運作與經濟利益分配更具傳統家族式壟斷的特點，瞞產私分也就是家族式的私分，對內凝聚力與對外排斥力更為強烈且鮮明。如果一個生產隊（包括單個自然村形成與若干自然村合成）由多姓氏家族組成，雖在「內部的權力運作和勢力分野」方面跟單一姓氏組成的生產隊有所不同，但經濟利益的歸屬仍是落實到「家庭－家族」。[26] 除了口糧、工分糧歸屬「家庭－家族」

---

25 參考金雁，〈俄羅斯村社文化及其民族特性〉，《人文雜誌》，2006年第4期，頁97-103；金雁，〈村社制度、俄國傳統與十月革命〉，《陝西師大學報（哲學社會科學版）》，1991年第3期，頁65-73；金雁，〈俄羅斯傳統文化與蘇聯現代化進程的衝突〉，《陝西師大學報（哲學社會科學版）》，1988年第4期，頁16-25；秦暉，〈農民需要怎樣的「集體主義」——民間組織資源與現代國家整合〉，《東南學術》，2007年第1期，頁7-16。

26 王朔柏、陳意新，〈從血緣群到公民化：共和國時代安徽農村宗族變遷研

（實行集體食堂時期除外），生產隊經濟權益的支配權往往也會較平均地落實到不同姓氏的家族（不排除有例外）。

筆者在文革期間作為知青到廣西博白縣龍潭公社白樹大隊大路塘生產隊插隊，該生產隊由相鄰的三個自然村白樹新村（鄒姓）、城肚村與新屋村（均為張姓）合成，生產隊的主要幹部職位隊長、會計、記分員便由三村人分任及輪任。[27] 生產大隊層級亦然，王朔柏等的調查研究即指出：「張姓、瞿姓、蔡姓各為三個村，大隊三個主要職務於是在三大宗姓中分配。……權力的分配沒有打破傳統的宗族平衡，權力的使用也很少打破這種平衡。」[28] 這也就是前述傳統「家庭—家族」權益自我防禦、自我維護功能發揮作用的具體表現之一。

中國宗法社會傳統文化，以「家庭→家族→村落」的輻射模式展現。[29] 這是一種由內而外，內緊密而外鬆弛的型態，在外來危機侵犯時，便會產生內斂式／排他性的凝聚力，即使在集體化時期的鄉村現實依然如此。

人民公社公有制一再受挫後，中共當局不得不採取退讓措施，於 1960 年 11 月 3 日頒布〈關於農村人民公社當前政策問題

究〉，《中國社會科學》，2004 年第 1 期，頁 182。

27 參考王力堅，〈知青時代的「瞞產私分」往事〉，2021 年 1 月 28 日載於《中國時報》新聞網，史話專欄：https://www.chinatimes.com/opinion/20210128000002-262107?chdtv。2021 年 1 月 30 日檢閱。

28 王朔柏、陳意新，〈從血緣群到公民化：共和國時代安徽農村宗族變遷研究〉，頁 186。

29 秦暉認為：同姓聚居是近古才出現的現象，而且同姓聚居還須有充分條件才能形成宗族組織。參考氏著，《傳統十論——本土社會的制度、文化及其變革》，頁 43。

的緊急指示信〉，闡明生產資料和產品分別歸公社、生產大隊和生產隊三級所有，經濟核算的基本單位則落實到生產隊，即所謂「三級所有，隊為基礎」的模式。[30]

以生產隊為經濟核算的基本單位，實質上就是以「家庭—家族」為基礎的「小集體所有制」。在此之前，1959年2月的鄭州會議上，毛澤東多次聯繫瞞產私分現象討論所有制問題，[31] 並且在會議期間，約談河南省多位地方負責人時，徑直提出「農民拼命瞞產是個所有制問題」。[32] 這些論述為「三級所有，隊為基礎」的決策定下基調。此決策甚或有直接針對性：「想借此安撫基層，以消滅瞞產私分的情況。」[33]

毛澤東對所有制退讓的底線只是止於生產隊，而不能接受包產到戶及分田到戶。因為「隊」仍是集體公有形式，「戶」則屬於個體私有制了。

儘管如此，這也畢竟體現了公有制較大程度的妥協退卻，順應了傳統宗法文化依然存在的事實，有意無意給傳統宗族勢力留下了可供發揮作用的空間，即如中國學者所說：「自『三級所有，隊為基礎』的小公社制開始後，承認了家庭制度的合法性，

---

30 中共中央，〈關於農村人民公社當前政策問題的緊急指示信〉（1960年11月3日），中央檔案館、中共中央文獻研究室編，《中共中央文件選集》（北京：人民出版社，2013），第三十五冊，頁344-357。

31 毛澤東，〈在鄭州會議上的講話〉（1959年2月27日），中共中央文獻研究室編，《建國以來毛澤東文稿》（北京：中央文獻出版社，1998），第八冊，頁65-75。

32 逄先知、金沖及主編，《毛澤東傳（1949～1976）》（北京：中央文獻出版社，2003），下，頁913。

33 陳耀煌，〈動員的類型：北京市郊區農村群眾運動的分析〉，《臺灣師大歷史學報》，第50期（2013.12），頁182。

由此恢復了許多傳統家庭的職能。」[34]

海外學者亦普遍認同這一點，施堅雅（G. William Skinner）便認為，「現在的正統做法是把集體化單位和自然系統明確地聯繫起來」，「小隊和公社的系統已被嫁接在農村生活的古老根基之上」。[35]

這樣一種在當代政治力量操控下仍存留著傳統宗法文化的鄉村型態，無疑就是傳統私有意識得以承續的天然溫床，也是自然且自在的私有意識因應社會變化而演變為自覺且自決的私有意志的必要基礎。「嫁接在農村生活的古老根基之上」的生產隊是以「家庭─家族」為核心的單位組合，瞞產私分以生產隊為基礎，其實就是體現以「家庭─家族」為基礎的私有意識及經濟權益；日後的包產到戶及分田到戶，也是落實到集體化最基層單位──生產隊，而實質性的利益歸屬便是鄉村傳統自然體系的最基本單元──家庭（戶）。

## 第二節　瞞產私分私有意志的意義

在中國農村集體化的演進過程中，農民作為底層社會的弱勢群體，無論是大躍進還是大饑荒，都身不由己地被捲入其中，顯示為受制衡及附庸於國家／集體體制、缺乏主體意識的他者身分。同時，前述諸多現象在在顯見以「政社合一」、「一大二

---

34 張樂天，《告別理想：人民公社制度研究》（上海：東方出版中心，1998），頁373。

35 施堅雅著，史建雲、徐秀麗譯，《中國農村的市場和社會結構》（北京：中國社會科學出版社，1998），頁172。

公」爲標識的集體化體制已然走向空洞化的型態。[36]

於是，在大饑荒來臨之際，農民只能依賴基於人類私有意識的本能（在集體化的生態下卻又表現爲頗具自主性／主體性的私有意志）而掙扎求存。其具體表現便是：在當時特定的時代氛圍下，傳統的私有意識不得不藉助社會主義公有制（集體化）發揮作用——用集體性的瞞產私分方式齊心協力進行生存抗爭，從而體現爲別具時代特色的集體性私有意志。從當時廣西報刊登載的農村基層幹部自我批判文章可見一斑：

> 爲了「不吃虧」，我〔邕寧縣五塘公社沙平大隊黨支部書記滕雲興〕就想出各種辦法來和黨和國家爭奪糧食。我的手法有兩個，一是假報災情，一是隱瞞耕地面積。……越到後來，越是公開策劃瞞產私分，我和大隊五個幹部開會商量，布置社員不報實產量。[37]
>
> 〔巴馬瑤族自治縣甲篆大隊〕那沙小隊長李善群說：「秋收開始時，上報產量，我只報徵購入庫的數字，其餘的就不報，把四千三百多斤稻穀私下分給了社員。……」受到李善群的啓發，坡佳小隊長黃良尤也報出用同樣辦法瞞產私分稻穀四千多斤。[38]

---

36 「空洞化」：指集體化體制在組織結構、動員效能、生產效益等方面都出現虛化、弱化、異化的狀態。

37 滕雲興，〈批判我在糧食問題上的錯誤思想〉，《紅旗日報》，1959年10月27日，第1版。

38 右江日報通訊組，〈深入進行社會主義思想教育，百色專區開展關於葉卜合思想轉變的討論〉，《廣西日報》，1959年11月5日，第1版。

透過文章表示悔過與改正的文字，不難看出農村基層幹部與社員合謀策劃瞞產私分的真實情形。由此可說，瞞產私分是在集體瞞產的基礎進行私分，是集體性的行為，是「社員和幹部互相串通的應變辦法」。[39] 生產隊／生產大隊固然是實施瞞產私分的集體性實體，但瞞產私分的利益歸屬無疑是最具傳統宗法文化意義的家庭，因而其價值體現無疑是悖逆集體化思想的私有意志。瞞產私分的現象，形為集體行為，實具私有意志，當可稱為集體性私有意志的產物；瞞產私分的操作在強化了私有意志之際，反過來更弱化、消解了集體化的功能，促使集體化加速走向更進一步的空洞化──由包產到戶至分田到戶的趨向。這正是所謂「用集體主義精神去促成集體的瓦解」的悖論。[40]

從上引二則例子亦可見，在「形為集體行為，實具私有意志」這個模式中，農村基層幹部的作用甚為關鍵。集體化時期，農村基層幹部具有雙重身分，一方面作為國家體制的代理人管理鄉村事務，一方面作為農民的代言人，與生俱來的鄉土情緣決定其往往會站在農民的立場為農民說話，並領導農民爭取自身權益。即如蕭鳳霞（Helen Siu）所指出：農村的基層幹部是國家和農民之間的協調者，既為自己所在地方的農民謀福利，也使國家的方針政策得以執行。[41]

---

39　杜潤生，《杜潤生自述：中國農村體制變革重大決策紀實》，頁83。

40　王曉毅，〈小崗村的悖論〉，徐勇主編，《三農中國》（武漢：湖北人民出版社，2003），頁151。

41　Helen Siu, *Agents and Victims in South China* (New Haven: Yale University Press, 1989): 156-183. 時至今日，鄉鎮基層幹部仍扮演這種雙重身分的角色。參考 Lianjiang Li and Kevin J. O'Brien, "Protest Leadership in Rural China," *The China Quarterly*, 193 (2008): 1-23.

這麼一種雙重身分，類似傳統社會的鄉紳──鄉村與國家之間的協調者，金觀濤、劉青峰便在國家官僚機構、鄉紳自治、宗法家族的傳統一體化結構論述中，強調了「官於朝，紳於鄉」的鄉紳自治「起到溝通官府與民間的作用」。[42] 只不過，傳統鄉紳主要是產生於民間族群的自協調運作。這一傳統延續到近現代，儘管清末民初部分地區曾出現鄉村紳士城市化及鄉紳自治的衰落和宗法家族的逐步瓦解趨向。[43]

　　不同的是，集體化時代的鄉村基層幹部仍須上級批准及任命。表面上看來，「村級政權的強勢導致鄉村社會與國家政權的高度一致性」，[44] 然而，這些扎根於鄉土、經濟利益亦跟鄉村緊密相連的基層幹部，倚仗傳統宗族勢力，能更為圓融自如行使職權，以致出現國家政權也要「必須依靠強勢的宗族領袖，否則根本無法在農村貫徹它的政策」的局面。[45]

　　作為多民族聚居的廣西，聚族而居的傳統更為深厚，宗族凝聚力更為強烈，因此，作為當代宗族領袖的基層幹部往往尤見強勢。[46] 中共廣西省委批轉省委統戰部民族工作組關於三江侗族自

---

42 金觀濤、劉青峰，《開放中的變遷：再論中國社會超穩定結構》（香港：香港中文大學出版社，1993），頁27-32。

43 金觀濤、劉青峰，《開放中的變遷：再論中國社會超穩定結構》，頁117-134。

44 陳錫文、趙陽、陳劍波、羅丹，《中國農村制度變遷60年》（北京：人民出版社，2009），頁333。

45 王朔柏、陳意新，〈從血緣群到公民化：共和國時代安徽農村宗族變遷研究〉，頁186。

46 何海龍、蔣霞，〈淺議廣西農村地方宗法勢力存在的原因及治理對策〉，《社會科學家》，第S2期（2006.10），頁21-22；覃杏花，〈利用少數民族習慣法促進廣西農村村民自治發展〉，《梧州學院學報》，第18卷第4期（2008.8），頁28-33。

治縣互助合作運動情況的報告即認為：民族上層人物在群眾中尚有一定的影響，他們言行的好壞，都會直接影響到合作化工作的進展。三江縣便有農民特地徵求侗族上層人士的意見後才申請參加合作社。後者對互助合作運動的贊成與否，具有決定性意義。[47]

在這樣一個傳統背景下，集體性的「瞞產私分」行為中，「不少公社的隊幹竟起了『帶頭作用』」，[48] 成為策劃者與領導者。如玉林地區的《大眾報》刊文指責「〔陸川縣〕清湖公社六坡工區六十個隊幹部都有瞞產」。[49] 百色地區的《右江日報》刊載田林縣百樂超美公社長吉大隊黨支部書記的自我批評：「我這個大隊共有八十五戶，四百一十七人。去年秋收後，人人都埋伏糧食，把近三十萬斤糧食拿到山上、水溝、屋旁、樹腳等二十多個地方埋藏起來……群眾見我同意他們搞，越發大膽搞起來了。」[50] 沒有大隊黨支部書記的同意，農民群眾不可能如此大膽「人人都埋伏糧食」。農村基層幹部之所以有此膽識與作為，除了傳統的宗族領袖責任感更有現實的生存壓力：「幾百口人的生活擔子放到自己的肩上了，人人是要天天吃飯的啊！」[51]

---

47　〈中共廣西省委批轉省委統戰部民族工作組關於三江侗族自治縣目前互助合作運動情況與今後工作意見的報告（節錄）〉（1955年1月10日），收入《中國大躍進—大饑荒數據庫（1958～1964）》。

48　〈學習中央決議，辨清瞞產害處，巴馬隆林各公社幹部報出近二千萬斤糧食〉，《右江日報》，1959年1月25日，第1版。

49　李明加，〈共產主義思想教育的巨大勝利，陸川群眾報出糧食千多萬斤〉，《大眾報》，1959年1月29日，第1版。

50　帥天貴，〈有誰比黨親，我向黨交心〉（韋偉記），《右江日報》，1959年3月12日，第1版。

51　農適時，〈相信黨的政策，甘福杰報出十萬斤糧食〉，《紅旗日報》，1959年1

在某種意義上說，這些基層幹部彌補了傳統鄉紳被土改運動摧毀後所留下的空白，不過，他們所起的功能作用，卻已產生變化。

傳統鄉紳所起的功能作用是：與上（朝廷／官府）下（鄉村／農民）的關係是協調性的、通融性的，與上下雙方的政治／經濟利益趨向雖時有側重、偏差，但不至於完全矛盾，有時還可達至一致。

基層幹部的功能作用則是：當政府指令尚未直接危害農民利益（或者是表現為某種欺騙性）時，基層幹部與上（政府）下（農民）的關係大體上是協調性的、通融性的；至於「大躍進—大饑荒」年代的瞞產私分，關係到爭取農民切身的經濟利益，基層幹部與政府的關係便大多是疏離的（陽奉陰違）甚至是牴觸的（離心離德），以致義不容辭成為瞞產私分的策劃者與領導者，因此也就成為當局嚴厲懲處的對象。如當時報刊報導：1958年6月，大躍進期間，百色縣巴部農業合作社第六生產隊隊長顏龍志、保管員龍顯忠就因為帶頭搞瞞產私分，被視為「資本主義行為」，受到罰款與撤銷職務的處罰。[52]

1959年2月22日，毛澤東批轉趙紫陽報告表示：「公社大隊長小隊長瞞產私分糧食一事，情況嚴重……在全國是一個普遍存在的問題，必須立即解決。」[53]明確聚焦在「公社大隊長小隊

---

月31日，第1版。

52 羅生輝、黃名保，〈堅決打擊資本主義行為，顏龍志等瞞產受處罰〉，《右江農民》，1958年6月25日，第2版。

53 毛澤東，〈中央批轉一個重要文件〉，中共中央文獻研究室編，《建國以來毛澤東文稿》，第八冊，頁52。

長」身上。幾天後，2月28日鄭州會議上，毛澤東一方面宣稱「農民瞞產私分是完全有理由的」，一方面卻又劃出一個「幾億農民和小隊長聯合起來抵制黨委，中央、省、地、縣是一方，那邊是幾億農民和他們的隊長領袖作為一方」[54]的對壘陣營，言語間仍凸顯了基層幹部作為農民「領袖」的重要性。可見，毛澤東在對待瞞產私分問題上的態度雖然反覆多變，但基層幹部的關鍵性作用他還是十分清楚的。

於是，各地反瞞產運動如火如荼進行時，基層幹部便首當其衝。1959年1月，趙紫陽在關於廣東雷南縣幹部大會解決糧食問題的報告中即提出：「造成糧食緊張的原因主要是生產隊長、分隊長的瞞產私分。」[55]同年3月，廣西自治區黨委秘書長兼農村工作部部長霍泛在廣西反瞞產運動通知中亦強調：「瞞產私分，主要在隊幹部。」[56]

1959年8月廬山會議後，結合反右傾運動再次掀起全國性的反瞞產運動，運動的主要鬥爭矛頭依然是對準基層幹部。

1960年春率領工作隊到廣西臨桂縣五通公社搞「反瞞產樣板」的自治區黨委書記處書記伍晉南一再指責：「瞞產私分的關鍵是當地幹部的右傾，受農民的影響！」「本地幹部必須帶頭報

---

54 俱參考毛澤東，〈在鄭州會議上的講話（三）〉（1959年2月28日），《毛澤東思想萬歲（1958～1960）》，頁208。

55 〈廣東省委批轉趙紫陽同志關於雷南縣幹部大會解決糧食問題的報告〉（1959年1月31日），收入《中國大躍進—大饑荒數據庫（1958～1964）》。

56 區黨委農村政治部、區人委農林辦公室、區貧協籌委會聯合兵團、區糧食廳「東風」聯合戰鬥團，〈誰是廣西反瞞產的罪魁禍首？——廣西反瞞產事件調查〉（1967年5月31日），無產階級革命造反派平樂縣聯合總部，1967年6月30日翻印。

瞞產！」「本地幹部不能在本地工作，要調離！」[57] 於是，反瞞產運動便往往需要外來人（上級機關幹部、工作隊或外鄉籍幹部）進行，領導瞞產私分的當地基層幹部則受到頗為嚴酷的打擊，甚至為此丟了性命。

據文化大革命（後文稱「文革」）小報披露，廣西的反瞞產運動製造了「大新慘案」、「環江事件」、「寧明慘案」、「〔邕寧〕那樓事件」、「〔興安〕高尚慘案」、「〔那坡〕德隆核產事件」等血腥事件，為追繳糧食，對基層幹部實施各種酷刑，嚴加迫害。如「大新慘案」即構陷大新縣桃城公社愛國大隊以黨支部書記黃啟寬為首、包括大小隊幹部36人組成瞞產私分集團；黃啟寬被折磨致死，父親與兩個兒子餓死，母親逃亡。[58]

值得注意的是，「大新慘案」等血腥事件均發生於少數民族聚居地。前文所述瞞產私分現象興盛的巴馬、田林等縣以及後文引述積極進行包產到戶及分田到戶的三江、龍勝等縣，亦均為少數民族聚居地。或許這正是如前文所說的少數民族「聚族而居的傳統更為深厚，宗族凝聚力更為強烈」，因而也就更易跟中共當局的相關政策與措施產生衝突。

瞞產私分現象與反瞞產私分運動一直在相互抗衡中持續進行，反瞞產私分運動雖然表面上取得勝利，瞞產私分現象卻始終未能消除而一直延續發展，經過文革，直到1970年代末依然流行，至1980年代初期人民公社解體才消失。瞞產私分的精神

---

57 區黨委農村政治部等，〈誰是廣西反瞞產的罪魁禍首？──廣西反瞞產事件調查〉。

58 關於這些事件的詳情及紀錄，參考本書第三章第四節。

（私有意志）更是演化爲「三自一包」（自留地、自由市場、自負盈虧、包產到戶）以及分田到戶的思想基礎。1961年4月，毛澤東即認爲包產到戶「是將過去的瞞產合法化」，[59] 明確指出瞞產私分與包產到戶的一脈相承關係。

1960年至1962年上半年，面對大饑荒的慘烈景況，從劉少奇、鄧小平、陳雲、鄧子恢等中央領導人到各省市自治區負責人，對能調動農民生產積極性、增產糧食、緩解災情的包產到戶形式均持不同程度的支持態度，儼然形成順乎天意、應乎民情的趨勢。

然而，天意與民情均不敵毛澤東的意志。1959年底，毛澤東便直言批評：「搞包產到戶，就是一部分富裕中農的私有觀念對人民公社化的抵抗。」[60] 至1962年下半年，隨著毛澤東一再表態反對包產到戶，[61] 形勢大逆轉：7月18日，原本對包產到戶持支持態度的劉少奇卻在對下放幹部的講話中嚴屬批評包產到戶；隨後，各省、市、自治區和各部委針對中央發布的決定寫下61篇書面討論報告，基調均爲批評包產到戶。[62] 在這個意義上可說，「大躍進—大饑荒」造成的惡果，雖然是由於毛澤東的主導，但也是「得到無數地方幹部的自願遵循與參與」。[63] 於是，

---

59 逢先知、馮蕙主編，《毛澤東年譜（1949～1976）》（北京：中央文獻出版社，2013），第四卷，頁575。

60 逢先知、馮蕙主編，《毛澤東年譜（1949～1976）》，第四卷，頁262。

61 顧龍生編著，《毛澤東經濟年譜》，頁564-578。

62 蕭冬連等，《求索中國——文革前十年史（1956～1966）》（北京：中共黨史出版社，2011），下，頁608-624。

63 Chris Bramall, "Agency and Famine in Chinas Sichuan Province, 1958-1962," *The China Quarterly*, 208 (2011): 990-1008.

中共當局的農村政策又再次轉向激進，私有經濟（及其觀念）再次受到打壓。

1964年2月9日及29日，毛澤東先後兩次會見外賓時，批評中央農村工作部有人主張「三自一包」，目的是要解散社會主義農業集體經濟，要搞垮社會主義制度，指責支持者有中央委員、書記處書記，還有副總理；而且每個部都有，每個省都有，基層支部書記裡頭更多。[64]

同年4月10日，在和外賓談話時，毛澤東更批評「三自一包」是1962年很猖狂的一股風，是要強調自由市場、自留地，把集體經濟、社會主義市場放在第二位，把私有經濟放在第一位，農民的自留地放在第一位。[65]

在這裡，毛澤東明確將延續瞞產私分精神的「三自一包」定位為與集體經濟對立的私有經濟，目的是要搞垮社會主義制度。此罪名不可謂不大，而且將支持者的範圍擴大到上自中央高層，下至基層支部書記，其打擊面不可謂不廣，其敵情觀念不可謂不嚴重。

或許正因如此，到1964年，四清運動越演越烈之際，毛澤東作出了「三分之一的權力不掌握在我們手裡」的嚴重估計，[66]因而進行全面且嚴厲的政治清洗，並進而掀起了文革大風暴。

這樣一個歷史進程顯示，作為集體化的對立面，瞞產私分及

---

64 顧龍生編著，《毛澤東經濟年譜》，頁590。

65 顧龍生編著，《毛澤東經濟年譜》，頁593。

66 逄先知、金沖及主編，《毛澤東傳（1949～1976）》，下，頁1345；林小波，〈「四清」運動中的毛澤東與劉少奇〉，《黨史博覽》，2003年第12期，頁30-34。

其所激發的私有意志一直備受壓制，卻也一直以不同形式存在於民間，並且在不同時期不同範圍內得到各級部分幹部的默許與認同，因此，才會有「〔瞞產〕一直瞞到包產到戶」的現象。[67]

1980年，安徽省來安縣在實行生產責任制時，還由於「怕群眾瞞產私分不上交」，不得不「用簽訂合同的辦法來保證生產責任制的貫徹執行」。[68]

到1980年代初期，隨著農村經濟改革全面落實，人民公社全面解體，生產收益歸於家庭，瞞產私分也就完成了其歷史使命而徹底退出了歷史舞臺，銷聲匿跡於中國農村。

## 第三節　瞞產私分的深遠影響

如前所述，私有意識長期存在於小農經濟為主體的鄉村；而瞞產私分所體現的集體性私有意志，則是集體化運動的產物。與傳統鄉村的私有意識相比，瞞產私分所體現的集體性私有意志具有四點別具時代色彩的表現：

（一）從行為主體的角度看，「自利的農民是否為一次集體行動貢獻力量，取決於個體而不是群體的利益」；[69] 然而，瞞產私分的利益歸屬儘管是落到「自利」的「個體」（家庭），但在

---

67　高王凌，《中國農民反行為研究（1950～1980）》（香港：香港中文大學出版社，2013），頁252-253。

68　〈保證農村各種形式生產品責任制的鞏固和健全，來安縣逐級簽定合同效果顯著〉，《人民日報》，1980年5月21日，第3版。

69　郭于華，〈「道義經濟」還是「理性小農」──重讀農民學經典論題〉，《讀書》，2002年第5期，頁108。

「集體性」的規範下，利益的分配還是較為平均公平的，不至於出現落差懸殊的情形。

（二）較之為了生存而產生的偷盜、搶劫等個體性行為，集體性的瞞產私分有領頭人（一般為生產隊幹部），行動有計畫、有紀律、有組織，因而也獲益較多、成效較大（公有制經濟的損失也更大）。當然，一旦進行反瞞產運動，這些領頭人便首當其衝受到嚴厲懲罰。

（三）集體性瞞產私分的群體力量大，有較為共同的執著信念與支撐精神，能齊心協力抗衡外來的壓力。因此，抗爭更具信心、更具勇氣、更具智慧；同時，也更為強烈，更為堅韌，更為持久。

（四）集體性的私有意志與公有制（集體經濟／制度）的衝突，畢竟屬於體制內的抗爭，雖然有諸多掣肘（體制條規的制約），但也多了一層保護色，相對而言危險性亦有所降低（尤其是對一般群眾）。然而，一旦衝突超逾臨界點，當政者在體制內操控，便會輕而易舉爆發為大規模的、劇烈的政治性運動（如先後兩次反瞞產運動）。

要說明的是，這種基於家族／家庭利益的抗爭，是以集體尚有「瞞產」的糧食可供「私分」為前提，待到集體無糧可分，便可能出現如馮客所指出的「一家人成了對頭」，「面對飢餓親人間的關係會變得多麼殘酷」的現象。[70] 另外，這種基於「生存本能」的抗爭，只是發生在集體化體制內，談不上是對中共政權的

---

70 馮客著，郭文襄、盧蜀萍、陳山譯，《毛澤東的大饑荒：1958～1962年的中國浩劫史》（新北：INK印刻，2012），頁230。

「抵抗」；雖然體制外的武裝抗爭（騷亂／暴動），亦或會以瞞產私分、包產到戶現象爲民意基礎，但在強大的國家機器鎭壓下不免歸於失敗。[71]

在中國農村集體化運動的發展過程中，瞞產私分現象及其反應、影響是有所變化的：1950年代前期的表現，聚焦於統購統銷，可謂城鄉糧食之爭；此時的瞞產私分多被視爲「思想鬥爭問題」或者「個人主義和本位主義思想」，尙屬人民內部矛盾。[72]1950年代後期至1960年代初的表現，聚焦於大躍進及其引發的大饑荒，表現爲農民的生死存亡之爭；在當時司法大躍進的風氣中，將瞞產私分定位爲「對敵專政」、「階級鬥爭」，已有鮮明的敵對意識。[73]1960年代後期至1970年代文革時期，則聚焦於集體經濟與私有經濟對立，上升到「兩個階級、兩條道路的激烈鬥爭」、「資本主義傾向」的敵我矛盾。[74]

由此可見，瞞產私分所體現的私有意志，在這個過程中得到持續不斷地深化、強化；民心的疏離乃至喪失，亦日漸明顯。當時廣西報刊所載農民群眾自我批判的言辭便有透露：「思想還是不通，不相信黨的政策。」[75]「漸漸疏離了黨，對黨只說三分

---

71 參考本書第九章第二節。

72 趙壽山，〈三點希望：八屆國慶節向全省農民的廣播講話〉，《陝西政報》，1957年第16期，頁577-580；陝西省人民委員會，〈關於認眞核實糧食產量的指示〉（1957年11月26日），《陝西政報》，1957年第18期，頁634-636。

73 劉傳勇，〈分片包乾深入基層辦案的體會〉，《人民司法》，1958年第14期，頁13-14；張廣元，〈既要領導好中心工作又要搞好審判業務〉，《人民司法》，1958年第22期，頁12-14。

74 楊公頁，〈這樣上階級鬥爭主課就是好！——我院部分師生參加省委農業學大寨工作團側記〉，《湖南師範大學學報》，1976年第2期，頁52-56。

75 覃錦仕，〈重重顧慮永拋棄，一心依靠共產黨，瑤族社員鄧卜韋交出一萬六千

話，沒有全拋一片心。」[76]「總不相信黨，怕國家徵購、怕糧食調動。」[77]「〔糧食〕埋伏起來留點後路，不相信黨的糧食政策。」[78]

廣西農村糾合叛亂集團的綱領口號更是態度鮮明：「要吃斤半米、半斤油，只有搞瞞產，組織『同心會』，大家一條心，搞瞞產。」[79]「各種各的田地，解散合作社，吃的糧食不過秤，以後買賣有自由。」[80] 從反統購到瞞產私分到包產到戶和分田到戶，顯示農民與中共當局的關係漸行漸遠。

到了1960年代初，包產到戶和分田到戶在廣西鄉村相當一部分地區「簡直成了一種風氣」。在農民眼中，集體化是「道公老兒倒騎驢，一步一步退」；他們堅信：「不管黑貓、白貓，抓住老鼠就是好貓；不管集體、單幹，能增產就算好。」一位鄉村基層黨支部書記甚至在門上貼了一副對聯，宣稱單幹是「明知故犯，萬眾一心」。[81]

---

多斤代管糧〉，《右江日報》，1959年2月24日，第3版。

76　帥天貴，〈有誰比黨親，我向黨交心〉。

77　〈向黨交心，糧油並舉，凌樂四級幹部會議掀起報糧高潮〉，《右江日報》，1959年3月12日，第1版。

78　〈邊報糧交糧邊安排食堂生活，聯雄大隊幹部、代表心情舒暢決心搞好糧食工作〉，《右江日報》，1959年3月13日，第2版。

79　〈兩個活動囂張的反革命集團·橫縣破獲反革命「同心會」組織〉（1961. 9.20），《廣西公安》，1961年第12期，收入宋永毅主編（下略編者），收入《中國大躍進－大饑荒數據庫（1958～1962）》。

80　〈公安部批示廣西省公安廳關於睦邊縣平孟區反革命糾合暴亂案件情況的報告〉（1957.6），收入《中國大躍進－大饑荒數據庫（1958～1962）》。

81　俱參考〈中共廣西壯族自治區委員會關於解決「包產到戶」問題的情況向中央、中南局的報告〉（1962.4.27），收入《中國大躍進－大饑荒數據庫（1958～1962）》。

1961年8月4日，廣西自治區公安廳的有關通知也不得不承認：「〔糾合叛亂集團〕針對我們糧食方面的暫時困難進行破壞。以反對糧食徵購和低標準，搞瞞產，開糧倉等口號煽動群眾參加反革命組織……籠絡群眾分田到戶。」[82] 1962年4月27日，中共廣西自治區黨委就「包產到戶」問題的情況向中央提呈的報告，更透露了基層幹部與農民跟中共當局分道揚鑣的宣示：「你們有集體的總路線，我們有單幹的總路線。」[83]

　　或許正是在這種「黑雲壓城城欲摧」的形勢下，1962年8月6日至24日，毛澤東在中共中央工作會議上重提階級鬥爭，狠批「三風」——否定大好形勢的黑暗風、彭德懷與習仲勛（1913～2002）的翻案風、包產到戶的單幹風。

　　在緊接而來召開的中共八屆十中全會及之前的預備會議上，毛澤東更是大力清算「單幹風」，深入批判「包產到戶」和「分田到戶」，強調千萬不要忘記階級鬥爭。[84]

　　基於執政黨的立場，毛澤東的指責似乎是有理有據。然而這麼一來，毛澤東及其執政黨便站到了農民的對立面，進一步激化

---

82　〈廣西僮族自治區公安廳關於當前公安工作幾個問題的通知〉（1961.8.4），《廣西公安》，1961年第11期，收入《中國大躍進—大饑荒數據庫（1958～1962）》。

83　〈中共廣西壯族自治區委員會關於解決「包產到戶」問題的情況向中央、中南局的報告〉（1962.4.27），收入《中國大躍進—大饑荒數據庫（1958～1962）》。

84　逄先知、金沖及主編，《毛澤東傳（1949～1976）》，下，頁1250-1260；〈中共中央關於進一步鞏固人民公社集體經濟、發展農業生產的決定〉（1962年9月27日通過），〈中國共產黨第八屆中央委員會第十次全體會議的公報〉（1962年9月27日通過），中共中央文獻研究室編，《建國以來重要文獻選編》（北京：中央文獻出版社，1997），第十五冊，頁602-614、648-657。

了以反瞞產、反包產到戶、反單幹為主要內容的「國家與農民的衝突」。[85]

這樣的衝突所造成的傷害與損失是巨大的。從表面看，惡化了官民關係，導致反瞞產運動中大量死傷，以及隨後而至的成千上萬農民饑饉而死。從深層看，當局方面——政治信用破產，幹部隊伍敗壞，官場文化污染；農民方面——傳統文化受衝擊，善惡倫理遭扭曲，人際關係被撕裂；而農民與當局的關係——經歷了和諧與擁護→嫌隙與抱怨→疏離與抗拒的變化過程，雙方的政治互信走向了空洞化。其影響所及，還形成興盛於1950年代末至1960年代初，並且延續至文革期間中國鄉村的「暗經濟」、「暗制度化」、「暗國民性」的普遍現象。

所謂「暗經濟」與當下學界討論的「地下經濟」不同，後者聚焦於城鎮工商業的地下經濟。但當下學者討論城鎮工商業地下經濟，也徵引包括農村瞞產私分在內的「反行為」進行論證：「農民的『反行為』也是一種『地下經濟』。」[86] 文革時期的興論亦已將瞞產私分跟其他地下經濟歸類批判：「打著『集體』的旗號，大搞長途販運、投機倒把、黑包工、地下工廠、瞞產私分或公開盜竊國家財物等等。」[87] 可見二者本質上是相通的。

---

85 「國家與農民的衝突」為顧准論述河南省商城地區反瞞產運動的用語。參考顧准，《顧准日記》（北京：中國青年出版社，2002），頁227，「1960年1月9日」。

86 張學兵，〈中國計畫經濟時期的「地下經濟」探析〉，《中共黨史研究》，2012年第4期，頁48。關於「反行為」，參考高王凌，《中國農民反行為研究（1950～1980）》。

87 營城煤礦五井工人理論組、政治教育系工農兵學員、政治經濟學組，〈政治經濟學問題解答〉（連載），《吉林師大學報》，1976年第1期，頁22。

儘管如此，本章的討論畢竟是聚焦於因瞞產私分而產生的農村地下經濟，爲表愼重，還是另名之爲「暗經濟」以示區別。所謂「暗」者，既爲隱蔽（暗藏），亦爲非法違紀（黑暗）之意。後文所謂「暗制度化」、「暗國民性」之「暗」，亦爲此意。

　　所謂暗經濟，在瞞產私分上便有充分表現。1950年代後期至1960年代前期的瞞產私分，主要是表現爲緣於高浮誇超額徵購致使農民陷入饑饉死亡危機而產生的抗爭手段；1960年代後期至1970年代文革期間的瞞產私分，則是在常態年景下，通過集體程式進行的常規性行爲——將集體經濟產品分發給農民，作爲農民從集體（明）經濟受惠不足的補充。

　　文革下鄉知青的回憶錄，便有反映「農民在公社幹部眼皮底下各顯神通地『瞞產私分』」的現象。[88] 甚至有知青參與乃至領導農民進行瞞產私分，如在浙江農村擔任生產隊會計的知青成慶炎，配合農民編造假的《糧食方案》進行瞞產私分——「把上好的稻穀當作『秕子』平均分到各戶，而生產隊裡則不入賬」；並認爲：「敢於這樣明目張膽『做假賬』與『講假話』，根子還是由當時的體制逼出來的！」[89] 在江西井岡山地區插隊的上海知青陳雙，更是「在1975年擔任生產隊長後，帶頭瞞產私分」。[90]

　　廣西的農民早在1960年代初就進行暗經濟操作：博白縣便發

---

88　張寧，〈對以農民視角爲切入點的知青史研究的思考〉，《中共黨史研究》，2018年第9期，頁63。

89　成慶炎，〈銘記在共和國同齡人心中的「糧食」往事〉，《中國糧食經濟》，2009年第10期，頁12。

90　張寧，〈革命、工分與再教育——上山下鄉運動時期江西雲莊村的案例〉，《二十一世紀》，第187期（2021.10），頁87。

生「〔鴉山公社〕有計畫有領導地放寬一些小自由」截留糧食在生產隊;「龍潭公社林江大隊12個生產隊,有8個隊糧食已上市出售,夏收分配中,不少生產隊已留下糧食,準備上市出賣換回生產資料;種甘蔗、花生較多的生產隊,還要求同時開放油糖市場」。[91] 雖然這些暗經濟重點大多放在瞞產的成果歸於生產隊小集體,但最終利益分配仍是落實(私分)到每個農戶家庭。這也正如秦暉所指出:「在大共同體一元化條件下,個性自由與個人權利的維護常常是恰需以『小集體主義』的途徑來實現的。」[92]

這種情形到1970年代文革期間更是常規性地進行,筆者文革期間正是在博白縣龍潭公社插隊,鄰村知青陳X回憶當時的情景稱:「插隊時,生產隊有很多事情都瞞著外來知青,因知青高X雄是大隊黨支部副書記。在你們走後〔知青上調到工廠〕,隊裡保管員才講出:每年都分一百幾十斤的二口穀,美名飼料糧,實質分為兩種:有出米率為60%,接近好穀的,也有一種出米率僅15～30%,只能煮粥及蒸雞窩粄。」[93] 這裡所顯示的常規性(每年)「瞞產私分」操作還是頗為謹慎且有分寸、有節制的:首先,儘量瞞著知青(外來人);其次,以飼料糧的名義分發(仍是供人食用);再次,分發的是品級不良的稻穀。

筆者在1975年7月25日的日記中亦載稱:當天鄰縣(合浦

---

91 俱參考〈廣西區黨委、玉林地委、博白縣委聯合調查組關於鴉山公社農村若干政策問題的調查(節錄)〉(1962.8),收入《中國大躍進—大饑荒數據庫(1958～1962)》。

92 秦暉,〈農民需要怎樣的「集體主義」——民間組織資源與現代國家整合〉,頁9。

93 王力堅,〈知青時代的「瞞產私分」往事〉。

縣）農民源源不斷挑花生來本生產隊換稻穀，「三百斤穀換一百斤花生。……一天共換了四千多斤花生，換去一萬多斤稻穀」。[94]

可見，生產隊是用「瞞產私分」的稻穀換花生（再分發給農民），一來避免作為主糧的稻穀被強制徵購，二來非主糧的花生較容易進入自由市場出售。這顯然是一種更大範圍的民間互利卻也是「非法交換」性質的「瞞產私分」，同上則日記即稱：「這是違法的，可誰敢干涉？」沒人敢干涉，說明這種「瞞產私分」對農民本身有利，大家齊心協力抗衡外來的壓力。

因此，當時政府有關部門的管制時鬆時嚴。鬆時，對有關現象容忍遷就，筆者1976年1月2日的日記稱：生產隊的農民用手扶拖拉機私運甘蔗往廣東販賣，途中被攔截，甘蔗悉數沒收，人則無事放回。[95] 嚴時，尤其是有政治運動的直接壓力，則上綱上線嚴厲批判。

如1975年廣西進行「批資批修總體戰」，在農村大割「資本主義尾巴」，限制農民的口糧分配，「糧、油、糖、烤煙、黃紅麻、木材等六種農副產品，一律不許進入集市貿易」。[96] 據1976年一次會議文件載稱，廣西荔浦縣興坪公社興坪大隊第六生產隊打算將瞞產的500多斤黃豆和200多斤烤煙拿到自由市場出售，則被批判為「掛著集體招牌的資本主義的實質」。[97]

---

94 王力堅，〈知青時代的「瞞產私分」往事〉。
95 王力堅，〈知青時代的「瞞產私分」往事〉。
96 廣西「文化大革命」大事年表編寫小組編，《廣西文革大事年表》（南寧：廣西人民出版社，1990），頁233-235。
97 冼其昌，〈在階級鬥爭的風浪中前進〉，梧州市知識青年上山下鄉工作辦公室編印，《上山下鄉學習材料·自治區上山下鄉知識青年積極分子代表大會文件選編》（內部發行，1976年8月），第4冊，頁53。

暗經濟產生於對公有體制損害農民切身利益的抵制與反彈，而這種抵制與反彈的有效施行，還須有一個制度化的保障。這樣一個制度化顯然只能是「暗制度化」——雖然在性質上違背集體化（明）制度，但在現實中卻是「暗中」與集體化制度並行。

　　瞞產私分是頗具嚴密性的集體行為，須經由基層幹部的規劃、領導，生產隊全體成員決議通過，共同遵守執行：「有些生產隊還會為此偷偷召開社員大會，由生產隊的主要幹部首先拿出一個意見，再交給社員討論表決，通過後就開始私下裡實施。」[98] 且看巴馬瑤族自治縣某生產隊長葉卜合的自述：

> 我暗自盤算著怎樣組織社員去瞞產，怎樣去收，又怎樣去分。一天早上，我正在割田基草，看見那根生產隊的隊長韋桂昌走過來。我知道他今年夏收時瞞了幾百斤玉米，就大膽地和他商量起瞞產的事來，並且講好回去動員兩隊社員一起來參加瞞產。當天晚上，我召集本隊社員開會，吞吞吐吐地講了我和韋桂昌商量的「計畫」。社員們聽了，大部分人不表示態度，只有幾個婦女勉強表示同意。[99]

　　上引文字是旁人代筆，以愧疚、「做賊心虛」的口吻，檢討其「犯錯誤」的過程，但也可見其瞞產私分的大略真相：首先，基層幹部策劃行動，串聯其他志同道合的基層幹部；然後，召開

---

98 趙曉峰，〈公域、私域與公私秩序：中國農村基層半正式治理實踐的闡釋性研究〉，《中國研究》，2013年第2期，頁99。

99 葉卜合，〈挖掉資本主義思想的根子，堅決保衛集體利益國家利益〉（黃日就記），《廣西日報》，1959年11月5日，第1版。

會議，動員、組織社員參與行動；社員的反應是「大部分人不表示態度，只有幾個婦女勉強表示同意」。在這種有所隱曲的檢討式、批判性的陳述中，亦表現出無人反對，可理解為社員群眾的默許（甚至是支持）態度。

這種暗制度化的蔓延擴張，進一步助長以包產到戶為代表的單幹現象普及化。跟瞞產私分尚有源自歷史傳統不一樣，包產到戶純粹就是集體化時代的產物，而且是為了直接對抗集體化而產生，其結果更是從根本上動搖了集體化體制。

自1950年代中起直到1970年代末，包產到戶的暗潮此起彼伏，延綿不斷，所涉及的省區遍布全國。尤其是在經歷了大饑荒肆虐的1960年代初，在各級部分幹部或明或暗的支持下發展迅猛。

據中共中央監察委員會1962年2月28日呈報給中央的情況簡報反映，廣西各縣在貫徹以生產隊為基本核算單位的訓練幹部會議上，暴露出很大一部分農村公社以下幹部有分田到戶、包產到戶、恢復單幹的思想傾向。有這種思想和行動的人，佔到會幹部總數的25%左右。在現實中，不少生產隊已經實行包產到戶或分田單幹。龍勝縣共有1,867個生產隊，其中790個（佔42.3%）已經「包產到戶」。三江縣15個公社中，有247個生產隊（佔生產隊總數的15.3%）實行「包產到戶」，135個生產隊（佔生產隊總數的8.4%）實行「包產到組」，該縣高明公社的情形較嚴重，有56.2%的生產隊已分田單幹。[100] 龍勝縣泗水公社

---

100 以上參考〈中共中央監察委員會關於廣西農村有不少黨員幹部鬧單幹的情況簡報〉（1962.2.28），收入《中國大躍進─大饑荒數據庫（1958～1962）》。

92個生產隊中更有86個搞了「三包到戶」（包產、包工、包投資），佔全公社生產隊總數的93.4%。[101]

就龍勝縣全縣來說，有半數以上的生產隊實行了包產到戶，而且有席捲全縣之勢。這在當時引起很大震動，被認為是「向全廣西、全中南、全國敲起了警鐘」。雖然1962年4月，主管農業的副總理鄧子恢明確表示支持龍勝縣的包產到戶，但6月間，中共中央中南局第一書記陶鑄、第二書記王任重專程到龍勝考察，會同廣西自治區黨委、桂林地委、龍勝縣委的負責人舉行座談，寫出〈關於鞏固生產隊集體經濟問題的座談紀錄〉報告中央，強調要堅持集體經濟，反對單幹。[102]

龍勝、三江地處廣西北部，而廣西東南部的博白縣，情形亦大抵如此。據1962年7月中共廣西自治區黨委組織調查組到博白縣鴉山公社進行的調查，該公社「社員對搞好集體生產失去信心，把希望寄託在發展私人生產上」，私人生產的發展已超越集體生產，有的生產隊1962年「集體經濟恢復得慢，總收入僅達到1957年的79.5%，而私人的糧食收入比1957年增加了232.9%」。兩相比較，優劣自見，因此「有不少生產隊要求分田到戶或包產到戶，要求耕牛私有，要求增加自留地」。鬧「分田到戶」、「包產到戶」，鬧分隊，成為普遍現象。[103]

101 羅平漢，〈廣西龍勝包產到戶始末〉，《百年潮》，2005年第10期，頁34。

102 胡隆鎂、劉顯才，〈六十年代初期廣西龍勝包產到戶述評〉，《黨史研究與教學》，1989年第5期，頁42-50。

103 〈廣西區黨委、玉林地委、博白縣委聯合調查組關於鴉山公社農村若干政策問題的調查（節錄）〉（1962.8），收入《中國大躍進—大饑荒數據庫（1958～1962）》。

1962年4月27日，中共廣西自治區黨委在關於解決「包產到戶」問題的情況向中央、中南局所作報告中稱，廣西的基層幹部與農民提出單幹有幾大好處：經營管理方便，能充分挖掘勞動潛力，能發揮社員生產積極性，能節省幹部和經費開支等；宣稱「千變萬變，不如一變」，「千分萬分不如一分」，「早分晚分不如早分」，「千好萬好，不如分田到戶、搞單幹好」。這些基層幹部與農民對單幹很留戀，說遠看1953年和1954年，近看自留田，生產都比集體搞得好。為了應付當局的查緝，廣西的基層幹部與農民別出心裁創造出多種單幹的暗制度化形式：（一）分田到戶；（二）包產到戶；（三）「公私合營」，即早造私人種，晚造集體種；（四）「井田制」，即徵購田集體種，口糧田個人種；有些實行「三田制」，即口糧田、上交田、照顧田；（五）「抓大頭」，即畬地作物分到戶，水田集體種；（六）山田、遠田、壞田分到戶，誰種誰收；（七）化整為零，即過小地劃分生產隊，有的成了「兄弟隊」、「父子隊」、「姐妹隊」。[104] 凡此種種，莫不是暗制度化產物的操作方式與表現形式。

　　「包產到戶」與「分田到戶」的鼓吹（支持）者雖然大多為大隊、公社甚至縣一級的幹部，但實際操作者主要是生產隊幹部。其原因，除了生產隊是農村經濟收益的基本核算單位，或許可以用西方組織社會學的理論進行解釋。

---

104 〈中共廣西壯族自治區委員會關於解決「包產到戶」問題的情況向中央、中南局的報告〉（1962.4.27），收入《中國大躍進—大饑荒數據庫（1958～1962）》。

奧爾森（Mancur Olson）認為，小群體有一個監督機制，容易知道個人的具體情況與表現如何。瑪麗‧道格拉斯（Mary Douglas）則認為，小群體之所以更容易成功，是因為有共享思維或共享觀念。[105] 從前文所舉例可見，在基層幹部與農民大家彼此知根知底的生產隊實施「瞞產私分」、「包產到戶」和「分田到戶」，更易貫徹「監督機制」（保密防範）與「共享思維或共享觀念」（集體性私有意志）；只不過「瞞產私分」更多是「監督機制」發揮作用，「包產到戶」和「分田到戶」則是凸顯「共享思維或共享觀念」。

　　由此可說，瞞產私分的精神——集體性的私有意志，無論是在1956年環江首開包產到戶風氣，還是在1960年代初三江、龍勝為代表的包產到戶和分田到戶風潮，都得到頗為充分的體現。包產到戶和分田到戶雖然有不同的做法，卻都承續了瞞產私分的基本模式與精神——基層幹部為主導，農民對內齊心協力，對外保密防範，對付上級陽奉陰違，以集體性的方式表達及實踐私有意志，保障農民自己的私有權益。

　　這些包產到戶和分田到戶暗制度化的做法，無疑為日後1970年代末至1980年代初的鄉村改革作出了行之有效的嘗試。前述1960年代初的單幹風雖然在1962年中共八屆十中全會後被壓制下去，但農民群眾心底埋下的火種，在1970年代末至1980年代初的農村改革中迅速復燃。

---

105 周雪光，《組織社會學十講》（北京：社會科學文獻出版社，2003），頁79-80。瑪麗‧道格拉斯在此所謂「共享思維或共享觀念」指部落群體對某種宗教力量的敬畏與崇拜，本章借此概念指涉瞞產私分所產生的「集體性私有意志」。

1979年，廣西武宣縣農民自行開展聯產承包的做法一度受到縣委否定，但有關投稿得到《人民日報》加「編者按」表態支持而刊發，聯產承包的做法便得以順利推行。[106] 至1981年9月初步統計，廣西農村實行各種聯產計酬責任制形式的生產隊，已佔全自治區總隊數的70.86%，各種形式的聯產計酬責任制已成為廣西農村改革的主流；1956年率先包產到戶的環江縣，到1981年下半年實行糧食包產到戶聯產制的生產隊更佔全縣總隊數的99.88%。[107] 至此，「暗制度化」已然轉型為「明制度化」。

　　所謂「暗國民性」，即經過充滿欺騙性、荒謬性、包括瞞產私分在內長期泛政治化的生活「歷練」，人們形成一種約定俗成、口是心非卻也彼此心照不宣的言行習慣乃至倫理規範、思維定勢。人們的日常生活往往有意無意滲透著政治因素，自然而然形成雙重人格，即如顧准所云：「如今人都有二副面孔。」[108]

　　於是，在不同場合，面對不同對象而自然呈現及轉換面孔，在各種政治集會、公眾場合，言行舉止順應時下政治要求。這種現象充分體現在官場，尤其是基層官員往往採取虛與委蛇、陽奉陰違的方式應對自上而下的種種壓力，這種做法「隱含了對一統體制的挑戰」；甚至形成基層政府官員普遍採取的「上有政策，下有對策」的「共謀現象」。[109]

---

106 黃恒瑄，〈不是倒退而是前進〉，《人民日報》，1979年11月24日，第2版。

107 韋欽，〈廣西農村生產責任制發展趨勢和前景〉，《學術論壇》，1982年第1期，頁55-57。

108 顧准，《顧准日記》，頁155，「1959年11月27日」。

109 周雪光，《中國國家治理的制度邏輯：一個組織學研究》（北京：三聯書店，

日常生活中更有泛化表現。文革期間筆者插隊落戶所在生產隊老隊長，在「正規」場合言必政府文件、報刊套話，還不時冒出「毛主席說」，其實多爲他自己瞎掰胡扯，大家心知肚明也不說破；私底下，老隊長卻是髒話、穢語連篇，隨口罵人，甚至信口開河說「反動話」（違背時下政治正確的話）。對老隊長忠心耿耿的生產隊會計極力維護老隊長，面對知青們的激烈批評，會計沉默良久，一反常態地陰著臉說：「農民賤過狗！還怕不讓做農民麼？」[110] 會計及老隊長的這些言行舉止或可解讀爲逆來順受的堅韌、貌合神離的叛逆，實質上就是一種他者身分的自我定位，以自我邊緣化的姿態表示對權力支配者的自覺疏離與抗拒。

至於平時所見農民的倫理道德，往往是正負交織並存的表現：仁厚誠實 vs. 油滑狡詐；純樸善良 vs. 心狠手辣；慷慨大方 vs. 自私自利……家庭觀念頗爲強烈，鄉里關係一般都和諧（包括跟地主富農在日常生活中也和諧無間）。然而，倘若有經濟糾紛（無論跟家人還是跟外人），會較易引發衝突，甚至大出打手。若逢政治運動，更見暴戾之氣瀰漫：「幹部和幹部之間的仇恨，幹部和農民之間的仇恨也多著了，農民相互之間的仇恨也不少。」[111]

現實生活中種種不良習性，則普遍表現爲文革期間報刊所批

---

2017），頁 34-37、196-236。周著所論雖然爲改革開放後的現象，但這種現象在文革期間已普遍存在。

110 王力堅，〈村裡人速寫〉，收於氏著，《天地間的影子：記憶與省思》（臺北縣：華藝數位，2008），頁 112-115。

111 郭于華，《受苦人的講述：驥村歷史與一種文明的邏輯》（香港：香港中文大學出版社，2013），頁 235。

評的現象：挖社會主義牆角、侵蝕集體經濟、弄虛作假、投機取巧、損公利私、唯利是圖、磨洋工、吃大鍋飯（出勤不出力）等等。

　　《人民日報》曾報導廣西一位女知青「小簡」在模範人物教育下，「在階級鬥爭的風浪中」，「鍛鍊得越來越堅強」。女知青「小簡」經歷的「階級鬥爭風浪」，便是看見「隊裡的一個壞分子幹活投機取巧，立刻警惕起來；後來，她經過多次的觀察和了解，進一步發現，這個壞分子經常弄虛作假，破壞集體生產」。[112] 荔浦縣一知識青年積極分子的先進事蹟，就包括「批評個別人只圖工分，不顧質量，弄虛作假的自私自利行為」。[113]

　　這些所謂「自私自利」、「投機取巧」、「弄虛作假」無疑為惡劣習氣，追究其歷史根源，大躍進浮誇風的影響恐怕難辭其咎——環江縣中稻畝產逾13萬斤的全國最高紀錄，就是由地委負責人授意，縣委負責人主導，數以千計的鄉村基層幹部與農民共同參與，在眾多官員、學者、記者「見證」下，通過併箆移栽、摻入舊穀、重複過秤等「投機取巧」、「弄虛作假」的手段成就的。[114] 到了文革，「投機取巧」、「弄虛作假」已成為常態性生活現象；說是「自私自利」倒也貼切，若形容為「階級鬥

112 本報通訊員，〈言傳身教帶新兵——記「劈山開路人」韋江歌教育知識青年的事蹟〉，《人民日報》，1973年12月23日，第2版。

113 彭小平，〈永遠做貧下中農的小學生〉，廣西壯族自治區上山下鄉工作辦公室編印，《廣西壯族自治區上山下鄉知識青年積極分子代表大會材料彙編》（內部發行，1974年6月），發言稿之四十七，頁4。

114 環江毛南族自治縣志編纂委員會編，《環江毛南族自治縣志》（南寧：廣西人民出版社，2002），頁337-340。

爭風浪」，不免是有點小題大做了。[115]

此類「暗國民性」固然不無可指責處，但更應該指責的無疑是造成這些現象的根源——壓制、禁錮農民，令農民喪失主體性的集體化／國家體制。正如美國政治學者安吉洛‧M‧科迪維拉（Angelo M. Codevilla）所指出：「20世紀已經教導我們，政府對生活在其統治下的人民的性格的形成有著令人可怕的力量。大規模的極權主義運動所留下的東西甚至比1億軍團更可怕和更有教育作用。」[116]

上述「暗經濟」、「暗制度化」、「暗國民性」以非法、隱蔽、弱勢的方式與型態，跟國家極權體制、集體經濟與制度相抗衡，雖然處於下風，卻極大銷蝕並在某些方面改變了國家體制、集體經濟與制度，同時也銷蝕並在某種程度改變了原本淳樸良善的民風鄉俗。

私有意識，是人類社會出現私有財產便產生的觀念；瞞產私分所體現的集體性私有意志，卻是在將「一盤散沙」的農民禁錮到集體化公有體制中才產生的觀念，後者有別於前者卻根源於前者。

這表明，集體化運動雖然能將農民禁錮在公有體制，卻無法禁錮根源於傳統私有意識的集體性私有意志。集體性私有意志雖

---

115 不能否認，這樣的行為現象，對社會發展（即使是農村改革）的危害也是十分深重且深遠的。參考陳桂棣、春桃，《中國農民調查》（北京：人民文學出版社，2004），頁215-244，第八章「弄虛作假之種種」。至於這種危害對目前社會風氣是否有影響，影響有多大，已不在本章討論範圍，恕不贅言。

116 安吉洛‧M‧科迪維拉著，張智仁譯，《國家的性格：政治怎樣製造和破壞繁榮、家庭和文明禮貌》（上海：人民出版社，2001），頁6。

然是集體化運動所產生的「怪胎」，但自產生起，便與其「母體」進行不懈的抗衡與剝離，力求爭取「回歸」獨立的身分地位。從瞞產私分發展到包產到戶和分田到戶，顯見私有意志的努力「回歸」征程。

社會學家周雪光認為，在中國的極權社會中，民眾百姓往往在不同方面「以其獨特的、常常是扭曲的形式頑強地表達自己的要求，並以自覺或不自覺的集體行為衝擊中國的政治運行過程」；這種長期被壓抑的社會矛盾和張力的爆發，「對未來中國政權的演變發生深刻影響」。[117]

張昭國廣泛徵引廣東、湖南、湖北、安徽、山西諸省的案例，陳述「從1958年開始，人心就變了；再經過三年困難時期，就動腦筋想起辦法來」，想方設法瞞產私分。[118] 高王凌則將這種「扭曲的形式」稱為農民的「反行為」，記述廣東農民以此為大饑荒時期的「不當行為」辯護：「我在這裡生，在這裡長，實際上並不是偷，那些東西其實都是我們自己的……。因為我們要生存，不能餓死嘛！這是大地賦予我們的條件，我怎麼不去拿？」「隊長領上我們把糧食藏起來，對上邊報一個假數字——依然存在，那時候不叫瞞產，叫『打埋伏』。」原因即「農民是被逼得太急了：人總是要生存的」。[119]

在這個意義上可以說，廣西農民作為社會形態的人在「大躍

---

117 周雪光，〈序言〉，周雪光主編，《當代中國的國家與社會關係》（臺北：桂冠圖書，1992），頁ii。

118 張昭國，〈人民公社時期農村的瞞產私分〉，頁67-71。

119 俱參考高王凌，〈三年困難時期飢餓的農民〉，《書摘》，2006年第8期，頁83。

進—大饑荒」的過程中所表現出來的是一種失去自主意識、附庸於國家體制的生存狀態；然而，為了應對「大躍進—大饑荒」而產生的瞞產私分，卻表現出基於自然形態人的生存本能，在生死存亡關頭所體現的頗具主體性的私有意志。「主體性」的彰顯，尤其是經過「集體性」放大、強化的「主體性私有意志」的彰顯，瞞產私分的意義也就不僅是局限於表面上應對饑荒的生存策略，更已是深化為瓦解集體化體制的催化劑，溶注於包產到戶和分田到戶的操作，成為日後農村體制改革以及有關政策制定的思想基礎。[120]

---

120 楊大利亦認為大躍進饑荒為人民公社體制的解體奠下了思想和政制的基礎。不過，楊氏沒有對瞞產私分（及其意義）→包產到戶和分田到戶作為中間關鍵環節所起的作用進行深入分析。參考楊大利，〈從大躍進饑荒到農村改革〉，《二十一世紀》，第48期（1998.8），頁4-13。

# 第九章 | 集體化時期的廣西糾合事件

　　1950年代後期至1960年代初，中國的「大躍進─大饑荒」導致數以千萬計的百姓死亡。此歷史悲劇留給人們的困惑之一是：老百姓難道只是束手待斃而毫無反抗嗎？時任主管經濟的副總理陳雲便感歎：中國的農民真好，餓死人也不想起來造反。[1] 英國學者賈斯柏‧貝克（Jasper Becker）則質疑：「大躍進期間，各地的地方官員，還有常常就是農民自己，看著自己的家人與鄉親在眼前餓死，爲什麼不揭竿而起造反呢？」[2]

　　楊繼繩在其專著《墓碑：中國六十年代大饑荒紀實》專設「沒有發生大規模社會震動的原因」一節，從「大規模的鎮反肅反」、「利用專政工具嚴厲打擊」、「嚴密的組織、嚴格的戶籍制度和食品供應」、「意識形態的嚴密控制」、「飢民的反抗在萌芽狀態即被消滅，不可能發展壯大」、「懲罰農村基層幹部，消滅農民的不滿情緒」等六個方面進行分析。[3] 楊氏的分析頗爲中肯且全面，其中「飢民的反抗在萌芽狀態即被消滅，不可能發展壯大」的分析很值得肯定──中共強大的國家機器，確實會嚴

---

1　孫業禮、熊亮華，《共和國經濟風雲中的陳雲》（北京：中央文獻出版社，1996），頁224。

2　Jasper Becker, *Hungry Ghosts: Mao's Secret Famine* (New York: Henry Holt & Co., 1998): 309.

3　楊繼繩，《墓碑：中國六十年代大饑荒紀實》（香港：天地圖書有限公司，2009），下篇，頁1043-1054。

屬無情地遏阻任何造反的行為與現象。

然而，儘管當時沒有全國性的大規模造反，但地區性的、小規模、甚至有相當規模的騷亂或暴動卻不少。據美國中情局解密的情報披露：1960年10月與11月，幾個受災嚴重的省分突然發生了大規模的騷亂，特別是河南與山東，民眾暴動尤其嚴重，以致1961年1月，時任國防部長林彪（1907～1971）警告：「我們應當預料到1961年將會比以前任何一年出現更多的政治動亂與事件，特別是在上半年」，於是要求採取特別措施「以確保武裝力量不脫手」。[4] 在中共當局強大的武裝力量面前，任何星星之火確實難成燎原之勢；但當時滿目瘡痍的神州大地，也確實曾遍布星星之火。

美國情報部門對當時中國農民暴動情勢的了解似乎有限。其所謂河南暴動，指信陽地區因大饑荒餓死逾百萬人的事件，而且認為「中國的農民沒有參與類似的反抗」，山東（及其他地區）暴動的情形亦未見任何披露。[5]

臺灣的情報資料則稱，十餘年來「抗暴案件多達八百卅餘萬起，參加人數三億三千萬人次」，[6] 卻又不免有誇大其詞之嫌。

楊繼繩在上述專書有關章節，列舉了全國各地50多起「騷

---

4　美國中情局，〈關於新中國成立15年來國內政策走向的分析報告〉（1964年7月31日），收入沈志華、楊奎松主編，《美國對華情報解密檔案（1948～1976）（貳）》（上海：東方出版中心，2009），頁212。

5　參沈志華、楊奎松主編，《美國對華情報解密檔案（1948～1976）（貳）》，頁110-164，第三編第三部分「民眾的態度及社會控制」。「暴動的情形亦未見任何披露」，或許是翻譯出版時被刻意「過濾」。

6　中國大陸災胞救濟總會，《中國大陸災情資料》（臺北：中國大陸災胞救濟總會，1961），頁20-21。

亂和暴動」事件，關於廣西卻僅有「1958年廣西百色縣發生暴亂」一語。[7]

1950年代至1960年代臺灣的報刊雖然也零星報導過廣西的「抗暴」事件，[8]亦有「反抗匪幫『人民公社』暴政的事件，已在廣西全省普遍展開」的表述，[9]可惜大多語焉不詳。事實上，廣西的「騷亂和暴動」事件也是頗為頻繁的，這些「騷亂和暴動」事件即本章所要探討的糾合事件。

所謂「糾合」，為集合、聚合、召集之意。1960年代臺灣報刊的有關報導即用「糾合」概念，取其「聚合」、「召集」的中性詞義，指涉大陸民眾對抗中共的事件。[10]通過《中國大躍進—大饑荒數據庫（1958～1962）》[11]查閱可知，「糾合」／

---

7　楊繼繩，《墓碑：中國六十年代大饑荒紀實》，下篇，頁1034-1038。

8　〈企圖挽救經濟危機，共匪將「改革幣制」：粵桂糧荒飢民四出搶糧〉，《聯合報》，1953年6月8日，第2版；〈桂粵邊境民眾抗暴〉，《聯合報》，1954年2月22日，第1版；〈侗僮苗族反抗，龍勝發生騷動〉，《聯合報》，1954年2月28日，第1版；〈粵湘瑤族反共，掀起抗暴運動〉，《聯合報》，1954年5月12日，第1版；〈大陸反暴怒潮澎湃，匪幫顫慄勢呈崩潰〉，《聯合報》，1955年7月11日，第1版；〈大陸匪區鬧大饑荒，抗暴活動越加熾烈〉，《聯合報》，1956年4月30日，第1版。

9　〈桂粵滇人不甘奴役，紛起反抗公社暴政〉，《聯合報》，1959年3月22日，第1版。

10　〈光復國土拯救同胞，是我們絕對的主權〉，《聯合報》，1962年10月10日，第1版；〈播種者——大陸反共運動的先驅（上）、（下）〉，《聯合報》，1963年4月15日，第3版；4月17日，第3版；〈毛匪極權暴力，世界戰禍根源〉，《聯合報》，1964年1月1日，第1版；〈烈士血·革命花——國民黨·敵後英烈傳〉，《聯合報》，1964年11月25日，第3版。

11　宋永毅主編（下略編者），《中國大躍進—大饑荒數據庫（1958～1962）》（香港：美國哈佛大學費正清中國研究中心／香港中文大學中國研究中心，2014），電子版。

「糾合案」的概念亦普遍運用於1950年代至1960年代中國的相關文獻資料中，指稱跟中共政權對抗的集體性行為、現象與事件；[12] 而且還往往冠以「反革命」的修飾語，稱之為「反革命糾合案（事件）」，有時更直接稱為「反革命案（事件）」。文化大革命（後文稱「文革」）後出版的廣西有關志書大都承續了「糾合」的稱謂，而且也常冠以「反革命」的修飾語，其政治性貶義不言而喻。此「反革命」的概念，將是本章重點考察的關鍵詞。

從現有資料看，關於這個時期廣西糾合事件或糾合集團，至少有如下兩個統計數據：其一，1954年至1960年，「民兵共平息暴亂669起，殲滅暴亂分子19,718人」；其二，1959年至1965年，發生817起「反革命集團案」。[13] 這些數據，應只是反映較具規模的事件，顯然不是完整的統計。限於篇幅，本章所要討論的糾合事件與糾合集團，也主要是著眼於這類「較具規模」的案例。

上述二例所列時間的起迄點「1954年」與「1965年」，恰好可作為本章考察的時間上下限。換言之，本章將以1954年至1965年為時間範圍，以廣西為地域範圍，考察以糾合事件為代

---

12 一般有「糾合案件」與「糾合事件」兩種稱謂。確切來說，作為社會現象，稱為「事件」，進入司法範疇，則稱為「案件」，為表述方便，本章多稱為「糾合事件」，相關組織則稱為「糾合集團」。

13 分別見廣西地方志編纂委員會編，《廣西通志・軍事志》（南寧：廣西人民出版社，1994），頁480；廣西地方志編纂委員會編，《廣西通志・公安志》（南寧：廣西人民出版社，2002），頁271。這些暴亂與集團所發生的範圍，或包括城市／縣城及政府部門，然本章所論，則聚焦於農村及其密切相關的鄉鎮部門。

表的農民造反行爲／現象及其產生的原因與背景，並進而分析其性質。

中國農村自1950年代初起，經歷了互助組、（初級至高級）合作社、人民公社的發展，直至1980年代初期人民公社解體的整個歷史過程，即所謂集體化時期。

本章考察的時間定於其中的1954年至1965年，是基於如下考量：

首先，1954年至1965年，就整個過程看，爲集體化運動從初具規模，經歷大起大落，而逐漸趨於穩定的時期。

其次，1954年，全國性的土地改革（後文稱「土改」）、剿匪戰爭（後文稱「剿匪」）[14] 與鎮壓反革命（後文稱「鎮反」）運動均已基本結束，統購統銷則全面實施。初級合作社亦在當年普遍建立，集體化運動初具規模。在此形勢下的糾合事件，與剿匪、鎮反中的政治性武裝叛亂不同，更多是產生於統購統銷、集體化所造成的新的社會矛盾衝突。1965年，則是文革爆發的前一年，文革無疑是一個劃時代的歷史時期，一切將會大不一樣。

再次，也是最重要的，大饑荒的產生雖有多種因素促成，但大躍進浮誇風無疑是最爲直接的因素。大躍進浮誇風是在集體化（尤其是1958年8月後人民公社化）的基礎上形成與興盛，因此，集體化的發展無疑是考察大饑荒的重要背景。有關糾合事件

---

14 「剿匪戰爭」：中共建政初期，先後抽調了39個軍140多個師共150萬人，於1950年至1953年間剿滅中華民國政府在中國大陸殘餘武裝240餘萬人，鞏固了中共新政權。

亦並非僅是應對大饑荒發生，而是貫穿著1954年至1965年集體化的發展過程，是集體化運動失誤、農民與中共當局矛盾衝突的結果。

## 第一節 廣西糾合事件的發展變化

對1954年至1965年之間的廣西糾合事件進行考察可見，在三個階段，糾合事件呈現出與時俱進的發展與變化。

### （一）第一階段：1954年至1956年

中共建政之初，經歷了以「除舊」為主旨的土改、剿匪、鎮反等遍及鄉村的政治運動，舊勢力基本退場，社會新格局基本成型，中共政權基本鞏固。自1954年始，以「布新」為主旨的集體化、統購統銷等經濟措施及運動，引領著中國鄉村進入新的發展時期。於是，與中共政權衝突對抗的政治性事件越來越多產生於集體化、統購統銷所衍生的社會矛盾。在此階段所經歷的由互助組而初級合作社／高級合作社的集體化過程，不僅是農民私有財產被逐步剝奪的過程，也是農民人身自由逐步受限制的過程。1954年全面推廣的統購統銷，則是通過犧牲農民的利益來實現國家工業化。集體化體制將「一盤散沙」的億萬農戶組織起來，使統購統銷政策（尤其是超額徵購）能集中且順利施行，致使農民別無選擇地遭受到不公平的制度性剝奪。

1954年初，廣西便出現糧食統購面過大的現象。據1954年1月19日新華通訊社報導，桂林專區糧食統購面達百分之七十以上，農民不得不賣口糧與穀種。許多地區的幹部為了急於完成任

務，產生急躁情緒，以致部分鄉村幹部、農民積極分子自殺（已死和未死22人）。[15] 這樣的現象頗為普遍，給廣西鄉村造成極大禍害。1954年至1956年，陽朔、荔浦、靈川、上林、橫縣等因地方政府徵購過頭，群眾留糧不足，發生饑荒，普遍引發浮腫病、逃荒，甚至釀成饑饉死亡的悲劇。[16]《人民日報》為此發表社論與評論文章進行批評，負責官員受到撤職處分。[17] 此為全國大饑荒爆發前幾年罕見的較大規模餓死人事件，引起全國廣泛關注。

集體化與統購統銷造成的負面影響，顯然導致、加劇農民與中共當局的矛盾與衝突。這個階段所產生的糾合事件，不同程度反映了這樣的矛盾與衝突。

由於前幾年土改、剿匪、鎮反等敵對鬥爭形態與意識的影響，此階段所發生的糾合事件的政治意識形態性質較為鮮明，事件策劃者跟舊政權的關係較為密切，對抗中共新政權的意圖亦頗為明確，甚至「以推翻人民政府為目的的反革命集團也有所發

---

15 陳蓬生，〈廣西部分地區糧食統購面太大〉（1954.1.13），原載於1954年1月19日新華通訊社編《內部參考》，收入《中國大躍進—大饑荒數據庫（1958～1962）》。

16 陽朔縣志編纂委員會編，《陽朔縣志》（南寧：廣西人民出版社，1988），頁198；荔浦縣地方志編纂委員會編，《荔浦縣志》（北京：三聯書店，1996），頁15；靈川縣地方志編纂委員會編，《靈川縣志》（南寧：廣西人民出版社，1997），頁16；上林縣志編纂委員會編，《上林縣志》（南寧：廣西人民出版社，1989），頁265；橫縣縣志編纂委員會編，《橫縣縣志》（南寧：廣西人民出版社，1989），頁14-15。

17 〈堅決同漠視民命的官僚主義作鬥爭〉（社論），〈中共中央和國務院嚴肅處理廣西因災餓死人事件，廣西省委第一書記陳漫遠和副省長郝中士蕭一舟受到撤職處分〉，〈去年廣西因災餓死人事件是怎樣發生和怎樣處理的？〉，俱刊於《人民日報》，1957年6月18日，第2版。

現」[18]。

然而，更多糾合事件還是利用當前農村存在問題進行發難，1954年初，新華社《內部參考》即刊文指出：「百色專區發現壞分子煽動落後農民打鄉幹部、破壞電線、燒糧倉等事件十餘起。會〔合〕浦縣南康鎮、浦北縣和百色專區都發生〔現〕反動傳單和標語。」[19] 1955年3月，廣西省公安廳〈目前農村敵社情況的報告〉便重點反映了「境內外敵對勢力」利用1954年廣西部分地區因災減產和在糧食統購中，超購農民的過頭糧，進行「造謠破壞」活動的情況。[20]

且看有關志書的記載：1954年，貴縣（今貴港市）橋圩以「國民黨軍官、漏網匪首梁文梆、馬奕佐、嚴正、梁濟美、嚴子茂、李芳信等為首」組織「西江反共聯盟支團」，在貴縣、郁林（今玉林）、桂平三縣組織1,850餘人，成立12個「支部」，「收集武器，盜竊公糧，勒索民財，妄圖進行武裝暴亂」。[21] 1954年冬至1955年春，埔北縣「少數堅持反動立場的地、富分子，以及一些不甘失敗的自新匪等相互勾結」，組織了「自由中國六十二軍十三團」等9個「反革命糾合組織」，乘春旱之機，針對統購統銷，製造謠言，煽動群眾，散播變天思想，搜集槍

---

18　《當代中國的公安工作》編委會編，《當代中國的公安工作》（北京：當代中國出版社，1992），頁11。

19　陳蓬生，〈廣西部分地區糧食統購面太大〉（1954.1.13），原載於1954年1月19日新華通訊社編，《內部參考》，收入《中國大躍進－大饑荒數據庫（1958～1962）》。

20　廣西地方志編纂委員會編，《廣西通志‧公安志》，頁945。

21　廣西地方志編纂委員會編，《廣西通志‧公安志》，頁944。

支，企圖顛覆新政權，活動涉及全縣11個區65鄉。[22]

1956年1月，廣西「在中共中央政治局提出的〈全國農業發展綱要（草案）〉的鼓舞下，全省又轟轟烈烈的開展了擴社、併社和轉高級社的偉大社會主義革命群眾運動」，而且「層層突破高級社的指標；隨著運動的發展，各級領導一再加大指標，並且一再突破」；操之過急的結果便是「存在著某些粗糙現象」，因此有的農民「心存顧慮，他們是被高潮捲進來的」。[23]

這也正是激發糾合事件的形勢背景，1956年4月6日，省公安廳向各地發出〈關於健全與整頓鄉社治保會組織的意見〉，便是「為適應農業互助合作運動的迅速發展」而產生的形勢變化。[24]

1956年春，賀縣全縣完成農業「社會主義改造」（即合作化）後，秋季因嚴重旱災，「全縣無收面積8.4萬畝，有15個重災鄉糧食減產五成以上」，政府的操作卻是「對糧食產量估計過高，造成統購糧食過頭，全縣因絕糧致死的有157戶，170人」。[25]於是，當年冬天便發生吳明昌、鄧公賢、甘慶元等為首組織「最新中國十大領袖解救隊人民和平軍」，在賀縣6個區36

---

22 浦北縣志編纂委員會編，《浦北縣志》（南寧：廣西人民出版社，1994），頁209。1949年中共建政時，浦北屬合浦縣的一部分，屬於廣東省，1952年設立浦北縣，隸屬廣西省，1955年歸屬廣東省，1958年浦北縣併入合浦縣，仍隸屬廣東，1965年復置浦北縣，歸屬廣西。可見浦北縣跟廣西關係密切，本書敘述，會適當關涉浦北縣。

23 〈中共廣西省委對農業社會主義改造運動給中央的總結報告〉（1956.4.20），收入《中國大躍進—大饑荒數據庫（1958～1962）》。

24 廣西地方志編纂委員會編，《廣西通志·公安志》，頁946。

25 賀州市地方志編纂委員會編，《賀州市志（上）》（南寧：廣西人民出版社，2001），頁38。

個鄉1個鎮發展成員1,386名,擁有槍7支、子彈19發等,企圖舉行武裝暴動,活動範圍達至廣東省懷集縣。[26]

在少數民族聚居的地區,集體化運作與統購統銷失當而引發的糾合事件,後果更為嚴重。據臺灣出版的《中國共產黨史》載稱:1955年1月至8月,廣西發生「抗暴運動」586起,三江「僮族自治區主席楊生明」、大瑤山「瑤族自治區副主席李福保」等被殺害。[27]

中共地方當局「實施糧食統購統銷和農業合作化等重大的社會主義改造措施中……對少數民族的特殊經濟問題處理不當,幹部強迫命令的作風較為嚴重」,引起少數民族農民極大不滿,導致1956年3月凌樂、天峨縣數以千計的少數民族農民越境參與貴州望謨、紫雲縣歷時一個半月的武裝暴亂。[28]

1956年春,融水苗族自治縣農業合作化運動迅猛發展,「僅一個月時間,全縣建立高級合作社232個,入社農戶43,385戶,佔農戶總數95%」。[29] 合作化的過程「時間倉促,步子太快,政策處理粗糙……導致1957年出現群眾鬧退社、分社現

---

26 廣西地方志編纂委員會編,《廣西通志·公安志》,頁947。

27 王健民,《中國共產黨史(第四編·北平時期)》(臺北縣:京漢文化事業有限公司,1990),頁258。該書所記三江「僮族自治區」當為「侗族自治區」,1955年9月改為侗族自治縣;大瑤山「瑤族自治區」則於1955年8月改稱大瑤山瑤族自治縣,1966年4月改稱金秀瑤族自治縣。

28 〈貴州省委關於解決少數民族地區騷亂事件的緊急指示〉,收入《中國大躍進—大饑荒數據庫(1958〜1962)》;廣西地方志編纂委員會編,《廣西通志·公安志》,頁903。

29 融水苗族自治縣地方志編纂委員會編,《融水苗族自治縣志》(北京:三聯書店,1998),頁29。

象」。[30]

在此背景下，1956年冬，該縣瑤族基層幹部趙金瑞糾合組織「中國和平黨」進行暴動，煽動群眾200餘人圍攻杆洞區公所，打死郵電所幹部，搶劫糧所槍支、彈藥、糧食、現金。[31]

上述事件未必都含有顛覆中共新政權的用意，主要是由於中共當局統購統銷、集體化運動中的過火及不當行為造成反彈。但表現形式確實仍是來自國共內戰的延續影響，如暴動組織者不乏「國民黨軍官、漏網匪首」，組織的番號多為頗具軍隊建制序列意味的「某軍某團」、「某兵團某大隊」、「某司令部」，擁有較強大的武器裝備，表現出以武裝暴動對抗中共當局的意圖。

也正因為如此對壘分明，中共當局憑恃三年內戰大勝的餘威，承續在土改、剿匪、鎮反等運動中所採取的鬥爭手段與經驗，在應對、鎮壓這些糾合事件時，毫不顧忌亦毫不留情，大多能夠「把反革命糾合組織消滅在預謀階段」。[32]

## （二）第二個階段：1957年至1959年

此階段的糾合事件發生，跟社會政治及經濟情勢的發展變化有關。1957年先後進行的「肅清暗藏的反革命分子」運動（後文稱「肅反」）以及由中共整風運動轉向的反右運動（後文稱「反右」）便影響至深。

肅反運動開始於1955年，對農村的影響則主要是在1957

---

30 融水苗族自治縣地方志編纂委員會編，《融水苗族自治縣志》，頁124。
31 融水苗族自治縣地方志編纂委員會編，《融水苗族自治縣志》，頁29。
32 浦北縣志編纂委員會編，《浦北縣志》，頁209。

年。1955年7月，根據中共中央〈關於肅清暗藏的反革命分子的指示〉，中共廣西省委成立肅反小組，開展內部肅反運動，「從全省黨政機關、軍隊內部清查出屬於敵我矛盾的6,245人，屬於人民內部矛盾的11,063人」。1957年肅反運動擴展到農村，該年8月29日，中共廣西省委發出〈關於在農村開展一次社會主義大辯論的指示〉，要求在全省農村立即開展廣泛深入的「社會主義大辯論」，結合「肅反與遵守法制問題」，辯論「合作社優越性問題，工農關係問題，糧食和其他農產品統購統銷問題」；對內「批判黨內的右傾思想，批判某些幹部的本位主義」，對外則「批判富裕中農的資本主義思想和個人主義思想，打擊地主、富農、反革命分子和其他壞分子的反動行為」。[33]

1957年上半年中共開展整風運動，「資產階級右派分子乘機向共產黨的領導和社會主義制度發動進攻」，因而在6月轉為反右運動。與此同時，「由漏網殘餘反革命分子和對社會主義不滿分子糾合組織起來的反革命組織，在一些地方相繼出現」。僅上半年內，據河南、安徽等11個省、市的不完全統計，就發現「重大的反革命集團案件19起」，全國「還發生了14起反革命武裝暴亂案件」，「河南、陝西、廣西等8個省、自治區還出現了多年來已經絕跡的武裝土匪搶劫活動」。[34]

廣西的形勢則是：「1957年上半年，中國共產黨開展整風運動，反革命分子以為有機可乘，暗中糾集在一起活動，有的還

---

33 廣西地方志編纂委員會編，《廣西通志·大事記》（南寧：廣西人民出版社，1998），頁303、320-321。

34 《當代中國的公安工作》編委會編，《當代中國的公安工作》，頁15-16。

圖謀暴亂。當年，全省共發生反革命集團案183起，比1956年發生121起增多62起。」[35]

上述兩個運動都是開始於城市各行業及政府部門，然後波及到廣大農村，跟農村的集體化、統購統銷等問題結合，從興論宣傳到思想觀念上對農民造成極大衝擊，並引發農村糾合事件。

然而，農村糾合事件的發生，更主要還是跟1957年興起、1958年達到高潮的農業大躍進，尤其是1958年8月後的全國人民公社化運動息息相關。強制性的集體化進一步惡化農民與中共當局之間的關係，農民甚至以激烈的武裝衝突、糾合暴動的方式進行抗爭，中共當局則不惜大動干戈進行武裝清剿。

臺灣出版的史書就記載，1957年11月，賓陽、融安和忻城縣的僮族發生大規模的「抗暴運動」，「搗毀二十個鄉機構，殺死共幹一百五十餘人」。[36]

廣西相關志書更有如此紀錄：1957年2月，少數民族聚居的那坡縣與靖西縣爆發「平孟區念井、共睦兩鄉土匪暴亂」案。造成暴亂的原因包括「在合作化問題上堅持自願互利原則，照顧少數民族地區的特點和習慣不夠」、「對減產社，減收戶在生活上和生產上的困難未及時妥當解決」、「〔合作〕社在留糧食分配上貫徹按勞取酬的原則不夠」、「某些幹部作風上嚴重的強迫命令，打罵群眾」、「拆了群眾的房子」等，因而「造成群眾痛恨」、「使我們脫離群眾」。暴亂致使念井、共睦兩個鄉的鄉政權被摧毀，農業合作社被解散，群眾全部上山。中共百色地委書

---

35 廣西地方志編纂委員會編，《廣西通志‧公安志》，頁271。

36 王健民，《中國共產黨史（第四編‧北平時期）》，頁258。

記處書記楊烈、百色軍分區司令員鍾生棟（1915～2007）等率領解放軍一個營又一個連以及當地公安幹警與民兵，經過兩個多月的追剿，方平息暴亂。[37]

　　1957年，隆林各族自治縣共建立189個高級農業生產合作社，入社農戶3萬7,674戶，佔總農戶94.4%。在此基礎上大興土木，於10月與12月，興建岩場水庫與新州水電站，並在當年將統購統銷的範圍擴展到全縣開始實行豬、家禽、蛋的派購政策。這些措施在調動大批農村勞動力與限制農民家庭經濟自主方面顯然造成負面影響。與此同時，該縣刑事案件則由1954年至1956年的46起、51起、48起，激增到1957年的92起。[38]

　　在這麼一個背景下，隆林縣人黃民等於1958年1月在隆林縣和雲南省羅平縣、師宗縣、廣南縣糾合230多人組建「廣西省隆林縣反共抗蘇游擊隊」，擁有長、短槍10支，子彈667發，尖刀一批等武器，企圖攻打隆林縣城和八達等四個區。[39]

　　該階段的糾合事件及其策劃者與舊政權的關係疏淡許多，但與中共當局的對抗性卻依然強烈；事件導發的經濟因素十分明顯，但以武裝對抗為表現特徵的政治色彩卻愈發濃烈。中共當局鎮壓的力度也增大，因而，死傷慘重的悲劇性結果也更為顯見。

　　1958年8月之後，大躍進熱潮中的人民公社化運動遍及鄉村，經濟型糾合事件亦隨之大量出現。人民公社對農民包括土地

---

37　〈公安部批示廣西省公安廳關於睦邊縣平孟區反革命糾合暴亂案件情況的報告〉（1957.6），收入《中國大躍進─大饑荒數據庫（1958～1962）》。

38　隆林各族自治縣地方志編委會編，《隆林各族自治縣志》（南寧：廣西人民出版社，2002），頁11、616。

39　廣西地方志編纂委員會編，《廣西通志·公安志》，頁271。

在內的私有財產全面剝奪，農民別無選擇地被納入到集體大生產。集體大生產的某些「農民軍事化」做法已近乎泯滅人性，如「睡眠（男女分開）」、「吃住在田間」、「五分鐘就行動，十分鐘報戰果」、「五歲以上兒童全部上戰場」、「社員向團部（社）交了十八斤〔住家〕鎖匙，表示不打下夏收夏種關，堅決不回家的決心」。[40]

大煉鋼鐵、興修水利等大型工程，更是徵調了大量的農村勞動力，極度勞民傷財。人民公社化之後的高指標、高浮誇，直接導致了高徵購，農民的糧食，包括餘糧、口糧、種子糧遭受全面性掠奪，大饑荒隨之爆發。[41] 於是，農民與中共當局之間的矛盾更難協調、緩解，進而釀成惡性糾合事件。

1958年4月，百色縣開始搞「大躍進」，普遍進行打擂臺，比規劃，比措施，浮誇風盛行；8月，全縣九個區鎮人民公社化，出動6,000多人參加地區興建的澄碧河水庫大會戰；秋天，抽調勞動力3萬500人參加大煉鋼鐵運動。百維鄉「以盧永海為首的反革命暴亂」便是在這樣一個背景下於12月14日爆發，二日後，「縣中隊和民兵共23人前去平息，擊斃盧永海，逮捕同案犯10人歸案」。[42]

1958年7月，西林縣掀起大躍進高潮，9月，全縣各區

---

40 〈廣西石龍縣寺村片的農民軍事化〉（1958.8.30），收入《中國大躍進—大饑荒數據庫（1958～1962）》。

41 Thomas P. Bernstein 即指出，高徵購糧食是導致大饑荒至關重要的原因。參考 Thomas P. Bernstein, "Stalinism, Famine, and Chinese Peasants: Grain Procurements during the Great Leap Forward," *Theory and Society*, 13: 3 (1984): 339-377.

42 百色市志編纂委員會編，《百色市志》（南寧：廣西人民出版社，1993），頁16。

（鄉）改稱人民公社，實行政社合一制，並抽調民工（即農民）1萬多人大煉鋼鐵；同月，便發生瑤族農民「對遠征煉鋼有思想牴觸，從工地逃跑回家並上山躲避（隨身帶有粉槍）」的事件，被當局視為暴亂。百色軍分區派兵圍剿，打死瑤民16人，「副縣長李林（瑤族）被懷疑為瑤民暴亂煽動者受到審查」。[43]

環江毛南族自治縣的縣志記載或許更能說明問題：1957年環江縣是反右鬥爭重點縣，縣委正副書記3人被打成右派，中共環江縣委遭改組，之後，農業集體化的浮誇風日益盛行。1958年9月，環江縣便放出全國浮誇第一的中稻畝產逾13萬斤的大躍進超級衛星。高浮誇導致高徵購，環江縣1958年就陷入過度徵購引發農民嚴重缺糧的困境，1959年的高指標又在1958年高浮誇的基礎上加番，徵購率佔當年糧食實產的61%。糧食徵購不上來則認為是農民瞞產私分，於是，1959年2月與12月環江縣先後進行兩次反瞞產運動，搜刮農民的所有糧食，大饑荒災情雪上加霜。結果是：在全縣人口總數為16萬2,170人的情形下，1960年底統計，「全縣共死亡22,685人，絕大部分屬於飢餓死亡」。[44]

集體化運動以來，1955年至1957年環江縣已先後破獲「中國國民革命軍西南政治部柳慶辦事處環江大站大麻村站」、「中國國民黨反共木論治安部」、「廣西省中級聯合反共委員會」等

---

43 西林縣地方志編纂委員會編，《西林縣志》（南寧：廣西人民出版社，2006），頁19。

44 此段參考環江毛南族自治縣志編纂委員會編，《環江毛南族自治縣志》（南寧：廣西人民出版社，2002），頁337-341。

「反革命案」。[45]

到「大躍進—大饑荒」期間，1959年7月，環江縣更出現了大安鄉農民馮天祥糾集大安鄉頂新、內典等村農民共73人的「反革命武裝暴亂集團」，「上山為匪，搶劫群眾財物，進行武裝暴亂，被剿除」，最終的結果是：「投案自首23人，俘獲匪徒50人，繳獲長短槍21支，粉槍60支，子彈840發，手榴彈1枚，黑火藥5公斤等」。[46]

綜上陳述，可整理出一個雖嫌簡略卻也清晰嚴密的邏輯關係：集體化→大躍進→高指標→高浮誇→高徵購→大饑荒→糾合暴亂。也就是說，在集體化基礎上掀起的農業大躍進，以糧食產量高指標為導引，要完成不切實際的高指標只能以漫無邊際的浮誇風氣來應對；浮誇風氣虛構的「糧食大豐收」導致當局施行高額徵購，糧食的過度徵購直接造成農村糧荒饑饉現象日益嚴重；為了生存，農民瞞產私分，乃至鋌而走險，糾合叛亂。

在中共當局政治意識形態導引下，農業集體化運動長年不斷激化農民與政府的矛盾關係，直至激發民變叛亂；叛亂被鎮壓，問題仍未解決，農村的大饑荒益發嚴重。

可見，這階段糾合事件跟農村現實經濟形勢的聯繫甚為密切卻也糾纏著政治主導因素，涉及的人員多樣化，既有所謂敵對分子（地主、富農、殘餘土匪等），更有一般農民與基層幹部，甚至牽涉到縣級政府官員。雖然中共當局在軍事上取得全面勝利，

---

45 環江毛南族自治縣志編纂委員會編，《環江毛南族自治縣志》，頁364。

46 環江毛南族自治縣志編纂委員會編，《環江毛南族自治縣志》，頁18、364。該縣志第二十三章「公安」部分（頁364），將事件發生日期誤植為「1958年7月」。

但政治上的負面影響卻不容小覷。

## （三）第三個階段：1960年至1965年

這個階段的過程是由大饑荒達至最為慘烈爾後向和緩發展，糾合事件的表現亦因此可分為前後期。1960年至1962年為前期，在大饑荒慘烈的背景下，糾合事件頻密且劇烈發生；1963年至1965年為後期，大饑荒轉為緩和，糾合事件呈現出與時俱進，跟境外勢力乃至國際形勢有所聯繫的變化。

大饑荒為害廣西最嚴重、餓死人最多的是1960年。當年廣西死亡人數達64萬4,770人，死亡率為29.46‰，遠超於11.84‰的全國平均正常死亡率，是中共建政後廣西人口死亡率最高的一年，非正常死亡人數達38萬5,000多人。[47] 這也正是廣西糾合事件進一步發生重要變化的背景。

《廣西通志·公安志》載稱：「1960年，敵人又利用發生自然災害、農業歉收、國民經濟困難和整風整社之機糾合起來進行破壞活動，全年發生反革命集團案146起，比1959年發生反革命集團案數增多53起。」政治色彩鮮明的「反革命集團案」，產生原因卻是「自然災害、農業歉收、國民經濟困難」等經濟因素（顯然遮蔽了人為因素）。因此，這些案件多數發生在經濟發展落後的「邊沿山區結合部、落後鄉村和少數民族地區」。1960年廣西公安機關破獲135起「反革命集團案」，發生在上述地區

---

47 廣西地方志編纂委員會編，《廣西通志·人口志》（南寧：廣西人民出版社，1993），頁61。

的有115起，佔85.18%。[48]

當時廣西公安部門的領導發言與文件指示，莫不是以政治思維分析經濟現象，以階級鬥爭方式解決社會矛盾紛爭：「反革命分子總是利用我們的暫時困難和工作中的空隙進行破壞的。他們以開糧倉分糧和反對糧食徵購、低標準等口號，煽動群眾參加反革命組織。」[49]「利用我們目前農業上暫時的一些困難，採取欺騙、威脅的方法進行煽動拉攏。」[50]「針對我們糧食方面的暫時困難進行破壞。以反對糧食徵購和低標準，搞瞞產，開糧倉等口號煽動群眾參加反革命組織，……籠絡群眾分田到戶。」[51]

由此亦可知，「大躍進─大饑荒」對農業經濟造成極大破壞，給農民生命帶來極大威脅。

面臨生死存亡的危局，農民只能以「開糧倉分糧」、「反對糧食徵購」、「搞瞞產」、「分田到戶」等方式進行自救，卻被中共當局視為反政府／反革命行為。1958年8月人民公社化後多為經濟型糾合事件，如忻城縣樊翰、吳雲等為首的糾合團伙「煽動搶收農業合作社的農作物」，[52]南丹縣城關公社寺山大隊「不滿分子陸國安、黃金富為首組織的反革命集團」要求「召開社員

---

48 以上俱參考廣西地方志編纂委員會編，《廣西通志・公安志》，頁271。

49 〈鍾楓廳長在廣西全區公安工作會議上關於今冬明春工作任務的報告（摘要）〉（1961.11.18），收入《中國大躍進─大饑荒數據庫（1958～1962）》。

50 〈廣西僮族自治區區公安廳召開專市政保科長會議研究敵人活動特點和防止暴亂的措施〉（1961.1.15），收入《中國大躍進─大饑荒數據庫（1958～1962）》。「專市」，當為「專區」與「城市」。

51 〈廣西僮族自治區公安廳關於當前公安工作幾個問題的通知〉（1961.8.4），收入《中國大躍進─大饑荒數據庫（1958～1962）》。

52 忻城縣志編纂委員會編，《忻城縣志》（南寧：廣西人民出版社，1997），頁647。

大會，把田地分到戶」，[53] 便反映了這個時代的表現特徵。

龍勝縣瓢裡公社的「大雄起義團」（亦稱「三星救國軍」）
暴動案最具代表性：1960年12月20日晚上，龍勝縣瓢裡公社大
雄大隊富農分子粟文輝、梁瓊相召集「大雄起義團」成員20餘
人開會，策劃暴動。會後即到大隊部，打傷黨支部書記與副書
記，打死民兵營長，搶走步槍6支及其他物資一大批；打開糧
倉，把5萬斤糧食分給群眾，並殺豬3頭，把大隊部的電話機打
爛，割斷電線。21日晨，又到保定大隊把公社公安員綁走，搶
去駁殼槍1支。公社聞訊後，黨委書記帶領10多名民兵前往圍
剿，擒獲8人，繳回步槍2支；其餘21名暴動者逃跑上山。隨
後，縣委書記張義成（1925～）率大批公安幹警和民兵進行鎮
壓，擊斃梁瓊相等3人，抓獲「大雄起義團」團長粟文輝等26
人。後判處粟文輝等4人死刑，無期徒刑2人，有期徒刑20
人。[54]

此事件規模不算大，但對中共當局的震撼頗為強烈，當時即
通過自治區公安廳發布追蹤通報，後續則由政法系統的刊物發表
社論，自治區各種會議亦屢屢當作典型案例報告。該事件爆發的
時間背景敏感，恐怕是受重視的關鍵。除了前述1960年是大饑

---

53 〈兩個活動囂張的反革命集團・南丹縣反革命煽動搶糧分田到戶〉（1961.9.
　　20），收入《中國大躍進—大饑荒數據庫（1958～1962）》。
54 廣西地方志編纂委員會編，《廣西通志・公安志》，頁271；龍勝縣志編纂委員
　　會編，《龍勝縣志》（上海：漢語大詞典出版社，1992），頁9、376；〈廣西
　　僮族自治區公安廳關於龍勝反革命暴亂的通報〉（1960.12.23），收入《中國大
　　躍進—大饑荒數據庫（1958～1962）》。三則資料的記載有所不同，本章互為
　　參照作此引述。《龍勝縣志》（頁9）將此事件的發生時間誤植為1961年12月
　　20日。

荒為害廣西最嚴重、餓死人最多的一年；重要的是，當年冬，全國農村正開展旨在解決「五風」（官僚主義、強迫命令、瞎指揮、浮誇風、共產風）的整風整社運動。包括龍勝縣在內的廣西農村，深受「五風」之苦。

1960年12月2日，為配合全國性的整風整社運動進行，廣西自治區公安廳針對行凶報復案件突出的情況，發出〈關於防範和打擊敵人行凶報復的通報〉，要求各地公安機關發動群眾，加強對五類分子（地主、富農、反革命、壞分子、右派分子）的監督改造，並以最快的速度查清行凶殺人案件，公開宣判。12月9日至11日，自治區公安廳召開各專區、市及柳州鐵路局的公安處長、局長會議，部署整風整社運動的保衛工作。之後，12月20日晚，便發生龍勝縣「大雄起義團」的暴動。[55]

龍勝位於廣西東北部山區，是一個侗、苗、瑤、僮、漢多民族聚居，少數民族佔80%的「各族自治縣」。1960年，經歷了浮誇風導致的超額徵購與反瞞產運動強制蒐集糧食，龍勝農村陷於嚴重缺糧的困境，全縣有86%的生產大隊平均口糧在300斤以下，當年7月，普遍出現乾瘦、浮腫、子宮脫垂、小兒營養不良等病狀，並且出現了非正常死亡的現象。為了生產自救，龍勝縣不少生產隊從1960年冬天開始暗中實行包產到戶。[56]可見，1960年12月20日龍勝縣「大雄起義團」的暴動，正處於這麼一個敏感時間點：「大躍進─大饑荒」對農業經濟造成極大破壞，

---

55 以上參考廣西地方志編纂委員會編，《廣西通志‧公安志》，頁271。

56 龍勝縣志編纂委員會編，《龍勝縣志》，頁9；胡隆鎂、劉顯才，〈六十年代初期廣西龍勝包產到戶述評〉，《黨史研究與教學》，1989年第5期，頁42-50。

萬千農民掙扎在死亡線上，國民經濟亦陷於瀕臨崩潰的危局。爲了挽救危局，中共展開整風整社運動。

爲防止骨牌效應，自治區公安廳在「大雄起義團」案發後，迫不及待於12月23日與28日相繼發出〈關於龍勝縣反革命暴亂的通報〉、〈關於加強治安保衛工作嚴防騷亂和暴亂的緊急通知〉，要求「各地公安機關提高警惕，嚴防反革命暴亂案件的發生」。[57] 值得注意的是，龍勝縣「大雄起義團」武裝暴動的目的恐怕不是「破壞〔整風整社〕運動，破壞人民公社」，[58] 更無法（恐怕亦無意）推翻中共政權；唯一取得的「成就」，當是「打開糧倉，把5萬斤糧食分給群衆」。[59] 事實上，此階段前期的糾合事件大多皆旨在獲取經濟利益，並不以推翻中共政權爲目的，如平桂縣礦區廣播員李啓正、吳明燈等5人爲首糾集的「爲民救國軍」，「既反對共產黨，又反對國民黨；改8小時工作制爲6小時工作制；糧食不定量，吃飯不要錢，坐車憑證明不收費；先搞好人民生活，後辦工業建設。」[60] 對國共兩黨均反對，表現出對一切政治牴觸，其目的即是民生經濟。橫縣的同心會甚至提出「不打倒共產黨，也不推翻人民政府」，大有主動向中共當局示好之意，所要求的也只是「要吃斤半米、半斤油」、「搞瞞產，

---

57　廣西地方志編纂委員會編，《廣西通志・公安志》，頁271。

58　〈堅決制止暴亂，保衛整風整社〉（《廣西公安》社論，1961.1.10），收入《中國大躍進－大饑荒數據庫（1958～1962）》。

59　〈廣西僮族自治區公安廳關於龍勝反革命暴亂的通報〉（1960.12.23），收入《中國大躍進－大饑荒數據庫（1958～1962）》。

60　〈平桂礦破獲一起反革命集團案〉，收入《中國大躍進－大饑荒數據庫（1958～1962）》。

分糧食」的經濟訴求。[61]

這些糾合事件發生的時代背景，正是大饑荒肆虐，農民掙扎於饑饉死亡邊緣。除了前述龍勝縣1960年就普遍發生饑荒災情，另外如橫縣1960年春夏間亦因饑荒出現浮腫病，患者達2.1萬人，因缺糧餓死1,480人。[62] 忻城縣1959年以來，即遭受自然災害，糧食減產，加上浮誇風和共產風造成的惡果，農民口糧減少，生活困難而出現浮腫等疾病者達2萬450人，造成非正常死亡，僅1961年就死亡2,191人。[63]

在這樣的時代背景下，龍勝縣「打開糧倉，把5萬斤糧食分給群眾」，忻城縣「煽動搶收農業合作社的農作物」，橫縣「搞瞞產，分糧食」之類糾合事件的訴求與作為，[64] 不能說沒有其合理性與正當性。

大饑荒是全國性的，這種糾合案全國各地都有，洪振快在〈大饑荒中農民的反應〉一文中陳述，四川、貴州、甘肅、福建、廣東等地就發生不少通過「組黨」進行「暴亂」的事件。[65]

且以安徽省無為縣「黃立眾案」為例。黃立眾（1936～1970）為安徽省無為縣崑山鄉蘆塘黃村人，1956年9月考入北京

---

61　〈兩個活動囂張的反革命集團・橫縣破獲反革命「同心會」組織〉（1961. 9.20），收入《中國大躍進－大饑荒數據庫（1958～1962）》。

62　橫縣縣志編纂委員會編，《橫縣縣志》，頁16。

63　忻城縣志編纂委員會編，《忻城縣志》，頁24。

64　分別參考〈廣西僮族自治區公安廳關於龍勝反革命暴亂的通報〉（1960. 12.23），收入《中國大躍進－大饑荒數據庫（1958～1962）》；忻城縣志編纂委員會編，《忻城縣志》，頁647；〈兩個活動囂張的反革命集團・橫縣破獲反革命「同心會」組織〉（1961.9.20），收入《中國大躍進－大饑荒數據庫（1958～1962）》。

65　洪振快，〈大饑荒中農民的反應〉，《炎黃春秋》，2014年第8期，頁19-26。

大學哲學系，因揭露農村餓死人的眞相，相繼被開除團籍與學籍，返鄉後組織「中國勞動黨」，三個月就發展到包括全國勞動模範、中共黨員、共青團員在內的119人參與。當地公安部門於1961年1月28日破案，黃立眾作爲首犯被判處死刑，從犯70多人被關押達100多天。該案於1982年才得到平反。平反判決書稱：「被告黃立眾爲首的『中國勞動黨』，主要是出於對當時農村受『左』傾政策的影響，農民生活沒有改善和對『五風』盛行不滿，想要改變和改善這種現狀，並非出於反革命目的。」[66] 黃立眾案的案情——包括案件發生的時代背景，集團的組成人員，案件的處理方式與過程，與前述廣西諸案相似；該案平反判決書的措辭，用於指稱廣西諸案亦毫無違和感。

　　廣西爲桂系軍閥老巢，地處邊疆，長期受臺灣當局各種干擾，但廣西糾合集團的發展與活動，卻甚少受到牽連。據中共公安部門文件稱：中共建政初，「帝國主義和國民黨政府的龐大統治機構遺留下來了大量殘餘的反革命分子；國民黨的潰散武裝就有200萬人，反動黨團骨幹分子和特務分子也有120萬人」；「瘋狂進行破壞活動，妄圖顛覆人民民主專政的政權」；「有的以游擊方式，到處燒殺、掠奪和襲擊」；「有的與封建勢力相勾結，組織武裝暴動」。[67] 國民黨特工人員的回憶錄亦表示：1950年代初，廣西各地一度組建了頗多包括苗、瑤等少數民族在內的反共游擊隊。[68]

---

66　謝貴平，〈1960年黃立眾反革命案及其社會背景〉，《炎黃春秋》，2012年第9期，頁79。

67　《當代中國的公安工作》編委會編，《當代中國的公安工作》，頁2-4。

68　楊露編述，《廣西反共游擊紀實》（未刊手稿），收藏於中華民國法務部調查

中共在廣西進行的「剿匪戰爭」過程甚為殘酷。1951年夏，主持廣西剿匪的陶鑄發電報給毛澤東稱：「廣西殲匪四十五萬，殺人四萬，其中三分之一可殺可不殺。」[69] 1952年底，廣西剿匪戰爭基本結束後，臺灣國民黨當局對廣西的民間反抗勢力便基本上失去了控制，殘存的反共游擊隊也基本上是各自為政，臺灣當局難以進行有效控制與指揮。

雖然馮客有此陳述：中共建政初，「國民黨還繼續向廣西等地的反共游擊隊提供食品、彈藥等物資」。[70] 然而，廣西反共游擊隊首領卻稱：「我們反共經年，對中樞未有聯絡，也未奉命令，一切補給總未得到。」[71]

《廣西通志·公安志》記載：「從1953年至1955年，廣西公安機關還破獲臺灣國民黨派遣特務案13起，捕獲特務18名；破獲美國間諜案1起，捕獲間諜1名。」[72]《當代中國的公安工作》則載稱：1950年代後期至1960年代初期，臺灣國民黨當局「妄圖趁國家暫時困難之機，大規模竄犯大陸沿海地區」，派遣特務入境大陸，內地反抗勢力亦頻頻發難，大有裡應外合之勢。[73]

儘管臺灣當局亦在媒體公開宣稱：「被派匪區諜報組合已超

---

局。

69 馮客著，蕭葉譯，《解放的悲劇：中國革命史1945～1957》（新北：聯經出版公司，2018），頁100-101；另參考廣西地方志編纂委員會編，《廣西通志·公安志》，頁246-251。

70 馮客著，蕭葉譯，《解放的悲劇：中國革命史1945～1957》，頁62。

71 楊露編述，《廣西反共游擊紀實》，頁45。

72 廣西地方志編纂委員會編，《廣西通志·公安志》，頁265。

73 《當代中國的公安工作》編委會編，《當代中國的公安工作》，頁19-20。

過預定計畫百分之五十，對匪專勤滲透已超過百分之十，對敵後武力支持補給已改進並獲成效。」[74]「我們的情報人員與突擊隊，業已成功地在大陸上設立聯絡中心，並對大陸上各地的游擊隊予以有效支援，以擴大抗暴活動。」[75] 但臺灣當局大陸情報工作負責人卻坦承：1960年前後，「派入的諜員根本無法生根立足，更談不上工作成果」。[76] 有關回憶文章亦稱：中共對社會控制極爲嚴厲，臺灣空投人員沒有立足之處，「也曾有幾個空投人員能躲在深山裡頭一段日子，像野人一樣的存活，最後還是起不了作用，一發回電報就會被截獲，遲早不是死在山裡就是被逮捕」。[77]

或正如《廣西通志‧公安志》所稱：「50年代後期，臺灣國民黨特務機關加緊向內地派遣特務。……1956年至1959年四年間，全省共破獲派遣特務案76起，捕獲特務81名。」[78]

1960年代初，因應「國民黨當局在東南沿海的軍事冒險陰謀，又加強特務派遣活動」的形勢，廣西公安機關多次召開政治保衛工作會議，部署反特鬥爭工作，相繼發布了〈關於嚴防反革命暴亂和加強反特鬥爭的意見〉、〈關於加強對敵特行動破壞鬥爭的通知〉等。「1960年至1965年六年間，全自治區共破獲派

---

74 〈加強建立大陸匪後武力，改進敵後武力支援補給〉，《中央日報》，1958年2月22日，第1版。

75 〈我國反攻必成，政治因素，勝於軍事〉，《聯合報》，1965年2月14日，第1版。

76 楊鵬，《見證一生》（臺北：華岩出版社，2018），頁295。

77 楊雨亭，〈空投大陸的弟兄們〉，氏著，《上校的兒子》（臺北：華岩出版社，2009），頁53-54。

78 廣西地方志編纂委員會編，《廣西通志‧公安志》，頁265。

遣特務案24起，捕獲特務分子24名」。[79]

　　據《廣西通志・公安志》記載，1961年12月，臺灣派遣「國防部情報局南寧中心站上尉站長」陳秉章潛入南寧，發展若干當地人，在百色、龍州建立情報分站，並且試圖「建立反革命游擊根據地」，最終歸於失敗，未能跟當地的糾合集團或事件發生關係或產生影響。[80]

　　在此期間，也有1962年靈川縣陳X才組織「中華民族新華軍廣西總部」，自任總司令，發展成員60多人，涉及4縣1市8個公社2個圩鎮15個生產大隊，「企圖與臺灣當局『反攻大陸』相呼應」。[81] 1962年9月扶綏縣黃喜波呼應「蔣介石大肆叫囂反攻大陸」，組織「中國反共青年救國軍」，與「梁孔吉為首的另一反革命組織」糾合，在扶綏縣和邕寧縣等地活動，召開會議、吸收成員、籌集活動經費等。[82] 然而二者最終亦歸於失敗，未見跟臺灣方面有任何實際性的聯繫。

　　由上可見，在這個階段的前期，中國農村經濟形勢極度惡化，大饑荒造成成千上萬農民死亡。於是，「農民由忿恨而反抗不僅因為其生存需求未能滿足，而且因為生存權利受到侵犯。」[83] 生死存亡之際，農民的反抗也日益激烈，糾合事件頻頻

---

79　俱參考廣西地方志編纂委員會編，《廣西通志・公安志》，頁265-266。

80　廣西地方志編纂委員會編，《廣西通志・公安志》，頁266。

81　廣西地方志編纂委員會編，《廣西通志・審判志》（南寧：廣西人民出版社，2000），頁198。

82　廣西地方志編纂委員會編，《廣西通志・檢察志》（南寧：廣西人民出版社，1996），頁100。

83　郭于華，〈「道義經濟」還是「理性小農」──重讀農民學經典論題〉，《讀書》，2002年第5期，頁107。

爆發，並且與其他反抗／自救形式如瞞產私分、分田到戶等結合，顯示了相當堅實的民意基礎。

這個階段的後期，即1962年之後，一方面由於大饑荒得到較大緩解，一方面更由於中共在黨內外大力推行階級鬥爭，尤其是1963年起在農村開展四清運動，瞞產私分、分田到戶等受到全面性壓制，糾合事件的發生更缺乏必要的民意基礎。自1963年1月至1965年10月，廣西當局先後召開了十多次自治區級別的公安工作會議，「總結和布置公安政治工作」，「交流偵破反革命集團和反革命標語、傳單、信件及敵特案件經驗」，「打擊反革命及其他刑事罪犯和抓緊處理治安案件」，要求在「美國武裝侵略越南北方的形勢下……以戰鬥姿態掌握敵情、偵破案件、管理治安」，整個社會受到嚴厲高壓的管控。[84]

然而，在相對安定的社會表象之下，仍潛隱著頗為嚴重的治安危機：

一方面，發生頗具傳統特色的「反動會道門」案：1964年4月，岑溪縣三堡公社石坪生產隊人蘇旭乾自封「皇帝」，還有「皇后」、「大臣」、「狀元」、「探花」、「榜眼」等，「共在6個公社27戶發展81人參加，陰謀暴亂」。[85] 此外還有反動標語案：1965年2月18日，在貴縣百貨市場、汽車站、電影院、碼頭等場所，發現十多張「惡毒攻擊中共中央和國家領導人的大字標語」。[86]

---

84 廣西地方志編纂委員會編，《廣西通志·公安志》，頁954-955。
85 廣西地方志編纂委員會編，《廣西通志·公安志》，頁955。
86 廣西地方志編纂委員會編，《廣西通志·公安志》，頁956。

另一方面，關涉境外勢力乃至國際形勢的案件更有所增加：1963年3月19日，賀縣破獲臺灣國民黨「國防部特種軍事情報室」派遣特務朱霞飛案。朱氏雖然有國民黨「國防部少校情報專員」、「桂東第九工作站站長」的頭銜，大概也只是個「光桿司令」，此案落網者沒有第二人。[87] 1965年5月17日，自治區公安廳通報破獲兩起「以美國擴大侵略越南戰爭爲背景組織的反革命集團」：一是賓陽縣公安部門所破獲廖平農場刑滿就業的「中統特務、法特情報組長麥俊才爲首組織的反革命集團及其所屬的河東、河西情報站」；二是靖西縣公安局破獲的「國民黨第六區專署保安隊偵緝員、土匪骨幹趙榮清在靖西縣城組織，向中越邊境地帶發展的反革命集團」。[88]

　　另外，還有1965年8月8日，貴縣破獲梁毅（女）等二人特務案。梁曾於1958年受臺灣國防部情報局駐香港特務機關派遣潛入廣西，被捕判刑勞改，釋放後又於1964年進行發展組織搜集情報等活動。[89]

　　總的來說，這個階段的後期臺灣當局對大陸的干擾雖然也有所加強，但中共當局的社會控制十分嚴密，外來的干涉仍無法順利與中國內地的反抗結合。儘管外來的干涉會造成一定的社會影響，對中國內地的反抗會起到一定的激發作用，但整體上看，廣西糾合集團的組建及活動沒有明顯的外來勢力插手，多產生於鄉村社會內部矛盾的惡化，其原因當是中共當局施政失敗使然。

---

87　廣西地方志編纂委員會編，《廣西通志・公安志》，頁954。
88　廣西地方志編纂委員會編，《廣西通志・公安志》，頁956。
89　廣西地方志編纂委員會編，《廣西通志・公安志》，頁956。

## 第二節 廣西糾合集團的活動類型

廣西糾合集團的行為活動，可分為如下多種互有關聯亦各具特點的類型：

### （一）製造騷亂

製造騷亂是糾合集團普遍且常見的活動類型，其特點是形式多樣，案發率高，見縫插針，遍地開花。

有的集中攻擊中共當局的統購統銷政策，如：「煽動群眾反對糧食統購，製造騷亂。」[90]「乘春旱之機，針對國家糧食統購統銷工作中的某些缺點，製造謠言，煽動群眾，散播變天思想。」[91]

有的採取破壞經濟的手段，擾亂社會治安，如：「盜竊公糧，勒索民財。」[92]「先後搶劫銀行、倉庫和供銷社的大量財物。」[93]「偽造糧票、公章，大量盜竊套購糧食和國家財產。」[94]「前後共搶我糧食倉庫6個，搶去稻穀16,249斤，搶殺耕牛13頭、生豬5頭，搶去民兵槍2支、子彈4發，曾一度嚴重地擾亂了社會治安。」[95]

---

90 廣西地方志編纂委員會編，《廣西通志·公安志》，頁902。
91 浦北縣志編纂委員會編，《浦北縣志》，頁209。
92 廣西地方志編纂委員會編，《廣西通志·公安志》，頁271。
93 廣西地方志編纂委員會編，《廣西通志·審判志》，頁198。
94 〈平桂礦破獲一起反革命集團案〉，收入《中國大躍進—大饑荒數據庫（1958～1962）》。
95 何席重，〈我區上思縣與廣東欽縣互相配合，全殲一大股土匪〉（1961.3.25），收入《中國大躍進—大饑荒數據庫（1958～1962）》。

有的舉行集會：「廣西省西南反共團」在玉林、北流等縣城及農村活動，「建立通訊聯絡駐點，多次召開反動會議」；[96] 甚至跨越國境活動──寧明縣板亮公社的廖行屯、凌啓聰於1958年、1959年糾合同伙外逃，「勾結越南反革命分子，在越南文淵縣保林社貫法等邊境村召開大會，煽動群眾反共」。[97]

與個人自發性的破壞活動不同，這類糾合騷亂活動具有一定的組織性，也有一定的破壞性，在一定程度上造成社會混亂，人心不安；對中共政權也有所威脅，對農村集體化的發展以及統購統銷等經濟政策的施行也有所阻礙與破壞，但一般而言影響並不是很大，而且大都在短期內受到壓制與破獲。

## （二）政治宣傳

政治宣傳大多是散發傳單、標語等印刷（手抄）品等，這是糾合集團採用的多種手法之一。有時也是某些糾合集團主要或重點進行的活動方式，如鹿寨縣寨頭鄉人江震「從1956年12月起，在雒容、鹿寨等區發展反革命成員18名」。該糾合集團的活動形式就是「印製反革命傳單」20餘種2,500多份，寄往北京、天津、南京等城市和貴州、吉林、福建、雲南、湖南、廣東、廣西等省區的機關團體、學校、工廠、農業合作社等，並在附近圩鎮、交通要道散發。[98]

96 陳蓬生，〈廣西省破獲「廣西省西南反共團」反革命組織〉（1957.8.26），收入《中國大躍進─大饑荒數據庫（1958～1962）》。

97 廣西地方志編纂委員會編，《廣西通志・公安志》，頁764。

98 廣西地方志編纂委員會編，《廣西通志・公安志》，頁947-948。

1958年的臺灣報刊時有空投傳單到廣西的報導。[99] 其時饑荒已開始在部分地區發生並逐漸蔓延，臺灣當局的空投除了宣傳品還包括救援物資：「空投傳單三百多萬份，並投下大陸救災總會的救濟食米數千包。」[100]「空投傳單二百多萬份，並投下大陸救災總會委託送給匪區災胞的救濟米和慰問袋等數千包。」[101]

　　廣西志書亦有相應記載：「〔1958年〕臺灣國民黨當局乘機加緊對大陸沿海地區的騷擾破壞，反革命標語、傳單、信件隨之猛增，全年全自治區共發生此類案件1,027起，比1957年增加10倍多。」[102]

　　1960年至1961年大饑荒最為嚴重時，臺灣當局的空投更是集中於救濟物資，而且「這些物品內均不附任何宣傳品」，並表示：「我們希望帶給大陸同胞溫暖與希望，宣傳功效尚在其次。」[103] 其實，臺灣空投救濟物資的政治宣傳功效亦是不言而喻的。《當代中國的公安工作》稱：「〔1957年之後〕臺灣國

---

99 〈我機群又深入大陸，空投大批傳單實物〉，《中央日報》，1958年1月23日，第2版；〈政府慰問大陸同胞，空投大批賀年卡片〉，《中央日報》，1958年2月16日，第1版；〈春節關懷陷區同胞，我機飛大陸西南，完成大規模空投〉，《中央日報》，1958年2月22日，第1版；〈我機夜飛大陸，空投大量傳單〉，《聯合報》，1958年4月4日，第1版；〈神鷹續飛粵桂，空投大量紙彈〉，《聯合報》，1958年7月5日，第1版。

100 〈我機飛大陸，空投食米，遠屆閩廣贛湘五省〉，《聯合報》，1958年6月13日，第1版。

101 〈我機飛往大陸，空投救濟米等〉，《聯合報》，1958年6月18日，第3版。

102 廣西地方志編纂委員會編，《廣西通志・公安志》，頁267。

103 〈向大陸同胞賀新年，我空投大量日用品〉，《聯合報》，1960年1月27日，第1版。另〈我機飛臨大陸，空投救濟糧包〉，《聯合報》，1961年2月18日，第1版；〈救總空投大陸，去年二十四次〉，《聯合報》，1961年3月31日，第2版。

民黨也乘機向大陸大量空投反動宣傳品和所謂『救濟品』，加緊進行反動宣傳。這種情況，嚴重威脅人民群眾人身和財產的安全。」[104] 如此宣導顯然是爲了消弭「反動宣傳品」的政治宣傳功效，但宣導的措辭卻也顯然不合邏輯——宣傳品和救濟品如何威脅人身和財產安全？廣西的文獻未見有此類宣導，雖紀錄臺灣政治文宣的騷擾，卻刻意遮蔽了空投救濟物資的事實。

　　1962年後，臺灣當局除了救濟物資也恢復空投宣傳品。[105]《廣西通志・公安志》稱：「1962年，臺灣國民黨當局在妄圖進行軍事冒險竄犯大陸的同時，通過電臺廣播和空投（飄）、郵寄或派專人入境散發『心戰』品」，從而又引發了中國內地「張貼、散發、投寄反革命標語、傳單、信件」的事件。當年（1962年）6月12日晚上，「百色縣城及該縣那畢區渡口即發現內容爲煽動群眾反對共產黨領導，攻擊黨的糧食、稅收政策的反革命傳單948張」。[106]

　　這期間的糾合集團也更多採取此類方式，如1962年破獲的百色「西南軍區第三軍游擊隊」，便採取了「先後在6個公社22個大隊發展成員204人，在城鄉散發反革命傳單」的組織與活動方式。[107]

　　1961年，廣西當局內部單位發現「反動組織、反動標語、反動傳單等反革命案件109起」。貴縣糖廠供銷幹部郭世全與貴

---

104　《當代中國的公安工作》編委會編，《當代中國的公安工作》，頁16。
105　〈收信三千封，將轉投大陸〉，《聯合報》，1962年4月12日，第1版；〈散發傳單通行證，我機不斷飛往大陸〉，《聯合報》，1962年7月5日，第1版。
106　廣西地方志編纂委員會編，《廣西通志・公安志》，頁268。
107　百色市志編纂委員會編，《百色市志》，頁17。

城鎮西五街民辦小學校長陳寶康爲首組織的「中國人民反共起義軍華南獨立軍司令部」，發展成員十多名。組織者發揮職業專長及工作便利，「藉因公出差之便，夾帶該反動組織油印的〈告全國同胞書〉、〈倡議書〉等300多張反動傳單到南寧、百色等地散發，並到廣州活動，企圖與港澳敵特機關聯繫」。[108]

這類組織及其活動遍及城鄉，其所側重的政治宣傳方式，看似沒有劇烈的外在衝突，但所造成的人心浮動、信任危機乃至質疑中共統治合法性等軟性攻擊力與破壞力卻是不容忽視的。雖然沒有確鑿證據表明臺灣的文宣攻勢跟廣西糾合集團的政治宣傳結合，但二者顯然在一定程度上形成相互呼應的社會影響，起到中共當局所攻擊亦懼怕的「心戰」效果。

## （三）信函策反

與上述政治宣傳的對象涵蓋一般大眾不同，當時也有糾合集團利用信函對特定對象進行「策反」。1957年8月下旬，中共當局破獲活動於玉林縣、北流縣和陸川縣的「廣西省西南反共團」。該集團首要分子孔祥福曾給容縣籍的國民黨元老黃紹竑（1895～1966）去信，「表示希望黃紹竑和他們共同組織『起義軍』，要求黃紹竑加強和他們的聯繫，並給予『指示』和『幫助』」。[109] 黃紹竑曾任中共政務院政務委員，第一、二、三屆全國政協委員，第一屆全國人大常委，民革中央常委等要職。

---

108 廣西地方志編纂委員會編，《廣西通志・公安志》，頁417。
109 陳蓬生，〈廣西省破獲「廣西省西南反共團」反革命組織〉（1957.8.26），收入《中國大躍進一大饑荒數據庫（1958～1962）》。

1957年上半年中共整風時，黃響應號召提出有關黨政關係等問題，卻在隨之而來的反右鬥爭中被打成右派頭子，受到批判鬥爭。

1957年7月下旬，博白籍的廣州市長朱光（1906～1969）在報刊發文抨擊「肅反運動表現得最猖狂」的黃紹竑，「利用人民代表的身分」，在視察工作中提審海外特務機關派遣進來的特務分子時，「站在國民黨反動派的立場，鼓勵反革命分子講共產黨的壞話」。朱光在同一篇文章中還提到，敵對勢力「積極進行『策反』活動」，「妄想挑撥起所謂群眾性的『抗暴運動』」。[110]

不知是否孔祥福從中得到啟發而企圖策反黃紹竑，但確實沒有任何跡象表明孔祥福與黃紹竑取得實質性聯繫。「廣西省西南反共團」現實中主要的活動「唆使落後分子搶割搶分農業社的稻穀，鼓動農民退社」，[111] 跟黃紹竑在肅反與整風時的言論與作為亦無任何關聯。但孔祥福致函黃紹竑，表明體制外的糾合集團試圖主動跟體制內的反對力量結合，以推動反政府形勢的發展。

有意思的是，孔祥福等活動的玉林縣、北流縣、陸川縣，和黃紹竑的原籍容縣、朱光的原籍博白縣，同屬容縣專區（1958年改稱玉林專區）。

孔祥福進行的是高層的策反，南丹縣城關公社寺山大隊「不滿分子陸國安、黃金富為首組織的反革命集團」進行的則是基層

---

110 朱光，〈肅反成績是不容懷疑的〉，《人民日報》，1957年7月23日，第7版。

111 陳蓬生，〈廣西省破獲「廣西省西南反共團」反革命組織〉（1957.8.26），收入《中國大躍進－大饑荒數據庫（1958～1962）》。

的策反。1961年6月底,陸國安等寫信給吾隘公社那地大隊生產隊長黃仁昌,要求「把田地分給社員耕種,並要黃組織人馬,準備搶糧倉」;7月5日,又要求黃「召開社員大會,把田地分到戶」。[112]

陸國安等人的要求,顯然是直指當時深受集體化與大饑荒之苦的鄉村農民要求分田到戶的願望。事實上,1960年代初,能調動農民生產積極性,解救農民脫離大饑荒的包產到戶與分田到戶,在廣西鄉村相當一部分地區「簡直成了一種風氣」,廣受農民歡迎。[113] 糾合集團顯然是呼應了包產到戶與分田到戶的廣泛民意,或者說,包產到戶與分田到戶的呼聲成為這時期糾合集團的民意基礎。這些「策反」案例雖未成功,卻也反映出糾合集團意欲加強結盟、擴大影響的企圖及努力。

### (四)武裝暴動

武裝暴動是糾合集團最極端的活動類型,可分為兩種形態:

其一,中共當局及時發現糾合集團活動,進行圍剿,引發武裝衝突,最終以糾合集團慘重失敗告終。如1955年3月,「平樂區反共游擊隊第一縱隊」司令賈兆光在賀縣與昭平縣糾合組織了3個支隊準備進行叛亂。當地公安部隊及時發現並進行圍剿,歷

---

112 〈兩個活動囂張的反革命集團‧南丹縣反革命煽動搶糧分田到戶〉(1961.9.20),收入《中國大躍進─大饑荒數據庫(1958～1962)》。

113 〈中共廣西壯族自治區委員會關於解決「包產到戶」問題的情況向中央、中南局的報告〉(1962.4.27),〈廣西區黨委、玉林地委、博白縣委聯合調查組關於鴉山公社農村若干政策問題的調查(節錄)〉(1962.8),收入《中國大躍進─大饑荒數據庫(1958～1962)》。

時兩個多月，「殲滅匪司令賈兆光等土匪173名（捕獲162名，擊斃8人，自殺3人），迫使598名土匪登記自新，繳獲長、短槍39支，手榴彈6枚，子彈1,000餘發」。[114]

又如1956年3月，凌樂縣、天峨縣與貴州望謨縣、紫雲縣共2,000餘人，攜帶槍支600多支，試圖舉行「反革命集團」暴動。廣西與貴州兩地公安部隊費時一個半月平息了暴亂，「殲滅土匪約400名，繳獲槍支383支、子彈1,698發、土炮4門、手榴彈5枚」。[115]

其二，糾合集團主動發難，雖然最終失敗，但中共當局方面往往亦損失慘重。如前述睦邊縣與靖西縣「平孟區念井、共睦兩鄉土匪暴亂」案、龍勝各族自治縣瓢裡公社「大雄起義團」案、融水苗族自治縣「中國和平黨」案，都是糾合集團主動進行暴動，動員大批群眾，有組織有計畫圍攻中共政府機構，搶劫糧食、槍支等，甚至打死打傷政府人員。

廣西山多林密，歷史上匪患嚴重。1950年代初，反共游擊隊的組織者已充分重視並利用此地理特性：「山岳險阻」，「崇山峻嶺」；「崖洞甚多，險要處有一夫當關萬夫莫開之勢，崎嶇鳥道，盤旋山腹，懸崖而過，偶一失足，即有粉身碎骨之虞」；「十萬大山、姑婆山、金秀瑤、四十八弄等，均為過去綠林豪傑盤踞之所……現為反共游擊隊潛伏其間」。[116]

「十萬大山」位於廣西南部中越邊境；「姑婆山」位於廣西

---

114　廣西地方志編纂委員會編，《廣西通志・公安志》，頁902-903。
115　廣西地方志編纂委員會編，《廣西通志・公安志》，頁903。
116　俱參考楊露編述，《廣西反共游擊紀實》，頁2-3。

東北部桂、粵、湘三省交界處；「金秀瑤」即廣西東北部金秀等縣瑤族聚居的山區；「四十八弄」即廣西北部四十八條大石山山弄（山間平地）。這些山區的地形的險峻優勢，也為後來的糾合集團所充分利用。

有的糾合集團著意利用山區進行叛亂，如1956年廣西北部的河池縣三境鄉甘景明、廖炳耀等組織「反共救國軍河池四大隊」，糾集100多人上山為匪，出沒於三隻羊、龍馬、三境、大丈、龍谷等山區。宜山軍分區副司令黃布（1920～2005）等率兵進剿，「甘景明投降，廖炳耀被擊斃，活捉土匪骨幹13人」。[117]

1957年8月廣西西南部的上思縣「以龍樓鄉潘錫超為首組織的反革命集團8人，持槍上山為匪」，同年12月公安部門實行圍剿，「全部抓獲罪犯」。[118]

1960年廣西北部的三江縣「李仁輝、熊龍高為首組織反革命武裝暴亂」，越境到貴州搶劫供銷社，聚眾上山，被柳州軍分區與公安處，以及貴州政法部門緊密配合，剿滅於黔桂交界山區。[119]

更多情況是糾合集團在進行暴動後轉往上山為匪，如前述1956年廣西北部的融水苗族自治縣「中國和平黨」暴動，便是

---

117 河池市志編纂委員會編，《河池市志》（南寧：廣西人民出版社，1996），頁15。該志書將黃布的職銜誤植為「廣西軍區副司令」。

118 上思縣地方志編纂委員會編，《上思縣志》（南寧：廣西人民出版社，2000），頁463。

119 三江侗族自治縣志編纂委員會編，《三江侗族自治縣志》（北京：中央民族學院出版社，1992），頁16。

「武裝攻打區政府，洗劫商店、銀行儲蓄所、糧所、郵電所和同練、和平等4個鄉政府，然後上山爲匪」。[120]

1958年廣西西北部的凌樂縣那伏屯「國民黨中央獨立軍」武裝暴亂後，裹脅大批民衆上山。百色地方當局進山搜剿，並「爭取被迫上山的567名群衆回家恢復生產」。[121]

1958年11月，廣西東北部的全州縣梘塘鄉劉家村劉崇信、劉才元等，「在殺害公安幹部、搶奪武器之後，脅迫群衆上山爲匪」。桂林地區軍分區組織800餘民兵圍剿兩天，「擊斃劉才元等首犯3人，活捉骨幹分子9人，解救了受裹脅當匪的群衆回家生產」。[122]

臺灣《聯合報》曾刊發一位「由廣西逃來香港的人士」陳述：1959年2月5日，廣西東南部桂平縣的下灣圩公社發生了武裝「抗暴事件」，「殺死匪幹三人，搶走步槍十二枝」；直到6日晚，「領導抗暴的民衆，有計畫向附近有游擊基地的大山中撤退」，途中與中共「公安隊」發生槍戰，「抗暴的民衆，且戰且走，安然進入游擊基地」。[123] 所謂「抗暴事件」或爲屬實，但「剿匪戰爭」結束多年後，「大山中」是否還有「游擊基地」則或可存疑。

這些武裝暴亂涉及到的地域廣泛（往往跨縣甚至跨省），其

---

120 廣西地方志編纂委員會編，《廣西通志・公安志》，頁947。

121 樂業縣志編纂委員會編，《樂業縣志》（南寧：廣西人民出版社，2002），頁413。

122 廣西地方志編纂委員會編，《廣西通志・軍事志》，頁480。

123 〈桂粵滇人不甘奴役，紛起反抗公社暴政〉，《聯合報》，1959年3月22日，第1版。

血腥暴力的性質是毋庸置疑的，跟中共當局的對立勢態十分鮮明，因此，參與者往往被貼上不同程度的政治敵意標籤，其實大多是一般民眾，尤其還有原本屬於「革命陣營」中的人（如政府官員、基層幹部、解放軍退伍軍人、民兵、貧下中農等）。雖然事後參與者大多會得到從寬處理，但政府與民眾之間的矛盾肯定會受到激化、惡化，雙方的互信肯定大受損害。相比之下，中共當局財物損失大，糾合集團人員傷亡大，而且傷亡者更多是脅從參與的一般民眾。雖然最終是糾合集團覆沒，但中共的威望與聲譽也大受損害。

## 第三節 「反革命」：糾合事件性質辨

上述無論是哪一階段及哪一類型的糾合事件，大都有一個共同的修飾語──「反革命」。縱觀兩岸政治話語系統，可見一個頗有意味的現象：「革命」的概念通用於兩岸的政治場域，「反革命」的概念，臺灣鮮有，大陸卻常見，尤其是在改革開放前，「反革命」更是一個對中共政權有對立言行者的致命罪名。

在中共的話語體系中，「革命」與「反革命」的詮釋權是被絕對壟斷的，「革命」的名譽惟能冠予中共自己，而一切與中共當局對立／對抗的個體、群體或言行，均可斥之為「反革命」。因此，對糾合集團與事件「反革命」性質的判斷，不能僅止於字面的認知，還應從如下兩方面深入辨析。

### （一）組織者／領導者與成員

《廣西公安》1961年第1期社論〈堅決制止暴亂，保衛整風

整社〉，指1960年12月龍勝與融安縣「連續發生兩起反革命暴亂案件」，為首者「均是地主、富農分子」。[124] 然而，查閱有關志書得知，兩案的組織者領導者還有「漏網匪首梁瓊相」、「柳城縣太平街梁幹」，皆無地主富農的身分標誌。[125] 遍覽相關資料的糾合事件組織者與領導者，清楚標誌為地主富農身分者極少，多為上述社論所提及用語含混的「反革命社會基礎、及被開除清洗人員中的嚴重不滿分子」。

原因在於，經過土改、鎮反的強力鎮壓，地主、富農等再難以有公開對抗中共當局的機會與勇氣，而「反革命社會基礎、及被開除清洗人員中的嚴重不滿分子」則幾乎無所不包地囊括了一切還敢於跟中共當局對抗的人員。如臨桂縣小平樂公社「反共團」首領「惡霸子弟雍明凌」，[126] 橫縣「中華自由民主黨」首領「靈山縣豐塘公社修竹村人」陸業琨。[127]

而且，還不乏屬於中共階級陣營中的貧下中農、政府人員。如橫縣「反革命同心會組織」首領梁武傑便是貧農出身，[128] 平桂縣礦區「為民救國軍」首領是「廣播員李啓正」，[129] 融水苗

124 〈堅決制止暴亂，保衛整風整社〉（1961.1.10），收入《中國大躍進─大饑荒數據庫（1958～1962）》。

125 分別參考廣西地方志編纂委員會編，《廣西通志·公安志》，頁903；融安縣志編纂委員會編，《融安縣志》（南寧：廣西人民出版社，1996），頁24。

126 〈堅決制止暴亂，保衛整風整社〉（1961.1.10），收入《中國大躍進─大饑荒數據庫（1958～1962）》。

127 橫縣縣志編纂委員會編，《橫縣縣志》，頁169。

128 〈兩個活動囂張的反革命集團·橫縣破獲反革命「同心會」組織〉（1961.9.20），收入《中國大躍進─大饑荒數據庫（1958～1962）》。

129 〈平桂礦破獲一起反革命集團案〉，收入《中國大躍進─大饑荒數據庫（1958～1962）》。

族自治縣「中國和平黨」首領趙金瑞是杆洞區「財糧幹事」，[130] 蒼梧縣「中國合眾黨」的首領巫造文則是該縣公安局政保股偵察員。[131]

這樣一個概括倒是較能說明問題：「爲首和骨幹分子多是五類分子和反革命社會基礎，富裕中農的反社會主義分子，和被鬥爭、處分的蛻化變質的基層幹部。據桂林區被破獲的反革命糾合案中的爲首分子統計，這四種人佔70%。」[132] 地主富農只是五類分子中的一部分，其餘所指，就含括了社會各階層所有與中共當局對抗的人。

至於涉入糾合案的一般組織成員，可從1961年8月22日發布的〈公安部關於做好秋收安全工作的電話通知〉得以了解。該通知指出，「群眾性的亂拿亂摸是屬於人民內部矛盾問題的性質」，「參加亂拿亂摸的人幾乎90%以上都是貧農、下中農」，「乘機進行破壞活動的反革命分子、地主、富農分子，也是極少數。而且一開始幾乎全部都是中貧農，又差不多都有一部分黨團員、隊幹部或者是他們的家屬參加或帶頭。少數地主、富農往往是隨後才參與的。」[133]

亂拿亂摸屬於「人民內部矛盾」，地主富農分子尚且極少參與而且是「隨後才參與」，屬於「敵我矛盾」的糾合案，地主富

---

130 融水苗族自治縣地方志編纂委員會編，《融水苗族自治縣志》，頁29。

131 廣西地方志編纂委員會編，《廣西通志‧公安志》，頁954。

132 〈廣西僮族自治區區公安廳召開專市政保科長會議研究敵人活動特點和防止暴亂的措施〉（1961.1.15），收入《中國大躍進─大饑荒數據庫（1958～1962）》。

133 〈公安部關於做好秋收安全工作的電話通知〉（1961.8.22），收入《中國大躍進─大饑荒數據庫（1958～1962）》。

農參與的機率可想而知，充當組織者與領導者更是鳳毛麟角。

因此，糾合組織的成員大多並非所謂敵對分子（國民黨特務、地主富農之類）。如上思縣與廣東欽縣「中華農民志願軍」，主要成員包括「受騙的46名群眾」。[134] 橫縣「中華自由民主黨」活動範圍遍及橫縣、合浦縣、靈山縣、貴縣及馬山縣等地區，其160多名成員的身分，也只標示為「落後分子」。[135]

1960年5月，岑溪縣公安局偵破的「中國保民黨」，「為首分子中，有反革命分子3人，壞分子3人，偽軍1人，變質幹部3人，農民1人，轉業軍人1人。匪徒中有五類分子17人，反革命社會基礎17人，被處分幹部10人，復員軍人4人，基層幹部6人（均是黨員），小學教師2人。」[136] 廣泛涉及底層社會各方面的成員，五類分子等所謂敵對分子反而成了少數。至於那些人數眾多的糾合事件，如貴縣「西江反共聯盟支團」成員1,850多人，絕非官方所強調的只是「反動的舊軍政人員、地主富農分子、地痞流氓」。[137] 又如睦邊縣平孟區糾合暴亂案近千名成員中，除了「地主、富農分子15名，慣匪分子7名，勞改釋放分子5名，被管制分子8名，偽鄉、村長6名，其他不滿分子6名（絕大部

---

134 何席重，〈我區上思縣與廣東欽縣互相配合，全殲一大股土匪〉（1961.3.25），《中國大躍進─大饑荒數據庫（1958～1962）》。

135 橫縣縣志編纂委員會編，《橫縣縣志》，頁169。中共建政時，合浦縣、靈山縣隸屬廣東，1952年3月劃歸廣西；1955年7月又劃歸廣東，1965年6月再劃歸廣西。可見合浦、靈山跟廣西關係密切，故本書敘述會適當關涉到此二縣。

136 曾廣鎮，〈岑溪縣破獲重大反革命糾合案〉（1961.5.15），收入《中國大躍進─大饑荒數據庫（1958～1962）》。

137 貴港市地方志編纂委員會編，《貴港市志》（南寧：廣西人民出版社，1993），頁307。

分係首要、骨幹分子）」，也還有「黨員10名，團員8名，鄉、社幹部24名，轉業軍人12名」；[138] 其餘不具明身分的糾合集團成員，當是一般農民。

這些成員的身分，在中共劃分的階級譜系中，大多屬於「革命的依靠力量」或「革命需要爭取的主體力量」，被理所當然解讀爲：「當階級意識的覺醒與傳統的宗族觀念和鄉土情懷發生衝突時，人民群眾越來越傾向於選擇前者。」[139] 然而，現實中這些參與糾合暴亂的「人民群眾」，卻無疑是選擇了後者——「傳統的宗族觀念和鄉土情懷」，因此在中共相關論述中被歸納到反革命陣營。無論如何，這樣一種組織者、領導者與成員的組合，與「反革命」的性質委實很不吻合。

## （二）番號與綱領／口號

1961年1月15日，廣西僮族自治區公安廳召開「專市政保科長會議」，「著重研究了當前反革命糾合活動的情況和防止反革命暴亂的措施」，聯繫「〔1960年〕12月下旬龍勝、融安接連發生兩起反革命暴亂案」，總結出反革命糾合案五個特點，第五點就指明這些糾合集團「大多數有番號、有綱領」。[140]

---

138 〈公安部批示廣西省公安廳關於睦邊縣平孟區反革命糾合暴亂案件情況的報告〉（1957.6），收入《中國大躍進－大饑荒數據庫（1958～1962）》。

139 蘭夕雨，〈中國共產黨階級劃分詞語之變遷——基於對土地革命和改革的主要法規和文件的文本考察〉，《中共黨史研究》，2012年第9期，頁35-46。

140 〈廣西僮族自治區區公安廳召開專市政保科長會議研究敵人活動特點和防止暴亂的措施〉（1961.1.15），收入《中國大躍進－大饑荒數據庫（1958～1962）》。

## （1）番號

　　須注意的是，本章所徵引的糾合集團的番號（以及綱領／口號），均採自中共官方史料，其可信度或當打折扣。如1952年7月以凌樂縣副縣長黃鋼（1923～1967）爲首的「青年太平軍」案，涉及的中共幹部163名遭到刑訊逼供，7人被槍決，有的被捕關押，有的被清洗回家，有的被送往南寧學習改造等。當年9月，經中共廣西省委副書記謝扶民（1911～1974）插手干預，中央最高檢察署署長林楓（1906～1977）及中南檢察公署、廣西檢察署等組成調查組複查得到平反。平反後即知所謂「青年太平軍」番號，爲莫須有的政治構陷。[141]

　　國民黨政權潰退臺灣前夕在廣西城鄉組建的眾多「反共救國軍」，在中共「剿匪戰爭」與鎮反中基本被殲滅；[142] 1956年河池縣的糾合集團「反共救國軍河池四大隊」顯然是襲用了這個番號。[143] 這個番號在文革期間仍發揮作用：鍾山縣革命委員會於1968年4月22日的「鎮反大會」上，宣布挖出小學教師組成的「反共救國軍」，受誣陷的教師不僅在大會上被殘酷批鬥，還被拉到全縣十幾個區鎮批鬥，時間長達一個多月，受牽連的教師達

---

141　凌雲縣編纂委員會編，《凌雲縣志》（南寧：廣西人民出版社，2007），頁25。

142　西林縣地方志編纂委員會編，《西林縣志》，頁808；鳳山縣志編纂委員會編，《鳳山縣志》（南寧：廣西人民出版社，2009），頁13；凌雲縣編纂委員會編，《凌雲縣志》，頁22；梧州市人民法院，《審判工作總結》（梧州：梧州市人民法院，1950），頁1、13-15。後者爲原始卷宗檔案（油印），獲臺灣清華大學歷史研究所博士班陳重方先生饋贈，謹致謝忱。

143　河池市志編纂委員會編，《河池市志》，頁15。

100多人。至1983年，才確認是「假案」給予平反。[144]

　　1952年，臺灣國民黨當局成立「中國青年反共救國團」，隸屬於中華民國國防部總政治部，由蔣介石（1887～1975）兼任團長，蔣經國（1910～1988）為首任主任。[145] 該番號在廣西得到化用——「大躍進—大饑荒」期間，玉林縣破獲了石南公社梁福隆等人組建的「中華民國反共救國團廣西分團第十大隊」；[146] 文革期間，1968年6月17日，自治區革命委員會籌備小組與軍區聯合發布〈關於破獲反革命集團「中華民國反共救國團廣西分團」反革命案件的公告〉，以「反共救國團」的罪名，構陷並鎮壓反韋國清派。[147]「反共救國團」案所牽涉的人與地遍及全廣西：鳳山縣在圍殲「中華民國反共救國團鳳山分團」的總反擊令下，調動了11個縣的武裝民兵，配合正規軍6911部隊進行大規模「剿匪」。[148] 臨桂縣縣委副書記李瑾科、副縣長周克仁、法院院長劉錫臣、副檢察長龍炎運、縣財貿政治部副主任李

---

144 唐大宋，《文革密件》（紐約：明鏡出版社，2016），頁202-204。

145 林進生主編，《飛躍青春四十年：中國青年反共救國團成立40周年團慶特刊》（臺北：中國青年反共救國團總團部，1992）。

146 晏樂斌，〈我參與處理廣西文革遺留問題〉，《炎黃春秋》，2012年第11期，頁16。

147 中共廣西壯族自治區委員會整黨領導小組編，《文革機密檔案：廣西報告》（紐約：明鏡出版社，2014），頁264-275、285-291、320-324、340-343。周恩來、康生等亦將「反共救國團」的罪名加諸「422」，以期將該組織打成「反革命組織」。參考周恩來、陳伯達、康生等，〈中央首長接見廣西來京學習的兩派群眾組織部分同志和軍隊部分幹部時的指示〉（1968.7.25），《陳伯達文編》：https://www.marxistphilosophy.org/ChenBoda/120601/231.htm。2023年1月22日檢閱。

148 晏樂斌，〈我參與處理廣西文革遺留問題〉，頁16-17。

景發、縣委辦公室副主任王振廷等110人被扣上「反共救國團」罪名殺害。[149] 都安縣被誣涉案者3,341人，其中迫害致死441人。[150] 荔浦縣涉案者亦有1,477人，其中176人被打死或自殺，250人被打致殘。禍害之烈，令人髮指，迫使廣西軍區司令員歐致富（1913～1999）不得不於1969年1月到荔浦縣進行調查後宣布「反共救國團」為對立派構陷的假案。[151]

同理，1954年至1965年的糾合集團番號不排除亦有被構陷者。可惜那時期的糾合案鮮少獲平反，無法完全確認其番號真偽。不過，前後期番號含義跟所處時代背景頗為契合，在現實中亦應不乏有真實所本，故當有其相應的合理性與可信度。無論如何，這些番號（以及綱領／口號）應可在有保留意見的情形下進行如下討論。[152]

跟前述糾合事件歷史發展分三個時間段落不太一樣，糾合集團的番號表現，大致上以前文所強調的，大躍進運動進入高潮的1958年為界分前後期，前期與後期有所不同。1958年之前，無論是社會形態，敵對雙方的心態，仍大多處於劍拔弩張的準軍事狀態（尤其是1956年前）。

這個時期，糾合集團的番號大都呈現延續國共戰爭的性質，

---

149 晏樂斌，〈我參與處理廣西文革遺留問題〉，頁19。
150 黃家南，〈廣西都安清查「反共救國團」經過〉，《炎黃春秋》，2012年第5期，頁68-70。
151 中共廣西壯族自治區委員會整黨領導小組編，《文革機密檔案：廣西報告》，頁347-349。
152 以上關於官方史料可信度的思考，得臺灣中央研究院近代史所吳啓訥先生啓發與指教，謹致謝忱。

諸如：「自由中國六十二軍十三團」、「反共自由中國青年軍」、「合浦縣美滿軍一五四團」、「粵桂邊第二兵團南路游擊隊第一大隊」、「自由中國南路軍分區部隊」、「新中國人民自由軍第七路總司令部」、「自由中國民軍」，[153]「平樂區反共游擊隊第一縱隊」，[154]「中國國民革命軍西南總站政治部」、「中國國民革命軍西南義勇軍西南黨部」，[155] 等等。從這些番號可看出，這些糾合集團的政治色彩較鮮明，武裝對抗意識較強烈。但也因敵我對壘分明，中共當局的鎮壓特別嚴厲，尤其是藉助建政以來剿匪、鎮反等系列鬥爭所形成的強大政治與軍事壓力，這些糾合集團大都只能是止於「策謀武裝暴亂」、「妄圖舉行武裝暴亂」階段。[156]

1958年之後，雖然在政治上中共政權已基本穩定，新的社會形態也已大致形成，但失控的大躍進卻使整個社會及民眾陷入大饑荒之中。

此時期糾合集團的番號則較多反映出「大躍進─大饑荒」時期民眾掙扎求存的危機意識，諸如：「為民救國軍」，[157]「中華農民志願軍」，[158]「農民起義軍」、「救民軍」、「愛民

---

153 浦北縣志編纂委員會編，《浦北縣志》，頁209。

154 廣西地方志編纂委員會編，《廣西通志·公安志》，頁902。

155 廣西地方志編纂委員會編，《廣西通志·公安志》，頁270。

156 廣西地方志編纂委員會編，《廣西通志·公安志》，頁271。

157 〈平桂礦破獲一起反革命集團案〉，收入《中國大躍進─大饑荒數據庫（1958～1962）》。

158 何席重，〈我區上思縣與廣東欽縣互相配合，全殲一大股土匪〉（1961.3.25），收入《中國大躍進─大饑荒數據庫（1958～1962）》。

黨」，[159]「中國合眾黨」，[160]「自由中國救民青年軍」等。[161] 從這些番號可見，此階段的糾合集團的目的從政治對抗轉移到生存抗爭，經濟利益的爭取大於政治訴求。尤其在危害全民的大饑荒中，原本敵我對壘的界限模糊了，傳統階級陣營分化了，大量農民被裹挾進糾合事件，參與搶掠、暴動，更多惡性糾合事件爆發並造成重大損失與傷亡。

### （2）綱領／口號

從公開的文獻資料看，有關糾合集團的較完整的綱領／口號並不多見。如前所析，這些綱領／口號無法完全確認其真偽，但現有相關資料所表達的含義跟所處時代背景頗為契合，很能反映時代的影響與地方的特色。諸如：

1956 年，天峨縣、凌樂縣眾多少數民族農民參與的貴州麻山武裝叛亂，「反叛者的主要口號是反對統購統銷和農業合作化」。[162]

1957 年，睦邊縣平孟區糾合暴動案中，暴動者提出的口號是：「各種各的田地，解散合作社，吃的糧食不過秤，以後買賣有自由。」[163]

1958 年，凌樂縣「國民黨中央獨立軍」的綱領為：「反對

---

159 隆安縣志編纂委員會編，《隆安縣志》（南寧：廣西人民出版社，1993），頁467。

160 廣西地方志編纂委員會編，《廣西通志·公安志》，頁954。

161 融水苗族自治縣地方志編纂委員會編，《融水苗族自治縣志》，頁32。

162 王海光，〈農業集體化運動背景下的民族政策調整：以貴州省麻山地區「鬧皇帝」事件的和平解決為例〉，《中共黨史研究》，2013年第2期，頁43-56。

163 〈公安部批示廣西省公安廳關於睦邊縣平孟區反革命糾合暴亂案件情況的報告〉（1957.6），收入《中國大躍進—大饑荒數據庫（1958～1962）》。

統購，反對苦戰，反對徵兵。」[164] 此處所謂「反對苦戰，反對徵兵」，當指1958年「把全縣勞動力按軍隊編制組成鋼鐵野戰軍」，投入大煉鋼鐵運動，「『大戰』、『夜戰』不休，勞民傷財而成效甚微」。[165]

1961年，橫縣同心會的綱領則是：「要吃斤半米、半斤油，只有搞瞞產，組織『同心會』，大家一條心，搞瞞產⋯⋯誰入會就得吃斤半米、半斤油。我們不打倒共產黨，也不推翻人民政府。」[166]

1961年，平桂縣「為民救國軍」的綱領是：「既反對共產黨，又反對國民黨；改8小時工作制為6小時工作制；糧食不定量，吃飯不要錢，坐車憑證明不收費；先搞好人民生活，後辦工業建設。」[167]

綜合這些綱領／口號的特點，可見四個表現：其一，針對性很強，攻擊的目標直指集體化、大躍進運動與統購統銷的糧食政策；其二，經濟訴求鮮明，甚至具體到「斤半米、半斤油」；其三，與遍及全國的瞞產私分現象（「一條心，搞瞞產」）及分田到戶的要求（「各種各的田地」）結合；其四，跟傳統的國共鬥爭意識拉開距離：「既反對共產黨，又反對國民黨」，甚至主動淡化與中共當局對抗的矛盾：「不打倒共產黨，也不推翻人民政

---

164 樂業縣志編纂委員會編，《樂業縣志》，頁413。

165 樂業縣志編纂委員會編，《樂業縣志》，頁349。

166 〈兩個活動囂張的反革命集團‧橫縣破獲反革命「同心會」組織〉（1961.9.20），收入《中國大躍進─大饑荒數據庫（1958～1962）》。

167 〈平桂礦破獲一起反革命集團案〉，收入《中國大躍進─大饑荒數據庫（1958～1962）》。

府」。如此這般的表述，與其說是反革命政治的宣示，不如說是救民於水火的呼聲。

糾合事件的主體畢竟是農民（包括基層幹部，下同），如何看待／解讀這些被糾纏進糾合事件的農民是一個關鍵的問題。在中共的階級鬥爭意識中，作爲一個群體或階級，農民被認爲具有所謂先進與落後的二重性。

中共自我定位爲工人階級的先鋒隊伍，農民則被視爲天然的同盟軍，在戰爭年代更被視爲主力軍——「士兵就是穿起軍裝的農民」。[168] 在和平建設時期，農民一方面作爲先進群體被賦予重任，在土地改革、集體化運動、大躍進中扮演正面角色及發揮積極作用；另一方面，農民又被視爲落後群體。中共建政前夕，毛澤東就指出：「嚴重的問題是教育農民。」[169]

中共建政後，農民在某些重大的措施及運動中更被置於被控管的地位，如1953年底開始的統購統銷、1957年的社會主義教育運動、從1958年11月至1959年8月的整社、1959年至1960年的兩次反瞞產運動、1963年至1966年5月的四清運動，等等。中共可以根據政治需要任意改變對農民的階級劃分標準和矛盾性質，1959年2至3月在第二次鄭州會議上，毛澤東一方面嚴厲批評農民：「秋收以後，瞞產私分，名譽很壞，共產主義風格哪裡去了！」[170] 一方面卻又高調支持：「瞞產私分，非常正確，……

---

168 毛澤東，〈論聯合政府〉，收入中共中央毛澤東選集出版委員會編，《毛澤東選集》（北京：人民出版社，1991），第三卷，頁1078。

169 毛澤東，〈論人民民主專政〉，收入中共中央毛澤東選集出版委員會編，《毛澤東選集》，第四卷，頁1477。

170 毛澤東，〈在鄭州會議上的講話（三）〉（1959年2月28日），《毛澤東思想

是一種和平的反抗。」[171] 一左一右兩面表態。

　　幾個月後在廬山會議上彭德懷、張聞天（1900～1976）等對大躍進的批評，觸犯到總路線、大躍進、人民公社三面紅旗政治正確的底線，黨內的不同見解便成了「無產階級同資產階級的思想政治鬥爭」，[172] 形勢即刻由糾左轉向反右：「前一段主要是糾『左』，現在要反右，因爲現在右傾抬頭了。」[173] 而「有右傾思想和曾暫時動搖的同志，多數是對中央第二次鄭州會議以來的一系列政策措施從消極方面去理解，因而對大躍進和人民公社制度發生了懷疑」。[174]

　　於是，批評農民的態度在廬山會議後佔據了上風，各級幹部更自覺強調「當前主要是對農民的思想教育」。[175] 針對黨內鬥爭的反右傾運動與針對農民的反瞞產運動，廬山會議後在廣西便緊密結合起來了：「〔1959年8月至9月〕在全自治區開展『反右傾運動』和『反瞞產私分鬥爭』。」[176]

萬歲（1958～1960）》（武漢：武漢群眾組織翻印，1968），頁208。

171 毛澤東，〈在鄭州會議上的講話（四）〉（1959年3月1日），《毛澤東思想萬歲（1958～1960）》，頁21。

172 毛澤東，〈對八屆八中全會《爲保衛黨的總路線、反對右傾機會主義而鬥爭》決議稿的批語和修改〉（1959年8月2-17日），收入中共中央文獻研究室編，《建國以來毛澤東文稿》（北京：中央文獻出版社，1993），第八冊，頁406。

173 逢先知、馮蕙主編，《毛澤東年譜（1949～1976）》（北京：中央文獻出版社，2013），第四卷，頁116，引毛澤東語。

174 逢先知、馮蕙主編，《毛澤東年譜（1949～1976）》，第四卷，頁171，引毛澤東轉批貴州省委電話匯報中語。

175 逢先知、馮蕙主編，《毛澤東年譜（1949～1976）》，第四卷，頁170，引毛澤東轉批湖南省委1959年8月28日電話匯報中語。

176 廣西地方志編纂委員會編，《廣西通志‧農業志》（南寧：廣西人民出版社，

在這麼一個時代氛圍中，農民糾合事件所提出的不管是政治訴求還是經濟訴求，只要跟中共當局意願相違背，昨天的同志或盟友一夜之間就會被打成反革命。這樣翻雲覆雨的手段得以施行，根本的原因是缺乏法治，甚至是完全沒有法治觀念。深究之下，中共關於法治的觀念以及法治制度建設，就是建立在階級鬥爭意識的基礎之上。

中共建政前夕廢除《六法全書》的處理方式，便顯示這樣一種以階級鬥爭意識為主導的「法制觀念」。《六法全書》是中華民國在大陸時期所發行的法規彙編，一般上，包括憲法、民法、刑法、民事訴訟法、刑事訴訟法、行政法等六個門類。有吳經熊（1899～1986）校勘《現行六法全書》[177] 等不同版本通行全國，並且「為解放區司法機關所適用長達十二年之久，實踐證明其定紛止爭、維護解放區的社會秩序，有益無害」。[178]

然而，毛澤東於1949年2月22日簽署發布的〈中共中央關於廢除國民黨《六法全書》和確定解放區司法原則的指示〉中卻宣稱：「國民黨全部法律只能是保護地主與買辦官僚資產階級反動統治的工具，是鎮壓與束縛廣大人民群眾的武器。」[179] 同年9月29日，中國人民政治協商會議通過起到臨時憲法作用的〈中國人民政治協商會議共同綱領〉，其中第十七條宣稱：「廢除國

---

1995），頁55。

177 吳經熊校勘，《現行六法全書》（上海：會文堂新記書局，1935）。

178 熊先覺，〈廢除《六法全書》的緣由及影響〉，《炎黃春秋》，2007年第3期，頁10。

179 〈中共中央關於廢除國民黨《六法全書》和確定解放區司法原則的指示〉（1949年2月22日），中央檔案館編，《中共中央文件選集》（北京：中共中央黨校出版社，1992），第十八冊，頁151。

民黨反動政府一切壓迫人民的法律、法令和司法制度，制定保護人民的法律、法令，建立人民司法制度。」[180] 延續了前述指示的精神——在敵對意識主導下的「法治觀念」，事實上也就是以人治取代法治。

因此，也才會出現如此歷史性的場面：1958年8月21日，在北戴河會議上毛澤東說：「憲法是我參加制定的，我也記不得……我們每個決議案都是法，開會也是法。」劉少奇說：「到底是法治，還是人治？看法實際靠人，法律只能作辦事的參考。」[181] 儼然宣示人治取代法治，黨（中共）的決議取代法律。在這樣的精神指導下，前述反革命罪名的定調、反革命案件的構陷、極端鎮壓手段的操作等便是自然而然的了。

從法制建設上看，1957年反右鬥爭中，廣西省司法廳廳長唐現之（1897～1975）被劃爲右派，副廳長、黨組書記陳廣才（1911～2010）也受到處分。1957年底，省司法廳改爲司法處，與省高級人民法院合署辦公，被縮減的人員大批下放到基層和農村參加農業生產勞動。[182] 中央司法部的領導層也在反右鬥爭中被打成「反黨」集團，[183] 1954年憲法中的律師制度遭到廢止。[184] 之後，1959年4月，全國第二屆人大第一次會議通過撤銷

---

180 〈中國人民政治協商會議共同綱領〉（1949年9月29日中國人民政治協商會議第一屆全體會議通過），《人民日報》，1949年9月30日，第2版。

181 毛澤東，〈在北戴河擴大會議上的講話（四）〉（1958年8月21日），《毛澤東思想萬歲（1958～1960）》，頁109。

182 廣西地方志編纂委員會編，《廣西通志‧司法行政志》（南寧：廣西人民出版社，2002），頁66。

183 廣西地方志編纂委員會編，《廣西通志‧司法行政志》，頁66。

184 韓延龍主編，《中華人民共和國法制通史（上）》（北京：中共中央黨校出版

司法部與監察部的決議；同年12月，廣西第一屆人大第二次會議通過撤銷監察廳與司法廳的決議。[185]

至此，〈中國人民政治協商會議共同綱領〉第19條所設「在縣市以上的各級人民政府內，設人民監察機關，以監督各級國家機關和各種公務人員是否履行其職責，並糾舉其中之違法失職的機關和人員」的條文形同被廢止，[186] 顯見制度性監督管控機制的自動放棄。

雖然在「黨（中共）領導一切」的大前提下，中國不可能有獨立的法律制衡，但形式上的法制機構亦如此堂而皇之撤銷，中共階級鬥爭為主導的政權運行機制更可隨心所欲發揮作用。顯然，中共是基於「唯我獨革」的思維，得出反中共的政權與制度便是反革命的認知。

從現實情形來看，中共之所以將糾合事件定性為「反革命」，在1958年之前，當是延續了剿匪、鎮反、肅反、反右等政治運動的慣性思維，如廣西梧州市的專政機關亦即明確秉持階級鬥爭觀念：

> 處理一切案件都應該根據人民民主專政的總路線，分清敵友我，堅決鎮壓階級敵人積極緊密團結人民內部。執行法律的

---

社，1998），頁262；黃智尾，〈試論建國初期我國的法治化建設〉，《淮北煤炭師範學院學報》，2009年第6期，頁62-65。

185 《人民日報》，1959年4月29日，第2版；《廣西日報》，1959年12月25日，第1版。事實上，廣西自治區司法廳已於1957年改為司法處。

186 〈中國人民政治協商會議共同綱領〉（1949年9月29日中國人民政治協商會議第一屆全體會議通過），《人民日報》，1949年9月30日，第2版。

指導思想必須是工人階級的立場、觀點和方法，這才能區分
案件的性質及正確決定它的處理方針，也才能發揮人民民主
專政的威力。[187]

此時期廣西糾合事件也確實多有對抗中共政權的政治意圖，
因而基於這種以階級意識為導向的立場，這時期中共將糾合事件
定位為「反革命」，似可稱「名正言順」。

1958年後，社會局勢的影響主要是來自大躍進及其所引發
的大饑荒，糾合事件的內容則較多體現為以民生經濟為訴求，此
時的糾合事件定位為「反革命」，則有「名不正言不順」之嫌
了。究其原因，當是由於中共高層尤其是毛澤東對階級鬥爭的一
再強調。

1958年8月，中共青海省委在有關「反革命武裝叛亂事件」
的報告中稱：「事實再一次表明，階級雖然消滅了，但是階級鬥
爭並未熄滅；反革命雖然不多了，但是還有。」毛澤東修改為：
「事實再一次表明，就全國說來，大規模的轟轟烈烈的階級鬥爭
雖然過去了，但是階級尚未消滅，階級鬥爭並未熄滅；反革命雖
然不多了，但是還有。」[188] 毛澤東的修改，著意強調階級尚未
消滅，由是便得以強調：階級鬥爭依然繼續，反革命依然存在，
於是發生「反革命武裝叛亂事件」。在此，「階級鬥爭—反革
命—叛亂事件（糾合事件）」，三者之間的內在關係更是順理成

---

187 梧州市人民法院，《審判工作總結》，頁30。
188 毛澤東，〈對青海省委關於循化撒拉族自治縣反革命武裝叛亂事件的報告的批
語〉（1958年8月22日），注釋3，收入中共中央文獻研究室編，《建國以來
毛澤東文稿》（北京：中央文獻出版社，1992），第七冊，頁353。

章了。

時至1964年農村社會主義教育運動（即四清）期間，廣西當局對農村形勢的判斷，則是認爲中共中央於1963年5月杭州會議有關「當前中國社會中出現了嚴重的尖銳的階級鬥爭情況」的基本估計，「仍然完全符合今日廣西的實際情況」。[189] 這一立足於階級鬥爭意識的形勢判斷，不僅斷送了來之不易的經濟復甦局面，更促使廣西繼續沿著極左路線，淪入接踵而至的文革深淵。[190]

1958年之前的廣西糾合事件或許延續長期敵對鬥爭歷史，而呈現較多的政治性質，可歸類爲「敵我矛盾」；1958年之後的廣西糾合事件則多產生於大饑荒的嚴酷現實，多爲經濟類型，應屬於「人民內部矛盾」，但「反革命」的定位，便是將之歸類爲「敵我矛盾」，經濟類型也就政治化了。

現實中，對「反革命」行爲的描述詞本身就帶有強烈的隨意性與主觀性，「反革命」定義愈模糊，政治操作解釋的空間就愈大；「反革命」的定義，就和「敵我關係」「敵我矛盾」的解釋權一樣，完全操縱在掌握權力的人手中。[191]

由此可說，所謂「反革命」的概念就是中共極端意識形態的

---

189 〈中共廣西壯族自治區委員會關於農村社會主義教育運動幾個問題的指示（節錄）〉（1964.7.29），收入《中國大躍進—大饑荒數據庫（1958～1962）》。

190 廣西是文革重災區，這跟文革前廣西各方面的極左發展密切相關。參考宋永毅，〈序言：《文革機密檔案：廣西報告》和「文革」研究的新課題〉，中共廣西壯族自治區委員會整黨領導小組編，《文革機密檔案：廣西報告》，頁7～19。

191 參考羅久蓉，《她的審判：近代中國國族與性別意義下的忠奸之辨》（臺北：中央研究院近代史研究所，2013），頁177、179。

產物，其導因，前期當是糾合集團與中共當局雙方都延續了階級鬥爭的慣性思維，後期則主要是中共當局（尤其是領導人）日益強化的階級鬥爭意識與操作，以及法制觀念及其機制的缺失。

# 第十章 | 結 論

　　廣西大饑荒的探討範圍固然以約定俗成的「三年」（1959～1961）爲中心，但因其「農村集體化」的背景，時間範圍也上溯自1950年代初，下延至1960年代中，乃至1980年代初，並且聯繫全國在此時期的形勢與事態，廣泛考察了此時期諸多重大的歷史現象，包括統購統銷、集體化、大躍進、人民公社、高浮誇、瞞產私分、反瞞產私分、包產到戶、分田到戶，以及農村經濟改革等等，圍繞著廣西大饑荒前因後果及其具體表現與深遠影響，形成「參照系：毛澤東與中國大饑荒」、「廣西大饑荒導因」、「反瞞產運動：廣西大饑荒催化劑」、「反瞞產運動始末：以百色爲例」、「反瞞產運動之群眾性：以百色爲例」、「廣西大饑荒中政府與農民的應對」、「廣西『瞞產私分』的意義及影響」、「集體化時期的廣西糾合事件」等篇章，各章互有關聯，既有大饑荒的中心議題亦有各具不同專題研究的論述，對廣西大饑荒進行了較爲多元全面的探討。

＊

　　作爲區域荒政史的廣西大饑荒研究，有必要設置一個更大範圍、更高層級的參照系，因此，本書的第二章「參照系：毛澤東與中國大饑荒」便從觀念史角度切入，論證毛澤東的唯意志論如何在現實政治中發揮作用，以致促成狂熱的大躍進並進而釀成慘烈的大饑荒。

　　大饑荒雖有多種因素合成導致，但大饑荒產生、發展的邏輯

軌跡亦是明顯的：毛澤東的唯意志論貫串於「大躍進—大饑荒」的整個過程；由上而下唯意志論的盛行，是中共高層及各級政府在經濟與政治上對國內外形勢有意或無意諸多「誤判」的導因；「誤判」的「有意」或「無意」表現，進一步反映中共當局的政治生態以及中共治國的行為模式；對「社會主義—共產主義」理想以及三面紅旗的堅持，使「誤判」及其後果無法消弭反而益發深重，最終變本加厲走向大饑荒這一禍國殃民的悲劇性結局。概言之，大饑荒的產生緣起於對大躍進浮誇風的誤判；而大饑荒的惡化發展，則是基於中共對三面紅旗以及社會主義理想的堅持。

有別於該章引言所列舉的諸種大饑荒成因探討主要關涉到制度面、政策面、執行面，該章由觀念史角度切入所探討的「誤判」與「堅持」，更多是著眼於決策面乃至最高決策者，並且關注其決策所導致的廣泛而深刻的社會效應——即通過「『唯意志論』催發大躍進」、「『大好形勢』下的大饑荒」、「雪上加霜的非理性操作」、「『無意』抑或『有意』」幾方面互動關係的考察，揭示了「大躍進—大饑荒」時期，中共高層的決策從決策面普遍而深刻影響到制度面、政策面、執行面。

在決策面上看，毛澤東的個人意志無疑起到決定性、主導性的作用，奠定了大躍進「超英趕美」的決策思維，以及「定於一尊、一錘定音」的決策模式。

大躍進運動決策者堅持「社會主義—共產主義」理想，其目標抑或是為了實現「把中國變成一個偉大、強盛、繁榮、高尚的

社會主義、共產主義國家」<sup>1</sup>的強國夢。亦即美國的中國問題專家白邦瑞（Michael Pillsbury）所稱：「重返全球權力金字塔頂端的寶座。這是毛澤東一九四九年建立政權以來中國共產黨的雄心壯志。」<sup>2</sup> 然而，正如殷海光所指斥的：「憑一個人頭腦之幻構而欲建立一理想國，係當今慘禍之一源。……硬要全國人眾聽命一個人底幻想曲，這是何等荒謬絕倫！」<sup>3</sup> 毛澤東脫離客觀現實的個人主觀意志的堅持，執著於通過階級鬥爭進行社會經濟制度變革，違背經濟發展規律的做法，確實是不可避免地造成經濟上或政治上種種荒謬絕倫的誤判。

這樣一種別具時代特色的唯意志論頗為全面地貫徹與落實到制度面、政策面及執行面。貫徹到制度面、政策面上，便催生了集體化、統購統銷等旨在將生產資源國家化及生活資源國家化的措施與政策，形成由上而下的極權專斷體制以及偏激急進的方針路線；落實到執行面，則產生「維護大局」與「個人利害」交織的政治生態、「鬥志昂揚」與「浮誇造假」交雜的社會風情、「遍地豐收」與「滿目瘡痍」交疊的經濟局面。

以上所述，或可簡化為這樣一條認知邏輯（epistemic logic）鏈：領袖失德→政黨失信→政府失能→運作失控→功用失效→社會失序→治理失敗。

---

1 毛澤東，〈中央轉發廣東省委關於當前人民公社工作中幾個問題的指示的批語〉（1960年3月2日、3日），中共中央文獻研究室編，《建國以來毛澤東文稿》，第九冊，頁40。

2 白邦瑞著，林添貴譯，《2049百年馬拉松：中國稱霸全球的秘密戰略》（臺北：麥田出版，2015），頁58。

3 殷海光，《到奴役之路》（臺北：傳記文學出版社，1985），頁62-63。

哈耶克（F. A. Hayek）指出：「在我們竭盡全力地根據一些崇高的理想締造我們的未來時，我們卻實際上不知不覺地創造出與我們一直爲之奮鬥的東西截然相反的結果，人們還想像得出比這更大的悲劇嗎？」[4] 當代中國的現實正是如此，基於堅持「崇高的理想」而發動的大躍進，在一連串基於誤判的失控操作下淪爲「截然相反的結果」——大饑荒悲劇。原中共中央政治局委員，副總理田紀雲（1929～）曾檢討：

> 回顧三年困難時期，到處鬧浮腫，餓死人，非正常死亡人口達數千萬，比整個民主革命時期死的人還要多。是什麼原因？劉少奇說「三分天災，七分人禍」，現在看基本上是人禍，這個「人禍」就是瞎指揮，就是烏托邦式的空想社會主義，就是「左傾機會主義」。[5]

所謂「瞎指揮」、「烏托邦式的空想社會主義」、「左傾機會主義」的「人禍」，其責任歸屬莫不指向中共最高決策人（層）的誤判與堅持，以及各級官員的「自願參與」[6] 和「代償式政治表忠」[7]。

這樣的「誤判與堅持」，經歷過大饑荒仍未消退——對包產

---

4 哈耶克著，王明毅、馮興元等譯，《通往奴役之路》（北京：中國社會科學出版社，1997），頁13-14。

5 田紀雲，〈回顧中國農村改革歷程〉，《炎黃春秋》，2004年第6期，頁4。

6 Chris Bramall, "Agency and Famine in China's Sichuan Province, 1958~1962," *The China Quarterly*, 208 (2011): 990-1008.

7 楊大利，〈從大躍進饑荒到農村改革〉，《二十一世紀》，第48期（1998. 8），頁4-13。

到戶和分田到戶的窮追猛打、對外援助的加碼升溫、對階級鬥爭的持續強調，乃至於饑荒尚存便進行「四清」，而且由「小四清」轉爲「大四清」，旋即無縫接軌地開展「無產階級文化大革命」。[8] 由此顯見，「誤判與堅持」已然成爲以毛澤東爲首的中共治國的常態性行爲模式。

從「南寧會議」大批反洩氣，到環江畝產逾13萬斤，到「德隆核產」等血腥事件，到三年非正常死亡逾67萬人，也正是全面反映了這樣一個常態性行爲模式對廣西「大躍進－大饑荒」的深刻影響。

＊

關於「廣西大饑荒導因」，本書第三章從統購統銷、集體化與大躍進三個方面展開探討。

統購統銷的目的，是爲了集中控制經濟資源以因應新政權的穩定和國家工業化的實施，通過犧牲鄉村農民的利益來實現國家工業化起步。集體化（互助組→初級／高級合作社→人民公社）不僅逐步將土地等生產資料統一歸公，也將產品統一歸公，使中央政府能更有效且徹底壟斷、控制、支配農產品資源。大躍進則試圖促使工農業生產高速發展。

統購統銷、集體化及大躍進的目的，似乎是爲了促進生產、搞活經濟、強國富民；但政治訴求的主導與干擾，尤其是領導人唯我獨尊、精神至上、好大喜功、急功近利的意志與思維，致使

---

8 文革正式開始於1966年5月16日（頒布《中國共產黨中央委員會通知》），但此時全國性的四清運動尚未宣告結束，不少地方的文革甚至由四清工作隊主持進行，「四清」納入了「文革」。參考林小波、郭德宏，《「文革」的預演——「四清」運動始末》（北京：人民出版社，2018），頁227-235。

這些政策的實施與運動的發展，背離其初衷而走向了反面——破壞生產、搞死經濟、禍國殃民，最終導致了大饑荒。

中共建政後所進行的統購統銷、集體化、大躍進等，雖然均是憑藉國家力量而推動的經濟措施與運動，但其間所貫徹的政治主導意識卻是顯而易見的，所謂「政治工作是一切經濟工作的生命線」[9]，便是這樣一種政治主導意識的明確表述。泛政治化的領導思維、泛運動化的治國方式，導致各種運動此起彼伏，環環相扣，交纏不清。有的運動，如反右傾運動、反瞞產運動雖轟轟烈烈但維持不久，統購統銷措施與集體化運動卻是在相當長的一段時期深入持續進行，而且從始至終，政治鬥爭／階級意識都主導、左右著措施的執行與運動的發展，也主導、左右著億萬鄉村農民的生活與生命。

在中共的建國方略中，統購統銷、集體化，以及隨之而至的大躍進均共同為社會主義計畫經濟服務，使中央集權的國家體制得以迅速成型並鞏固。國家集權的計畫經濟政策、政治運動操作的思維，致使大躍進迅速經由高浮誇淪為大饑荒。在這個過程中，統購統銷措施與集體化體制的交織運作，產生了極大的效應。

該章通過結合具體案例考察了「廣西事件」、「南寧會議」跟「統購統銷」、「集體化」的密切關係（正反面意義），以及後二者的交織作用與效應對廣西大饑荒的影響，可見其特殊表現：

---

9 毛澤東，〈《嚴重的教訓》按語〉，中共中央文獻研究室編，《毛澤東文集》，第六卷，頁449-450。

統購統銷政策在廣西的實施，一開始便受挫——1954年至1956年，在多縣相繼發生災情之下仍超額徵購糧食導致餓死人的嚴重事件，實可稱是全國大饑荒的先期警訊。然而，毛澤東在南寧會議上激烈抨擊「反冒進」的表態，致使廣西當局在隨後召開的相關會議上，將餓死人事件及其引發的黨內紛爭批判為右傾「反冒進」的結果，並由此改組自治區黨委領導班子。如此處理方式，阻斷了對超額徵購等極端做法的警惕與反思。後來的事實也證明，改組後的領導班子對大躍進的極端操作更為積極、激進而堅決，為日後全面性大饑荒的爆發埋下了隱患。

這樣一個政治勢態的轉變，得到中共高層的認可，顯見在大躍進激進方針路線左右下，中共政府由上到下的治理偏差與失控。以致1954年至1956年數縣餓死幾百人，中共廣西省委第一書記等高官遭撤職；然而，1959年至1961年全自治區大饑荒餓死數十萬人，地市級以上官員卻安然無恙。

廣西的集體化運動，在「急於求成的『左』傾思想迅速發展」[10] 的南寧會議後，得到更為積極亦不無激進的發展——先於全國統一規劃進行人民公社化，並且不顧落後地區的條件局限，無視民族地區的特點，甚至違背「民族地區互助合作運動方針」而出現「『硬趕漢區』的冒進傾向」。[11]

---

10 廣西壯族自治區地方志編纂委員會編，《廣西通志‧大事記》（南寧：廣西人民出版社，1998），頁324。

11 〈關於在少數民族地區進行農業社會主義改造問題的指示〉，收入宋永毅主編（下略編者），《中國大躍進─大饑荒數據庫（1958～1962）》（香港：美國哈佛大學費正清中國研究中心／香港中文大學中國研究中心，2014），電子版。

南寧會議後廣西當局大張旗鼓推行大躍進，提出1958年實現稻穀畝產「千斤區」，爭取達到「1,500斤區」的高指標。於是，在人民公社化的熱潮中，將廣西農業大躍進推向新的高潮，以致「創造」了環江中稻畝產逾13萬斤的全國最高紀錄。也因此導致廣西農業大躍進出現高指標→高浮誇→高徵購→大饑荒的失控發展。

平心而論，統購統銷在保證供需穩定，集體化在發展生產與共同富裕，大躍進在提高生產效率等諸方面都不無可取之處。然而，政治訴求的主導與干擾，尤其是毛澤東「好大喜功，急功近利」的意志與思維，以及與之相配合的政策策略規劃失當、權力體系運作失控和大躍進無止境的浮誇風等諸種主客觀條件的交織作用，激化亦強化了統購統銷與集體化中的負面因素。最終導致運動主導者的主觀願望在客觀現實中適得其反。

統購統銷以「強國」為號召控制了農民的生活資源，而集體化則以「富民」為標榜剝奪了農民的生產資源及人身自由；在二者的基礎上，大躍進水到渠成地以暴風驟雨般的革命方式介入農村社會與農民生活。統購統銷與集體化交織作用於農民身上的效應是顯而易見——促使農民失去生活與人身的自主性，不得不附庸於集體化體制／國家體制而生存，於是，當大躍進及其引發的大饑荒來臨時，農民只能被動地聽從命運擺布。

倘若沒有統購統銷與集體化致使農民失去生活與人身的自主性，即使遭遇大躍進引發的大饑荒，農民與生俱有的求生意志及頑強的生存能力必能自主發揮作用，也不至於造成上千萬人餓死的惡果。文革期間曾作為知青在廣西百色地區田林縣插隊的歷史學家秦暉，對大饑荒餓死人的傳聞就有此表述：

當時就有點奇怪：以田林這樣一個植被覆蓋率很高生物生長旺盛的亞熱帶季風雨林地區，不像西北乾旱的黃土高原草木稀少，廣西面積最大人口密度最低人均生存空間最廣的這個縣哪怕就是大災之年顆粒無收，如果人們是自由的，僅靠採集狩獵也不至於餓死人啊。[12]

秦暉的感慨「如果人們是自由的，僅靠採集狩獵也不至於餓死人啊」，一語道破農民喪失主體性而別無選擇地依附於集體化體制的深刻悲劇意義。

＊

跟第三章的第四節聚焦於論述反瞞產運動如何加劇大饑荒不同，本書第四章「反瞞產運動：廣西大饑荒催化劑」著重於通過1950年代中期以降廣西農村形勢若干方面的表現，探究廣西反瞞產運動得以發生的主要原因及其影響，從而對廣西反瞞產運動有一個更爲全面完整的了解。

該章從三方面探討廣西反瞞產運動產生的時代背景——「浮誇風氣下的糧食大豐收」、「超前成立人民公社」、「糧食供給制與酬勞工資制」：大躍進催生漫無邊際的糧食高產衛星，造成大豐收的假象；人民公社化運動一方面強化了集體化體制對農民的人身約束力，一方面使因「大豐收」而超額徵購的措施得以強制性推行；糧食供給制與酬勞工資制的施行，致使農民的生活資源迅速消耗。於是，農民不得不瞞產私分以自救，因此也導致了

---

12 秦暉，〈我的「早稻田大學」〉，《天涯》，2004年第4期，頁39。

中共當局與農民對決的反瞞產運動。反瞞產運動的結果是將農民的糧食幾乎搜刮殆盡，致使農民迅速陷於斷糧饑饉的絕境。反瞞產運動從而成為大饑荒發生及惡化的催化劑。

大躍進浮誇風，掀起虛假的「糧食大豐收」熱潮，引發超額徵購，剝奪農民生活資源，促使農民以瞞產私分自保，亦導致當局進行反瞞產運動；人民公社化，進一步全面性剝奪農民的生產資源與生活資源，從而加緊禁錮、控制農民的人身自由；浮誇風益發興盛，超額徵購的強度與力度益發顯著；糧食供給制與酬勞工資制的實施，一方面剝奪了農民私有生活資源，一方面也加劇集體資產的迅速流失乃至集體經濟崩潰；為了生存自救，農民千方百計瞞產私分；為了保障城市與重工業區的需要，當局則以反瞞產運動搶奪糧食控制權。如此惡性循環，交相作用，促使廣西先後兩次反瞞產運動的全面開展。

在大躍進的群眾運動中，中共當局領導人的因素是至關重要的。除了前述毛澤東（通過南寧會議）對廣西大躍進直接而深刻的影響，1958年至1961年，中共高層如周恩來、鄧小平、楊尚昆（1907～1998）、胡耀邦、董必武（1886～1975）、賀龍（1896～1969）、聶榮臻（1899～1992）、羅榮桓（1902～1963）、陳毅、羅瑞卿（1906～1978）等相繼到廣西巡視考察，對廣西大躍進起到激勵、鼓舞作用。[13] 謝覺哉（1884～1971）則是寫詩讚揚：「環江試驗田，畝產十三萬。還有九百

---

13 廣西地方志編纂委員會編，《廣西通志・大事記》，頁330、333、335、342、343、346；岑溪市志編纂委員會編，《岑溪市志》（南寧：廣西人民出版社，1996），頁20。

六，平均一萬八。土水肥種密，禾上人可站。做了水稻王，又做鋼鐵漢。全縣定計畫，煉鐵三百萬。信不信由你，環江正在幹。」[14] 並且寫詩激勵廣西的大中專學生：「敢破敢立、敢想敢做。奔走馳驟於『社會主義—共產主義』的路程。」[15]

分管農業工作的中央書記處書記、副總理譚震林，在環江畝產逾13萬斤事件發生一個月後即大加表彰：「農業生產取得了這樣大的一個勝利，這個意義是非常重大的，這不是一個簡單的糧食問題，或者經濟問題，這是一個政治問題，這就是說在一個六萬萬以上人口的國家，一年把糧食問題解決了。」[16] 這樣的表彰無疑極大助長了農業大躍進的浮誇風氣。在1960年初一次全國糧食工作會議上譚震林則宣稱，全廣西大約30%的核算單位有約5億斤儲備糧。[17] 當時正值廣西大饑荒嚴峻之際，連南寧、桂林等城市都已出現糧荒災情，[18] 譚震林如此表態，如果所述屬實，固然能迫使有關單位釋出儲備糧以緩解災情；若不屬實，反而延誤當局對饑荒災情的有效處理。

廣西當局領導人在其間扮演的角色更值得關注。雖然難以確認，自治區主席韋國清在自治區政府工作報告宣稱1958年糧食

---

14 謝覺哉，〈聽說環江豐收〉，《人民日報》，1958年12月16日，第8版。

15 謝覺哉，〈寫給廣西大學廣西石油學校廣西農學院同學〉，《人民日報》，1958年12月16日，第8版。

16 〈譚震林在陝西省級、西安市級機關黨員幹部大會上的報告〉（1958.10），收入《中國大躍進—大饑荒數據庫（1958～1962）》。

17 〈李先念、譚震林在全國財貿書記會議上對糧食調運等問題的講話要點〉（1960.2.16），收入《中國大躍進—大饑荒數據庫（1958～1962）》。

18 南寧市地方志編纂委員會編，《南寧市志·綜合卷》（南寧：廣西人民出版社，1998），頁74；桂林市地方志編纂委員會編，《桂林市志》（北京：中華書局，1997），上冊，頁86。

特大豐收，是否知道數據有假，但當年「大豐收」代表作——環江中稻畝產逾13萬斤，出自地縣負責人的操作，並且有眾多官員、專家現場見證，事後也有大學教授與學生以及基層幹部與群眾提出異議甚至上書投訴，[19] 韋國清很難說完全不知情。而農業書記伍晉南在廣州會議擅自加碼虛報一百多個億的糧食產量，無疑是公然作假了。[20] 在未能獲得更爲詳實的內部資料的情形下，我們惟能根據現有資料判斷：當時擔任中共廣西第一書記的劉建勛與負責全面工作的自治區主席韋國清都難辭其咎，應該負主要政治責任；而作爲主管農業事務的書記處書記伍晉南等，亦應負起不容推卸的具體工作責任。

有意思的是，文革期間，韋國清與伍晉南各自成爲廣西對立的兩大派所支持的自治區負責人，而兩大派都指責對方支持的自治區負責人爲廣西反瞞產運動的元凶。[21] 對大饑荒負有更爲具體直接責任的地方負責人，在文革中所受到的衝擊也更爲直接且慘烈，如環江縣前縣委第一書記洪華、鳳山縣先後縣委第一書記謝應昌與張耀山、百色地委書記處書記楊烈等，都因在反瞞產、大饑荒中所犯下的嚴重錯誤／罪行，被揪到群眾大會上進行嚴厲殘酷的批判鬥爭。[22] 儘管這些指責與批判都帶有強烈的派性情緒而

---

19 環江毛南族自治縣志編纂委員會編，《環江毛南族自治縣志》（南寧：廣西人民出版社，2002），頁340-341。

20 區黨委農村政治部、區人委農林辦公室、區貧協籌委會聯合兵團、區糧食廳「東風」聯合戰鬥團，〈誰是廣西反瞞產的罪魁禍首？——廣西反瞞產事件調查〉（1967年5月31日），無產階級革命造反派平樂縣聯合總部，1967年6月30日翻印。

21 劉建勛於1961年7月便已調任中共河南省委第一書記。

22 分別參考環江毛南族自治縣志編纂委員會編，《環江毛南族自治縣》，頁349；

與事實有所出入，但都同仇敵愾地譴責了廣西反瞞產運動給農民造成巨大災難。

＊

個案研究，歷來為史學界所重視。本書第五章「反瞞產運動始末：以百色為例」便是選取百色地區作為個案分析，深入細緻探討反瞞產運動的過程與方式。

1958年底至1960年初，廣西百色地區先後兩次發起反瞞產運動。第一次反瞞產運動主要透過「參與式動員」，說服、爭取、拉攏、欺騙等綜合手段進行；第二次則更多依靠「命令式動員」，重點表現為批判、鬥爭、打擊、強制。

相比之下，「參與式」的反瞞產運動是較柔性的操作，「命令式」則是較剛性的操作，二者的形式有異但實質都同樣是與民爭糧，到頭來，是一場運動者與被運動者都是輸家的運動。

在兩次反瞞產運動的反覆摧殘下，廣西百色地區農村哀鴻遍野，農業大傷元氣，幹群關係惡化，社會風氣敗壞，尤其是政府與群眾之間，互信消解，民心喪失。

民心的離異，還造成時有所見的民間暴烈反抗。從文革後出版的志書可知，1958年12月14日，廣西全境第一次反瞞產運動已發動但百色地區反瞞產運動尚未展開，百色縣泮水區百維鄉爆發「以盧永海為首的反革命暴亂」，二日後，「縣中隊和民兵共23人前去平息，擊斃盧永海，逮捕同案犯10人歸案」。[23] 百色

---

鳳山縣志編纂委員會編，《鳳山縣志》（南寧：廣西人民出版社，2009），頁382；中共廣西壯族自治區委員會整黨領導小組編，《文革機密檔案：廣西報告》（紐約：明鏡出版社，2014），頁164-165。

23 百色市志編纂委員會編，《百色市志》（南寧：廣西人民出版社，1993），頁

地區第二次反瞞產運動後期，那坡「德隆核產事件」後不久，便相繼發生了那坡縣的坡荷公社「黃興鴻反革命集團」案與城廂公社「反動標語」案，後者還導致了該縣城廂公社那坡大隊黨支部書記鮑漢營冤案（文革後才平反）。[24] 這些案件的內情雖然無法一一全面了解，但跟當時的集體化運動以及反瞞產運動應該有所聯繫，反映了群眾對當時運動與政策的不滿情緒乃至抗爭意志。

廣西百色地區的兩次反瞞產運動，從1958年11月起到1960年1月底，前後兩年多。之前，儼然是大躍進、人民公社化一派熱火朝天的歡樂氣象；之後，已然是滿目瘡痍、餓殍遍野的衰敗慘景。

在兩次反瞞產運動之間——1959年3月下旬至9月，中共當局本來有糾正錯誤，扭轉危局的良好機會：

一是經歷了第一次反瞞產運動的摧殘、劫難，廣大農民與基層幹部多有不滿、乃至反抗的情緒與表現；甚至中高層官員亦都有所警醒、覺悟，百色地區第一次反瞞產運動戛然而止便多少可以表明此情形。

二是從全國範圍及中共高層的形勢看，在多個高層會議，尤其是第二次鄭州會議後，毛澤東都顯示出意圖扭轉極左路線的努力；然而，1959年7月廬山會議中，彭德懷上書毛澤東，激發了毛澤東的激進情懷。廬山會議結束後，反右傾運動陡然而起，形勢大逆轉，極左路線變本加厲，浮誇風氣愈颳愈盛。

---

16。

24　那坡縣志編纂委員會編，《那坡縣志》（南寧：廣西人民出版社，2002），頁409-410。

於是，第二次反瞞產運動以更強勢甚至不乏血腥的方式，再度蹂躪百色鄉村大地；糧荒災情全面蔓延，成千上萬的農民饑饉而死。狂熱的大躍進徹底淪為慘烈的大饑荒。

＊

本書第六章「反瞞產運動之群眾性：以百色為例」仍然以百色地區作為個案，在中共群眾運動史的學術脈絡上，進一步深入探討反瞞產運動「群眾性」議題從理論表述到實踐操作的重要性，及其效果、意義與影響。

中共的歷史充分顯示了，運動是中共發動群眾、組織群眾、利用群眾、控制群眾的慣用方式；無論是組織的動員，還是全民的參與、形式的多樣，都顯示出鮮明的群眾性特徵。然而，這只不過是古斯塔夫‧勒龐（Gustave Le Bon）《烏合之眾》所批評的「失去個人意識」的「組織化群體」現象。[25]

通過該章對廣西百色地區反瞞產運動的論析可知，反瞞產運動的「群眾性」完全由中共當局所主導、支配與掌控，再配合其他多種運動全方位操作的壓力之下，造成基層幹部與農民群眾順從且恐懼的心理。於是，即使在瀕臨死亡威脅的饑荒中亦不得不主動或被動交出活命糧，反瞞產運動的經濟利益與政治道義亦始終操控在中共當局手中。

跟整社、社會主義教育、反右傾、三反等政治主旨明確的運動相比，反瞞產運動的主旨——爭奪糧食掌控權表面看是經濟性的，但中共當局主導、支配與操控的方式，卻是貫徹於各種群眾

---

25 古斯塔夫‧勒龐著，周婷譯，《烏合之眾》（臺北：城邦文化，2011），頁51-60。

運動。於是，在黨（中共）的領導、階級鬥爭意識的左右下，反瞞產運動的主旨與方式已然泛政治化，不僅「群眾性」服膺於「黨性」，群眾的經濟利益亦服膺於國家的政治利益。

從根本上說，中共的發展史即運動史，是一個接一個的運動所組成。[26] 中共建政前，除了連年戰爭，還有諸多黨內外的肅反運動、整風運動、工人運動、農民運動、學生運動等；中共建政後，毛澤東更強調「不斷革命」：「革命就要趁熱打鐵，一個革命接著一個革命，革命要不斷前進，中間不使冷場。」[27] 此「革命」顯然就是「運動」，「不斷革命」即「不斷運動」。這些「運動」必須依靠人民群眾── 1950年代至1960年代接連不斷的運動，莫不是動員廣大群眾，以形成波瀾壯闊、排山倒海的規模與效應，不僅在戰術上營造了壓倒敵人的聲威氣勢，亦在戰略上搶佔了政治正確的道義據高點，更力圖為其執政的合法性與正義性奠定民心所向、大勢所趨而難以撼動的堅實根基。

然而，「不斷運動」的副作用也是顯而易見的，劉少奇與鄧小平似乎對此有所覺悟。1962年1月11日到2月7日，中共中央在北京召開擴大的中央工作會議（史稱「七千人大會」）。在這個會議上，劉少奇有針對性地批評說：「有些同志，把群眾運動當作是群眾路線的唯一形式，好像不搞群眾運動就不是群眾路

---

26 劉振華，〈論中國共產黨的政治運動建黨方式〉，《理論探討》，1999年第1期，頁92-96；劉興旺，〈中國共產黨政治運動致效因素論析〉，《中共福建省委黨校學報》，2016年第9期，頁52-56；樊玉生，〈新中國三十年政治運動頻發之原因分析〉，《黨史文苑》，2011年第4期，頁21-23；柳建輝，〈對群眾性政治運動的反思〉，《中國青年研究》，1996年第3期，頁12-14。

27 毛澤東，〈在最高國務會議上的講話〉（1958年1月28日），《毛澤東思想萬歲（1958～1960）》（武漢：武漢群眾組織翻印，1968），頁14-15。

線。這種看法，顯然是不正確的。」[28] 鄧小平在會中亦深有同感地指責：「這幾年，我們搞了許多大運動，差不多是把大運動當作我們群眾路線的唯一的形式，天天運動，這是不好的。」[29] 劉少奇與鄧小平均責難群眾運動過多，並且著重批評其中「群眾性」因素的錯誤操作。

其實，問題的關鍵在於，中共的執政並非來自人民群眾的授權，而「凡不是 by the people 的，決不可能 of、for the people」[30] ——意即沒有人民授權，此政權便不屬於人民亦不可能為人民所用。因此，中共只有動員大量群眾參與接連不斷的各種運動，才可極大強化其對人民群眾的控制，亦可有效塑造其作為人民群眾代表的形象，更可以此促使人民群眾組成抵禦武裝或非武裝敵人的「銅牆鐵壁」。在國共戰爭年代，毛澤東便將群眾比喻為「是真正的銅牆鐵壁，什麼力量也打不破的」。[31] 中共建政後所發動的從反右到文革的運動，莫不是以群眾組成「銅牆鐵壁」來保衛「黨」、抵禦「敵人」。故所謂武裝的敵人，見諸戰爭年代；非武裝的敵人，見諸中共建政後的歷次運動。在這裡，「群眾」顯

---

28 劉少奇，〈堅持優良作風，健全黨內生活〉，中共中央文獻研究室、中共中央黨校編，《劉少奇論黨的建設》，頁699。

29 鄧小平，〈在擴大的中央工作會議上的講話〉（1962年2月6日），中共中央文獻編輯委員會編，《鄧小平文選》（北京：人民出版社，1994），第1卷，頁314。

30 顧准，〈梁啟超論我國政治思想中的世界主義、民本主義（或平民主義）及社會主義——三者皆似是而非〉，顧准，《顧准筆記》（北京：中國青年出版社，2002），頁200。

31 毛澤東，〈關心群眾生活，注意工作方法〉（1934年1月27日），中共中央毛澤東選集出版委員會編，《毛澤東選集》（北京：人民出版社，1991），第一卷，頁139。

然只是被中共所利用、消費的對象。

　　由此可見，所謂群眾運動的「群眾性」，是中共從理論論述到現實實踐操作民意的產物。中共自我定義爲人民群眾利益的代表，藉助接連不斷的「群眾運動」樹立其革命／執政的正當性、合理性、合法性，及其道德的崇高性、正統性與正義性。然而，中共所標榜的「群眾性」論述，恐怕經受不起歷史的檢驗。廣西百色地區反瞞產運動的實踐證明，其「群眾」的主體性無疑已然被消解乃至空洞化。「一切從人民的利益出發」、[32]「一切爲了人民群眾」[33] 的宣示已然是水月鏡花，「群眾運動」已然蛻變爲「運動群眾」。[34] 中共與群眾的關係，已然由論述中利益一致的共同體，演變爲現實中利益衝突的對立面。

　　1958 年 11 月 9 日，毛澤東在第一次鄭州會議第四次講話中，批評史達林的錯誤：「把國家與群眾對立起來、基本觀點是不相信農民，不放心農民。……把農民控制得要死，農民也就控制你。」[35] 毛澤東顯然是重蹈了史達林的覆轍。更有甚者，毛澤東不僅與農民對立，還使「當年熱烈擁護他的貧苦農民」成爲反瞞產乃至大饑荒的受害者。人們不禁要問：「面對這爲數千萬以

---

32　毛澤東，〈論聯合政府〉，中共中央毛澤東選集出版委員會編，《毛澤東選集》，第三卷，頁1094-1095。

33　劉少奇，〈論黨〉，中共中央文獻研究室、中共中央黨校編，《劉少奇論黨的建設》，頁440。

34　彭德懷於1960年一語道破毛澤東群眾運動的眞相：「這不是群眾運動，而是運動群眾。」參考彭德懷傳編寫組，《彭德懷傳》（北京：當代中國出版社，2015），頁400。

35　毛澤東，〈在爲八屆六中全會作準備的鄭州會議上的講話（摘錄）‧第四次講話〉（1958年11月9日），《毛澤東思想萬歲》，頁148。

上的貧苦農民，毛澤東能如何為自己辯護呢？」[36]

如果說反瞞產運動意味著「國家 VS 農民」——國家與農民爭奪糧食的戰爭，那也是一場「非對稱的戰爭」——雙方實力懸殊的戰爭。然而，儘管中共當局是強勢的一方，群眾是弱勢的一方，群眾卻無疑是具有本質性的決定因素——民心的向背決定運動的成敗。在這一場糾纏著狂熱欺騙與血腥鎮壓的運動中，群眾固然是輸家，本應是受益主體的中共當局卻也同樣是輸家——輸的是民心。

概言之，廣西百色地區（乃至全國）反瞞產運動的過程或可解讀為：動員群眾→運動群眾→傷害群眾→喪失群眾／民心。

\*

廣西各級政府官員應對大饑荒，雖然也有收拾殘局、治標不治本的措施，但大多採取掩蓋、粉飾、扭曲、瞞天過海甚至顛倒黑白的策略與方法。廣西農民採取的自救措施則有盜竊、搶劫、逃荒，乃至瞞產私分、包產到戶與分田到戶。本書第七章「廣西大饑荒中政府與農民的應對」便從當局與農民各自採取形式與效果都截然不同的應對措施，考察中共與民意之間南轅北轍的巨大落差。

大饑荒期間，相對於廣西政府當局應對措施所體現的，是為了維護國家利益置農民利益乃至生命而不顧的國家意志；廣西農民應對措施所體現的，則是為了維護自身利益而不擇手段且也堅定強烈的私有意識。

---

36 陳永發，《中國共產革命七十年（修訂版）》（臺北：聯經出版公司，2001），下冊，頁754。

無論是大躍進還是由此衍生的大饑荒，廣西農民都身不由己地被捲入其中。作爲弱勢群體，廣西農民無疑受制衡於國家／集體體制，在這個意義上顯見農民缺乏主體性的他者身分。這種「剝除了行動者的主體性」，「旨在鞏固和提升統治能力而置國民價值和普通人感受於不顧的『社會園藝』和社會工程，完全有可能構成對人類生活的『致命威脅』，造成興亡百姓皆苦的後果」。[37]

　　然而，農民群體在與大躍進的狂熱以及大饑荒的死亡抗爭過程中，通過各種方式，頑強地表達出屬於他們頗具自主性的私有意識。

　　就應對大饑荒的方式而言，盜竊、搶劫、逃荒等表現爲農民的個體性自救行爲，瞞產私分、包產到戶、分田到戶則表現爲農民的集體性抗爭策略。廣西農民甚至喊出與集體化分道揚鑣的呼聲：「你們有集體的總路線，我們有單幹的總路線。」[38] 由此也彰顯了農民的自主性及主體性意識。

　　相對於農民的應對方式基於求生本能的私有意識，政府的應對措施則是基於國家利益高於一切的國家意志。在大饑荒這麼一個特殊的歷史背景下，二者無疑是相互牴牾、抗衡的關係。且不說反瞞產運動是直接與農民的瞞產私分相對峙以爭奪糧食，即使如「緊農村保城市」、「封倉停糧」等做法，亦顯然是犧牲農村

---

37　郭于華，〈作爲歷史見證的「受苦人」的講述〉，《社會學研究》，2008年第1期，頁62。

38　〈中共廣西壯族自治區委員會關於解決「包產到戶」問題的情況向中央、中南局的報告〉（1962.4.27），收入《中國大躍進－大饑荒數據庫（1958～1962）》。

／農民利益以維護國家利益；至於「推廣『糧食食用增量法』與代食品」、「救治饑荒病患」等措施，同樣是爲了安定人心，穩定局面，最終仍是爲了維護國家利益。

通過廣西各級政府在大饑荒期間採取的應對措施，可考察當時集權化政治生態下政黨特質與官場文化的表現，以及這種政黨特質與官場文化如何左右著中國社會的發展；通過農民在大饑荒時期所採取的應對方式，則可了解在集權社會中，民眾如何在不同方面「以其獨特的、常常是扭曲的形式頑強地表達自己的要求，並以自覺或不自覺的集體行爲衝擊中國的政治運行過程」。[39] 亦即如伯恩斯（John P. Burns）所說：中國農民通過獨特的管道表達自己的利益訴求，不可避免會影響不同時期中共當局政策的調整。[40]

＊

如本書緒論所述，「瞞產私分」是集體化運動過程中十分重要的現象。本書除了在第七章第四節對瞞產私分進行正面論析，在第八章「廣西『瞞產私分』的意義及影響」更進一步對瞞產私分的意義及影響進行了集中而深入的探討。

瞞產私分的現象，形爲集體行爲，實具私有意志，當爲集體性私有意志的產物；在強化了私有意志之時，反過來更消解了集體化的功能，又促使集體化加速走向更進一步的空洞化。瞞產私

---

39　周雪光，〈序言〉，周雪光主編，《當代中國的國家與社會關係》（臺北：桂冠圖書，1992），頁 ii。

40　John P. Burns, "Peasant Interest Articulation and Work Team in Rural China, 1962-1974," In Chu and Hsu (eds), *China's New Social Fabric* (Boston: Kegan Paul International, 1983): 95-144.

分在一定程度上減緩、紓解了大饑荒的惡化。瞞產私分的精神（私有意志）更是演化爲「三自一包」、分田到戶，乃至農村體制改革及其政策制定的思想基礎。

由此衍生的「暗經濟」、「暗制度化」、「暗國民性」，以非法、隱蔽、弱勢的方式與形態，跟國家極權體制、集體經濟與制度相抗衡，雖然處於下風，卻極大銷蝕並在某些層面改變了國家體制、集體經濟與制度，同時也銷蝕並改變了原本淳樸良善的民風鄉俗。

鄧小平農村改革的一個重要觀點「廢除人民公社，實行家庭聯產承包爲主的責任制」，[41] 便是將實質性的經濟利益歸屬落實到鄉村傳統自然體系的最基本單元——家庭。

鄧小平曾指出：「農村搞家庭聯產承包，這個發明權是農民的。農村改革中的好多東西，都是基層創造出來，我們把它拿來加工提高作爲全國的指導。」[42] 當然，鄧小平的農村改革仍然是局限於公有制體制內的改革，農民雖以包產到戶和分田到戶瓦解了集體化體制，農村土地公有制仍一直受到保護與堅持，農民只擁有土地使用權（承包權與經營權）而無所有權，土地終極所有權歸社會共同所有亦即國家所有，而農地集體所有權的意義受到國家的很大限制，最終決定權仍屬於國家，土地國有化的局面並未改變。[43]

---

41　鄧小平，〈國際形勢和經濟問題〉（1990年3月3日），中共中央文獻編輯委員會編，《鄧小平文選》（北京：人民出版社，1993），第三卷，頁355。

42　鄧小平，〈在武昌、深圳、珠海、上海等地的談話要點〉（1992年1月18日至2月21日），中共中央文獻編輯委員會編，《鄧小平文選》，第三卷，頁382。

43　賈可卿，〈中國農地產權「三權分置」的分配正義維度〉，《深圳大學學

這表明私有意志尚未得到完全自由的解放，農村的改革無法得到徹底進行，從而留下諸多隱患，以致到文革後仍長期存在著「三農問題」（農民真苦、農村真窮、農業真危險）持續惡化的現象。[44]

　　臺灣學者宋國誠撰文指出，所謂「三農問題」，從根本上說，是「農民與國家之間的政治問題」，是「農民與國家之間具有矛盾激化與對抗之可能性的政治問題」。[45] 宋氏所論其實就是顧准所稱「國家與農民的衝突」[46]。可見「三農問題」與農民私有意志的現象，在本質上仍體現了一脈相承的關係。

　　因此，時至本世紀初，楊小凱還將「土地所有權私有化」視為農村改革最關鍵的因素。[47] 張永東著書論述1949年後中國農村制度變革史，全書末節所討論的便是「中國農村改革的根本出路在於『還地於民』」。[48]

　　秦暉通過對中國歷史以及歐洲尤其是印度與拉美等地的比較分析，主張「地權歸農」、「農民土地私有制」；[49] 即使承認在

---

報》，2018年第2期，頁21-27。

44　李昌平，《我向總理說實話》（北京：光明日報出版社，2002）；陳桂棣、春桃，《中國農民調查》（北京：人民文學出版社，2004）。

45　宋國誠，〈大陸農業問題的癥結與隱憂〉，《中國大陸研究》，第40卷第1期（1997.1），頁45。

46　顧准，《顧准日記》（北京：中國青年出版社，2002），頁227，「1960年1月9日」。

47　楊小凱，〈中國改革面臨的深層問題——關於土地制度改革（楊小凱、江濡山談話錄）〉，《戰略與管理》，2002年第5期，頁1-5。

48　張永東，《一九四九年後中國農村制度變革史》（臺北：自由文化出版社，2008），頁432-436。

49　秦暉，〈農民地權六論〉，《社會科學論壇（學術評論卷）》，2007年第5期，頁122-146。

新時代土地私有制不能解決所有的問題，但仍強調是目前可以選擇的各種方案中相對比較好的一種。[50] 秦暉認為，即便在所有權上排除土地完全私有化，也應該在控制權上保障農民土地權益不受侵犯的法律地位。[51] 這樣的思考，出發點也應該是農民的私有權益。

無論如何，農民的私有意志最根本的價值旨歸便是以土地所有權為主的私有經濟體制。毛澤東所說「農民拼命瞞產是個所有制問題」，[52] 想必是注意到這個問題，只不過毛澤東將退讓的底線設在「隊為基礎」，試圖在公有體制（「三級所有」）內解決這個問題，終究是作繭自縛、緣木求魚。

蘇聯的改革似乎啟動較晚，卻是以狂飆疾進的方式開展：1990年2月，蘇共放棄一黨專政；1991年7月，蘇聯最高蘇維埃通過《企業非國有化與私有化的基本原則》；同年11月，葉爾欽（Boris Yeltsin）簽署總統令，推動激進經濟改革。然而，俄羅斯的私有化，主要集中於企業私有化與財團私有化，並且進行得較為「平順」。相反，農村的土地私有化則顯得頗為波折：1991年12月，俄羅斯人民代表大會通過將私有農地合法化；1992年4月，政府卻發布命令，表示允許農地「不一定要私有化」，顯示「企業支持私有化的程度超過一般人民，而一般人民

---

50 秦暉，〈中國土地制度的未來選擇〉，《中國房地信息》，2009年第10期，頁27。

51 參考秦暉，《農民中國：歷史反思與現實選擇》（鄭州：河南人民出版社，2003），頁1-11、42-53。

52 逄先知、金沖及主編，《毛澤東傳（1949～1976）》（北京：中央文獻出版社，2003），下，頁913。

支持私有化的程度又超過農民」；雖然同年6月葉爾欽表明支持土地私有化，但至1997年9月，國家杜馬仍然禁止出售農地，招致葉爾欽不滿。[53] 普京（Vladimir Putin）上任後，進行更徹底的農用土地私有化，引入土地市場交易機制。2003年1月25日，俄羅斯《農用土地流轉法》正式生效，俄羅斯農村土地私有化改革進入自由流轉階段。[54]

中國或許就因為「大躍進─大饑荒」的深刻影響，改革聚焦於經濟，且啟動於農村──1970年代末至1980年代中期以家庭聯產承包責任制為標誌的農村改革，便在較大程度上突破了毛澤東集體化的禁錮與底線，使農民的私有意志在經濟收益上得到較大實現。

有學者認為，「飢餓記憶能夠影響人們的制度信念，經歷過大饑荒的農民對家庭承包制認可度更高」，「大饑荒帶來的飢餓記憶，使農民對於家庭承包制有著更強烈的制度信念」，強調「大饑荒經歷與後來全國範圍內普遍採用並長期堅持的家庭承包制」之間的關聯性。[55] 此論述可謂切中肯綮，需要補充的是，從「飢餓記憶」到「制度信念」的轉換機制，無疑就是農民在「瞞產私分─大饑荒」中產生的私有意志；而「制度信念」的價值指向亦應該是私有制。

---

53　吳玉山，《俄羅斯轉型1992～1999──一個政治經濟學的分析》（臺北：五南圖書出版有限公司，2000），頁205-257、299、306、311-312、314、353。

54　王志遠，〈俄羅斯農村土地制度變遷二十年的回顧與反思〉，《俄羅斯學刊》，2012年第3期，頁64。

55　羅必良、洪煒傑，〈記憶、信念與制度選擇──以家庭承包制為例〉，《社會科學戰線》，2021年第1期，頁78-90。

哈耶克認為：「觀念的轉變和人類意志的力量使世界形成現在的狀況。」哈耶克嚴厲抨擊集體主義：「當這個制度由一個集體主義信條支配時，民主不可避免地將自行毀滅。」對私有制極為推崇：「私有制是自由的最重要的保障。」[56] 哈耶克的觀念及其論述深刻影響了中國的經濟改革。

　　然而，跟蘇聯—俄羅斯的改革相比，中國在私有化上遇到的阻礙更大。1990 年代以來，中國並不走蘇聯崩潰後國企私有化的道路，中國農民也一直未能擁有自己的土地。[57] 相反，中國經濟改革過程中，反對私有化的觀念表述屢見不鮮。

　　1990 年，威廉・韓丁（William Howard Hinton）出版《大逆轉：中國的私有化，1978～1989》（*The Great Reversal: The Privatization of China, 1978-1989*）一書，對鄧小平以家庭聯產承包責任制為先導的農業改革進行頗為嚴厲的批評，認為這種體現私有化「大逆轉」傾向的改革，在農村全面實行分田單幹，拋棄了共產主義理想，清算了整個集體化農業系統，導致中國農業發展和農村社會走向衰敗。[58] 威廉・韓丁的批評不無道理，以包產到戶及分田到戶→家庭聯產承包責任制為標誌的農村改革，將農業經濟效益落實到「戶」（家庭），由此彰顯農民的私有意志，確實有「拋棄了共產主義理想」之嫌。

---

56　哈耶克著，王明毅、馮興元等譯，《通往奴役之路》，頁 19、70-71、101。

57　參考白邦瑞著，林添貴譯，《2049百年馬拉松：中國稱霸全球的秘密戰略》，頁 240。

58　威廉・韓丁，《大逆轉：中國的私有化，1978～1989》（電子書），頁 3-12。收錄於「中文馬克思主義文庫」https://www.marxists.org/chinese/pdf/chinese_revolution/willian_hinton/1.pdf。2022 年 8 月 18 日檢閱。

在現實中，緊接著集體化體制瓦解之後，城鎮化以及農村工業化持續推廣、發展，[59] 農民工大量進城或進入鄉鎮企業。在這種形勢之下，作爲當時農村社會以「戶」爲基礎的農業經濟因素（家庭聯產）迅速弱化甚至消解，導致「三農問題」浮現，以致不可逆轉的惡化。

於是，近年來也有中國學者針對「三農問題」引發的危機，重新思考與討論集體化的得失問題，認爲倘若避免「領導決策急躁冒進」、「階級鬥爭擴大化」、「『農業學大寨』教條化」、「利益分配苦了農民」等人爲的失誤，集體化應可達至成功，因此相信「集體化仍將成爲中國農村發展的主流」。[60]

〈共產黨宣言〉「消滅私有制」的號召，[61] 無疑給集體化鼓吹者極大的道德勇氣與精神力量。 2012年，周新城刊文宣稱「共產黨是要最終消滅私有制」，「私有制的滅亡是不可避免的」，「『共產主義』就是實現『生產資料公共佔有』的主義」，並且由此總結出集體化是「中國農業的最終出路」。[62] 2018年，周新城再次發表文章，明確宣稱消滅私有制、建立公

---

59 「城鎮化」：參考黃茂興、張建威，〈中國推進城鎮化發展：歷程、成就與啓示〉，《數量經濟技術經濟研究》，2021年第6期，頁3-27；李民梁、李祥，〈廣西鄉村振興與新型城鎮化動態協調關係研究〉，《新疆農墾經濟》，2021年第2期，頁1-12。「農村工業化」：參考李克強，〈論我國經濟的三元結構〉，《中國社會科學》，1991年第3期，頁65-82。

60 何平，〈集體化仍將成爲中國農村發展的主流〉，《村委主任》，2011年第5期，頁34-35。

61 中共中央馬克思恩格斯列寧史達林著作編譯局編譯，《馬克思恩格斯選集》（北京：人民出版社，1972），第一卷，頁265。

62 周新城，〈中國農業的最終出路：集體化〉，《徐州工程學院學報（社會科學版）》，2012年第6期，頁1-5。

有制，是共產黨人不能忘記的初心與必須牢記的使命。[63] 此舉在理論界掀起一番有關私有制的爭論。[64]

周新城的文章顯然是呼應了1950年代毛澤東「農業的社會主義改造，是要廢除小生產私有制」[65] 的戰略部署，試圖從理論的根本來論證集體化／公有制的正確性。

農村問題權威專家溫鐵軍更是不遺餘力反對農村土地私有化，倡導新時代的農村合作社。[66] 2021年1月9日，王宏甲、蕭雨林刊文稱：「組織起來，走共同富裕的道路，是當今中國實現鄉村振興的必由之路和迫切選擇。」[67]

尤其值得注意的是，2020年7月22日至24日，中共總書記習近平考察吉林省時指示：「要積極扶持家庭農場、農民合作社等新型農業經營主體，鼓勵各地因地制宜探索不同的專業合作社模式。」「要突出抓好家庭農場和農民合作社兩類農業經營主體

63 周新城，〈共產主義就是要消滅私有制——紀念《共產黨宣言》發表170周年〉，《中華魂》，2018年第4期，頁16-21。

64 秋楓、曉理，〈《「共產黨人可以把自己的理論概括為一句話：消滅私有制」——紀念〈共產黨宣言〉發表170周年》引起的反響〉，《中華魂》，2018年第6期，頁26-31；李正圖，〈新時代真的需要「消滅私有制」？——紀念馬克思恩格斯《共產黨宣言》發表170周年〉，《人文雜志》，2018年第11期，頁34-40。

65 毛澤東，〈在中國共產黨第八屆中央委員會第二次全體會議上的講話〉（1956年11月15日），中共中央毛澤東主席著作編輯出版委員會，《毛澤東選集》（北京：人民出版社，1977），第五卷，頁324。

66 溫鐵軍系列文章：〈我國為什麼不能實行農村土地私有化〉，《紅旗文稿》，2009年第2期，頁15-17；〈農村政策的底線是不搞土地私有化〉，《中國特色社會主義研究》，2008年第3期，頁110-111；〈靠「土地私有化」解決農村問題是南轅北轍〉，《學習月刊》，2008年第21期，頁10-11。

67 王宏甲、蕭雨林，〈共同富裕，一個村莊的信仰與堅守——賈家莊鄉村振興啟示錄〉，《人民政協報》，2021年1月9日，第7版。

發展，推進適度規模經營，深化農村集體產權制度改革，發展壯大新型集體經濟。」[68]

其實，1990年中國農村正在全面實行家庭聯產承包責任制之際，時任中共福建寧德地委書記的習近平就強調：「加強集體經濟實力是堅持社會主義方向，實現共同富裕的重要保證。社會主義制度本身要求建立以公有制為基礎的經濟。而集體經濟是公有制的重要組成部分，是農村公有制的主要形式。」[69]此一強調，可謂跟吉林考察指示遙相呼應。

然而，習近平在其2001年提呈的博士論文《中國農村市場化研究》中論述，摒棄人民公社體制實行農村家庭聯產承包責任制，「符合市場經濟發展要求」，「將市場機制引入農產品流通領域」；「使億萬農民成為獨立的商品生產經營者，為發展市場經濟準備了最基本的市場主體。」並在結論中闡述：「農村市場化是市場經濟發展的必然取向，是實現農業現代化不可缺少的前提和重要組成部分，是當前突破農村改革和發展瓶頸制約的關鍵所在。」[70]

根據臺灣學者吳玉山的詮釋，所謂「市場化」，可視為「國家放棄控制權的過程」；所謂「家庭聯產承包責任制」，可稱是

---

68　〈習近平在吉林考察時強調，堅持新發展理念深入實施東北振興戰略，加快推動新時代吉林全面振興全方位振興〉，《人民日報》，2020年7月25日，第1版。

69　習近平，〈扶貧要注意增強鄉村兩級集體經濟實力〉（1990年4月），氏著，《擺脫貧困》（福州：海峽出版發行集團／福建人民出版社，1992），頁193。

70　習近平，《中國農村市場化研究》（北京：清華大學法學博士學位論文，2001），頁27、29、147。

「隱藏性的私有制」。[71] 而習近平考察吉林的指示，卻是要求「深化農村集體產權制度改革」，呼應了其三十年前「加強集體經濟實力是堅持社會主義方向」的初心，彰顯了集體（國家）控制權的強勢回歸；跟其博士論文的論述相比，顯然有了方向性的差異變化。

這些現象是否意味著中共的農業政策將要發生再次轉變，當拭目以待。

無論如何，集體化／公有制在今日中國農村已然是分崩離析。這是體制宿命化所致還是人為操作失誤？亦或許，體制宿命化所致與人為操作失誤本來就是相輔相成、互為因果的關係？這應該是另一個需要充分展開探討的議題。

該章所關注的，並非是私有制（私有意識）與公有制（公有思想）孰優孰劣，只是強調通過對廣西農民瞞產私分現象的考察得出如下認知：

自1950年代初起的相當長一段時期內，私有意識始終是中國鄉村的主流意識；在這個時代背景下，公有思想以集體化以及各種政治運動的形態（強行）介入鄉村社會，其中的不和諧是顯而易見的。儘管公有思想一直努力引導、教育、改造私有意識，但後者卻有意（自覺）無意（非自覺）疏離、抗拒前者，甚至在相當程度上消解了前者。

瞞產私分現象的起因、前提、目標、分配乃至結果莫不基於作為自然人生存本能的私有意識，在這個過程中，這種產生於自

---

71 參考吳玉山，《遠離社會主義：中國大陸、蘇聯和波蘭的經濟轉型》（臺北：正中書局，1996），頁42、94。

然人的私有意識也因作爲社會人的「集體化」規範而「意志」化；瞞產私分所體現的集體性私有意志對公有制／公有思想的忤逆、衝擊乃至消解，只是被動形態下的客觀結果。

伴隨著瞞產私分現象，中國鄉村社會走過了坑坑窪窪一段艱辛路程。所謂「坑坑窪窪」就是有可指責甚或失敗處，但無論如何，以私有意識爲主導的當代中國鄉村社會在與集體化公有制／公有思想的糾纏磨合中，畢竟發展了，前行了。

＊

第九章以「糾合事件」爲切入口，不僅釋疑「大饑荒中民間無反抗」，還進一步探討了從 1950 年代初到 1960 年代中，廣西集體化時期農民與政府的長期抗爭歷程；論證了農民的反抗不僅是應對大饑荒的救急措施，還更體現了農民與中共當局在集體化道路問題上深遠的矛盾與分歧；並且進一步證實了中共強大的國家機器會在任何時期嚴厲無情地遏阻任何造反的行爲與現象，從中更可察見中共以階級鬥爭爲主導的治國思維。

桂系老巢、地處邊疆、經濟落後、多民族聚居——此類諸多因素固然構成廣西糾合事件產生的獨特背景，從而表現出武裝衝突激烈、跨縣／省／國境行動、惡化民族關係、多民族聯合發難等特點；但更值得注意的是，基於嚴格的組織紀律與嚴密的組織體系，中共以階級鬥爭爲主導的治國思維，使廣西糾合事件的發生及其處理方式跟其他地區一樣，高度政治化的表現貫串於 1954 年至 1965 年整個時期。

1958 年之前，糾合事件雖然多產生於集體化、統購統銷所衍生的社會矛盾，但土改、剿匪、鎮反等敵對鬥爭的延續影響，糾合事件策劃者、組織者以及中共當局雙方都頗爲自覺運用階級

鬥爭的思維與手段，來發動或鎮壓糾合事件。

　　1958年之後，中共繼續堅持以階級鬥爭為主導的治國思維，致使大躍進、大饑荒引發的重大社會危機被刻意扭曲為「階級報復」，農民在絕境中求生存所採取的瞞產私分、包產到戶、分田到戶等經濟措施，也被作為階級鬥爭產物嚴厲批判、整肅。於是，「名不正言不順」的「反革命」定位，便被「名正言順」冠予跟中共意志相違背的糾合事件了。

　　在中國1950年代至1960年代高度政治意識形態化的社會環境中，「反革命」的定性是罪名的最高級，表達中共當局整肅、鎮壓異己者及反抗者的決心與意志，致使異己者及反抗者喪失生存的空間。鎮壓手段也更偏激，如鎮壓麻山暴亂中，竟出現「為了不洩漏戰鬥情況，及時把被打死的人埋葬，並把半死的人也活埋了」的極端做法。[72]

　　在這種高壓手段與措施下，所謂反革命糾合事件有多少是有認知偏誤甚至是冤案？在未全面解密的政治氛圍中，至今仍是一個謎。安徽省公安廳原常務副廳長尹曙生著文也只能含糊其辭地說：「從1958年到1961年，在大躍進運動中，全國公安、政法機關逮捕、拘留、判刑幾百萬人，很多人是被冤枉而投入監獄的。」「大躍進運動中，全國公安機關逮捕、拘留了300多萬人，絕大多數是無辜的人民群眾……而他們還不在平反冤假錯案之列。」[73] 這種情形至今依然，致使要取得此類案件的第一手資

---

72 楊炫之，〈貴州省羅甸縣民族武裝暴亂嚴重〉（1956.9.30），收入《中國大躍進一大饑荒數據庫（1958～1962）》。

73 尹曙生，〈冤案是怎樣釀成的〉，《炎黃春秋》，2015年第4期，頁33-34。

料（包括案情報告、審訊紀錄、敵對雙方當事人的口述）成爲「不可能的任務」。

　　就廣西而言，這幾個案例即可說明：1952年7月以凌樂縣副縣長黃鋼爲首的「青年太平軍」案，經由體制內運作得以平反。[74] 體制外的糾合案又有多少是有冤情的呢？1958年西林縣瑤族農民暴亂案，疑爲煽動者的副縣長李林經審查後獲解脫，但因逃避煉鋼便被當作暴亂者打死的16名瑤族農民只能沉冤莫雪了。[75] 凌樂、天峨縣的痲山糾合暴動案，2,000餘參與者中有約400人被「殲滅」，[76] 其中又有多少只是一般的農民呢？

　　「大躍進─大饑荒」時期的糾合事件作爲「反革命」政治性定位，致使中共當局可以無所顧忌地進行整肅、鎮壓。如此整肅、鎮壓，固然在一定程度上維護、穩定了社會治安環境，整個社會受到全面嚴厲的高壓管控。

　　1946年，吳景超在考察了廣西等劫後災區後曾有此感慨：「歷代改朝換代的大亂，有許多是飢民發動的。今年我們的災區是那樣大，災民是那樣多，爲什麼社會的序秩〔秩序〕還能維持呢？簡單的答案，完全靠了國際友人送來的物資，使紛亂不致發

---

74　凌雲縣編纂委員會編，《凌雲縣志》（南寧：廣西人民出版社，2007），頁25。

75　西林縣地方志編纂委員會編，《西林縣志》（南寧：廣西人民出版社，2006），頁19。1963年1月至10月李林復出任西林縣副縣長，1980年12月至1987年10月則出任西林縣人大常委會副主任。參考同上，頁640、633。此案的處理則無下文。

76　楊炫之，〈貴州省羅甸縣民族武裝暴亂嚴重〉（1956.9.30），收入《中國大躍進─大饑荒數據庫（1958～1962）》。

生，社會得以安定。」[77] 十多年後，更大的災區，更多的災民，社會秩序得以維持，儘管無須「國際友人送來的物資」，卻也有迥然不同的「簡單的答案」：全面嚴厲的高壓管控。

然而，這種全面嚴厲的高壓管控，混淆不同性質的矛盾，隨意擴大打擊面，無限上綱的做法，無疑是為淵驅魚、為叢驅雀，製造了中共當局與民眾之間的矛盾與對抗，尤其是造成中共當局與少數民族之間的隔閡、分裂、衝突與仇恨，因此反而埋下了惡化社會治安環境的隱患，造成民眾的恐慌心理乃至社會的恐怖氣氛。更有甚者，還惡化了執政黨的治國思維，強化了執政黨的階級鬥爭意識——以期通過政治運動治國，通過階級鬥爭維持社會穩定及社會發展。

＊

綜觀廣西1950年代至1960年代的區域歷史發展，給人強烈感覺的印象就是不平衡。

首先，是自然地理條件與歷史上文化發展分布的不平衡。大體上說，廣西以山地丘陵地形為主，山地丘陵主要分布在廣西的西部、北部和東部，河流水系多源於北部和西部地勢較高處，往東流動。壯族等少數民族多分布在桂西北，漢族多分布在桂東南。無論是自然地理條件還是歷史上文化發展分布，乃至於經濟資源的開發，桂西北都不如桂東南。

其次，中共建政後，各種（政治／經濟）運動中，無論是人民公社化中「跑步進入共產主義」，大躍進中畝產逾13萬斤的

---

77 吳景超，〈看災來歸〉，吳景超原著，蔡登山主編，《吳景超日記：劫後災黎》（臺北：新銳文創，2022），頁37。

農業衛星，日產煤67萬噸、日煉生鐵20多萬噸的兩大工業衛星；還是大饑荒中瞞產私分、包產到戶、分田到戶的風潮，都顯示出少數民族地區的表現更爲積極（狂熱）。然而，反瞞產運動以及大饑荒中所受到的摧殘，少數民族地區也更爲慘烈。

再次，更值得注意的是，浩劫過後的歷史紀錄，少數民族聚居地區的志書記載似乎較爲詳實而眞誠；相對而言，漢族聚居地區的志書所記，就較爲簡略且謹愼。以筆者家鄉博白縣爲例，通覽《博白縣志》，難尋大饑荒的蹤影。「大事記」部分，大饑荒的紀錄幾乎是水過無痕，但作爲當地政府業績表述的一段文字露了餡：「〔1960年〕4月，縣委、縣人委組織七個工作組深入農村抓『四病』（浮腫、乾瘦、婦女子宮下垂、閉經）的防治工作」[78] 所謂「四病」，顯然是大饑荒所致。「人民公社」一節留下的紀錄是：「1960年4月水腫病高峰時，曾有一些老弱的人、產前產後的婦女以及其他少數人患營養性水腫，共出現水腫病人3,244人。」儼然是以「營養性水腫」來掩飾大饑荒的戕害，更以「產前產後」的聚焦，硬生生推出一個大災之年反而生育增多的奇觀，下文還呼應強調：「最困難的1960年全縣人口自然增長率達11.8‰。」[79]

根據其他志書資料紀錄，1960年博白縣人口死亡率爲11.70‰（低於全國平均正常年死亡率的11.84‰），而全廣西人口死亡率最高的樂業縣達137.61‰。當年廣西人口死亡率爲

---

78 博白縣志編纂委員會編，《博白縣志》（南寧：廣西人民出版社，1994），頁28。

79 均參考博白縣志編纂委員會編，《博白縣志》，頁149。

29.46‰，是中共建政後廣西人口死亡率最高的一年，首次出現廣西建政後的負出生率，達到-10.06‰，遠低於同期全國人口出生率-4.57‰。[80] 博白縣卻是在負出生率普遍發生的大饑荒背景中，逆勢創造了「全縣人口自然增長率達11.8‰」的人間奇蹟。博白縣饑荒之年的「奇蹟」表現，著實令人驚羨；但這樣的歷史書寫，卻也不免令人惶惑。

事實上，《博白縣志》這樣的書寫策略在如今中國的官修志書中是一個普遍的現象，也就是本書緒論所批評對歷史事實採取「刻意隱瞞、甚至歪曲的處理手法」的表現。其用意，跟當今「欲將文革封存、凍結於歷史，讓它在新生代的頭腦中變成一片歷史的空白」[81] 的歷史虛無主義如出一轍。或許，這也就只是長期以來（「並不新鮮」）「中國領導人以歐威爾的方式下令改寫國家歷史」[82] 的具體表現。由此亦可見「歷史縱深」的深遠影響。

由是，就留下了如此思考：我們是要遮蔽歷史，閹割歷史？抑或須梳理歷史脈絡，探究歷史縱深？這對於「大眾飢餓的幽靈遠遠撤退到了歷史中去」[83] 的今天，不啻是一個直擊靈魂的「天

---

80 分別參考廖新華主編，《崛起的壯鄉：新中國五十年（廣西卷·資料篇）》（北京：中國統計出版社，1999），頁304、448；廣西地方志編纂委員會編，《廣西通志·人口志》（南寧：廣西人民出版社，1993），頁61；國家統計局綜合司編，《全國各省、自治區、直轄市歷史統計資料彙編，1949～1989》（北京：中國統計出版社，1990），頁2、642。

81 馬龍閃，〈歷史虛無主義的來龍去脈〉，《炎黃春秋》，2014年第5期，頁28。

82 白邦瑞著，林添貴譯，《2049百年馬拉松：中國稱霸全球的秘密戰略》，頁142。

83 艾志端著，曹曦譯，《鐵淚圖：19世紀中國對於饑饉的文化反應》（南京：江

問」。

由是，亦引申出一個不得不討論的話題：歷史的記憶與遺忘。

記憶與遺忘其實是一體兩面的，記憶只是有選擇性的記憶，記憶或遺忘的選擇本身，便已經顯示了記憶主體的情感取向與價值取向。[84] 國家的歷史，其記憶主體顯然就是國家，國家依據「幾乎全部國民的政治需求及情感需求」而運用權力建構的記憶即為「國家記憶」。[85] 大陸學者趙靜蓉一再闡釋：「就國家記憶的形成來說，遺忘卻必然是一個集體層面上的事情，強制性遺忘更是針對集體強制執行的、暴力性的記憶管制。它往往是由國家以政治命令的名義所發起的記憶清除運動。」[86]「它體現的是統治者以自我界定為核心而實施的國家意志。它的形式是撕裂性的，必然造成集體記憶的巨大中斷，但也恰恰因此，它反而更容易誘發『對抗性的記憶』。」[87] 前述「刻意隱瞞、甚至歪曲的處理手法」的表現，就是「針對集體強制執行的、暴力性的記憶管制」，為了彌補由此「造成集體記憶的巨大中斷」，包括本書在內的民間敘述，無疑也就成為不可或缺的「對抗性的記憶」——對抗歷史虛無主義的有效方法。

蘇人民出版社，2011），頁279。

84 王力堅，《回眸青春：中國知青文學（增訂版）》（新北：華藝學術出版社，2013），頁311。

85 趙靜蓉，《國家記憶與文化表徵》（北京：生活‧讀書‧新知三聯書店，2023），頁22。

86 趙靜蓉，《國家記憶與文化表徵》，頁30。

87 趙靜蓉，《文化記憶與身份認同》（北京，生活‧讀書‧新知三聯書店，2015），頁86。

# 後 記

　　回顧多年來關於廣西大饑荒的研究過程，真所謂五味雜陳，百感交集。

　　首先，是原始資料的查找與閱讀。

　　原始資料的查找困難重重，緒論已有訴說，在此不贅。至於閱讀原始資料的痛苦，令我難以釋懷。由於種種限制，本書所探尋到的歷史真相，在殘酷性方面的表現是大打折扣的。即便如此，翻閱有限的歷史紀錄——尤其是當時黨政部門的內部調查報告、內部參考資料、文革傳單與小報的揭露、當事人的回憶文章等，仍令人怵目驚心、不忍卒讀，乃至於有心生鬱卒，精神崩潰之感，曾令我多次生發放棄的念頭。最終，還是顧准那句話，時時警醒著我，支撐著我——「謊話連篇，哀鴻遍野，這一段歷史如何能不重寫？」[1]

　　無論個人、民族、政黨、國家，總須直面歷史、直面真相、直面良知。掩飾、扭曲、遺忘，無異走向毀滅的階梯。末日審判，畢竟需要一份證詞。

　　其次，是專業的隔閡與融入，退稿的苦惱與收穫。

　　我的研究領域從古代文學轉入歷史學，甚至旁涉社會學、政治學、經濟學、管理學，專業的隔閡是難以避免的。

　　2018年，我以剛完成的三篇相關論文參與在臺灣舉辦的三

---

1　顧准，《顧准日記》（北京：中國青年出版社，2002），頁199，「1959年12月27日」。

個分別是歷史學、社會學、政治學的國際研討會。很明顯就感覺到跟其他專業學者在思維上、表述上甚至學術觀念上都有相當大的差異。待往學術期刊投稿後，以往從未遇到的現象出現了——頻頻退稿。退稿信除了細緻的批評外，一條意見頻頻醒目呈現：不符合本專業學術規範（或要求）。這著實令我大為苦惱、大受挫折。

然而，不少細緻而中肯的批評意見也確實令我大為受益。遵循這些批評意見一再修改拙稿，確實大有長進，有的稿件甚至有脫胎換骨之感。這些審稿委員就是我未曾謀面的專業指導老師，在他們的批評教誨下，我得以在這個新領域中打下新的基礎，做出了初步的成績。

當然，也有某些重要的概念或議題我是頗為堅持的，諸如「集體化」、「瞞產私分」、「群眾性」、「國家VS農民」、「私有意識」等，這些概念的運用、議題的論述之所以被質疑、批評，或是由於時代背景的隔閡，或是出於觀念立場的分歧，所幸我的堅持（當然經過適度的調整與修正）最終獲得認同。無論如何，藉此機會，向所有審查過有關拙稿的專家學者致以崇高的敬意與謝意！

本書研究的不足是十分明顯的，尤其是在原始資料的蒐集及田野調查方面，如緒論所述，在目前來說是無法克服的困難。惟能期待有朝一日，所有被層層封鎖的歷史資料得以全面解密，所有非學術性的清規戒律得以解除，方可再度進行全面徹底的探討研究。

行文至此，從學校圖書館取回預約已久的《一九四二：饑餓中國》，翻閱多日，嘆息之餘，仍有言猶未盡之感。其中「一九

四二：歷史黑洞」一節，更令我深為喟歎：作者感慨對1942年河南大饑荒的調查，處處遭遇「歷史黑洞」，但還是獲得從包括美國《時代》周刊和《大公報》、《前鋒報》等民營報刊遺留下來的大量文史原始資料與照片；[2] 如果跟印度學者所批評「當饑荒構成威脅時，中國所缺少的是一種存在對抗性新聞界與反對勢力的政治體制」[3] 相比，1942年的「歷史黑洞」恐怕是小巫見大巫了。《一九四二：饑餓中國》封底標記的警句：「如果我們總是遺忘，下一場饑荒會將我們埋葬！」事實上已經應驗——1959至1961年的大饑荒實實在在「將我們埋葬」了一回。那麼，是否還會再來一個「下一場」呢？大陸學者曾嚴詞抨擊《一九四二》電影是「忘記了歷史的歷史敘事」[4]，其實，以此指稱當今某些大陸官修史書對1959至1961年大饑荒所採取的歷史虛無主義處理方式更為恰當。我們亦可借用上述大陸學者的話思索：「到底是歷史錯了，還是他們的敘事框架有問題？」[5]

本書能順利撰寫，得益於眾多親朋好友，包括中國大陸的、香港的、臺灣的、新加坡的，長輩、同輩、晚輩（恕不逐一具名）在精神、道義、議題、資料乃至觀點等各方面，給予我莫大

---

2 孟磊、關國鋒、郭小陽等編著，《一九四二：饑餓中國》（臺北：華品文創，2013），頁6-14。

3 讓‧德雷茲與阿瑪蒂亞‧森著，蘇雷譯，《飢餓與公共行為》（北京：社會科學文獻出版社，2006），頁220。

4 李玥陽等，〈《一九四二》：歷史及其敘述方式〉，《文藝理論與批評》，2013年第2期，頁13-22。《一九四二》是一部2012年馮小剛執導的中國電影，反映1942年河南大饑荒，數百萬民眾忍受饑荒的痛苦，展開背井離鄉逃荒的旅程。

5 李玥陽等，〈《一九四二》：歷史及其敘述方式〉，頁15。

的支持與鼓勵，以及坦率的批評與討論，我深深感激，銘記在心。家庭的溫馨，家人的關愛，更是我的研究得以順利進行與完成的堅實後盾。

中央大學出版中心與遠流出版公司慨然給予寶貴機會出版拙著，我深表感激！轉眼間，我從新加坡來到中央大學已經十八年。在中央大學的十八年期間，我先後在海內外不同的出版社出版了九本專書，《國家 VS 農民：廣西大饑荒》便是第十本，亦無疑是我在中央大學歲月的最後一本書，能夠有幸在中央大學出版中心與遠流出版公司出版，既是作為我對中央大學的最後致敬，更是對中央大學的永遠紀念。中央大學出版中心總編輯李瑞騰教授熱心的鼓勵與支持，執行編輯、高級專員王怡靜小姐與遠流出版公司曾淑正主編艱辛的編輯與校對，以及兩位匿名審查委員的精闢批評與指教，我均銘感於心，在此一併致以深摯謝意！

當然，也有朋友對本書的研究表示「不理解」甚至「不以為然」，認為已經「時過境遷」，現在做這樣的研究「沒有必要」、「不合適宜」。對此，我曾借用納粹大屠殺倖存者、1986年諾貝爾和平獎得主艾利・維索（Elie Wiesel）鐫刻於美國大屠殺紀念館入口處的警言進行回應：For the dead and the living, we must bear witness.（大意：為了死去的與活著的人，我們必須勇於作證。）

九十三歲家慈近作〈問史〉詩有句：「勸君莫問當年事，當年白骨已肥田。」則是極沉痛的無奈，更是極辛辣的反諷。

近年來，香港劇變、新冠病毒、俄烏戰爭相繼爆發，天災人禍，蒼生何辜！油然生發的悲涼感、無力感、荒謬感常常糾結於我對廣西大饑荒的探究過程，難以抑制，無法釋懷。作為基督

徒，惟願敬引《聖經》三段金句爲全書作結：

耶和華說：「因爲困苦人的冤屈和貧窮人的歎息，我現在要起來，把他安置在他所切慕的穩妥之地。」

——《聖經舊約·詩篇12: 5》

惟願公平如大水滾滾，使公義如江河滔滔。

——《聖經舊約·阿摩司書5: 24》

你要爲眞道打那美好的仗，持定永生。你爲此被召，也在許多見證人面前，已經作了那美好的見證。

——《聖經新約·提摩太前書6: 12》

# 主要參考書目

**中文專著**

丁抒，《人禍》，香港：九十年代雜誌社／臻善有限公司，1991。

中共中央辦公室編，《中國農村的社會主義高潮》，上、中、下，北京：人民出版社，1956。

中共廣西壯族自治區委員會整黨領導小組編，《文革機密檔案：廣西報告》，紐約：明鏡出版社，2014。

中共廣西區委黨史研究室，《中共廣西地方歷史專題研究（民主革命時期綜合卷）》，南寧：廣西人民出版社，2001。

王力堅，《天地間的影子：記憶與省思》，臺北縣：華藝數位，2008。

王力堅，《回眸青春：中國知青文學（增訂版）》，新北：華藝學術出版社，2013。

王力堅，《轉眼一甲子：由大陸知青到臺灣教授》，臺北：秀威資訊，2015。

王健民，《中國共產黨史（第一編・上海時期）》，臺北縣：京漢文化事業有限公司，1988。

王健民，《中國共產黨史（第三編・延安時期）》，臺北縣：京漢文化事業有限公司，1988。

王健民，《中國共產黨史（第四編・北平時期）》，臺北縣：京漢文化事業有限公司，1990。

王滬寧，《當代中國村落家族文化——對中國社會現代化的一項探索》，上海：上海人民出版社，1991。

文浩著，項佳谷譯，《饑荒政治：毛時代中國與蘇聯的比較研究》，香港：香港中文大學出版社，2017。

《太平天國革命時期廣西農民起義資料》編輯組，《太平天國革命時期廣西農民起義資料》，北京：中華書局，1978。

白邦瑞著，林添貴譯，《2049百年馬拉松：中國稱霸全球的秘密戰

略》，臺北：麥田出版，2015。

白修德、賈安娜著，林奕慈編譯，《中國驚雷：國民政府二戰時期的災難紀實》，臺北：大旗出版社，2018。

艾志端著，曹曦譯，《鐵淚圖：19世紀中國對於饑饉的文化反應》（南京：江蘇人民出版社，2011），頁1-2。

安吉洛·M·科迪維拉著，張智仁譯，《國家的性格：政治怎樣製造和破壞繁榮、家庭和文明禮貌》，上海：人民出版社，2001。

安東尼奧·葛蘭西著，曹雷雨、姜麗、張跂譯，《獄中劄記》，北京：中國社會科學出版社，2000。

朱浤源，《從變亂到軍省：廣西的初期現代化，1860～1937》，臺北：中央研究院近代史研究所，1995。

李昌平，《我向總理說實話》，北京：光明日報出版社，2002。

李銳，《「大躍進」親歷記》，上卷，海口：南方出版社，1999。

李銳，《廬山會議實錄》，臺北：新銳出版社，1993。

杜潤生，《杜潤生自述：中國農村體制變革重大決策紀實》，北京：人民出版社，2005。

沈志華主編，《俄羅斯解密檔案選編：中蘇關係》，上海：東方出版中心，2014。

沈志華、楊奎松主編，《美國對華情報解密檔案（1948～1976）（貳）》，上海：東方出版中心，2009。

宋永毅，《毛澤東和文化大革命：政治心理與文化基因的新闡釋》，新北：聯經出版公司，2021。

宋永毅主編，《中國大躍進—大饑荒數據庫（1958～1962）》，香港：美國哈佛大學費正清中國研究中心／香港中文大學中國研究中心，2014，電子版。

宋連生，《總路線大躍進人民公社運動始末》，昆明：雲南人民出版社，2002。

余敏玲，《形塑「新人」：中共宣傳與蘇聯經驗》，臺北：中央研究院近代史研究所，2015。

余敏玲主編，《兩岸分治：學術建制、圖像宣傳與族群政治1945～2000）》，臺北：中央研究院近代史研究所，2012。

何炳棣著，葛劍雄譯，《明初以降人口及其相關問題，1368～1953》，北京：三聯書店，2000。

何蓬，《毛澤東時代的中國1949～1976（二）》，北京：中共黨史出版社，2003。

伯納德・克里克著，蔡鵬鴻、郝德倫譯，顧曉鳴校閱，《社會主義》，臺北：桂冠圖書，1992。

吳玉山，《俄羅斯轉型1992～1999——一個政治經濟學的分析》，臺北：五南圖書出版有限公司，2000。

吳玉山，《遠離社會主義：中國大陸、蘇聯和波蘭的經濟轉型》，臺北：正中書局，1996。

吳景超原著，蔡登山主編，《吳景超日記：劫後災黎》，臺北：新銳文創，2022。

林小波、郭德宏，《「文革」的預演——「四清」運動始末》，北京：人民出版社，2018。

林毅夫，《制度、技術與中國農業發展》，上海：三聯書店，1995。

林蘊暉，《烏托邦運動——從大躍進到大饑荒（1958～1961）》，香港：香港中文大學當代中國文化研究中心，2008。

孟磊、關國鋒、郭小陽等編著，《一九四二：饑餓中國》，臺北：華品文創，2013。

金觀濤、劉青峰，《開放中的變遷：再論中國社會超穩定結構》，香港：香港中文大學出版社，1993。

阿瑪蒂亞・森著，任賾、于真譯，《以自由看待發展》，北京：中國人民大學出版社，2002。

周雪光，《中國國家治理的制度邏輯：一個組織學研究》，北京：三聯書店，2017。

周雪光，《組織社會學十講》，北京：社會科學文獻出版社，2003。

周雪光主編，《當代中國的國家與社會關係》，臺北：桂冠圖書，

1992。

威廉・韓丁，《大逆轉：中國的私有化，1978～1989》。收錄於「中文馬克思主義文庫」https://www.marxists.org/chinese/pdf/chinese_revolution/willian_hinton/1.pdf。

胡繩主編，《中國共產黨的七十年》，北京：中共黨史出版社，1991。

施堅雅著，史建雲、徐秀麗譯，《中國農村的市場和社會結構》，北京：中國社會科學出版社，1998。

哈耶克著，王明毅、馮興元等譯，《通往奴役之路》，北京：中國社會科學出版社，1997。

唐大宋，《文革密件》，紐約：明鏡出版社，2016。

高王凌，《中國農民反行為研究（1950～1980）》，香港：香港中文大學出版社，2013。

高華，《紅太陽是怎樣升起的：延安整風運動的來龍去脈》，香港：香港中文大學出版社，2000。

秦暉，《傳統十論——本土社會的制度、文化及其變革》，上海：復旦大學出版社，2004。

秦暉，《農民中國：歷史反思與現實選擇》，鄭州：河南人民出版社，2003。

徐勇主編，《三農中國》，武漢：湖北人民出版社，2003。

殷海光，《到奴役之路》，臺北：傳記文學出版社，1985。

埃德加・斯諾著，董樂山譯，《西行漫記》，北京：東方出版社，2005。

韋志虹、吳忠才，《百色起義與中國革命》，南寧：廣西人民出版社，2000。

習近平，《中國農村市場化研究》，北京：清華大學法學博士學位論文，2001。

習近平，《擺脫貧困》，福州：海峽出版發行集團／福建人民出版社，1992。

陸德芙、宋怡明編，余江、鄭言譯，《中國36問：對一個崛起大國的洞

察》，香港：香港城市大學出版社，2019。

庾新順，《黨的創建和大革命時期的廣西農民運動》，南寧：廣西人民出版社，2003。

郭于華，《受苦人的講述：驥村歷史與一種文明的邏輯》，香港：香港中文大學出版社，2013。

麥克法夸爾、費正清主編，謝亮生等譯，《劍橋中華人民共和國史‧革命的中國的興起（1949～1965）》，北京：中國社會科學出版社，1990。

梧州市人民法院，《審判工作總結》，梧州：梧州市人民法院，1950。

馮客著，郭文襄、盧蜀萍、陳山譯，《毛澤東的大饑荒：1958～1962年的中國浩劫史》，新北：INK印刻，2012。

馮客著，蕭葉譯，《解放的悲劇：中國革命史1945～1957》，新北：聯經出版公司，2018。

莫理斯‧邁斯納著，張寧、陳銘康等譯，《馬克思主義、毛澤東主義與烏托邦主義》，北京：中國人民大學出版社，2005。

國立臺灣大學共同教育委員會統籌、臺大出版中心編，《我的學思歷程》，臺北：臺大出版中心，2010。

張永東，《一九四九年後中國農村制度變革史》，臺北：自由文化出版社，2008。

張素華，《變局：七千人大會始末（1962年1月11日～2月7日）》，北京：中國青年出版社，2012。

張樂天，《告別理想：人民公社制度研究》，上海：東方出版中心，1998。

陳永發，《中國共產革命七十年（修訂版）》，上下冊，臺北：聯經出版公司，2001。

陳永發，《延安的陰影》，臺北：中央研究院近代史研究所，1990。

陳桂棣、春桃，《中國農民調查》，北京：人民文學出版社，2004。

陳錫文、趙陽、陳劍波、羅丹，《中國農村制度變遷60年》，北京：人民出版社，2009。

塔爾蒙著，孫傳釗譯，《極權主義民主的起源》，長春：吉林人民出版社，2004。

《當代中國的公安工作》編委會編，《當代中國的公安工作》，北京：當代中國出版社，1992。

費正清著，張理京譯，《美國與中國》，北京：世界知識出版社，2003。

楊汝舟，《中共群眾路線研究》，臺北：黎明文化事業公司，1974。

楊雨亭，《上校的兒子》，臺北：華岩出版社，2009。

楊露編述，《廣西反共游擊紀實》（未刊手稿），收藏於中華民國法務部調查局。

楊鵬，《見證一生》，臺北：華岩出版社，2018。

楊繼繩，《墓碑：中國六十年代大饑荒紀實》，上下編，香港：香港天地圖書有限公司，2009。

詹姆斯‧R‧湯森、布萊特利‧沃馬克著，顧速、董方譯，《中國政治》，南京：江蘇人民出版社，2004。

齊茂吉，《毛澤東和彭德懷、林彪的合作與衝突》，臺北縣：新新聞文化，1997。

趙靜蓉，《文化記憶與身份認同》，北京：生活‧讀書‧新知三聯書店，2015。

趙靜蓉，《國家記憶與文化表徵》，北京：生活‧讀書‧新知三聯書店，2023。

鄧自力，《坎坷人生》，成都：四川文藝出版社，2000。

鄧雲特，《中國救荒史》，臺北：臺灣商務印書館，1987。

魏斐德著，李君如等譯，《歷史與意志：毛澤東思想的哲學透視》，北京：中國人民大學出版社，2005。

薄一波，《若干重大決策與事件的回顧》，上下卷，北京：中共黨史出版社，2016。

韓延龍主編，《中華人民共和國法制通史》，上冊，北京：中共中央黨校出版社，1998。

蕭冬連、謝春濤、朱地、喬繼寧，《求索中國——文革前十年史（1956〜1966）》，下冊，北京：中共黨史出版社，2011。

羅久蓉，《她的審判：近代中國國族與性別意義下的忠奸之辨》，臺北：中央研究院近代史研究所，2013。

羅平漢，《農村人民公社史》，福州：福建人民出版社，2006。

羅曼・羅蘭著，袁俊生譯，《莫斯科日記》，桂林：廣西師範大學出版社，2003。

羅德里克・麥克法夸爾著，魏海生、艾平等譯，《文化大革命的起源・第二卷大躍進（1958〜1960）》，北京：求實出版社，1990。

顧准，《顧准日記》，北京：中國青年出版社，2002。

顧准，《顧准筆記》，北京：中國青年出版社，2002。

讓・德雷茲與阿瑪蒂亞・森著，蘇雷譯，《飢餓與公共行為》，北京：社會科學文獻出版社，2006。


## 英文專著

Dwight H. Perkins, *Market Control and Planning in Communist China*, Cambridge & Massachusetts: Harvard University Press, 1968.

Edward Friedman, Paul Pickowicz, and Mark Selden, *Chinese Village, Socialist State*, New Haven: Yale University Press, 1991.

Edward Friedman, Paul Pickowicz, and Mark Selden, *Revolution, Resistance, and Reform in Village China*, New Haven: Yale University Press, 2005.

Helen Siu, *Agents and Victims in South China*, New Haven: Yale University Press, 1989.

Herbert Marcuse, *Soviet Marxism – A Critical Analysis*, Boston: Beacon Press, 1991.

Hok Bun Ku, *Moral Politics in a South Chinese Village – Responsibility, Reciprocity, and Resistance*, Lanham: Rowman and Littlefield Publishers, INC, 2003.

James C. Scott, *Weapons of the Weak: Everyday Forms of Peasant Resistance*, New

Haven and London: Yale University Press, 1985.

Jasper Becker, *Hungry Ghosts: Mao's Secret Famine*, New York: Henry Holt & Co., 1998.

Jean Oi, *State and Peasant in Contemporary China*, Berkeley and Los Angeles: University of California Press, 1989.

Judith Bannister, *China's Changing Population*, Stanford: Stanford University Press, 1987.

Leon Trotsky, *The Revolution Betrayed*, New York: New York Press, 1937.

Peter Vladimirov, *The Vladimirov diaries: Yenan, China, 1942-1945*, Garden City, N.Y.: Doubleday & Company, Inc., 1975.

Pierre Bourdieu, *The Weight of the World: Social Suffering in Contemporary Society*, Cambridge: Polity Press, 1999.

Sulamith Heins Potter and Jack M. Potter, *China's Peasants: The Anthropology of a Revolution*, Cambridge: Harvard University Press, 1990.

Stephen Andors, *China's Industrial Revolution: Politics, Planning, and Management, 1949 to the Present*, New York: Pantheon Books, 1977.

Thomas P. Bernstein, *Leadership and Mobilization in the Collectivization of Agriculture in China and Russia: A Comparison*, Ph.D. diss., Columbia University, 1970.

## 英文論文

Chris Bramall, "Agency and Famine in China's Sichuan Province, 1958-1962," *The China Quarterly*, 208 (2011): 990-1008.

John P. Burns, "Peasant Interest Articulation and Work Team in Rural China, 1962-1974," In Chu and Hsu (eds), *China's New Social Fabric* (Boston: Kegan Paul International, 1983): 95-144.

Julia Strauss, "Morality, Coercion and State Building by Campaign in the Early PRC: Regime Consolidation and After 1949-1956," *The China Quarterly*, 188(2006): 891-912.

Justin Yifu Lin and Dennis Tao Yang, "Food Availability, Entitlements and Chinese Famine of 1959~61," *The Economic Journal*, 110:460 (2000): 136-158.

Justin Yifu Lin, "Collectivzation and China's Agricultural Crisis in 1959~1961," *Journal of Political Economy*, 98: 6 (1990): 1228-1252.

Lianjiang Li and Kevin J. O'Brien, "Protest Leadership in Rural China," *The China Quarterly*, 193 (2008): 1-23.

Mun Young Cho, "On the Edge between 'the People' and 'the Population': Ethnographic Research on the Minimum Livelihood Guarantee," *The China Quarterly*, 201 (2010): 20-37.

Thomas P. Bernstein, "Mao Zedong and the Famine of 1958~1960: A Study in Wilfulness," *The China Quarterly*, 186 (2006): 421-445.

Thomas P. Bernstein, "Stalinism, Famine, and Chinese Peasants: Grain Procurements during the Great Leap Forward," *Theory and Society*, 13: 3 (1984): 339-377.

國家圖書館出版品預行編目（CIP）資料

國家 VS 農民：廣西大饑荒 / 王力堅著 . -- 初版 . -- 桃園市：
　　國立中央大學出版中心出版；臺北市：遠流出版事業股份
　　有限公司發行 , 2023.05
　　　面： 公分
　　ISBN 978-986-5659-45-5（平裝）

1. CST: 糧食政策　2. CST: 農民　3. CST: 饑荒　4. CST: 廣西省

431.9　　　　　　　　　　　　　　　　　112005554

# 國家 VS 農民：廣西大饑荒

著者：王力堅
執行編輯：王怡靜

出版單位：國立中央大學出版中心
　　　　　桃園市中壢區中大路 300 號

　　　　　遠流出版事業股份有限公司
　　　　　台北市中山北路一段 11 號 13 樓

發行單位 / 展售處：遠流出版事業股份有限公司
地址：台北市中山北路一段 11 號 13 樓
電話：(02) 25710297　傳眞：(02) 25710197
劃撥帳號：0189456-1

著作權顧問：蕭雄淋律師
2023 年 5 月 初版一刷
售價：新台幣 600 元

YL 遠流博識網 http://www.ylib.com　E-mail: ylib@ylib.com